单片机应用程序设计技术

（第3版）

周航慈　著

北京航空航天大学出版社

内容简介

书中总结了作者多年来在80C51系列单片机应用系统软件设计中的实践经验，归纳出一整套应用程序设计的方法和技巧。在内容安排上，不仅有实现功能要求的应用程序设计步骤、子程序、监控程序及常用功能模块设计方法，还以较大篇幅介绍了提高系统可靠性的抗干扰设计和容错设计技术以及程序测试的正确思想方法。附录中向读者提供了完整的系统程序设计样本和经过多年使用考验的定点运算子程序库与浮点运算子程序库的程序文本、注释及使用方法。

本书深入浅出，并配以大量实例，可作为从事单片机应用系统研究的工程技术人员的软件设计指导用书，也可作为高等院校相关专业师生的参考用书。

图书在版编目(CIP)数据

单片机应用程序设计技术 / 周航慈著. -- 3版. -- 北京:北京航空航天大学出版社，2011.2

ISBN 978-7-5124-0276-8

Ⅰ. ①单… Ⅱ. ①周… Ⅲ. ①单片微型计算机—程序设计 Ⅳ. ①TP311.1

中国版本图书馆CIP数据核字(2010)第240982号

单片机应用程序设计技术(第3版)

周航慈 著

责任编辑 刘晓明

*

北京航空航天大学出版社出版发行

北京市海淀区学院路37号(邮编100191) http://www.buaapress.com.cn

发行部电话:(010)82317024 传真:(010)82328026

读者信箱：bhpress@263.net 邮购电话:(010)82316936

北京时代华都印刷有限公司印装 各地书店经销

*

开本:787×1 092 1/16 印张:22.75 字数:582千字

2011年2月第3版 2011年2月第1次印刷 印数:4 000册

ISBN 978-7-5124-0276-8 定价:38.00元

第3版前言

在20世纪80年代后期，单片机开始在我国迅速普及，其中MCS－51系列单片机普及最快。在高等院校中，"单片机原理及应用"课程的教材也以MCS－51系列单片机为主要内容。在此背景下，北京航空航天大学出版社开始组织一批单片机教学方面的老师，以何立民教授为主编，来撰写"单片机应用技术丛书"。按照丛书的规划和要求，笔者将从事单片机教学和科研中得到的经验教训进行了总结，并吸收各方面的有益知识，写成了《单片机应用程序设计技术》，并于1991年出版。

第1版中，笔者假定读者已经系统地掌握了单片机的原理，并能使用MCS－51指令系统编写各类简单的程序。第1章介绍开发一个应用项目的基本过程。第2章介绍程序设计的基本功。第3章介绍系统软件的框架如何搭起来。第4章介绍常用模块的设计技巧。这4章的内容要达到的目标就是帮助读者设计出一个完整的软件系统来。但这样设计出来的软件系统还只能算是"纸上谈兵"，经不起实践考验，离实际目标还差很远。第5章介绍抗干扰技术，以增强系统软件在实际环境中的生存能力。第6章介绍容错技术，以提高系统软件的先天素质。第7章介绍软件测试的有关方法，以此来发现和纠正软件系统中的绝大部分错误。后3章的内容为的是一个共同目标，使设计出来的软件能够从纸上走下来，并在实际应用中生存下去。因此，该书的目的不但要介绍一般的程序设计方法，而且以提高软件生存能力为重点，这对那些打算从事单片机开发应用的读者可能更有启发。

第1版出版后得到广大读者的好评和支持，但由于历史的原因，书中的80C31＋373＋2764三片基本系统已经过时，因此于2002年出版了该书的修订版。在修订版中，改为片内含程序存储器的80C51系列单片机；用计数器芯片来构成的硬件看门狗系统也已经过时，改为采用专用系统监控芯片或内含硬件看门狗的增强型单片机；在程序编写格式上，对直接地址单元进行操作的编程格式已经非常不实用，不利于移植和重复利用，全部改为变量和宏定义格式，使软件素质得到质的提高。

在修订版的第1章中，新增加了"编程语言与开发环境的选择"一节，介绍和比较了当今流行的编程语言与开发环境，供读者参考。在第3章中，新增加了"菜单驱动的监控程序设计方法"一节，这是一种人机界面最友好的监控程序结构，特别适用于高档应用系统，介绍出来供读者参考。在点阵液晶的性能价格比日益提高，应用日益广泛的情况下，在第4章中新增加了"点阵液晶图文混合显示中的软件技术"一节,系统地介绍了图文混合显示的编程方法,特别是其中的排版技术很有实用价值。在第6章中,新增加了"互斥型输出的硬件容错设计"一节,介绍了在工业过程控制中的一个"麻烦"问题的解决方案,供读者参考。

学生学习"功能模块"程序设计比较容易,因为需要解决的问题比较单纯。而学习"监控"程序设计比较费力,因为需要解决系统整体协调问题,往往不知从何下手。即使一个很简单的系统,要完成系统程序设计,并将程序代码烧录到芯片中,而且能够正常运行,只有很少学生能够在规定的时间内独立完成任务,这种"教完知识就让学生独立完成系统设计"的教学方法已经被证明效率很低。为了加快入门的步伐,笔者在附录A中提供了两个风格完全不同的完整的应用程序样本,作为"字帖",供初学者"临摹"。一般"临摹"两三次后就可以脱手自行进行简单的系统软件设计了,这比让学生自己"瞎折腾"要好得多,能够使更多的学生在较短的时间内"上路",提高毕业后的就业能力。

第1版附录中的"MCS-51单片机实用子程序库"曾经得到广大读者的好评,正版用户遍及全国各地,经过10年来的使用,笔者进行了进一步优化,作为附录B提供给读者的"MCS-51单片机实用子程序库"是一个经过长期考验的优化的子程序库。

修订版于2002年出版后至今已超过8年,书中的某些内容已经明显过时,作者对修订版进行了修改,并补充一些新的内容,成为现在的第3版。

根据当前电子技术的发展现状,在第3版的第4章中,新增加了"有字库液晶显示屏"和"触摸屏"的内容。

第3版仍然以51单片机的汇编语言为编程语言,但在附录中增加了两个以C51为编程语言的程序样本,供读者学习C51语言参考,并建议读者尽可能将书中的各种汇编语言子程序改写为C51语言的函数,从而提高自己的软件编程能力。

在附录中,作者第一次公开了"MCS-51高精度浮点运算子程序库",该子程序库原本是需要收费的商品软件。

在这次修改中,也保留了修订版中的某些实用性不高的内容,这些内容对提高软件编程能力还有一定的帮助,读者可以用类似思路来解决将来碰到的问题。

第3版在写作过程中,得到了北京航空航天大学出版社的大力支持和帮助,尤其是得到何立民教授的帮助,在此一并表示感谢!对于书中的错误和不足之处,望广大读者指正!

周航慈

2010年10月于北京

目录

第1章 应用程序的设计步骤

单片机在智能仪器仪表、机电一体化产品和自动控制系统中的应用愈来愈广，很多老式仪表设备在进行升级换代的改造中，都将采用单片机作为首选方案。单片机的优越性能使电路设计变得更简单，但随之而来的是程序设计任务变得比较繁重。掌握正确的程序设计步骤可以加快开发速度，减少返工时间，提高系统软件的质量。

1.1 设计任务书的编写

每个应用项目在正式动手进行设计前，应该认真进行目标分析，编写出设计任务书。编写任务书时必须以用户的愿望为依据，最后必须得到用户的完全认可。如果项目设计者和用户不是同一经济单位，则必须通过一定的法律程序签订技术合同，将有关设计任务写进合同，以备将来项目验收时作为依据。由此可见，设计任务书必须尽可能详尽，指标必须明确。

设计任务书中填写有关技术指标的具体数据时要非常慎重。整个系统最终达到的技术指标是由各个环节共同作用后完成的。例如一个智能检测仪表，测试精度指标定为 0.05 %，表面上看，只要采用 12 位 A/D 转换器件就可以达到这个目标。其实不然，如果传感器的非线性、温漂等指标达不到这个水平，或者抗干扰措施不力，那么整个系统的指标是根本不能完成的，即使数字显示出足够多的位数，但它的低位数字跳跃不停，则输出的高精度也是虚假的。因此，必须通盘考虑之后，再定下各项技术指标，免得以后验收时无法通过。

一般情况下，技术指标达到某个限度之后，再提高一点点都是不容易的，为此可能要付出几倍的时间和经费。因此，当指标接近这个限度时(如国内先进水平或国际先进水平)，必须充分作好技术力量和经济力量的准备。

任务书中除说明系统的各项具体技术指标外，还应对设备规模作出规定，这是硬件投资的主要依据。如主机机型、分机机型、需要哪些类型的传感器、配备哪些外部设备、操作台或操作面板的规格、执行单元的类型等均应该作出规定。如果内容较多，则往往以附件的形式单独编写。

任务书中还应说明操作规范，整个系统的操作使用者是用户单位，因此，操作规范必须充分尊重用户的职业习惯，使用户感到方便顺手。操作规范越详尽越好，这是系统软件的设计基础，千万不可马虎了事；否则，将使软件设计进展不顺利，造成重大返工。如果操作规范内容较多,也应以附件的形式单独编写。

为了使设计任务书编写得合情合理(即在指定的期限内,不超出额定经费的前提下,能完成任务书中规定的各项指标),项目设计者必须是一个双重角色:一方面是计算机技术人员,懂得计算机的硬件设计和软件设计;另一方面又是一个系统操作者,懂得有关行业知识和基本的行业操作技能。因此,搞单片机应用开发的技术人员的知识面应尽可能广,这样,才能在项目的开发初期做到心中有数,编写的任务书也才能合情合理。如果项目开发者对所开发的项目还是门外汉,千万不可轻易签合同,必须先老老实实当一段时间"学徒",真正掌握该行业最基本的知识和技能,才可以动手编写任务书。

1.2 硬件电路设计

一个项目定下来后,经过详细调查,编制出任务书,就进入正式研制阶段。从总体上来看,设计任务可分为硬件设计和软件设计,这两者互相结合,不可分离;从时间上来看,硬件设计的绝大部分工作量是在最初阶段,到后期往往还要作一些修改。只要技术准备充分,硬件设计的大返工是较少的。软件设计的任务贯彻始终,到中后期基本上都是软件设计任务。随着集成电路技术的飞跃发展,各种功能很强的芯片不断出现,使硬件电路的集成度愈来愈高,硬件设计的工作量在整个项目中所占的比重逐渐下降。

另一方面,修改硬件电路有一些固有不利因素,这就是周期长、不灵活、消耗原材料。要改动一次硬件设计,就要重新制作电路板,安装元器件,调试电路。而软件的修改只要在开发系统上改动一些指令即可,基本上不需要消耗原材料。因此,硬件电路设计要仔细推敲,尽可能通过集体论证来拍板定稿,从而避免硬件电路大返工。硬件电路大返工往往迫使软件设计也大返工,延误项目的开发进程。为使硬件设计尽可能合理,应注意以下几方面。

(1) 尽可能采用功能强的芯片,以简化电路

功能强的芯片可以代替若干块普通芯片。随着生产工艺的提高,新型芯片的价格不断下降,并不一定比若干块普通芯片价格的总和高。

(2) 留有设计余地

在设计硬件电路时,要考虑到将来修改、扩展的方便。因为很少有一锤定音的电路设计,如果现在不留余地,将来可能要为一点小小的修改或扩展而被迫进行全面返工。为此,在硬件设计中要注意以下几点:

① 程序空间。选用片内程序空间足够大的单片机,以备将来扩充软件功能时能够容纳更大的程序规模。

② RAM空间。89C51内部RAM空间不大(128字节),当要增强软件数据处理功能时,往往觉得不足。可选用89C52单片机(256字节)或者内部含XRAM的单片机。

③ I/O端口。在样机研制出来后进行现场试用时,往往会发现一些被忽视的问题,而这些问题是不能单靠软件措施来解决的。如有些新的信号需要采集,就必须增加输入检测端,有些物理量需要控制,就必须增加输出端。如果在硬件电路设计之初就多预留出一些I/O端口,虽然当时空着没用,但过后就正好派上用场了。

④ A/D和D/A通道。和I/O端口同样的原因,将一些A/D和D/A通道空出来,将来很可能会解决大问题。

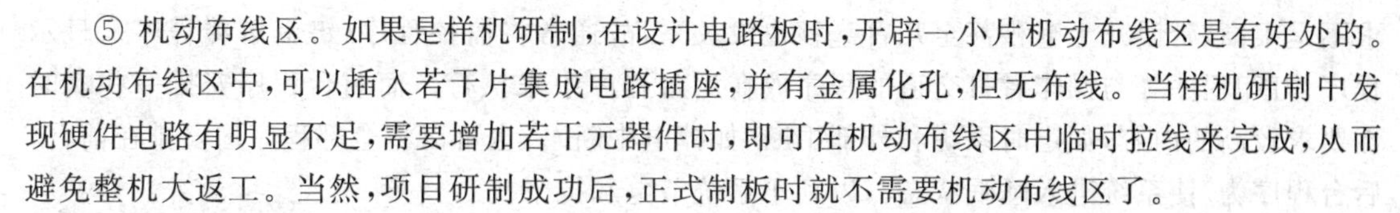

⑤ 机动布线区。如果是样机研制，在设计电路板时，开辟一小片机动布线区是有好处的。在机动布线区中，可以插入若干片集成电路插座，并有金属化孔，但无布线。当样机研制中发现硬件电路有明显不足，需要增加若干元器件时，即可在机动布线区中临时拉线来完成，从而避免整机大返工。当然，项目研制成功后，正式制板时就不需要机动布线区了。

(3) 以软代硬

单片机和数字电路本质的区别就是它具有软件系统。很多硬件电路能做到的，软件也能做到。因此，在硬件电路设计时，不要忘记还有软件作后台。原则上，只要软件能做到的，就不用硬件。硬件多了不但增加成本，而且使系统出故障的机会也增加了。以软代硬的实质是以时间代空间，软件执行过程需要消耗时间，因此，这种代替带来的不足就是实时性下降。当系统对某些事物的反应有严格的时间限制时，往往增加硬件电路是唯一的选择。但对一些实时性要求不是很高的场合，以软代硬是很合算的。如触点去抖动的软件延时方案，就比硬件双稳电路去抖动要合算得多；软件低通滤波算法就比硬件低通滤波电路优越得多。

(4) 监测电路的设计

在系统运行中有可能出现故障，如何及时采取措施，防止事态扩大并及时向操作者提出报警，就要求系统具有自诊断功能。为此。必须为系统设计有关的监测电路。这部分电路与系统正常的功能没有什么关系，往往容易忽视。在一些重要的自控系统中，系统的自诊断功能是很重要的，详情参阅第6章有关内容。

(5) 工艺设计

包括机架机箱、面板、配线、接插件等，必须考虑到安装、调试、维修的方便。另外，硬件抗干扰措施也必须在硬件设计时一并考虑进去，以免日后添加时发生困难，详情参阅第5章有关内容。

1.3 软件任务分析

软件任务分析和硬件电路设计结合进行，哪些功能由硬件完成，哪些任务由软件完成，在硬件电路设计基本定型后，也就基本上决定下来了。

软件任务分析环节是为软件设计作一个总体规划。从软件的功能来看可分为两大类：一类是执行软件，它能完成各种实质性的功能，如测量、计算、显示、打印、输出控制、通信等；另一类是监控软件，它是专门用来协调各执行模块和操作者的关系，在系统软件中充当组织调度角色的软件。这两类软件的设计方法各有特色：执行软件的设计偏重算法效率，与硬件关系密切，千变万化；监控软件着眼全局，主要处理人机关系，其特点是逻辑严密，千头万绪。

软件任务分析时，应将各执行模块一一列出，并为每一个执行模块进行功能定义和接口定义(应输入、输出定义)。在为各执行模块进行定义时，要将牵涉到的数据结构和数据类型问题一并规划好。

各执行模块规划好后，就可以规划监控程序了。首先根据系统功能和键盘设置选择一种最适合的监控程序结构。相对来讲，执行模块任务明确单纯，比较容易编程。而监控程序较易出问题，这如同当一名操作工人比较容易，而要当好一个厂长就比较困难了。

软件任务分析的另一个内容是如何安排监控软件和各执行模块。整个系统软件可分为后台程序(背景程序)和前台程序。后台程序指主程序及其调用的子程序，这类程序对实时性要

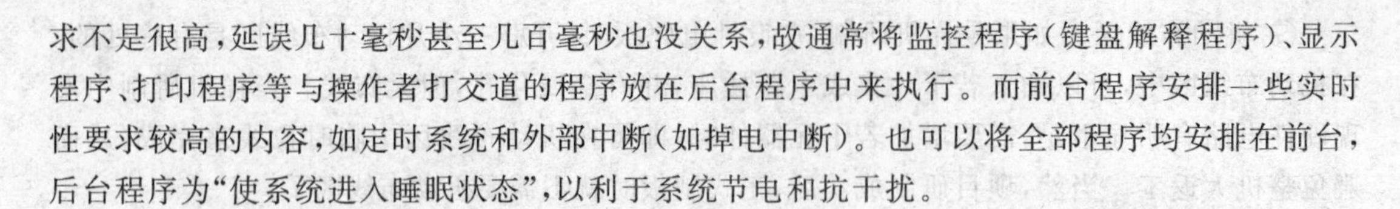

求不是很高,延误几十毫秒甚至几百毫秒也没关系,故通常将监控程序(键盘解释程序)、显示程序、打印程序等与操作者打交道的程序放在后台程序中来执行。而前台程序安排一些实时性要求较高的内容,如定时系统和外部中断(如掉电中断)。也可以将全部程序均安排在前台,后台程序为"使系统进入睡眠状态",以利于系统节电和抗干扰。

1.4 数据类型和数据结构的规划

上节中的软件任务分析只是一个粗糙的分析和大体上的安排,还不能开始编程。系统中各个执行模块之间有着各种因果关系,互相之间要进行各种信息传递。如数据处理模块和检测模块之间的关系,检测模块的输出信息就是数据处理模块的输入信息;同样,数据处理模块和显示模块、打印模块之间也有这种"产销"关系。各模块之间的关系体现在它们的接口条件上,即输入条件和输出结果上。为了避免出现产销脱节现象,就必须严格规定好各个接口条件,即各接口参数的数据结构和数据类型。这一步工作可以这样来做:将每一个执行模块要用到的参数和要输出的结果列出来,对于与不同模块都有关的参数,只取一个名称,以保证同一个参数只有一种格式。然后为每一个参数规划一种数据类型和数据结构。

从数据类型上来分类,可分为逻辑型和数值型,但通常将逻辑型数据归到软件标志中去考虑,而将"数据类型分类"理解为"数值类型分类"。数值类型可分为定点数和浮点数。定点数有直观、编程简单、运算速度快的优点,其缺点是表示的数值动态范围小,容易溢出。浮点数则相反,数值动态范围大,相对精度稳定,不易溢出;但编程复杂,运算速度低。

如果一个参数的变化范围有限,就可用定点数来表示,以简化程序设计和加快运行速度。如某温度控制系统,温度范围为33.0～44.0 ℃,控制精度为0.1 ℃。如果用一个字节来表示温度(温度分辨率为0.05 ℃),就可以表示12.8 ℃的温度变化范围。采用坐标变换算法后,00H～0FFH就可以表示32.0～44.75 ℃的温度范围了,从而实现一个字节的定点表示方法。当参数的变化范围太宽时,只好采用浮点数来表示,如智能电桥中被测对象的变化范围达10个数量级(1 pF～10 000 μF),定点数是无法胜任的。

如果某参数是一系列有序数据的集合,如采样信号系列,则不光有数据类型问题,还有一个数据存放格式问题,即数据结构问题。在单片机应用系统中,数据结构比较简单,对于"数组",一般采用顺序存放的格式,这样就可以用简单的下标运算来访问数组中的任何一个元素。对于"队列",一般采用环形队列结构,为此应规划好三样东西:队列存储区域、队首指针和队尾指针,并计算出总共需要的RAM字节数。

1.5 资源分配

完成数据类型和数据结构的规划后,便可开始分配系统的资源了。系统资源包括程序存储器(多为片内)、RAM、定时器/计数器、中断源等。在任务分析时,实际上已将定时器/计数器、中断源等资源分配好了。因此,资源分配的主要工作是RAM资源的分配。片外RAM的容量比片内RAM大,通常用来存放批量大的数据,如采样数据系列。真正需要认真考虑的是片内RAM的分配。

片内RAM分配时应注意充分发挥各自的特长,做到物尽其用:00H～1FH这32字节可

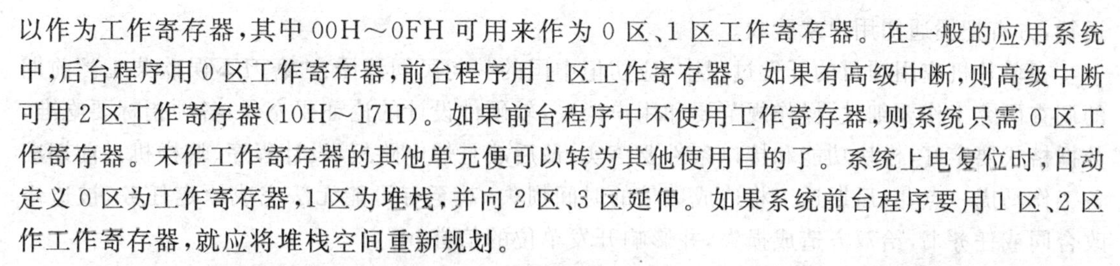

以作为工作寄存器，其中00H～0FH可用来作为0区、1区工作寄存器。在一般的应用系统中，后台程序用0区工作寄存器，前台程序用1区工作寄存器。如果有高级中断，则高级中断可用2区工作寄存器（10H～17H）。如果前台程序中不使用工作寄存器，则系统只需0区工作寄存器。未作工作寄存器的其他单元便可以转为其他使用目的了。系统上电复位时，自动定义0区为工作寄存器，1区为堆栈，并向2区、3区延伸。如果系统前台程序要用1区、2区作工作寄存器，就应将堆栈空间重新规划。

在工作寄存器的8个单元中，R0和R1具有指针功能，是编程的重要角色，应充分发挥其作用，尽量避免用来做其他事情。

20H～2FH这16字节具有位寻址功能，用来存放各种软件标志、逻辑变量、位输入信息副本、位输出信息副本、状态变量、逻辑运算的中间结果等。当这些项目全部安排好后，保留一两个字节备用，剩下的单元才可改作其他用途。

30H～7FH为一般通用寄存器，只能存入整字节信息。通常用来存放各种参数、指针、中间结果，或用做数据缓冲区。也常将堆栈安放在片内RAM的高端，如68H～7FH。

89C52等增强型单片机片内RAM空间为256字节或更多，80H～0FFH同样可以作为一般通用寄存器来使用，但只能通过R0和R1来间接使用，故适合安排各种数组和表格。

如果将系统的各种开销安排后，所剩单元很少，这往往不是好兆头。应该留有足够的余地，因为现在还处于规划阶段，随着软件设计的发展进程，几乎都会出现新的资源要求。如果在规划阶段资源已经很紧张，则建议修改硬件设计，增加RAM资源。

RAM资源规划好后，应列出一张RAM资源的详细分配清单，作为编程依据。

1.6　编程及调试

上述各项准备工作都完成后，就可以开始编程了。如果项目开发者是一个群体，就可以分工进行，每个人完成其中的一部分软件任务。每部分任务都有一定的独立性，各任务之间的关系用接口条件明确定义。

软件设计有两种方法：一种是自上而下，逐步细化；另一种是自下而上，先设计出每一个具体的模块（子程序），然后再慢慢扩大，最后组成一个系统。两种方法各有优缺点。自上而下的方法在前期看不到什么具体效果，对于初学者来说，心中总是不踏实。而自下而上的方法一开始就有效果，每设计并测试好一个模块，就能看到一个实际效果，给人一步一个脚印的感觉，对初学者比较有利，能树立信心。因此，在分工时，应将一些基本的低级模块让初学者去完成，而项目负责人编制自上而下的总体框架程序（监控程序）比较合适。关于监控程序和功能模块程序的设计方法，后续各章还要详细讨论。

单片机由于本身没有开发能力，故编程调试均在各种类型的开发系统上进行，其基本过程是相同的：用编辑软件编辑出源程序，再用编译软件生成目标代码，如果源程序中有语法错误则返回编辑过程，修改源文件后再继续编译，直到通过这一关。然后对程序进行测试，纠正测试中发现的错误。接着就在开发系统上仿真运行（如果开发系统功能不足，便将目标代码写入芯片中，插入样机中运行），试运行中将会发现不少设计错误（不是语法错误），再从头修改源程序，如此反复直到基本成功，就可投入实际环境中试用。在实际使用中，又会发现不少实验室中难以发现的问题，这时再对软件和硬件做必要的修改，直到能在实际环境中比较稳定可靠地运行,方有把握通知用户来验收。

在单片机应用项目的开发过程中,应切记中国的一句民间谚语:“磨刀不误砍柴工。”前期的调查研究工作要细致,操作规范要和用户谈妥,软硬件设计的论证要充分,各项指标要吃准,数据格式要定好,模块功能和接口条件要落实,最后才是焊电路板、设计程序、调样机。前期准备工作马虎一点儿,后期返工将造成数倍的时间损失,甚至有可能无法完成原定任务,被迫修改合同或任务书,给双方造成损失,并影响开发单位的信誉。

1.7 编程语言与开发环境的选择

目前单片机应用系统中软件的开发主要采用汇编语言和C语言,或者采用汇编语言与C语言混合编程。

采用汇编语言编程必须对单片机的内部结构和外围电路非常了解,尤其是对指令系统必须非常熟悉,故对程序开发者的要求是比较高的。用汇编语言开发软件是比较辛苦的,程序量通常比较大,方方面面均需要考虑,一切问题都需要由程序设计者安排。

采用C语言编程时,只要对单片机的内部结构和外围电路基本了解,对指令系统则不必非常熟悉,故对程序开发者的硬件素质要求不是很高。用C语言开发软件相对比较轻松,很多细节问题不需要考虑,编译软件会替设计者安排好。故C语言在单片机软件开发中的应用越来越广,使用者越来越多。

单纯采用C语言编程也有不足之处,在一些对时序要求非常苛刻的场合,只有汇编语言能够很好地胜任。故在很多情况下,采用C语言和汇编语言混合编程是最佳选择。

从编程难度来看,汇编语言比C语言要难得多,作为一个立志从事单片机系统开发的科技人员,必须熟练掌握汇编语言程序设计方法,在熟练掌握汇编语言编程之后,学习C语言编程将是一件非常容易的事情,并且能够将C语言和汇编语言非常恰当地混合在一起,以最短的时间和最小的代价,开发出高质量的软件。

由于汇编语言程序设计是每一个单片机从业人员都懂的程序设计语言,但不是每一个人都已经熟练掌握,故本书将采用MSC-51系列单片机汇编语言来讨论各种问题。关于C语言(如C51)的程序设计技术,这方面的书籍已经不少,本书将不涉及(但在附录A中提供了两个用C51编写的程序样本)。笔者强烈建议:在基本掌握汇编语言程序设计技术之后,应该学习C语言程序设计技术(入门是比较容易的),使自己的程序设计水平上一个新的层次。

开发环境有两种:基于“裸机”的编程环境和基于“操作系统”(实时多任务操作系统)的编程环境。在基于裸机的编程环境下,开发者面临的是一个完全空白的单片机芯片,一切程序都必须由开发者来设计;在基于操作系统的编程环境下,开发者面临的是一个具有“实时多任务操作系统”内核的系统,在操作系统的基础上来进行程序设计时,只需要完成系统各项任务的程序设计,任务的管理和调度等基本操作由操作系统内核来完成。

显然,基于操作系统的编程环境可以得到高可靠、高效率的软件,但也要付出一定的代价:操作系统内核一是要花钱购买,二是要占用系统资源。因此,在系统资源紧张、成本要求苛刻时,就不宜采用操作系统内核。很多采用廉价单片机开发的小型电子产品功能单纯,程序量一般在16K之内,完全没有采用操作系统的必要。

采用操作系统内核的最佳场合是实时性要求高、任务比较多(控制对象多、检测对象多、系

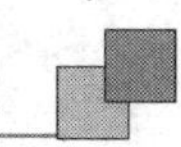

统比较复杂)的系统。在这种系统中,采用的单片机档次比较高,系统资源比较充足,一般开发成本的预算也较高。采用基于操作系统的开发环境有利于在较短的时间内完成系统开发任务,所得到的软件系统的可靠性也有保障。

本书不准备介绍基于操作系统环境的编程技术,因为实时多任务操作系统本身就足够用一本书来介绍。因此,本书介绍的是基于裸机编程环境的汇编言语程序设计技术。也就是说,本书介绍的是一种最辛苦的编程技术,也是一个单片机系统开发者必须掌握的基本功。掌握基于裸机编程环境的汇编言语程序设计技术后,再掌握基于实时多任务操作系统编程环境的C语言编程技术,将如虎添翼,得心应手,并有希望成为业内专家。笔者的另外一本书《基于嵌入式实时操作系统的程序设计技术(第2版)》已经出版,可作为进一步学习程序设计技术的参考书。

第 2 章

程序流程图与子程序设计

如何将一种构想变成一行行的源程序？在前期准备工作基本结束后，这个问题就提出来了。有些编程者喜欢马上就上机编程序，想到哪里就编到哪里，一天下来编出几百行，以为收获不小。实际上这几百行程序是很靠不住的，日后必然要大删大改。经验证明，一个初学者平均每天有效编程量大约只有几行到十几行。也就是说，一个 3 000 行左右的软件系统能在半年内完成就不错了。上机输入这 3 000 行程序最多也只要一两天，绝大多数时间都在反反复复地修改和测试，甚至推倒重来。提高软件设计总体效率的有效方法是熟练绘制程序流程图和养成良好的程序设计风格。本章就这两个基本功进行简单的讨论。

2.1 程序流程图

程序流程图是什么，大家早就知道了，但对程序流程图的作用，未必都明确。有些人一说编程序，就控制不住上机的欲望，马上就在键盘上敲起来，一行一行往下编。这些人就不明白程序流程图的真正作用，以为程序流程图是画出来给别人看的。其实，程序流程图是为编程者自己用的。正确的做法是先画程序流程图，再开始编程，而不是编完程序后再补画程序流程图。

什么是程序设计？有人以为上机编辑源程序就是程序设计，这是不对的。画程序流程图也是程序设计的一个重要组成部分，而且是决定成败的关键部分。画程序流程图的过程就是进行程序的逻辑设计过程，这中间的任何错误或忽视均将导致程序出错或可靠性下降。因此，可以认为：真正的程序设计过程是流程图设计，而上机编程只是将设计好的程序流程图转换成程序设计语言而已。

程序流程图和对应的源程序是等效的，但给人的感受是不同的。源程序是一维的指令流，而流程图是二维的平面图形。经验证明，在表达逻辑思维策略时，二维图形比一维指令流要直观明了得多，因而更有利于查错和修改。多花一些时间来设计程序流程图，就可以节约几倍的源程序编辑调试时间。

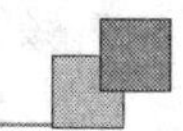

2.1.1 程序流程图的画法

程序流程图大家都画过，也见过不少，按说都会画了。其实有些人并没有掌握真正的画法，他们一开始画出的流程图，已经和他们要编的源程序相差无几，甚至一个方框对应一条指令。有的流程图方框里几乎没有什么说明文字，都是一些汇编语言的指令，这样的流程图画出来也没有什么意思，所以有的人干脆不画了，而直接编辑源程序。

正确的流程图画法是先粗后细、一步一个脚印，只考虑逻辑结构和算法，不考虑或少考虑具体指令。这样画流程图就可以集中精力考虑程序的结构，从根本上保证程序的合理性和可靠性。剩下来的任务只是进行指令代换，这时只要消除语法错误，一般就能顺利编出源程序，并且很少大返工。下面用一例子来说明流程图的画法。

有一数据采集系统，将采集到的一批数据存放在片外RAM中，数据类型为双字节十六进制正整数，存放格式为顺序存放，高字节在前(低地址)，低字节在后(高地址)，数据块的首址已知，数据总个数(不超过256个)也已知。现在需要设计一个程序，计算下列公式的值

$$V = \frac{1}{\overline{X}} \sqrt{\frac{1}{n-1} \sum_{i=1}^{n} (X_i - \overline{X})^2} \times 100\ \%$$

式中，n为数据总个数，X_i为某一个数据，$\overline{X}$为这n个数据的平均值。要求最后结果以BCD码百分数表示，并精确到0.1％。

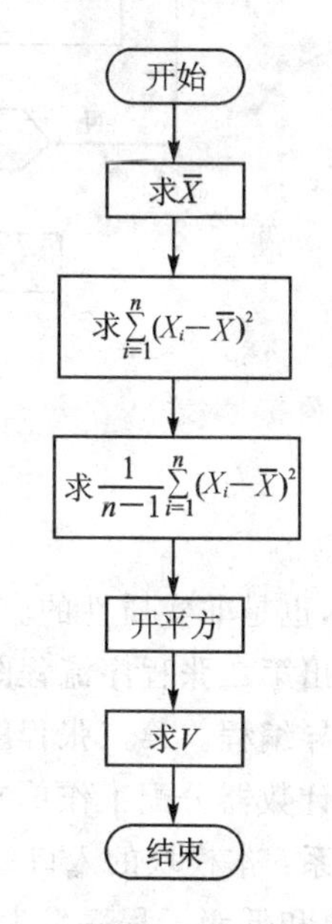

图2-1 第一张程序流程图

第一步，先进行最原始的规划，画出第一张程序流程图，如图2-1所示。在画第一张程序流程图时，将总任务分解成若干个子任务，安排好它们之间的相互关系，暂不管各个子任务如何完成。这一步看起来简单，但千万不能出错，这一步的错误是属于宏观决策错误，有可能造成整体推倒重来。

第二步，将第一张程序流程图的各个子任务进行细化，决定每个子任务采用哪种算法，而暂不考虑如何为数据指针、计数器及中间结果配置存放单元等具体问题。由于第二张程序流程图的内容比第一张详细，如果全图画在一起不方便，可以分开画，但要注明各分图之间的连接关系。第二张程序流程图如图2-2所示。在第二张程序流程图中，主要任务是设计算法，因此必然会用到很多常用算法子程序。为了简化程序设计，应该将那些本系统要用到的常用子程序收入系统，建立一个子程序库，而各个功能模块就不必各自编制这些子程序了。本例中，假设系统子程序库中已有除法子程序、开平方子程序及十六进制与BCD码的转换子程序等。因此，在第二张程序流程图中，与这些子程序有关的算法就不再细化了。通常第二张程序流程图已能说明该程序的设计方法和思路，用来向他人解释本程序的设计方法是很适宜的。一般软件说明中的程序流程图大都属于这种类型。

由于第二张程序流程图以算法为重点，所以，第二步花的时间必然比第一步要多。算法的合理性和效率决定了程序的质量。同样一个任务，新手和老手画出的第二张流程图可能差异很大；而对同样一张第二步设计出来的程序流程图，新手和老手编出来的程序差异就很小，如

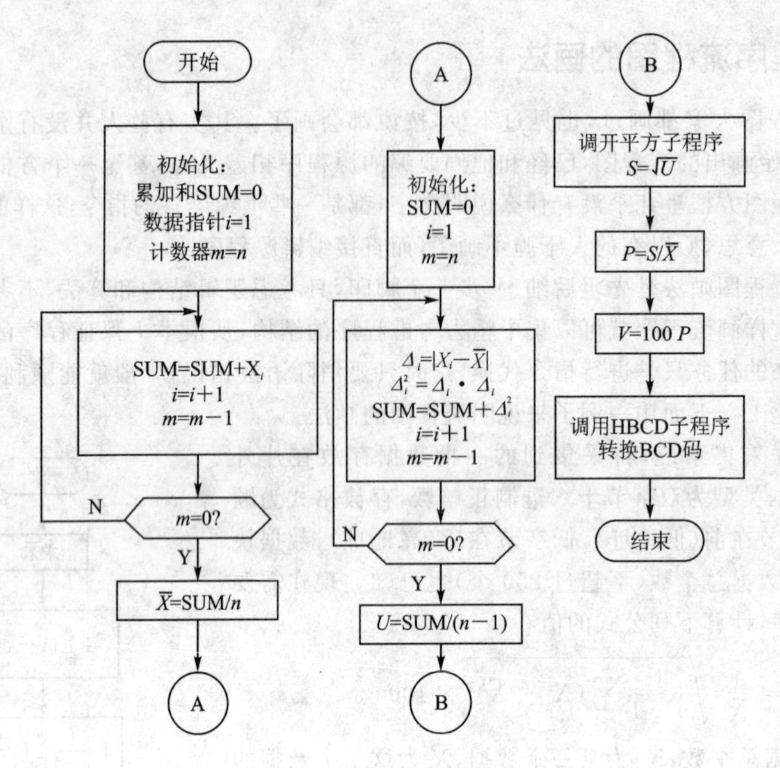

图 2-2　第二张程序流程图

有差异,也是非实质性的。

画出第二张程序流程图后还不能马上就进行编程,这时往往需要画第三张程序流程图,用它来指导编程。第三张程序流程图以资源分配为策划重点,要为每一个参数、中间结果、各种指针和计数器分配工作单元,定义数据类型和数据结构。在进行这一步工作时,要注意上下左右的关系:本模块的入口参数和出口参数的格式要和全局定义一致;本程序要调用低级子程序时,要和低级子程序发生参数传递,必须协调好它们之间的数据格式;本模块中各个环节之间传递中间结果时,其格式也要协调好。在定点数系统中,中间结果存放格式要仔细设计,避免发生溢出和精度损失。一般中间结果要比原始数据范围大、精度高,才能使最终结果可靠。

设数据块首址在 3EH 和 3FH 中,数据总个数在 3DH 中。在求平均值的子任务中,用 R2,R3 和 R4 存放累加和,用 DPTR 作数据指针,用 R7 作计数器,用 R5 和 R6 作机动单元。这样规划后,第三张程序流程图的求 $\overline{X}$ 子程序部分就可以画出来了,如图 2-3 所示。与第二张程序流程图相比,每一个量都是具体的,由此来编程就很容易了。

由于第三张程序流程图中已注明具体单元,所以流程图的规模就更大了,这时一般都分成若干部分,并注明它们之间的连接去向。用同样的方法画出其余各部分,按 2.1.2 小节介绍的方法拉直流程图。加注标号后,就可以开始编程了。

对于编程经验比较丰富的人员,有时可以不画第三张程序流程图,在设计好第二张程序流程图后,再编制一张资源分配表,用这张资源分配表对照第二张程序流程图,就可以开始进行编程。

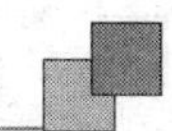

2.1.2　从程序流程图到程序

画好程序流程图后，就可以比较方便地进行编程了。从流程图到程序的过程发生了两个变化：形式上从二维图形变成了一维的程序，内容上从功能描述变成了具体的指令实现。

在将功能描述变成具体指令实现的过程中，一般不会有什么问题，因为算法过程和资源分配已经策划好了。如实现(R2，R3，R4)＝(R2，R3，R4)＋(R5，R6)的指令串如下：

```
        MOV     A,R6
        ADD     A,R4
        MOV     R4,A
        MOV     A,R5
        ADDC    A,R3
        MOV     R3,A
        MOV     A,R2
        ADDC    A,#0
        MOV     R2,A
```

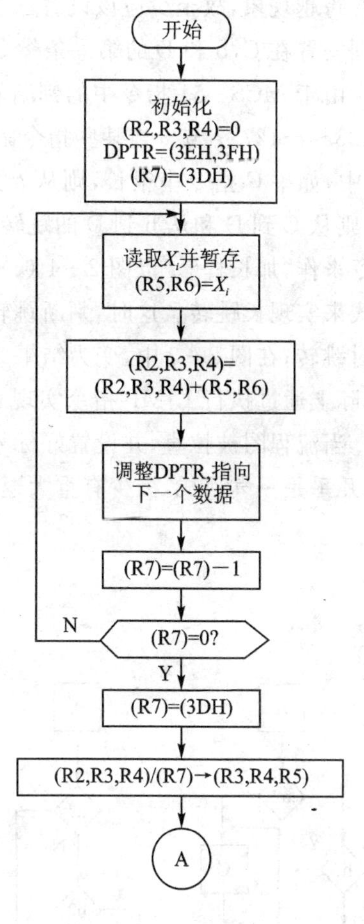

图 2－3　第三张程序流程图的一部分

实现这一累加功能的指令共 9 条，如果还要简化，最多也只能减少到 8 条指令，将最后 3 条指令换成下述 2 条指令：

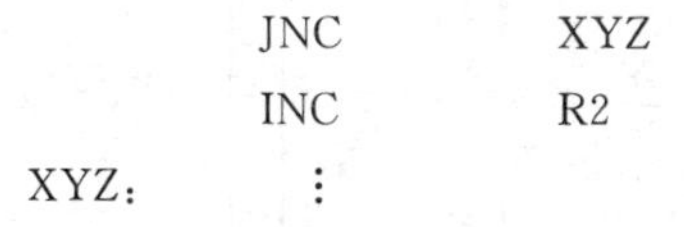

```
        JNC     XYZ
        INC     R2
XYZ:    ⋮
```

这样做之后，累加和的溢出信息就消失了。当然在这个特定的条件下是不会发生累加和溢出的，因为 256 个以下的双字节数的累加和是一定可以用 3 字节装下的。

在形式上将二维图形转换成一维程序需要处理的两个技术问题是：如何将程序流程图拉直和合理设置标号。一个没有分支的第二张(或第三张)程序流程图实际上已经是一维图形了，故不存在拉直问题。对于有分支的程序流程图，拉直的方法不是唯一的，它们之中有时有优劣之分。

请看图 2－4 (a)所示的程序流程图，图中每一个方框表示一段无分支的指令串，用大写字母表示；每一个菱形表示一个条件判断，进行二分支控制，并用小写字母表示判断操作，用 Y 和 N 表示二分支。要将其拉直，可以有两种不同方法，如图 2－4(b)和图 2－4 (c)所示。当所示的方框(指令串)和菱形(条件判断指令)都排成一条直线时，拉直的工作便完成了，它们的排列顺序就是程序中的实际顺序，表示各块之间程序流向的带箭头线段即为程序跳转指令转移方向。有了拉直的程序流程图后，就可以进行标号设计了。凡是流线跨过一个以上方框或菱形的地方，都需要设置一个标号，标号安放在箭头指达的地方。如图 2－4(c)中，从 A 到 a，从 C 到 c 和从 b 到 B，都是相邻关系，可以不设标号；而从 a 到 b，从 c 到 C，从 c 到 D 和从 b 到 D

都有跨越现象,故至少应该设置三个标号 L_1,L_2 和 L_3(模块入口的总标号不包括在内),它们分别安置在C,b和D的第一条指令处。

由于MCS-51指令中的判断转移指令均为短程相对转移指令,所以前后跳转范围只有-128~+127字节。当某些指令串比较长时,就会出现"一竿子打不着"的现象。如在图2-4(c)中,如果C指令串很长,则从a到b和从c到C的跳转都会出现困难;如果B指令串也很长,则从C到D和从b到D的跳转也会出现困难。克服这种困难的办法是用AJMP或LJMP指令来作"加长杆"。以图2-4(c)为例,可按图2-5的方式增设"加长杆"和标号,通过接力方式来实现长跳转。这时,判断跳转条件要做对应调整。如判断a,在图2-4(c)中是结果为N时跳转;在图2-5中,变为结果为Y时跳转(实际上只跳过一条指令),结果为N时不跳转(实际上通过执行LJMP指令实现真正的长跳转)。为此,标号也多增加了两个。

当流程图被拉直,并设置好标号后,就可以开始上机编程了。这时编程会使人感到特别顺利,几乎是一气呵成,极少有重大返工。

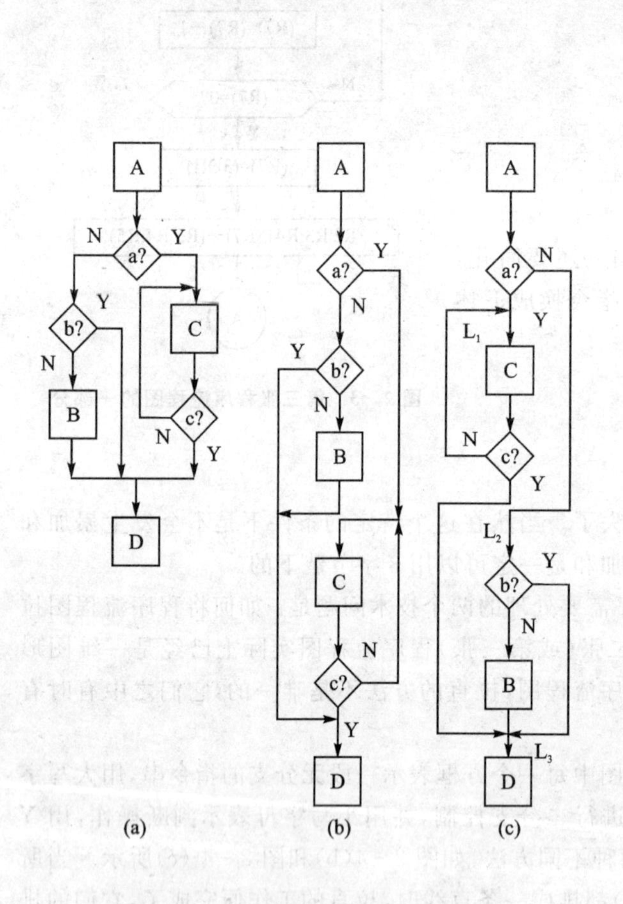

图2-4 将二维程序流程图拉直

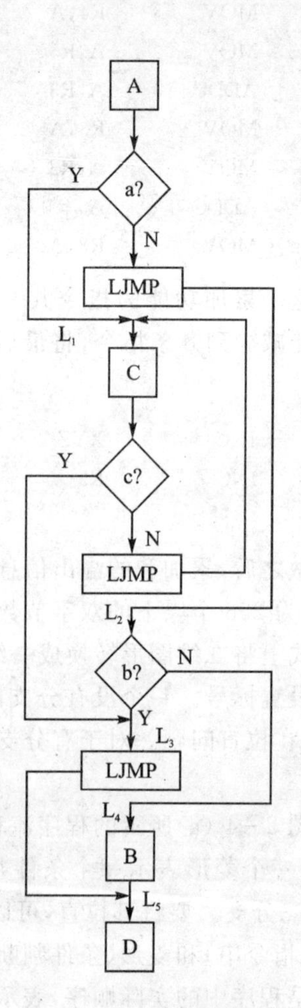

图2-5 长跳转的实现

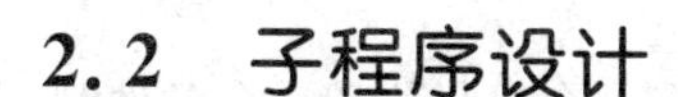

2.2　子程序设计

学习单片机的程序设计都是从设计一个个子程序开始的。由于还没有接触到系统程序的总体设计，故在编制子程序时质量意识还不强，只要能完成指定功能，就算子程序编成功了。现在讨论子程序设计不能还停留在这个水平上，而要考虑到系统软件设计的总体需要，使设计出来的子程序能更好地为系统程序服务，尽可能减少对系统程序的不利影响（即副作用：通过对系统现场资源影响，干扰系统程序或其他子程序）。

2.2.1　结构化的程序设计风格

子程序编完后，需要进行测试，测试通过后方可使用。在使用中有可能发现功能上的不足，这时就需要对原始程序进行功能扩充。为了使测试和功能扩充变得容易些，最有效的办法就是形成结构化程序设计风格。结构化设计出来的子程序不但本身具有模块特性（一个入口、一个出口），而且其内部也是由若干个小模块组成的。模块特性对测试很有利，功能扩充也很方便，要增加新功能，只要增加新模块就能实现，像搭积木一样。模块有如下 5 种基本结构。

① 顺序结构（DO 结构）：模块内各个子过程按先后次序排列和执行。如图 2－1 所示的程序流程图即为顺序结构。

② 选择结构（IF 结构）：模块内各个子过程是互相排斥的。按某条件进行选择，被选中的子过程被执行，如图 2－6 (a)所示。A，B 子过程中可以有一个是空过程，如图2－4 (a)中的 b 选择结构就有一边是空过程。选择结构有两种常用变形。如果图 2－6 (a)中的 B 执行块本身也是选择结构，就变为图 2－6 (b)所示的多级选择结构，常称为分选（筛选）结构。如果互斥的执行块较多，则常用一种“散转”结构，如图 2－6 (c)所示，通过对某一索引值进行运算，直接选中某一个执行块。

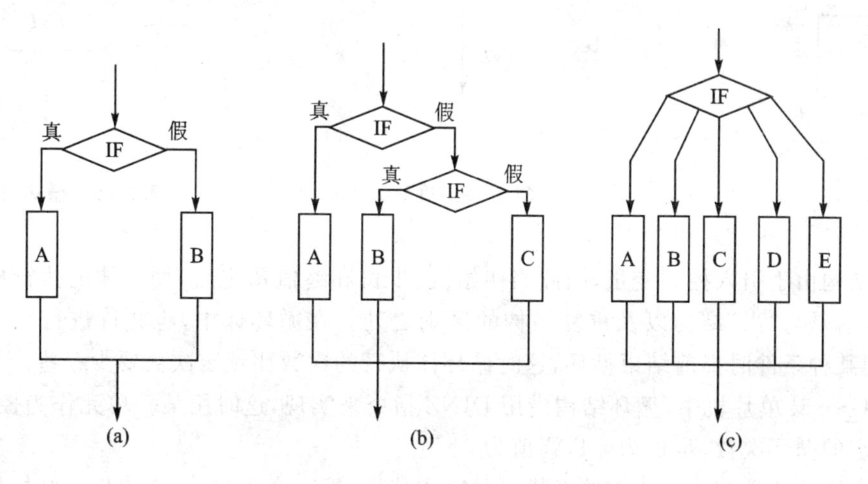

图 2－6　选择结构

③ “当”结构（WHILE 结构）：模块内只有一个执行块，但在执行前要先对某条件进行检查，如果条件不成立（为“假”），则退出该模块；如果条件成立（为“真”），则执行该模块。执行后继续检查条件，如果仍然成立，则还要执行，如图 2－7 所示。该结构中执行块被执行的次数是

不一定的,有可能一次也没有执行就直接退出。

④ 重复结构(REPEAT 结构):与“当”结构类似,模块中也只有一个执行块和一个条件判断过程,但先后次序不同,如图 2-8 所示。这种结构是先执行后判断,如果某条件尚未成立,则反复执行,直到某条件成立为止,故有时又称这种结构为“直到”结构。

重复结构与“当”结构类似,执行块执行的次数也不固定,但至少一遍,这又和“当”结构有些差异。

⑤ 循环结构(FOR 结构):这种结构与“当”结构、重复结构有相似的地方,只有一个执行块,且可多次执行,但控制执行次数的方法不同,如图 2-9 所示。在循环结构中,引入一个循环控制变量 I,在进入模块时,对 I 进行初始化,赋以初值 I_0,然后执行其中的实质程序块(循环体);执行完一遍后,控制变量进行调整,增加一个步长量(例如加 1),再与预定终值比较,达到或超过终值就停止循环,退出模块,否则继续执行。

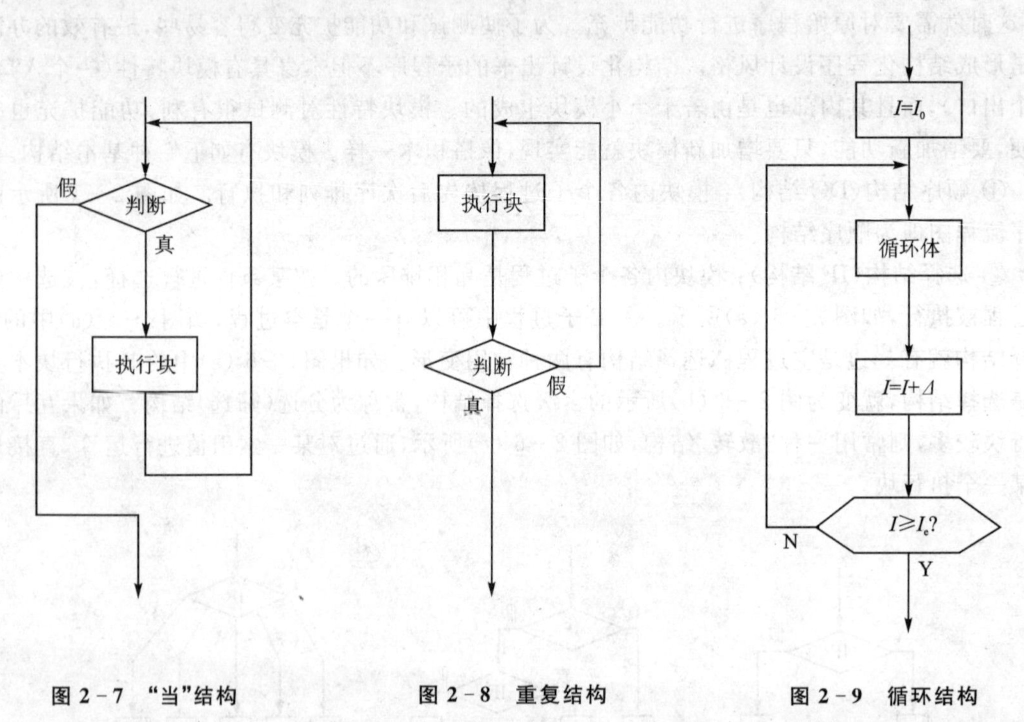

图 2-7 “当”结构　　图 2-8 重复结构　　图 2-9 循环结构

循环结构由于引入控制变量,因此当初始值、步长和终值预定后,循环体的执行次数基本是固定的,这是与“当”结构以及重复结构的区别之处。在循环体中,也允许进行某种条件检查,当达到某种条件时提前结束循环,这时循环体执行的次数比预定次数要少一些。

在 MCS-51 单片机中,循环结构借用 DJNZ 指令来实现,这时用某一单元作为控制变量,初值为预定的循环次数,步长为-1,终值为 0。

以上介绍的 5 种基本结构都符合模块的基本特性,即一个入口、一个出口。结构划分可以分层次进行,也就是说,每个执行块本身又可以继续往下分。例如图 2-4 (a)可以先看成顺序结构,由 3 个子模块构成。第一块是 A;中间部分看成一个整体,算作第二块;第三块是 D。第二块又可以看作选择结构,它有两个子模块作为互斥的选择对象。再往下分,左边的子模块是选择结构,右边的子模块是重复结构。如果一个子程序可以这样一直分下去,每次分出来的结构都用于这5种基本类型之一，则这个子程序就符合结构化设计要求。作为一个反面例子，如图2-10所示的程序流程图就不符合结构化设计要求。这种结构的程序测试起来非常复杂，很容易留下隐患。其解决的办法就是解耦，切断内部各子模块之间的横向联系，使各部分独立成为5种基本结构之一的标准模块。实现解耦的措施是程序段的冗余设计。如图2-10所示的非结构化程序，将D执行块重复安置在流程图中，成为如图2-11(a)所示结构，则程序的下部分即已解耦，符合结构化设计要求。按类似的方法，最后便可得到如图2-11(b)所示的符合结构化设计要求的程序流程图。这样做以后，程序是否会变得很臃肿呢？其实并不会。只要将B,C,D和E这4个执行段编成4个低级子程序，在总模块中，只是多几处调用指令罢了，这反而给测试程序的过程带来很大方便。对于某些最核心的低级子程序，当程序很短时，经过反复测试，也可以采用非结构化设计，以提高编程效率。

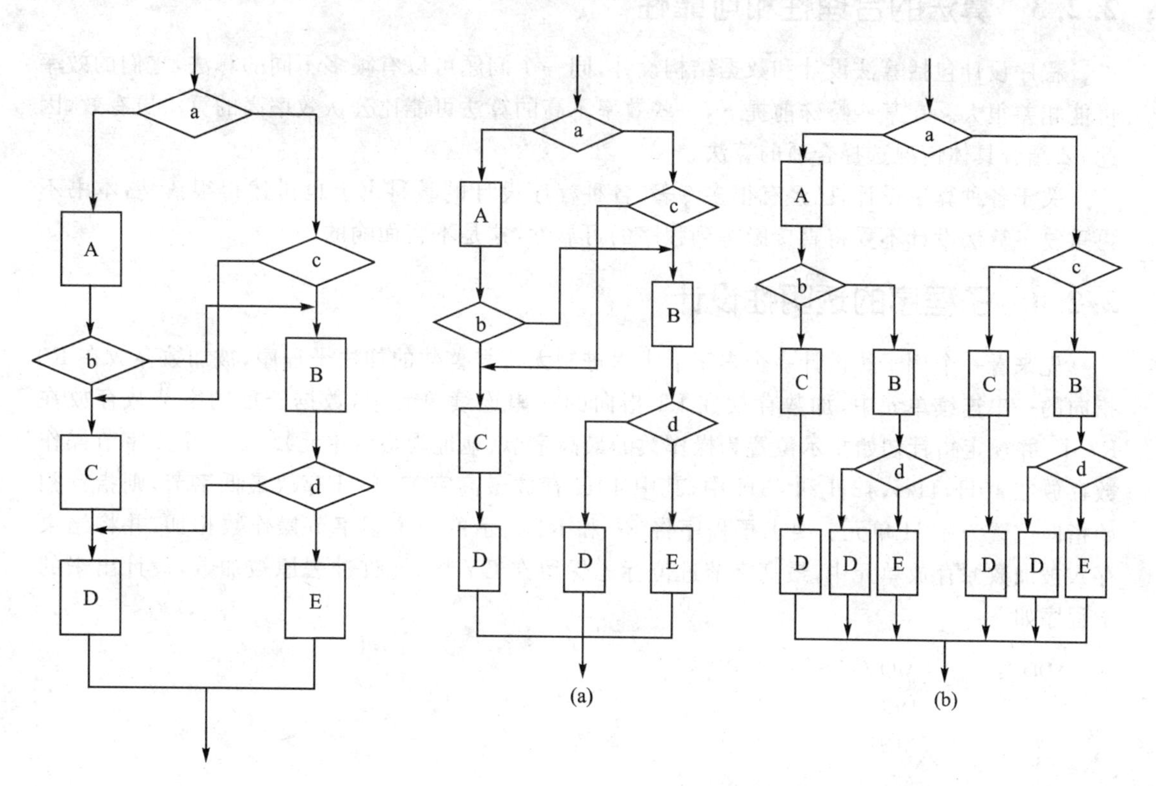

图2-10　非结构化程序的流程图　　图2-11　非结构化程序的解耦过程

2.2.2　参数的使用

子程序在执行过程中，要使用一些数据，主程序如何将这些数据交给子程序呢？基本上可分为3种方法。

第一种方法是复制一份参数给子程序，子程序有自己的参数存放单元，如工作寄存器R0～R7。主程序将要加工的参数复制到工作寄存器指定的单元中，就可以调用该子程序了。子程序可以任意使用这些参数，而不必考虑这些参数的原始出处来自何方，更不用担心这些参数的原始文本会受到破坏。

第二种方法是通过指针来传递加工参数,主程序对指针(例如R0,R1)进行赋值,使它指向要加工的参数存放位置,然后调用子程序。子程序通过指针,用间接寻址的方式来使用参数。这时,如果子程序要对参数进行写操作,则该参数的原始文本将被破坏,故这种方式只能用于允许更新参数原始文本,或者子程序只使用原始参数而不对其进行更新操作的场合。

第三种方法是隐含参数方式,主程序直接调用子程序,要使用的参数已隐含在子程序之中了,例如固定延时子程序和特定操作子程序等。在这种参数使用方法中,有的是以立即数方式在指令中给出,有的是以绝对地址方式给出参数存放地址。

在上述3种参数使用方法中,第一种最灵活,最安全;第二种也很灵活,但安全性差一些;第三种最呆板,完成的工作固定不变。当某些任务本身就呆板固定时,第三种方法还是有用处的。

2.2.3 算法的合理性和可靠性

程序设计包括算法设计和数据结构设计,同一个问题可以有很多不同的算法,它们的效率可能相差很大。在某些特殊前提下,一些效率不高的算法可能比公认效率高的算法更有效,因此,要结合具体情况选择合适的算法。

关于各种算法设计,已经有很多专著,各种程序设计的教科书上也讲述得很清楚,本书不再重复。算法设计不妥将直接影响到程序的可靠性,这是不言而喻的。

2.2.4 子程序的透明性设计

先来看一个例子。设计一个多字节十六进制无符号整数的加法子程序,被加数存放在R0指向的一串连续单元中,加数存放在R1指向的一串连续单元中,数据长度的字节数存放在R7中,并规定指针初始指示位置为操作数的最高字节(地址为最低单元)。如一个4字节操作数存放在40H,41H,42H和43H中,其中40H存放最高字节,43H存放最低字节,则指针初始指向位置为40H单元。要求子程序将R0和R1指示的两个多字节操作数相加,并将结果存入被加数原存放单元中,最高字节进位标志保留在CY中,允许冲去原被加数,设计出来的子程序如下:

```
ADDN:   MOV     A,R7
        DEC     A
        XCH     A,R0
        ADD     A,R0
        XCH     R0,A        ;指向被加数低字节
        ADD     A,R1
        MOV     R1,A        ;指向加数低字节
        CLR     C
ADDN1:  MOV     A,@R0       ;按字节相加
        ADDC    A,@R1
        MOV     @R0,A
        DEC     R0          ;调整指针
        DEC     R1
        DJNZ    R7,ADDN1
        RET
```

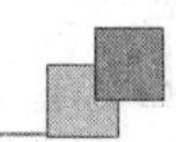

执行该子程序后，原来存放被加数的那些单元现在变成了运算结果，这是任务要求的，应该说完成了规定任务。但仔细分析一下，该子程序还做了哪些其他事情呢？它将 R0 和 R1 中的内容做了修改，原来它们是指向操作数的最高字节，现在指到操作数外面去了。另外，原来存放操作数字节长度的 R7，现在其内容已变为 0 了。这个子程序就像一个差劲的清洁工人，他虽然把房间打扫干净了，但同时也把家具弄乱了，主人是不会喜欢这样的清洁工人的。如果有一个清洁工人，他工作后除了房间变得干干净净外，其他什么事情也没有发生，这样的工人在主人看来就像隐身人一样。当然，清洁工人自带的工具会变脏一些，但这与主人的房间无关。从这里可以体会到，一个好的子程序应该具有透明性，在主程序中它除了完成指定功能外，不留下任何额外的痕迹。子程序只利用与主程序无关的工作单元，从而保护主程序的各种现场。根据这一点，重新设计如下程序：

```
ADDN:    MOV     A,R7        ;复制字节长度
         MOV     R6,A
         ADD     A,R0        ;调整指针
         MOV     R0,A
         MOV     A,R7
         ADD     A,R1
         MOV     R1,A
         CLR     C
ADDN1:   DEC     R0          ;调整指针
         DEC     R1
         MOV     A,@R0       ;按字节相加
         ADDC    A,@R1
         MOV     @R0,A
         DJNZ    R6,ADDN1
         RET
```

该子程序执行后，除了完成指定的加法功能外，R0 和 R1 内容不变，仍然指向累加和以及加数的最高字节。同时，R7 中仍然保存字节长度，这为主程序进行连续操作提供了方便。子程序使用了它们自己的工作单元 R6，而主程序对 R6 的内容一点儿也不感兴趣。这个子程序对主程序就具有很好的透明性。

2.2.5　子程序的相容性设计

在一个应用系统中必然有很多的子程序，各子程序之间必然有各种联系。这好比一个车间，有各种操作工序，对应有各种不同工种的工人。整个车间能否正常运转，固然和车间主任的领导水平有关，但各工种之间的相互配合、协调一致也是很重要的，否则，车间主任将要花不少精力来协调各工种之间的关系，当然会影响到整体效益。

看这样一个例子。计算：

$$M = X + Y - Z$$

式中，X，Y，Z 为 3 个多字节十六进制无符号整数，它们的存放格式如 2.2.4 小节规定的那样；M 为最终结果，数据结构与 X，Y，Z 相同。这 4 个数的存放首址分别为 addx，addy，addz 和 addm（均为片内 RAM 空间），字节长度为 n。系统子程序库中有 3 个子程序：MOVN，ADDN

和 SUBN,它们分别完成多字节数的传送、相加及相减功能。具体说明如下。

MOVN：将 R0 指示的多字节操作数复制到 R1 指示的位置中,字节长度存放在 R2 中。

ADDN：将 R0 和 R1 指示的两个操作数相加,结果存放在 R0 指示的位置中,字节长度存放在 R7 中。

SUBN：将 R1 指示的操作数减去 R0 指示的操作数,差数存放在 R1 指示的位置中,字节长度存放在 R6 中。

以上各子程序均按透明性要求设计好了,要求设计一个主程序,完成指定的加减运算,结果存入 M 中(暂不考虑溢出等问题),不能破坏 X,Y,Z 的原值。针对 3 个子程序的具体要求,主程序中相关片断如下：

```
XYZ:    MOV     R0,#addx
        MOV     R1,#addm
        MOV     R2,#n
        LCALL   MOVN        ；将 X 复制到 M 中
        MOV     R0,#addm
        MOV     R1,#addy
        MOV     R7,#n
        LCALL   ADDNV       ；M=M+Y(=X+Y)
        MOV     R0,#addz
        MOV     R1,#addm
        MOV     R6,#n
        LCALL   SUBN        ；M=M-Z(=X+Y-Z)
        ⋮
```

由于每个子程序都是只顾自己,不考虑别人,主程序只好不断做调整工作,编程时必须处处小心,稍不注意就可能失误。如果各子程序按如下定义编制,即

- MOVN：将 R1 指示的操作数复制到 R0 指示的位置中,字节长度在 R7 中；
- ADDN：将 R0 和 R1 指示的操作数相加,和存放在 R0 指示的位置中,字节长度在 R7 中；
- SUBN：将 R0 指示的操作数减去 R1 指示的操作数,差存放在 R0 指示的位置中,字节长度在 R7 中,

则主程序要完成同样功能运算时,只要编写如下程序即可,即

```
XYZ:    MOV     R0,#addm
        MOV     R1,#addx
        MOV     R7,#n
        LCALL   MOVN        ；将 X 复制到 M 中
        MOV     R1,#addy
        ACALL   ADDN        ；M=M+Y(=X+Y)
        MOV     R1,#addz
        LCALL   SUBN        ；M=M-Z(=X+Y-Z)
        ⋮
```

这时，各个子程序之间的关系就像一条生产流水线上的各个工位一样，上一道的结果就是本道的原材料，一环扣一环。一个子程序的出口现场与后续子程序的入口条件互相兼容，主程序不需要进行协调工作，只要为每个子程序补充新的操作数就可以了。在这里，用 R0 来作为主操作数指针，在入口处指示加工对象，在出口处指示结果，就像生产流水线上传递的工件一样。R1 专门用来指示新的操作数，R7 作为全程变量，通过透明设计来维持 R7 和 R0 不变。子程序的相容性设计需要通盘考虑，不是单个子程序能解决的。

2.2.6　子程序的容错性设计

子程序除了能在正常情况下完成指定功能外，当出现异常情况时，还应该能及时发现并妥善处理异常情况，从而保证系统不出现重大事故。这方面的详情请参阅第 6 章。

第3章 系统监控程序设计

对初次开发单片机应用项目的人来说，遇到的第一个难题就是系统监控程序设计。在单片机原理等基础书籍中很少介绍这方面的知识，即使有也很简单。本章就监控程序的基本知识和设计方法做比较系统的讨论，再通过读者自己的亲身实践，就一定能设计出高质量的监控程序。

3.1 监控程序的任务

系统监控程序是控制单片机系统按预定操作方式运转的程序。它完成人机对话和远程控制等功能，使系统按操作者的意图或遥控命令来完成指定的作业。它是单片机系统程序的框架。

当用户操作键盘（或按钮）时，监控程序必须对键盘操作进行解释，然后调用相应的功能模块，完成预定的任务，并通过显示等方式给出执行的结果。因此，监控程序必须完成解释键盘、调度执行模块的任务。

对于具有遥控通信接口的单片机系统，监控程序还应包括通信解释程序。由于各种通信接口的标准不同，通信程序各异，但命令取得后，其解释执行的情况和键盘命令相似，程序设计方法雷同，故不另行介绍。

系统投入运行的最初时刻，应对系统进行自检和初始化。开机自检在系统初始化前执行，如果自检无误，则对系统进行正常初始化，通常包括硬件初始化和软件初始化两个方面。硬件初始化工作是指对系统中的各种硬件资源设定明确的初始状态，如对各种可编程芯片进行编程、对各I/O端口设定初始状态和为单片机的硬件资源分配任务等。软件初始化包括对中断的安排、对堆栈的安排、状态变量的初始化、各种软件标志的初始化、系统时钟的初始化和各种变量存储单元的初始化等。自检过程和初始化过程也是监控程序的任务之一，但由于通常只执行一遍，且编写方法简单固定，故介绍监控程序设计时，通常也不再提及自检和初始化。

单片机系统在运行时，也能被某些预定的条件触发而完成规定的作业。这类条件中有定时信号、外部触发信号等，监控程序也应考虑这些触发条件。

综上所述，监控程序的任务有：完成系统自检、初始化、处理键盘命令、处理接口命令、处理条件触发、及时启动输出和显示功能。但习惯上监控程序主要是指键盘解析程序，而其他任

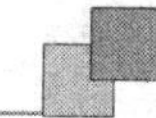

务都分散在某些特定功能模块中。

3.2　监控程序的结构

监控程序的结构主要取决于系统功能的复杂性和键盘的操作方式。系统的功能和操作方法不同，监控程序就会不同；即使同一系统，不同的设计者也往往会编写出风格不同的程序。尽管风格不同，但常见的结构有下述几种。

3.2.1　作业顺序调度型

这种结构的监控程序最常见于各类无人值守的单片机系统。这类系统运行后按一个预定顺序依次执行一系列作业，循环不已。其操作按钮很少（甚至没有），且多为一些启停控制之类开关按钮。这类单片机系统的功能多为信息采集、预处理、存储、发送和报警之类。作业的触发方式有3种：第一种是接力方式，上道作业完成后触发下一道作业运行；第二种是定时方式，预先安排好每道作业的运行时刻表，由系统时钟来顺序触发对应的作业；第三种是外部信息触发方式，当外部信息满足某预定条件时触发一系列作业。不管哪种方式，它们的共同特点都是各作业的运行次序和运行机会的比例是固定的。在程序流程图中，如果不考虑判断环节，则各个执行模块是串成一圈的。

图3－1所示为某蓄电池监测仪的监控程序结构图。该系统用来监测蓄电池的使用情况，防止蓄电池过度放电和发生漏电。上电后系统初始化，使系统时钟开始运行，由时钟来依次触发各种作业。每0.1 s对蓄电池的放电电流进行一次采样，用于了解蓄电池的放电情况；每0.5 s对蓄电池的端电压和机壳（地）的漏电压进行一次采样，用于监视蓄电池的漏电程度；每1 s进行一次漏电程度的计算，设定报警标志，并进行一次显示更新（输出容量的百分比和各种报警信号）；每10 s进行一次容量校正计算，得出剩余容量的百分比，在放电快终止前给出报警信号。

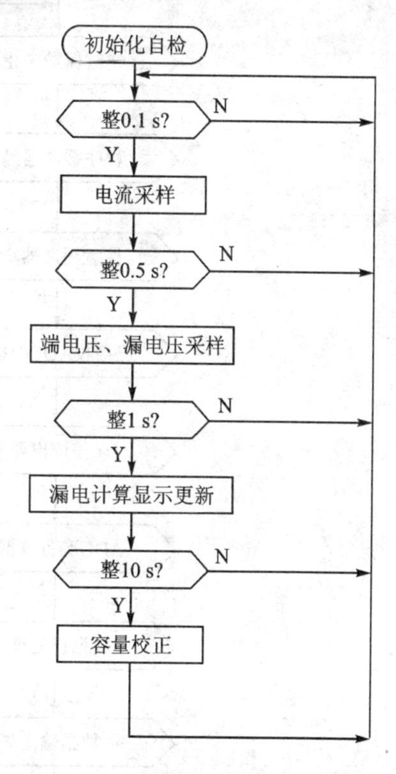

图3－1　蓄电池监测仪程序结构图

3.2.2　作业优先调度型

这类系统的作业有优先级的差别，优先级高者先运行，高优先级作业不运行时，才能运行低优先级作业。这类单片机系统常见于可操作或可遥控的智能测试系统。系统给每种作业分配一个标志和优先级别，各作业的优先级别通过查询的先后次序得到体现。各作业请求运行时，通过硬件手段将自己的标志置位。监控程序按优先级高低的次序来检查标志，响应当前优先级别最高的请求，将标志清除后便投入运行，运行完毕后再返回到检查标志的过程。在程序结构图中,如果不考虑判断环节,则各个执行模块是并联成一排的。

图3-2所示为一智能数字多用表的监控程序结构图。作业调度程序首先判断是否有远地命令或本地按键命令,若有,则执行这些命令;然后判断测量数据是否已被处理,若已处理,则调显示模块;再判断是否已接收ADC来的数据,若是,则处理数据;再判断是否要读出误差,若是,则按所在量程与读数进行误差计算与显示;再判断A/D转换是否已完成,若是,则从ADC接收数据;最后判断接口部件是否已安装,需要输出的BCD数据是否已准备好,若是,则输出数据到远地。

当系统作业比较多,且各个作业之间有信息交换和相互制约时,这种简单的作业优先调度方法往往难以胜任,需要采用"实时多任务操作系统"。

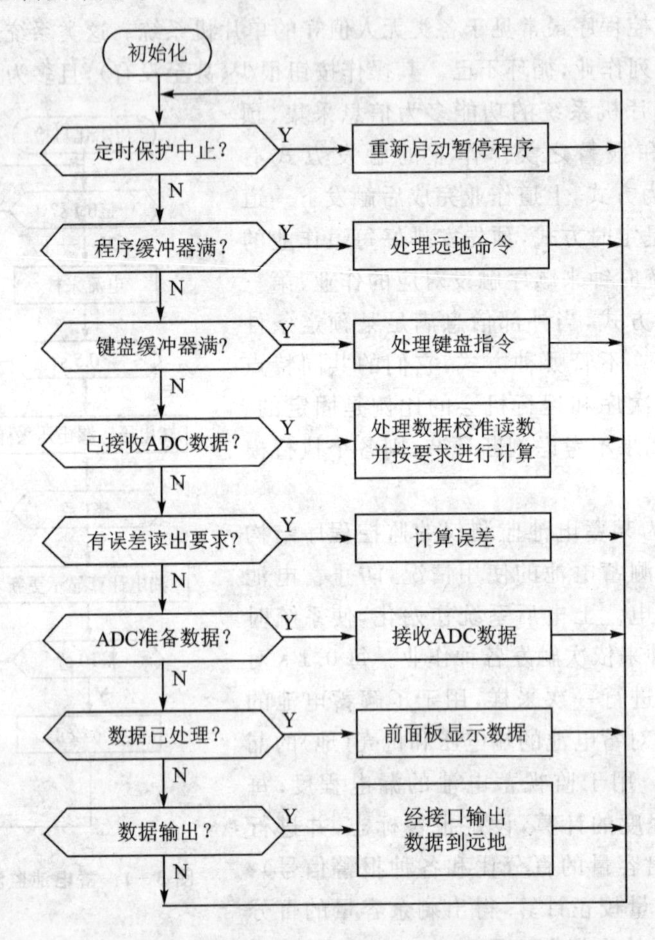

图3-2 智能数字多用表监控程序结构图

3.2.3 键码分析作业调度型

如果各作业之间既没有固定的顺序,也没有固定的优先关系,则以上两种结构都不适用。这时作业调度要完全服从操作者的意图,操作者通过键盘(或遥控通信)来发出作业调度命令;监控程序接收到控制命令后,通过分析,启动对应作业。大多数单片机系统的监控系统均属此类型。

由按键和作业的对应关系,此类监控程序又可分为两大类:一键一义型和一键多义型。对于一键一义型结构,操作者每按下一键,监控程序就获得一个键盘编码信息(键码),然后由键码散转到对应功能模块的入口，启动对应作业。键盘信号的获得有 3 种方法。第一种是单纯查询法，主程序用扫描键盘等手段来获取键盘信息，执行对应作业，其监控程序结构如图 3-3所示。第二种是键盘中断法，按下任何按键都引起一个外部中断请求，键码分析过程放在外部中断子程序中，这种方法需要独自占有一个外部中断源，其监控程序结构如图 3-4 所示。第三种是定时中断法，每隔一段时间查询一次键盘，由于时间间隔通常很短，对于操作者来说键盘响应是“实时的”，键盘的查询过程安排在定时中断之中完成，而定时中断几乎所有的单片机系统都是必需的，故不必独自占有一个中断源，其监控程序的结构如图 3-5 所示。

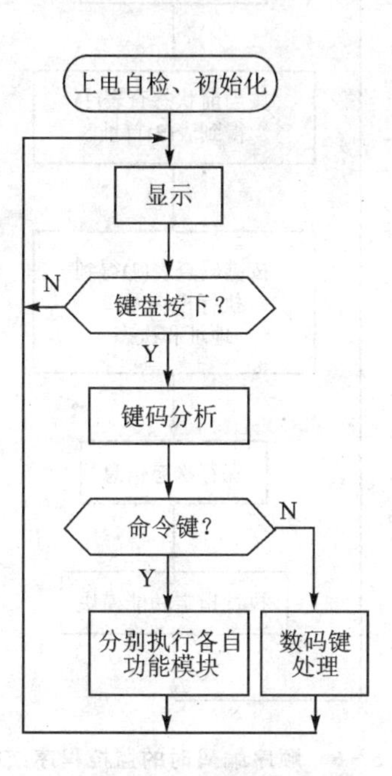

图 3-3　单纯查询法

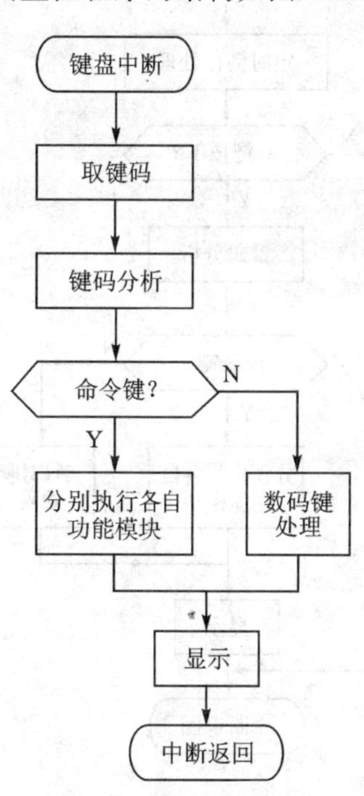

图 3-4　键盘中断法

对于一键多义型结构，监控程序并不能根据当前获得的一个键码来决定哪一个作业投入运行，而必须根据一个按键操作系列来启动一个作业，因此，同一按键在不同操作系列中有不同的含义。为此，引入系统状态的概念，即将系统运行情况分成若干状态，使得在任何一个状态下每一个按键只有唯一的定义。这样一来，系统运行去向就可以由当前状态和当前键码来共同决定了。和一键一义型不同之处是：键码分析的结果不仅有“做什么”，还有“做完后进入什么新状态(即次态)”。因此，对于一键多义型单片机系统，监控程序主要是处理“现态”、“键码”、“功能模块”和“次态”四者之间的关系。系统状态是用状态编码来表示的，根据状态编码与键盘编码的方法不同，监控程序的结构也不同。

最常见的做法是将各个状态顺序编码，即状态 0、状态 1、状态 2、……、状态 N，将键码也按顺序进行编码。这种顺序编码法对查表非常有利，监控程序的结构也比较规范，如图 3-6 所示，表格的设计方法后面另做介绍。

当系统的功能不太复杂，按键也不太多时，如果对状态和按键进行特征编码，将给系统的容错设计带来很多方便。所谓特征编码，是指编码中的每一位都有固定的软件定义或硬件解释。但这时状态编码和键盘编码均有很大离散性(不连续)，如果还用查表的方法来得到次态和执行模块的入口地址,将是非常不方便的。好在总的有效状态和有效键码种类不太多,为了充分发挥特征编码的优势,监控程序常采用树形结构。先按状态编码(或状态特征位)进行分支,再按键码进行分支到达树叶(即执行模块),执行完后各自进入对应次态;也可先按键码进行分支,再按状态编码(或状态特征位)进行分支到达树叶;或者两者交叉进行分支。当键码较多时,也可采用键盘顺序编码进行散转,用状态特征码进行分支。

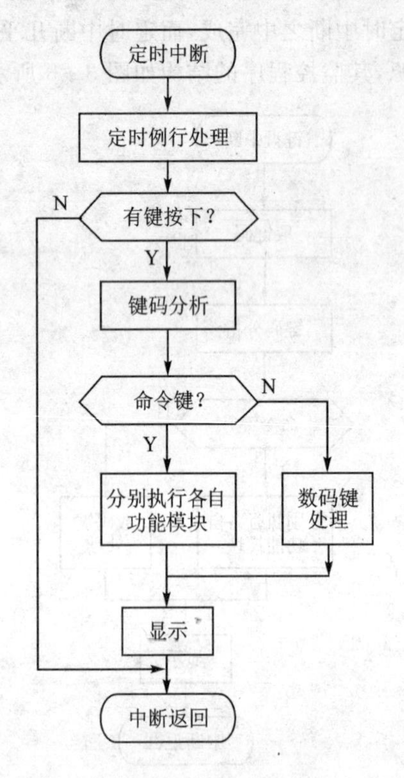

图 3-5　定时中断法

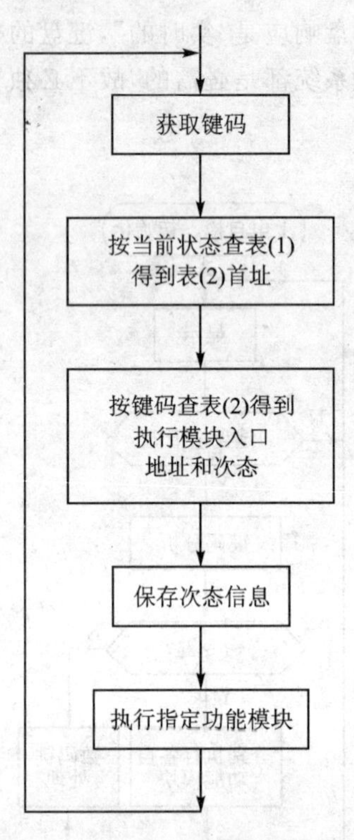

图 3-6　顺序编码时的监控程序结构

3.3 普通监控程序的设计方法

从以上分析可知,不同单片机系统有不同的监控程序结构,其中作业顺序调度型和作业优先调度型相对比较容易。在键码分析作业调度型中,一键一义型也相对容易。以上这些类型的结构有一个共同点,即作业调度条件是单纯的(单因素),通常不用"状态"概念,只要配合适量的软件标志即可。而对一键多义型,作业的调度条件是多因素的,不仅与外因(键盘操作、遥控命令和外部触发信号)有关,也与内因(系统当前所处的状态、时间信号)有关,监控程序中要引入"状态"概念。本节只介绍使用状态分析的方法来编写一键多义型监控程序,掌握这一方法后,前几种结构简单的监控程序编写方法就能无师自通了。

以一台简化的单片机 γ 辐射仪为例,来说明状态分析法的设计过程。整机硬件结构如图 3-7所示。探头部分用来检测 γ 射线,经过放大、幅度甄别和脉冲整形后,输出一系列符合TTL 电平要求的脉冲。单片机用计数器 T1(P3.5)来接收这些脉冲;用 4 位串行显示来输出 γ 射线的强度(每秒钟脉冲个数 CPS);用发光二极管来指示显示内容的性质;用 4 个按键来控制系统的运行。系统应具有"定时测量"和"定数测量"两种测量模式。操作者可以随时通过修改测量条件来设定测量模式。当测量条件设置成 4,8,16,32,64 时,系统工作于定时模式(每次测量时间固定为设定的时间,单位为 s);当测量条件不是以上数目时,工作于定数模式(每次测量时间不定,以脉冲总数达到设定数目为止,但最少测量 4 s,最多测量 64 s)。工作方式有"点测"和"连测"两种。在点测方式下,按一次键只进行一次测量;在连测方式下,按一次键后即开始测量。测量结束后间隔 4 s 便自动启动下一次测量。连测方式可以被任何键中止。所有测量结果均应归一化处理,以 CPS 方式显示。为了便于整理测量数据,系统应自动对测点进行编号,每测一个数据编号自动加 1,操作者应能自由设定当前编号。按以上这些基本要求,一步一步地设计它的监控程序。

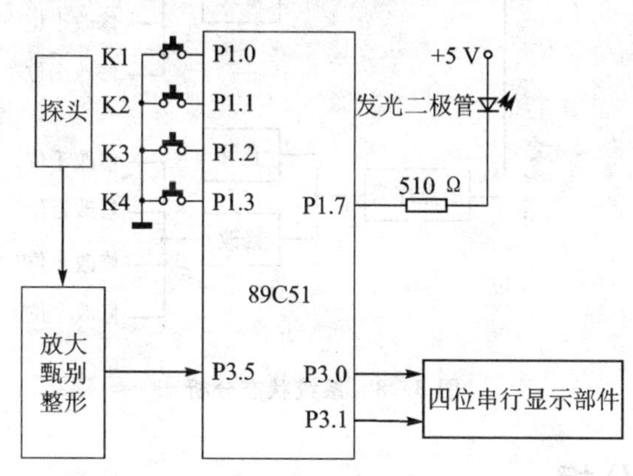

图 3-7　简易 γ 辐射仪电路示意图

3.3.1　系统状态分析

首先要仔细分析系统所有可能存在的状态,这一步越仔细越好。开始时按系统的功能分成大的几个状态,然后再细分下去。这台仪器按功能来分有 3 个基本状态:测量状态、测量条件状态和测点序号状态。测量状态又可以分为测量休止状态和测量进行状态。从是否连续测量的角度来看,测量休止状态又可分为点测的休止状态和连测的休止状态。前者是稳定状态,后者是不稳定状态(最多维持 4 s 就会自动开始一次新的测量)。同样,测量进行状态也可以分为点测进行状态和连测进行状态(因为测量结束后的休止状态不同)。测量条件状态又可分为测量条件查询状态和测量条件修改状态。测点序号状态同样也可以分为测点序号查询状态和测点序号修改状态。

本系统只设了 4 个按键,数据的修改不能采用数字键输入的方式,而是采用两键方式。一个键用来变换修改的位置(千位、百位、十位和个位),一个键用来增减该位的值(0→9→0)。这样一来,修改条件状态又可以分解为修改千位状态、修改百位状态、修改十位状态和修改个位状态。同理,修改测点序号状态也可以分解为 4 个子状态。综合以上分析,可画出系统状态分析图,如图 3-8 所示。

系统在任一时刻,必处于某一个特定的状态。如果还有某些状态没有包括在内,则说明系统状态分析还不全面。当系统受到某一个因素的激励后,就会转移到一个新的状态,这种因果关系必须是唯一的,否则,状态分析这一步就没有真正进行到底。

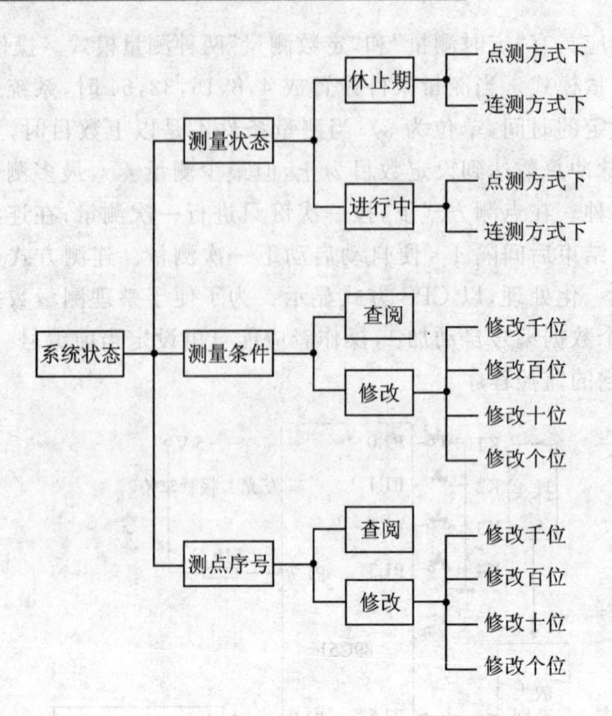

图 3-8 系统状态分析

3.3.2 状态转移分析

能使系统状态发生变化的因素可分成两大类,即外因和内因。外因主要是指键盘操作命令(包括遥控命令)、外部触发信号;内因主要是指定时信号和信息条件信号(如各种数据的某种函数运算结果满足某一条件时产生的判断信号)。

现将各状态之间的转移关系和转移条件进行仔细分析,即分析当前状态(现态)有可能转移到哪些状态?转移的条件是什么?

在众多的转移关系和条件中,有很多关系和条件是由用户提出来的,如操作顺序和方式、定时时间和报警门限等。因此,必须首先将这些用户规定的(或设计任务书规定的)关系和条件弄清楚。

例如:用户希望用一个按键作"点测"按键,用一个按键作"连测"按键,用一个按键作"修改测量条件"的命令键,用一个按键作"修改测点序号"的命令键;在修改参数时用一个按键来控制修改的位置,用一个按键来调整该位的数值大小。这就有6个不同的按键功能了,如果用"一键一义"方法,还必须加一个"修改完毕"的命令键,共需7个按键。本系统为了减小体积,只有4个按键,必须采用"一键多义"方式。因为测量状态和修改状态相互排斥,在测量状态下不进行修改,故将"点测"和"定位"合用一键,"连出"和"加1"合用一键。"修改条件"键和"修改序号"键设计成"乒乓"工作方式,即按一下,进入修改状态;修改完毕时再按一下,便退出修改状态。这样一来,4个按键就可以完成全部操作了。现在将4个按键的代号和功能规定如下:

K1 键为"连测/加1"键:在"测量休止期间"用来下达连续测量命令;在"修改状态"下用来使某一位数加1。

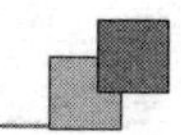

K2 键为“点测/定位”键：在“测量休止期间”用来下达单次测量命令；在“修改状态”下用来更换修改位置。

K3 键为“修改测量条件”键：在“测量休止期间”用来下达修改测量条件的命令；在“修改测量条件”状态下用来结束修改工作，返回测量休止状态。

K4 键为“修改测点序号”键：在“测量休止期间”用来下达修改测点序号的命令；在“修改测点序号”状态下用来结束修改工作，返回测量休止状态。

为了把系统各状态之间的关系分析清楚，常采用两种做法：作状态转移表和作状态转移图。状态转移表包括如下各项：状态名称(代码)、状态特征、转移条件、后续状态(次态)和执行模块(模块编号)。列表时将每个状态下已经规定的操作都列出来，其他未规定的操作合并成一项，均做无效处理(误操作提示告警或者不予理睬)。通过对系统的操作分析，得到状态转移表如表 3-1 所列。

表中一共有 14 种状态和 23 种不同的执行模块。这些执行模块的功能为

1#：进入连续测量方式，开始一次测量。

2#：进入点测方式，开始一次测量。

3#：查询(显示)当前的测量条件。

表 3-1 状态转移表

状态名称	状态特征	转移条件	后续状态	执行模块
0	测量休止期：点测方式，显示刚结束的测量结果，LED 灭	K1	3	1#
		K2	2	2#
		K3	4	3#
		K4	9	4#
1	测量休止期：连测方式，显示刚结束的测量结果，LED 灭	K1	3	1#
		K2	2	2#
		K3	4	3#
		K4	9	4#
		4 s 定时	3	1#
2	测量进行中：点测方式，显示当前测点序号，LED 亮	定时或定数条件满足	0	5#
		任意键	0	6#
3	测量进行中：连测方式，显示当前测点序号，LED 亮	定时或定数条件满足	1	7#
		任意键	0	6#
4	查阅测量条件：静态显示当前测量条件，LED 慢闪	K1	5	9#
		K2	5	8#
		K3	0	6#
		K4	0	6#
5	修改测量条件的千位：千位闪烁显示，LED 慢闪	K1	5	9#
		K2	6	10#
		K3	0	6#
		K4	0	6#

续表 3-1

状态名称	状态特征	转移条件	后续状态	执行模块
6	修改测量条件的百位：百位闪烁显示，LED慢闪	K1	6	11#
		K2	7	12#
		K3	0	6#
		K4	0	6#
7	修改测量条件的十位：十位闪烁显示，LED慢闪	K1	7	13#
		K2	8	14#
		K3	0	6#
		K4	0	6#
8	修改测量条件的个位：个位闪烁显示，LED慢闪	K1	8	15#
		K2	5	8#
		K3	0	6#
		K4	0	6#
9	查间测点序号：静态显示当前测点序号，LED快闪	K1	10	17#
		K2	10	16#
		K3	0	6#
		K4	0	6#
10	修改测点序号的千位：千位闪烁显示，LED快闪	K1	10	17#
		K2	11	18#
		K3	0	6#
		K4	0	6#
11	修改测点序号的百位：百位闪烁显示，LED快闪	K1	11	19#
		K2	12	20#
		K3	0	6#
		K4	0	6#
12	修改测点序号的十位：十位闪烁显示，LED快闪	K1	12	21#
		K2	13	22#
		K3	0	6#
		K4	0	6#
13	修改测点序号的个位：个位闪烁显示，LED快闪	K1	13	23#
		K2	10	16#
		K3	0	6#
		K4	0	6#

4#：查询(显示)当前的测点序号。

5#：点测结束，归一化处理测量结果，返回点测方式下的休止状态。

6#：返回点测方式下的休止状态。如果正在测量，则本次测量作废；如果正在修改，则本次修改有效。

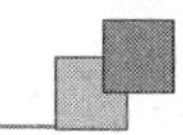

7＃：结束连测方式下的一次测量，归一化处理测量结果，返回连测方式下的休止状态。

8＃，10＃，12＃，14＃：分别进入修改测量条件千位、百位、十位、个位的状态，对应位闪烁。

9＃，11＃，13＃，15＃：分别对测量条件的千位、百位、十位、个位进行不进位的加1操作，原状态不变。

16＃，18＃，20＃，22＃：分别进入修改测点序号千位、百位、十位、个位的状态，对应位闪烁。

17＃，19＃，21＃，23＃：分别对测点序号的千位、百位、十位、个位进行不进位的加1操作，原状态不变。

从原始状态转移表中可看出，14个状态中，有不少状态非常相似；23个执行模块中，有不少模块的功能也非常相似。这就说明可以通过某种途径来化简。关于状态化简的方法在此不做全面介绍，最常用的方法是将相似的状态合并为一个状态，差异部分用软件标志来表示；对相似的执行模块抽象化为一个带形式参数的公共模块，以对形式参数的不同赋值来区别各模块的差异。

经过对比分析，在增加两个软件标志（CONT：连测/点测；SETING：修改/查询）和一个指针（POINT：千、百、十、个）后，可以把14个状态化简为4个状态，把23个模块合并为9个模块，得到一张新的状态转移表，如表3-2所列。

表3-2　简化状态转移表

状态名称	状态特征	转移条件	后续状态	执行模块
0	休止、等待：显示刚结束的测量结果，LED灭，配合软件标志为CONT（0：点测休止期；1：连测休止期）	K1	1	1＃
		K2	1	2＃
		K3	2	3＃
		K4	3	4＃
		4 s且CONT＝1	1	1＃
1	测量进行中：显示当前测点序号，LED亮，配合软件标志为CONT（0：点测中；1：连测中）	定时或定数条件满足	0	5＃
		任意键	0	6＃
2	查阅或修改测量条件：显示测量条件，LED慢闪。配合软件标志为SETING（0：查阅，静态显示；1：修改，对应位闪烁）和定位指针POINT（0：千位；1：百位；2：十位；3：个位）	K1	2	7＃
		K2	2	8＃
		K3	0	6＃
		K4	0	6＃
3	查阅或修改测点序号：显示测点序号，LED快闪，配合软件标志为SETING（0：查阅，静态显示；1：修改，对应位闪烁）和定位指针POINT（0：千位；1：百位；2：十位；3：个位）	K1	3	9＃
		K2	3	8＃
		K3	0	6＃
		K4	0	6＃

没有原始状态转移表作基础，这种简化状态表是不易得到的，只凭想象就画出一张简化表，往往有考虑不周之处，将给以后编程序埋下隐患，造成重大返工。化简后各执行模块的功能如下。

1＃：设定CONT＝1（连测），开始一次测量。

2＃：设定CONT＝0（点测），开始一次测量。

3#：查询当前测量条件，并设定SETING=0(查询)、POINT=0(指针初始化)、CONT=0(清除连测标志)。

4#：查询当前测量序号，并设定SETING=0(查询)、POINT=0(指针初始化)、CONT=0(清除连测标志)。

5#：正常结束一次测量，进行归一化处理，CONT不变。

6#：返回休止态，CONT=0。如正在测量，则中止当前测量(作废)；如正在修改，则验收修改结果。

7#：将测量条件按POINT指示的位置进行不进位的加1操作，并设定SETING=1(修改)。

8#：变更修改的位置，SETING=1，POINT=POINT+1；当POINT=4时，令POINT=0。

9#：将测点序号按POINT指示的位置进行不进位的加1操作，并设定SETING=1(修改)。

在实际编程时，1#和2#可以合并成一个具有两个不同入口的公共模块，在入口处对CONT进行不同的设置，然后进入公共的启动测量模块。

如果用R0来指示"测量条件"和"测点序号"的存放地址，则3#和4#，7#和9#也可以各自合并成具有不同入口条件的公共模块。

系统状态的多少是客观存在，状态化简后，并没有真正减少系统状态，只是将状态概念模糊化，而将一部分状态信息转移到软件标志中去了。这样做可以简化监控程序，对复杂系统是很有利的。但这种化简要有一定限度，当状态数目已经不多时就应适可而止，继续合并状态得到的好处可能抵不上增加软件标志付出的代价。例如状态2和状态3也很相似，如果合并就要再增加一个软件标志，而从4个状态简化到3个状态，并没有得到多少明显好处(都是2 bit)，却要多处理一个软件标志。

经过状态化简后，在编写执行模块时，必须非常仔细地注意调整相应的软件标志，这是状态化简后付出的代价。

状态转移表有一个明显的弱点：各状态之间的关系不直观。为此，人们更乐于采用另一种形式来分析系统各状态之间的转移关系，这就是状态转移图。

在状态转移图中，每个状态画成一个框，有因果关系的状态之间用带箭头的线段连接起来，箭头由起始状态指向后续状态，箭头旁边注明引起状态转移的条件。如有可能，应在状态框内注明各状态的特征(以画面不太混乱为前提)。为了对转移条件加以明显区别，可用实线表示键盘操作，用虚线表示定时条件或其他非人工操作的条件。每一张状态转移表都可以画出对应的状态转移图。由原始状态表画出的状态转移图是很繁杂的，但任意两个状态之间的线段较少。用简化状态转移表画出的状态转移图，其状态数大为减少，但状态之间的线段有可能较多。

图3-9就是根据表3-2画出来的状态转移图。从图中可以看出，状态0和状态1之间共有5条线段，每条线段都表示不同的状态转移。例如从状态0到状态1的转移(启动一次测量)，两条实线表示有两种按键操作方法可以达到目的，但效果不同，即两种操作对CONT标志有不同的赋值。另外还有一条虚线，表示不用人工操作也能自动启动一次新的测量，条件是在CONT标志为1的前提下，休止期已满4 s。在从状态1到状态0的转移中，一条虚线表示

自动结束一次测量工作，条件是测量时间已满规定的时间(定时测量)，或计数器接收到的脉冲数已超过规定的脉冲数(定数测量)，或测量时间已满 64 s，均正常结束一次测量，返回休止期，并对数据进行处理。另外有一条实线，条件是“K*”，表示该状态下没有明确规定按键，这里代表了 K1，K2，K3 和 K4 中的任何按键。故“K*”这条线段代表了 4 条线段(凡具有完全等效的操作均可合并)，表示人工中止当前正在进行中的测量，并因为测量数据不符合测量条件，而将数据作废。在状态转移图中，还有一类线段，其起点和终点为同一个状态，例如 2 态和 3 态中的 K1 键和 K2 键。它们执行修改操作，系统状态维持不变，但系统中的信息还是有变化的。

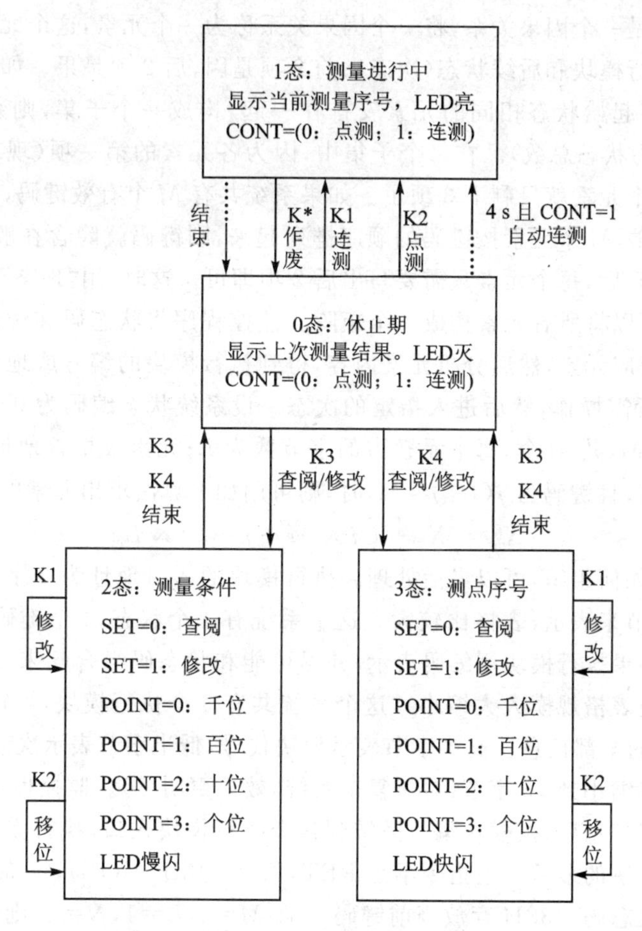

图 3-9　状态转移图

当状态转移图中的状态数比较少时，应尽可能将状态说明、软件标志说明和转移的功能说明也画进图中，使这张图能形象、具体地说明系统运行的情况，对指导以后的编程非常有帮助。当状态较多时，为了不使画面混乱，状态框中只标明状态代码即可；但各种说明必须另行写出，否则这张图谁也不知道是什么意思。

3.3.3　状态顺序编码型监控程序的设计方法

经过状态转换的细致分析化简后，总的状态数就定下来了。通常将这些状态按顺序进行编码，并分别将系统的 N 种状态称为 0 态、1 态、……、$N-1$ 态。习惯上把上电后自动进入的稳定状态编码为 0 态，相当于系统最高级菜单的待机状态。对于按键，也要进行编码。对于标准ASCII大键盘,国际上有统一的编码。对于其他非标准键盘,编码方法由系统研制者自行决定。通常把没有进行键盘操作时读到的键盘信息(空键)编码为0FFH或00H。

对于现在要设计的这个智能γ辐射仪,共有4个状态,分别编为0,1,2,3。有4个按键,分别编码为K1=01H,K2=02H,K3=03H,K4=04H,空键=00H。监控程序从键盘中读取当前键码,再结合当前系统的状态,就应能唯一地决定系统的反应(执行什么模块,进入什么后续状态)。这些反应的规律在前面的状态转移表和状态转移图中已经有了详细记录,如何把它们组织到程序中去呢?这就要将这些反应也进行编码。

每一个反应都是一个因果关系,将一个因果关系称为一个元素,这个元素有4项:起始状态(现态)、键码、执行模块和后续状态(次态);前2项是因,后2项是果。如果把全部反应元素看作一个集合,并将起始状态相同的元素安排在一起,构成一个子集,则系统反应元素共由N个子集构成(N为状态总数)。在每个子集中,因为各元素的第一项(现态)均相同,故可隐含,不必再写出,每个元素就只剩下3项了。如果系统共有M个有效键码,则每个子集中都有M个元素。如果将这M个元素按键码的顺序排列起来,则键码就隐含在顺序中了,故也可不必再写出。这样处理后,每个元素只需要写出后2项即可。这时,用“现态”和“键码”分别代表元素的行和列,就可以将所有元素构成一个矩阵。监控程序将状态码和键码作为元素的双下标,即只要检索到对应元素,然后分析元素内容,得到执行模块的编号或地址以及后续状态的编码,就可以执行所需操作,然后进入指定的次态。设系统状态编码为$0\sim N-1$,共N个状态;有效键码为$1\sim M$,共M个;每个元素占的字节数为L;元素表格首地址为X_0。当系统处于i状态($0\leqslant i<N$),且键码为j($1\leqslant j\leqslant M$)时,则可用如下算法求出元素的地址X_{ij},即

$$X_{ij} = X_0 + (i \times M + j - 1) \times L$$

元素中的两项如何组织,可以灵活处理。执行模块的入口地址为2字节,次态为1字节,则一个元素用3字节来表示,表格比较大。这个系统有4个状态,4个键码,共有16个元素,故需要48字节。如果执行模块用编码表示,并尽可能和状态码组合起来,则有可能使元素长度减少很多,从而使表格规模大大缩小。这个系统共有9个执行模块,4个状态,完全可以用1字节来表示元素的全部信息。高半字节表示模块代号,低半字节表示次态。在这种情况下,表格规模从48字节缩小到16字节(对于复杂系统,效果更明显)。监控程序检索到元素后,将元素分解,保存次态信息后,按模块编号散转到各个执行模块入口,执行完毕再返回监控程序的起始端(即每个模块的最后一条指令不是RET,而是LJMP MON),等待下次键盘操作。假设2FH存放当前状态码i,38H存放当前键码j,且$M=4$,$L=1$,$N=4$,则可用下面的程序段来实现这一过程,即

```
I       DATA    2FH      ;状态码存放单元
J       DATA    38H      ;键码存放单元
M       EQU     4        ;有效键码总数
N       EQU     4        ;状态总数
L       EQU     1        ;每个元素占用的字节长度
MON:    LCALL   DISP     ;调用显示输出模块
        LCALL   KEYIN    ;读取键盘信息
        MOV     J,A      ;保存键码
        MOV     A,I      ;取状态码 i
```

```
        MOV     B,#M              ;取总键码数M
        MUL     AB                ;相乘
        ADD     A,J               ;加上键码j
        DEC     A                 ;调整
        MOV     B,#L              ;取元素长度
        MUL     AB                ;相乘
        MOV     DPTR,#LIS         ;取元素矩阵表格首址X0
        MOVC    A,@A+DPTR         ;查表,得到元素内容
        MOV     B,A               ;保存元素内容
        ANL     A,#0FH            ;分离出次态
        MOV     I,A               ;保存次态
        MOV     A,B               ;取元素
        SWAP    A
        ANL     A,#0FH            ;分离出模块号
        MOV     B,#3              ;每个路标为3字节
        MUL     AB
        MOV     DPTR,#LWORK       ;取出散转表(路标集合)的首址
        JMP     @A+DPTR           ;散转到指定模块的路标
LWORK:  LJMP    WORK0             ;指向0号模块(空操作)的路标
        LJMP    WORK1             ;指向1号模块的路标
        LJMP    WORK2             ;指向2号模块的路标
        ⋮
        LJMP    WORK9             ;指向9号模块的路标
;元素矩阵表格:
LIS:    DB      11H,21H,32H,43H   ;状态0下K1~K4对应的反应元素
        DB      60H,60H,60H,60H   ;状态1下K1~K4对应的反应元素
        DB      72H,82H,60H,60H   ;状态2下K1~K4对应的反应元素
        DB      93H,83H,60H,60H   ;状态3下K1~K4对应的反应元素
```

很多实际情况比讨论的这个简化γ辐射仪要复杂得多。按上述方法构成的元素矩阵势必很大,而实际上很多元素是无意义的(即在某种状态下,有很多键码是没有定义的),对这种元素则可以用00H来填充。当检索到元素的内容为00H时,不执行任何操作或执行一次告警操作(提示按键操作错误),系统维持原状态不变。这时的元素矩阵往往是一个较大的稀疏矩阵,压缩这种稀疏矩阵是很有必要的,一方面可以节约存储空间,但更主要的是可以提高可靠性和维护性。在一个很大的稀疏矩阵中填入有效元素很容易定位出错,在阅读一个元素时,也不能直观看出该元素所对应的状态和键码。因此,对于稍复杂一些的系统,可采用下面介绍的压缩矩阵存储方法。

将所有无效元素删除,剩下的有效元素依次排列存放。因有效元素的个数和分布情况是随系统而异的,故已经不能用前面的检索算法(位置符合算法)找到对应元素了,必须采用查找算法(特征符合算法)。这样一来,元素中必须包含状态和键码信息,用来查找到对应元素。如果将同一现态的元素放在一起,就可以只保留键码作为查找的特征信息了。为此,构造两张表:第一张表按状态的顺序存放一系列地址;第二张表依次存放所有有效元素(每个元素由

3部分信息构成：键码、执行模块和次态)。监控程序首先按当前状态检索第一张表，得到一个地址，这个地址指示出当前状态下所有有效元素在第二张表中的起始地址；然后按这个地址在第二张表中进行查找，看是否有一个元素的键码部分和当前键码相同，如果有，则该元素即为查找对象，读取后两项内容，即可知该执行什么模块，该进入什么次态。查找算法必须给出终点位置，为此，在各个不同状态的有效元素之间插入一个空元素(00H或0FFH，代表空键)，作为分界标志。当查找到空元素时，仍未查到，便可结束查找，说明该键码在当前状态下无定义，执行空模块或告警模块后返回监控。同一状态下的各有效元素是按键码作增序排列的，当查找时元素的键码已经大于实际键码时，便可提前结束查找。这种方法的表结构与元素结构如图3-10所示，查找程序流程图如图3-11所示。

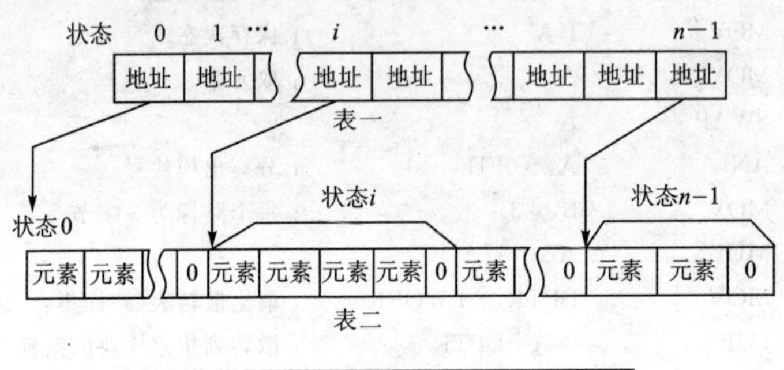

图3-10 表结构与元素结构

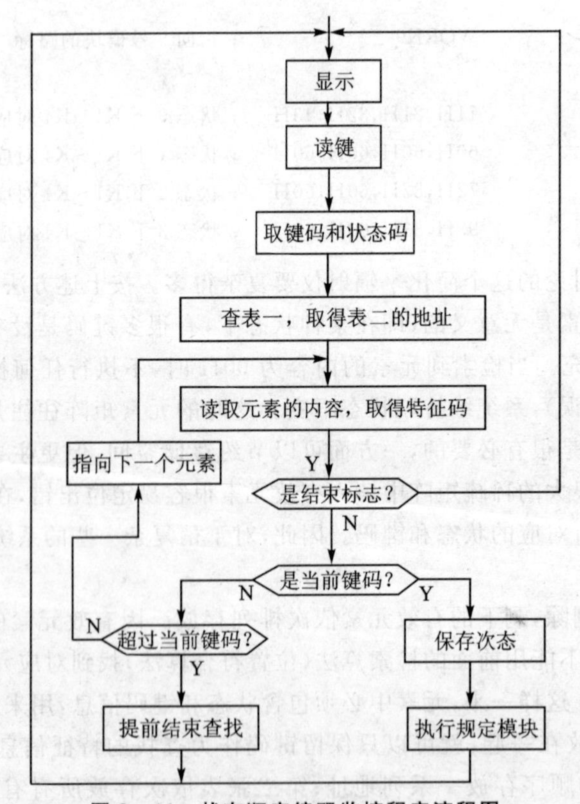

图3-11 状态顺序编码监控程序流程图

当用3字节表示一个元素(依次存放键码、次态和模块号)和用00H作为分界标志时,程序段如下:

```
I        DATA    2FH              ;状态码存放单元
J        DATA    38H              ;键码存放单元
M        EQU     12               ;有效键码总数
N        EQU     8                ;状态总数
L        EQU     3                ;每个元素占用的字节长度
MON:     LCALL   DISP             ;调用显示输出模块
         LCALL   KEYIN            ;读取当前键码j
         MOV     J,A              ;存键码
         MOV     A,I              ;取状态码
         ADD     A,I              ;每个状态在第一张表中占用2字节
         MOV     B,A
         MOV     DPTR,#LIS1       ;指向第一张表首址
         MOVC    A,@A+DPTR        ;查表
         XCH     A,B              ;保存当前状态在第二张表中的首址的高字节
         INC     DPTR
         MOVC    A,@A+DPTR        ;查表
         MOV     DPL,A            ;取出当前状态在第二张表中的首址的低字节
         MOV     DPH,B            ;取出当前状态在第二张表中的首址的高字节
MON1:    CLR     A
         MOVC    A,@A+DPTR        ;读取特征键码
         JNZ     MON2             ;是分界标志?
         SJMP    MON              ;出界,本次按键无定义
MON2:    CJNE    A,J,MON3         ;与当前键码一致?
         INC     DPTR             ;指向元素中的次态
         CLR     A
         MOVC    A,@A+DPTR        ;读取次态
         MOV     I,A              ;存放次态
         INC     DPTR             ;指向元素中的模块号
         CLR     A
         MOVC    A,@A+DPTR        ;读取模块号
         MOV     B,#3
         MUL     AB
         MOV     DPTR,#LWORK
         JMP     @A+DPTR          ;散转到各模块入口
MON3:    JNC     MON              ;键码超过,不必再查
         MOV     A,#3             ;计算下一元素地址
         ADD     A,DPL
         MOV     DPL,A
         CLR     A
         ADDC    A,DPH
         MOV     DPH,A
         SJMP    MON1             ;继续查表
```

```
;指向各个模块的路标:
LLORK:      LJMP      WORK0        ;指向0号模块
            LJMP      WORK1        ;指向1号模块
            LJMP      WORK2        ;指向2号模块
            ⋮
            LJMP      WORKS        ;指向S号模块
;第一张表(各个状态下的元素起始地址表):
LIS1:       DW        LISK0        ;0态元素表首址
            DW        LISK1        ;1态元素表首址
            DW        LISK2        ;2态元素表首址
            ⋮
            DW        LISKN        ;N态元素表首址
;第二张表(有效元素集合):
LISK0:      DB        01H,05H,02H  ;0态的第一个元素(内容是假设的)
            DB        04H,03H,0AH  ;0态的第二个元素
            ⋮
            DB        00H          ;分界标志
LISK1:      DB        02H,01H,0EH  ;1态的第一个元素
            DB        13H,08H,15H  ;1态的第二个元素
            ⋮
            DB        00H          ;分界标志
LISK2:      ⋮                      ;2态的第一个元素
LISKN:      ⋮                      ;N态的第一个元素
            DB        00H          ;分界标志
```

由以上分析可以看出,采用状态顺序编码设计出的系统程序由3部分(键盘分析程序、两个表格和众多的执行模块)组成,程序设计方法比较规范。采用这种双重表格设计,使两个表格都可以自由伸缩,对系统功能的调整和扩充非常有利。不过,还有不少具体问题有待解决,例如怎样正确地获得键码?怎样解决按键的连击问题?怎样进行显示?以及怎样定时自动测量?请参阅第4章中的有关内容。

3.3.4 状态特征编码型监控程序的设计方法

前面在进行状态分析时,将所有状态按顺序编码,这种编码方法虽然有利查表检索,但无法从状态编码中直接得到系统的状态特征。如果把系统的各种特征作为逻辑变量,则系统的任何一个状态均可以看成由这些逻辑变量组成的一个逻辑项。当用这个逻辑项的编码作为这个状态的编码时,只要一看到状态编码,就知道处于什么状态了,这种状态编码的方法就叫特征编码法。简易智能γ辐射仪的状态可以由以下特征来区分,即正在测量吗?是处理测点序号吗?是处理测量条件吗?是修改还是查阅?是修改哪一位?以及测量条件是定数还是定时?不管哪个状态,对上述各问题都可以给出回答(是为1,非为0,无关为×,定位回答00B,01B,10B,11B,××B)。把回答的结果组合成一个字节,就可得出该状态的编码。单片机中很多专用寄存器就是按这种方法编码的,TMOD就是一个典型例子。

假设用2FH单元来存放状态编码(以利对各特征位进行位操作),它们的定义如图3-12所示。一个状态字可以表示256种不同的状态,在这个系统中,共有14个原始状态。在监控程序中,测量条件的性质对键盘操作没有影响,键码分析中看不出来,只用在定时中断中作为测量结束的判断依据,故在键码分析中,只考虑14个状态即可。如果把测量条件"是定数还是定时?"加进去,实际上就有28个原始状态;在特征编码中,作为系统特征信息,应尽可能参加到状态字中。

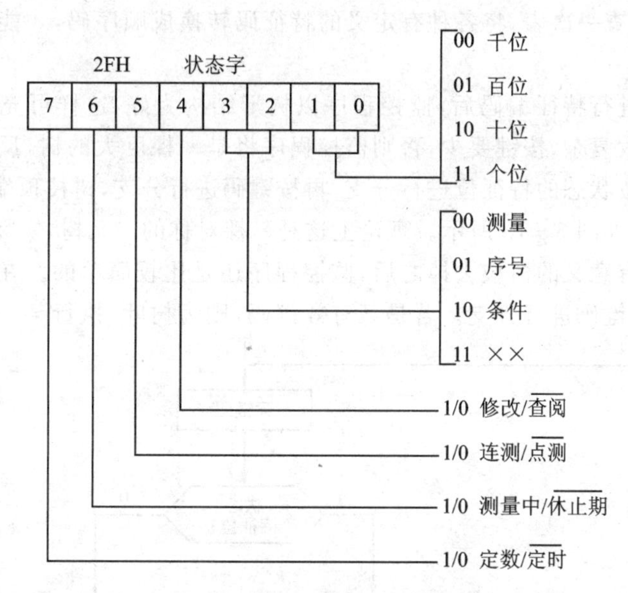

图3-12 状态编码图

28个实际状态分布在256种状态空间中,必然有很多状态空间是没有定义的,即有很多状态码是没有意义的(例如0FFH);也有很多状态码表示的是同一个状态,例如00H,01H,02H,03H都表示定时方式下的点测休止期,区别在于前续状态不同,它们分别表示曾从修改千位、百位、十位、个位的状态返回到测量休止期,而这种区别对后续状态转移方向没有影响,故为同一状态。

状态特征编码法使得各个状态的编码离散化,用前面介绍的方法来编程就要麻烦一些,必须先按状态字查找(而不是查表)得到该状态的元素集合首址,以后的过程相同。这样做,特征编码就没有多大优点了。

系统在状态转移中,在绝大多数情况下都是一个一个特征发生变化,如果把系统状态转移情况放到特征逻辑空间中来观察,则其运动轨迹绝大多数情况下是连续的。也就是说,现态和次态在很多情况下只有一两个特征位不同。只要充分利用单片机的位操作功能,执行模块的编写将变得直观易懂,监控程序也变得直观易懂。为提高系统的可靠性而采用的容错措施也很容易加入,因为不少容错措施是针对系统某些特征的,只要状态字中的某特征位符合就该执行。采用状态特征编码法后,这种检查和执行只在程序中出现一次;而顺序编码法则必须在所有有关状态中都执行,既麻烦又易遗漏。

按同样的观点,按键编码也采用特征编码,这种编码在读取键盘信息时即可方便地得到。在本例中,可用如下几条指令完成,即

```
ORL     P1,#0FH
MOV     A,P1
ORL     A,#0F0H
CPL     A
```

这时 A 中即为特征键码,空键=00H;K1=01H;K2=02H;K3=04H;K4=08H。这种特征键码很容易识别和利用复合键的功能,如 K1 和 K2 同时按下时,键码为 03H。如果采用顺序编码,则还必须查一次表,将各种有定义的特征码转换成顺序码,才能参加矩阵元素的定位运算。

状态和按键均进行特征编码后,监控程序以树形结构为好,这样可充分发挥特征码的优势。前提是系统不太复杂,按键要少,否则监控程序将是一棵巨大的树,反而给程序维护带来不便。监控程序先按状态的特征位进行分支,再按键码进行分支,树枝顶端的树叶则相当于顺序编码法中的元素,如图 3-13 所示。理论上这是一棵对称的二叉树,实际上很多树枝是没有意义的。将这些没有意义的树枝去掉之后,监控程序还是比较简单的。在按状态特征分支结束以后,依次按有效键码进行分支。若是某有效键码,则为树叶,执行某一特定操作;若不是,

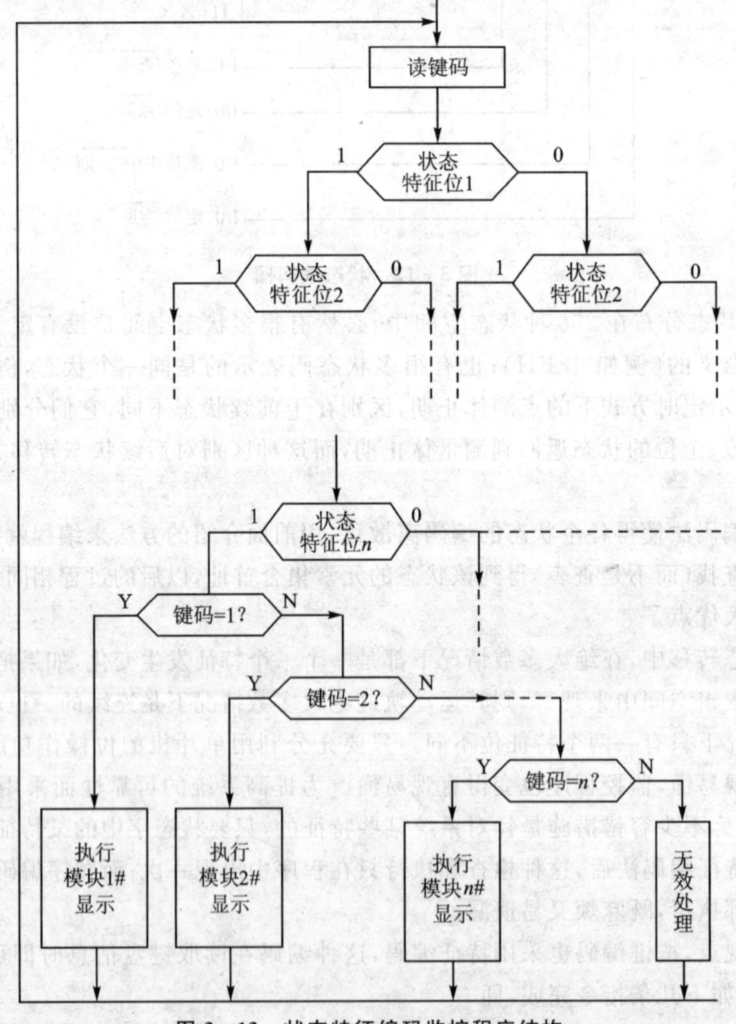

图 3-13　状态特征编码监控程序结构

则继续分支。该状态下所有有效的键码均判断完毕后，其余键码均做无效处理，任何非法（无定义）操作均不会引起系统的误动作。键盘分析程序也可以先按有效键码来分支，再按状态来分支。在每种有效键码下，只将有关的状态加以判断，剩下的均做无效处理，同样可以排除非法操作对系统的不利影响。

例如这台γ辐射仪，可按图3-14所示方式来构造监控程序。从图中可以看出，当用“是否正在测量?”(MEAS)作为第一个树杈时，一边为树枝(MEAS=0)，一边已经为树叶了。当用“是否是测点序号状态”(NOS)作为树杈时，一边(NOS=1)接下来用SETING作为树杈，另一边就不再考虑SETING了（测量休止期不可能进行修改），如此等等，最终的监控程序也不算太复杂。

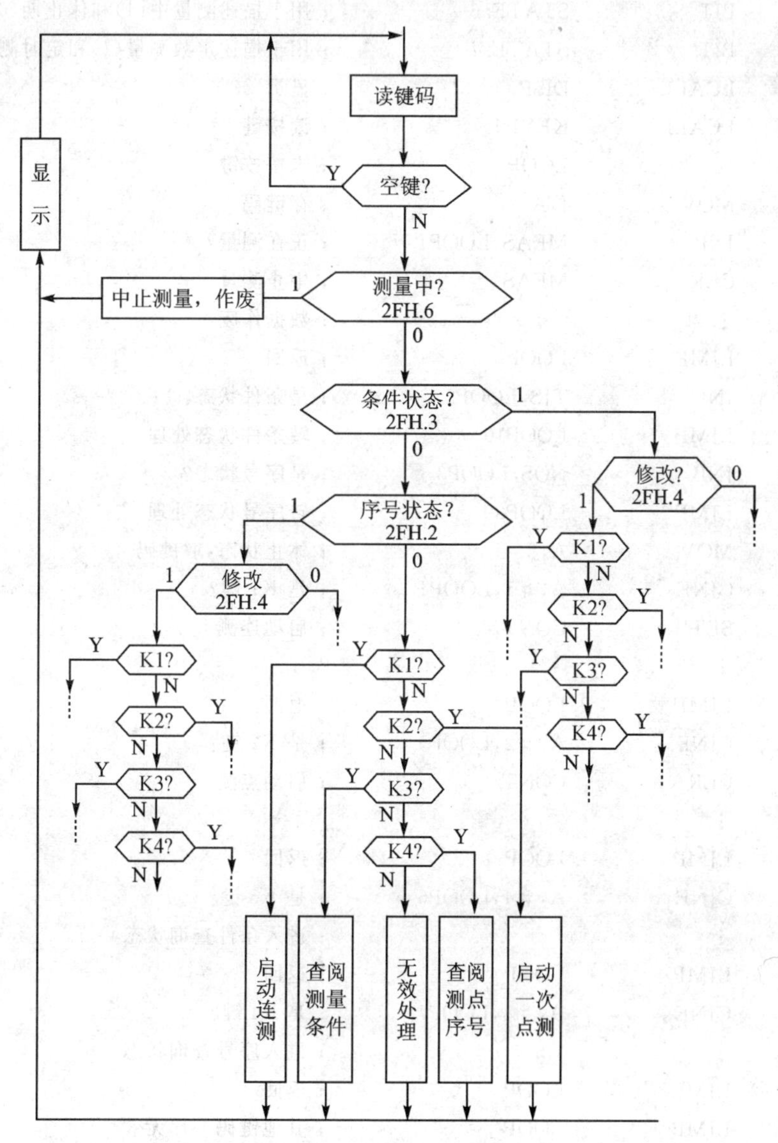

图3-14 γ辐射仪监控程序结构

下面是它的监控程序框架：

```
J        DATA   38H              ；键码存放单元
STATE    DATA   2FH              ；状态特征字节
SETPL    BIT    STATE.0          ；用于描述修改位置(千[00],百[01])
SETPH    BIT    STATE.1          ；用于描述修改位置(十[10],个[11])
NOS      BIT    STATE.2          ；用于描述序号状态(1是,0非)
TJS      BIT    STATE.3          ；用于描述条件状态(1是,0非)
SETING   BIT    STATE.4          ；用于描述修改(1)和查阅(0)
CONT     BIT    STATE.5          ；用于描述连测(1)和点测(0)
MEAS     BIT    STATE.6          ；用于描述测量中(1)和休止期(0)
DINS     BIT    STATE.7          ；用于描述定数测量(1)和定时测量(0)
LOOP：   LCALL  DISP             ；显示
         LCALL  KEYIN            ；读按键
         JZ     LOOP             ；未按按键
         MOV    J,A              ；存键码
         JNB    MEAS,LOOP1       ；正在测量?
         CLR    MEAS             ；中止测量
         ⋮                       ；数据作废
         LJMP   LOOP             ；返回
LOOP1：  JNB    TJS,LOOP2        ；是条件状态?
         LJMP   LOOP10           ；转条件状态处理
LOOP2：  JNB    NOS,LOOP3        ；是序号状态?
         LJMP   LOOP30           ；转序号状态处理
LOOP3：  MOV    A,J              ；休止状态,取键码
         CJNE   A,#1,LOOP4       ；是K1键?
         SETB   CONT             ；启动连测
         ⋮
         LJMP   LOOP             ；返回
LOOP4：  CJNE   A,#2,LOOP5       ；是K2键?
         CLR    CONT             ；启动点测
         ⋮
         LJMP   LOOP             ；返回
LOOP5：  CJNE   A,#4,LOOP6       ；是K3键?
         ⋮                       ；进入条件查询状态
         LJMP   LOOP             ；返回
LOOP6：  CJNE   A,#8,LOOP7       ；是K4键?
         ⋮                       ；进入序号查询状态
         LJMP   LOOP             ；返回
LOOP7：  LJMP   LOOP             ；其他键码一律无效
LOOP10： JB     SETING,LOOP12    ；修改还是查询?
         SETB   SETING           ；进入修改状态
LOOP12： MOV    A,J              ；取键码
```

```
        CJNE    A,#1,LOOP15      ;是 K1 键?
        ⋮                        ;修改本位数据
        LJMP    LOOP             ;返回
LOOP15: CJNE    A,#2,LOOP20      ;是 K2 键?
        ⋮                        ;调整修改位置
        LJMP    LOOP             ;返回
LOOP20: ⋮                        ;其他按键,结束修改或查询
        LJMP    L0OP             ;返回
LOOP30: JB      SETING,LOOP32    ;修改还是查询?
        SETB    SETING           ;进入修改状态
LOOP32: MOV     A,J              ;取键码
        CJNE    A,#1,LOOP35      ;是 K1 键?
        ⋮                        ;修改本位数据
        LJMP    LOOP             ;返回
LOOP35: CJNE    A,#2,LOOP40      ;是 K2 键?
        ⋮                        ;调整修改位置
        LJMP    LOOP             ;返回
LOOP40: ⋮                        ;其他按键,结束修改或查询
        CLR     SETING
        LJMP    LOOP             ;返回
```

从以上程序结构中可以看出,在进行状态特征编码后,系统程序成为一个整体(一棵树),基本上不用状态码,而改为使用状态特征位。各个执行模块也不再进行编码,而分别插入到相应的分支尽头(树叶),并用修改状态特征位的方法进入次态。由于这里没有考虑容错技术,所以"条件状态"和"序号状态"非常相似。当把各自的容错检查插入到有关的树干中之后,差别就出来了。为简化程序设计,可以将相似的处理过程编成子程序,通过不同的入口条件满足不同树叶的要求,使树叶变小,整棵树也就比较紧凑了,便于阅读和修改。

3.3.5 监控程序的 4 种设计风格

从编码方式来分类,有顺序编码和特征编码 2 类;从监控程序所处位置来分类,有位于主程序中的监控循环和位于中断子程序中的监控模块 2 类。将这 2 种分类方式进行组合,便有以下 4 种监控程序的设计风格:

① 采用顺序编码,监控循环在主程序中。

② 采用顺序编码,监控模块在中断子程序中。

③ 采用特征编码,监控循环在主程序中。

④ 采用特征编码,监控模块在中断子程序中。

当监控循环在主程序中时,主程序一直运行,完成键盘输入、键码解释和执行任务模块等功能,监控程序结构是一个"死循环"。由于主程序平时一直在运行,故各个中断子程序的入口都必须保护主程序的现场,返回前必须恢复主程序的现场。

当监控程序在中断子程序中时,必须作为一个监控模块来处理,不能作为监控循环,否则,中断子程序无法结束。由于主程序在完成自检和初始化之后没有监控任务,便有了进入睡眠

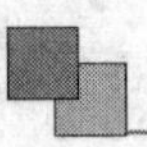

状态(有利于节电和抗干扰)的条件,所有工作均可以分配到各个中断子程序中去完成。由于主程序平时一直在睡眠,没有工作现场,故各个低级中断子程序的入口都不需要保护现场,高级中断子程序的入口只需要保护低级子程序的现场。监控模块应该分配到完成键盘输入的中断子程序中,完成键码解释、执行任务模块等功能。监控程序的执行过程是一个"断续"的过程,有键盘操作时则执行,没有键盘操作时则不执行。

在顺序编码方式下,键码解释采用"查表和散转"的方法来实现;在特征编码方式下,键码解释采用"判断和转移"的方法来实现。

由于当前的单片机几乎都具有节电运行功能,故笔者认为采用"将监控程序以模块的形式放在中断子程序中"的设计风格比较有利。

学习监控程序设计必须联系实际,光看书是学不会的。笔者多年的教学实践证明,虽然学生已经学习了监控程序设计方法和各种功能模块的设计方法,但让他们自己去独立设计一个完整的应用系统软件仍然是很困难的,不知从何下手。

笔者从书法家的成长过程中得到启发,必须先"临摹"字帖,把基本功练扎实,成为一个"入门"者,然后再结合自己的特长,创立自己的门派。为了加快初学者的"入门"速度,笔者将本章分析的"简易γ辐射仪"的系统软件收录在附录A中,供初学者"临摹"。笔者建议:初学者应首先仔细阅读程序清单(有详细注释),务必彻底看懂;然后选一个简单的项目,制作好电路板,将"简易γ辐射仪"的软件作为模板,保留其基本框架,根据需要进行增删和修改,直到项目成功。多做几个项目后,就基本"上路"了,以后就可以走自己的路,完成更复杂的项目开发任务。

3.4 菜单驱动的监控程序设计方法

在带单片机的仪器设备中,人们通过按不同的按钮(键盘)来操作仪器设备。为了防止误操作,仪器面板上印满了各种文字符号,以标明各按键的功能。在一键多义的情况下,一个键盘上要印上几套说明文字或符号。有些功能复杂的设备,面板上常有几十个按键,误操作的情况也经常发生。为了避免因误操作而引起的事故,软件上必须采取很多容错设计措施。能不能改变这种被动局面呢?回答是肯定的,这就是采用菜单驱动的工作方式来实现。所谓菜单驱动的工作方式,即用一个大面积显示设备来显示一套菜单,菜单中列举了当前可以进行的操作,用户通过选择自己希望执行的菜单项来控制仪器设备的运行。

随着显示器件水平的不断提高,点阵液晶显示器件开始被各种高级仪器设备采用,它不但可以显示各种数字和字符,还可以显示各种图形(如汉字和曲线等)和图表,为人们提供了一个图文并茂的显示环境,也就为创造一个更友好的人机界面提供了物质基础。

采用菜单驱动的工作方式后,凡是当前不可执行的操作都不会出现在当前的菜单上,用户想误操作都不可能,故容错性极好。这种工作方式非常直观,只要是懂技术的人员(即使不懂计算机)也能很快学会操作。另外,因为各种操作指示均在显示器件上显示出来,故面板上就不必再标注各种操作说明了,使面板大大简化,按键大大减少。除去电源开关、系统复位等特殊开关按键外,一般只需两套按键即可:一套为选择菜单项时使用的上、下、左、右4个方向键和选中菜单项时的确认键(或回车键);另一套为输入数据时使用的10个数字键(如有必要再加上小数点键和负号键)。有了这两套按键原则上就可以满足各种仪器设备的需要了。以下是用菜单驱动的监控程序的设计步骤和方法介绍。

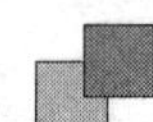

3.4.1　系统功能分析和菜单结构设计

首先对该系统的功能进行详细规划(必须有最终用户参与),将紧密相关的操作分在一组,系统功能的分组数即为系统主菜单的项目数。因为主菜单的每一项对应于一组功能,所以选中主菜单中某项后往往并不能明确指定设备的具体操作,还必须将该组功能一一列出,供操作者具体指明。这就是二级菜单,也称子菜单。有时二级菜单中的某项可能还有更详细的分类,为此还有三级菜单等。各级菜单之间的关系构成了一棵多分支的菜单树,主菜单为树根,各级子菜单为树杈,各执行模块为树叶。在进行程序设计前,一定要将所有各级菜单的内容和相互关系规划好,这是监控程序的设计基础。

3.4.2　画面设计

由于键盘已经简化,人机界面必须在显示设备上充分表示出来,因此必须设计好每一个画面,使操作者简单无误地了解系统当前的状态,以便合理地进行操作。

1. 常用的画面类型介绍

在菜单驱动的单片机应用系统中,常用的画面有如下几种。

① 菜单:显示当前可以选择的各种操作。为了指明操作者的选择意愿,可将选中的一项以不同的方式进行显示。在彩色显示设备中,可用不同的前景色和背景色来显示;在黑白显示设备(如黑白点阵液晶显示屏)中,可用反转方式来显示,如未选中项为白底黑字,则选中项为黑底白字。这种不同的显示方式就形成了选择光标(通常称为光棒)。操作者通过上、下、左、右键来移动光棒,达到改变选择项的目的。如果当前菜单为子菜单,则通常在最后加一个"返回"选择项,以便返回上一级菜单,因为在采用单片机的仪器设备中一般不设专门的Esc按键。

② 数据输入窗口:当选中菜单中的某一功能时,可能需要先输入一些工作参数或原始数据,这时就应该生成一个"数据输入窗口",在该窗口中显示有关输入数据的提示信息,如"请输入今天的日期:",并等待操作者输入有关数据。

③ 选择窗口:当某项功能需要操作者对一些问题进行决定,而这种决定只有为数不多的几种可能选择时,可生成一个"选择窗口",它的样式和操作与菜单很相似。例如在菜单中选中了"数据发送"功能,要把仪器采集和处理好的有关数据通过RS-232串行通信口发往IBM通用计算机时,就可显示一个选择窗口,显示仪器允许使用的几种波特率,供用户选择。这里不用输入窗口来输入波特率,可以避免用户输入一个不合理的波特率。

④ 帮助窗口:当操作者输入了一个不合适的信息或进行了一个不合理的操作时,可以生成一个"帮助窗口",将出错原因和帮助信息显示出来,以便操作者做出正确处理。

⑤ 工作画面:这是仪器设备在执行其正常功能时的显示画面,用来显示当前各种工作状态的有关信息。这个画面的设计最具灵活性,可以非常复杂、生动(如显示工艺流程、动态曲线等),也可以很简单(如显示几个动态数据)。在工作画面中通常也提供一个小型菜单,供操作中做"暂停"、"返回"等选择。

2. 画面设计应完成的任务

对于一个画面,要完成以下几方面的设计。

① 内容设计:菜单各项的名称、提示的具体内容、显示的数据项和显示的图表曲线等。

② 形式设计：确定各项内容是以图形形式还是以文本形式来显示。汉字信息和图表曲线一般以图形形式显示，数据信息一般以文本形式显示。

③ 位置设计：确定各项内容在屏幕上的显示坐标。

④ 关系设计：各种画面相互之间除了时间上有出现先后的关系外，在平面位置的摆布上也有不同的风格。为了简单，可将每个画面都设计成独占整个显示屏，这样处理起来就非常方便。如果画面不很复杂，也可将显示屏分区：一个区固定显示菜单；一个区固定显示仪器设备的动态信息；一个区用于人机对话，专门显示各种提示告警信息和接收操作者输入的数据。这种分区显示方式可以为人们同时显示较丰富的信息。

在进行程序设计前，必须按上述要求将各类画面设计好，并一一编好号码。以后仪器设备工作起来时，就是在这些画面之间来回切换。

3.4.3 监控程序设计方法

监控程序的功能是解决系统的因果对应关系，其中外因主要是键盘操作，内因是系统当前的状态；在内外因共同作用下，导致系统执行某一功能，并使系统进入一个新的状态。在传统的监控程序设计中，用“状态变量”来表示系统的状态；而在菜单驱动的单片机系统中，则可用“画面编号”来表示系统的状态。这样，监控程序实质上就是要完成这样一个任务：在某一画面下，当选中某一选项(菜单项)后，应该进入哪一个画面。

1. 系统状态信息

在以菜单驱动的单片机系统中，直接为监控程序服务的系统状态信息如下。

① 当前画面号：以确定当前系统在菜单树中的位置。

② 当前光棒坐标：以确定当前选项情况。

③ 当前有效按键的键码：以确定操作者的意图。

④ 历史状态的辅助信息：记录系统各种参数及其变化情况，以协助执行模块正常工作。

2. 监控程序的基本结构

监控程序的基本结构分为两部分：一部分为初始化部分；另一部分为监控循环实体。初始化部分由上电复位后的主程序执行，用来初始化系统的硬件资源和软件资源。在以菜单驱动的单片机系统中，初始化过程中还必须将当前画面号初始化为主菜单的画面号，并将光棒坐标定在菜单的第一项。有时为了达到商业广告的目的，也可在上电初始化后先进入“封面”画面，用来显示系统名称和研制生产单位等信息，延时(或触键)后再进入主菜单。

监控循环实体是监控软件的实质部分，完成访问键盘、键码解释、执行功能模块及刷新显示画面等任务，一般可将其放在主程序的初始化过程之后。在某些仪器设备中，为了降低功耗和减轻干扰，常将监控实体放到定时中断子程序中，而主程序在完成系统初始化工作以后便进入低功耗的睡眠状态。

3. 监控实体设计

以监控实体放在定时中断子程序中为例(监控实体示意图如图3-15所示)，监控实体分析如下：

① 定时中断发生后，首先进行例行操作，即保护现场、重装定时器、调整系统时钟和执行

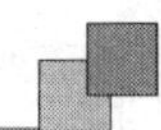

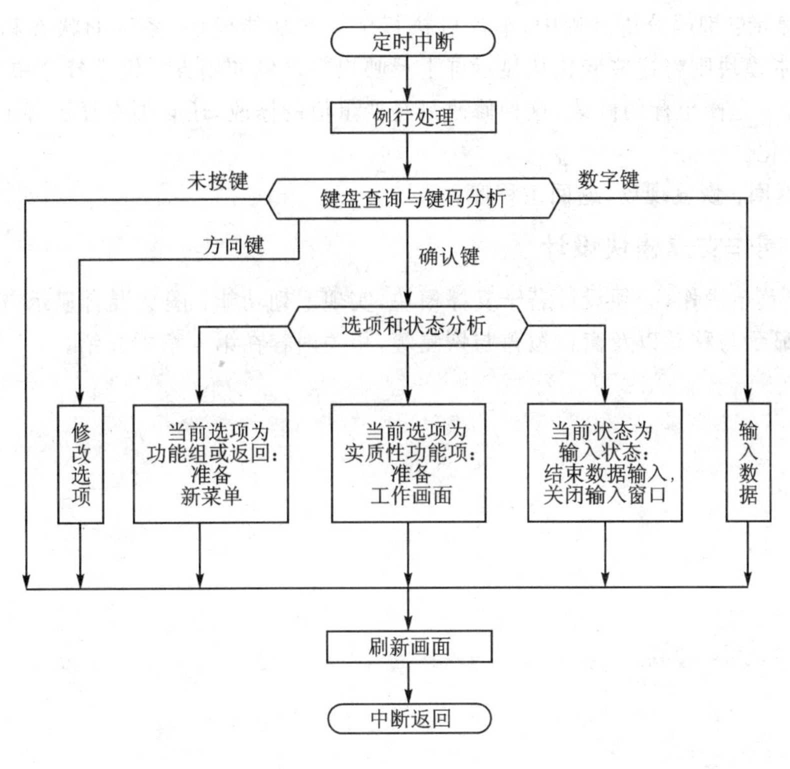

图 3-15 监控实体示意图

定时作业等。

② 键盘查询与键码分析。通过访问键盘获得有效的键盘操作信息，根据按键情况分别处理。

- 未按键：跳过整个键盘解释模块。
- 方向键：用来移动光棒，达到改变选项的目的。当选项横向排列时，上下键无效；当选项纵向排列时，左右键无效。当选项较多时，可将各选项排成方阵，这时上下左右键都有效。另外，方向键均有回绕功能，即光棒移到边界时，如要出界，就自动绕回到另一边的一项上。方向键中的左移键除控制选项光棒外，还可在输入数据过程中用于抹去已输入的数字，提供改正错误的机会。
- 数字键：如果当前有效窗口是输入窗口，则数字键就有效。每当按下一个数字键时，就将该数码加入到数据输入缓冲单元中，并由显示模块在输入窗口中予以显示。
- 确认键：如果当前有效画面为输入窗口或选择窗口，则表示输入或选择结束。输入数据经过检查后，如果不合理，则触发提示告警画面；如果合理，则认可该数据，并关闭输入画面。如果当前有效画面为菜单，则表示选中光棒所指示的菜单项，从而执行该菜单项的功能，有可能是激活一个低级菜单，或激活一个输入窗口；也有可能是激活一个工作画面，执行实质性的任务。要激活另一个画面时，只要将有效画面号更改一下，由显示模块来完成画面刷新的工作即可。
- 任意键：如果当前窗口为告警窗口或提示帮助窗口，则表示操作者已经阅读过窗口内容，可以关闭该窗口。

③ 刷新显示：键码分析过程中，单片机执行了一些功能模块，系统的状态和某些参数即发生了变化，本模块则将这些变化从显示屏上反映出来。例如用方向键选择菜单项时，键码分析模块中进行了光棒坐标的修改，这种修改只是变量值的修改，还必须在显示屏上将光棒的位置作对应的变化。

④ 中断返回：恢复现场，返回主程序。

4. 菜单操作支撑模块设计

为了完成菜单操作，必须设计若干支撑模块，实现下列功能：图文混合显示、汉字显示、菜单显示、光棒显示与移动以及窗口覆盖与恢复等，相关内容在第4章中介绍。

第4章 常用功能模块的设计

系统软件除去监控程序，就是各种不同的功能模块，通过这些功能模块，完成各种实质性的任务。在这些功能模块中，有 I/O 操作模块，如 A/D 转换模块、D/A 转换模块、开关量采集模块、开关量输出模块；有和操作者打交道的各种模块，如读键盘模块、显示模块、打印模块；有各类数据处理模块，如控制算法模块和数据统计分析模块等；还有一些模块是为系统软件服务的后勤模块，如系统时钟模块等。

不同应用系统的功能模块是千差万别的，有不少功能模块与硬件关系密切，设计方法比较成熟，参考资料也比较丰富，如各种微型打印机的驱动模块、A/D 模块和 D/A 模块、液晶屏驱动模块、各种专用芯片的驱动模块、通信模块等。本章不再重复这些内容，只讨论 6 个最常用的模块设计方法，即软件时钟、键盘、数码显示、无字库液晶显示屏、有字库液晶显示屏和触摸屏模块的设计方法，重点介绍其中易被人们忽视，但又对软件质量有明显影响的技术措施。

4.1 软件时钟

单片机系统中的时钟是一切与时间有关过程的运行基础，在实时控制系统中尤其如此。时钟有两种：绝对时钟和相对时钟。绝对时钟与当地的时间同步，有月、日、时、分、秒等功能。功能强一些的还有年和星期的功能。相对时钟与当地时间无关，一般只要时、分、秒就可以，在某些场合，可能要精确到 0.1 s 甚至毫秒。相对时钟相当于体育运动中使用的跑表功能。

当计时精度要求非常高，单片机本身的晶体振荡器达不到设计要求时，必须使用专用时钟电路，单片机通过外部中断方式来引入标准时钟脉冲或直接从专用时钟芯片里读取精确的时钟信息。当计时精度要求不太高（误差 0.01 %左右）时，一般不必外接专用时钟电路，以下仅讨论用单片机本身的定时器来实现的时钟系统（软件时钟系统）。

4.1.1 时钟系统的建立

(1) 定时周期的确定

假设系统时钟用定时器 T0 来实现，首先必须确定定时周期。由系统各项功能对时钟系统的定时精度要求可以确定定时周期的上限。例如某温度控制系统，温度采样周期为 2 s，温度控制为 10 min 一个调整区间，加热元件为电炉丝，采用调节半波数目的过零控制方式，这时

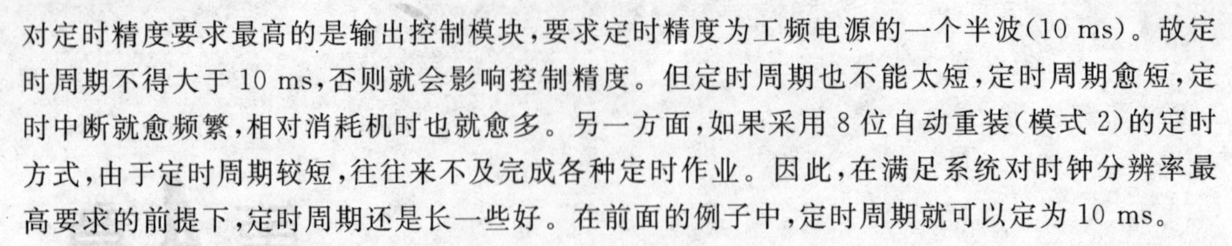

对定时精度要求最高的是输出控制模块,要求定时精度为工频电源的一个半波(10 ms)。故定时周期不得大于10 ms,否则就会影响控制精度。但定时周期也不能太短,定时周期愈短,定时中断就愈频繁,相对消耗机时也就愈多。另一方面,如果采用8位自动重装(模式2)的定时方式,由于定时周期较短,往往来不及完成各种定时作业。因此,在满足系统对时钟分辨率最高要求的前提下,定时周期还是长一些好。在前面的例子中,定时周期就可以定为10 ms。

(2) 时钟单元的安排

根据系统对时钟的要求,在RAM中开辟若干单元作为时钟数据存放区。一般要求有年、月、日、时、分、秒,不足秒的部分也要一个单元来存放。在要求低一些的系统中可以不要年和月,甚至不要日。为了便于使用,每个数据单独用一个单元来存放,数据格式采用BCD码,可以直接用于显示和打印;但它也有缺点,即时间计算不方便。为了便于后文继续讨论,先将系统时钟安排如下:

```
YEAR      DATA    49H       ;年份低两位存放单元(BCD码)
MONTH     DATA    4AH       ;月份存放单元(BCD码)
DAY       DATA    4BH       ;日存放单元(BCD码)
HOUR      DATA    4CH       ;时存放单元(BCD码)
MINUTE    DATA    4DH       ;分存放单元(BCD码)
SEC       DATA    4EH       ;秒存放单元(BCD码)
SECD      DATA    4FH       ;0.01 s存放单元(BCD码)
```

(3) 时钟的运行

时钟的运行由初始化、启动、正常运行3个阶段构成。时钟系统的初始化是系统初始化中的一个内容,包括对时间值的初始化、设置定时器工作方式和中断安排。下面是一段有关时钟初始化的指令:

```
CLR     TR0                 ;暂停T0工作
MOV     TMOD,#51H           ;T0为16位定时器
MOV     YEAR,#11H           ;2011年
MOV     MONTH,#1            ;1月
MOV     DAY,#1              ;1日
MOV     HOUR,#1             ;1时
MOV     MINUTE,#0           ;0分
MOV     SEC,#0              ;0秒
MOV     SECD,#0             ;0.00 s
MOV     TH0,#0D8H           ;定时初值(10 ms,12 MHz晶体)
MOV     TL0,#0F0H
```

在这段初始化指令中,时间设立为2011年1月1日凌晨1时整,并指定T0作为时钟系统的定时器,并赋初值0D8F0H(晶体频率为12 MHz)。在系统的其他初始化工作全部完成后,便可启动时钟系统,打开T0中断,随后进入正常工作循环。启动过程可以用下述指令来完成:

```
SETB    TR0                 ;启动定时器T0
SETB    ET0                 ;允许定时器T0中断
```

```
        SETB    EA                  ；开放中断
```

在这里，时钟中断没有指定为高级中断。在普通型 MCS－51 系列单片机中，中断级别只有两级，一般“掉电中断”应该设置为高级中断。如果时钟中断也指定为高级中断，则由于时钟中断一般任务较饱满，将使掉电中断不能得到及时处理。如果系统中没有比时钟中断更优先的中断源，当然应该将时钟中断设定为高级中断。现在已经有很多以 51 为内核的增强型单片机具有 4 级中断，优先级的选择就可以更方便一些。

时钟的运转是依靠定时中断子程序对时钟单元数值进行调整来实现的，基本过程如图 4－1所示。定时中断子程序中时钟运转部分如下：

```
CLK:    ORL     TL0,#0F0H           ；重置时常数
        MOV     TH0,#0D8H
        PUSH    ACC                 ；保护现场
        PUSH    PSW
        MOV     A,SECD
        ADD     A,#1                ；加 0.01 s
        DA      A
        MOV     SECD,A
        JNZ     CLKE                ；整秒？
        MOV     A,SEC               ；调整秒
        ADD     A,#1
        DA      A
        MOV     SEC,A
        CJNE    A,#60H,CLKE         ；整分？
        MOV     SEC,#0              ；清秒
        MOV     A,MINUTE            ；调整分
        ADD     A,#1
        DA      A
        MOV     MINUTE,A
CLK0:   CJNE    A,#60H,CLKE         ；整点？
        MOV     MINUTE,#0           ；清分
        MOV     A,HOUR              ；调整时
        ADD     A,#1
        DA      A
        MOV     HOUR,A
        CJNE    A,#24H,CLKE         ；午夜？
        MOV     HOUR,#0             ；清时单元
        MOV     A,DAY               ；调整日期
        ADD     A,#1
        DA      A
        MOV     DAY,A
        MOV     A,MONTH             ；查阅本月最大日期
        INC     A
```

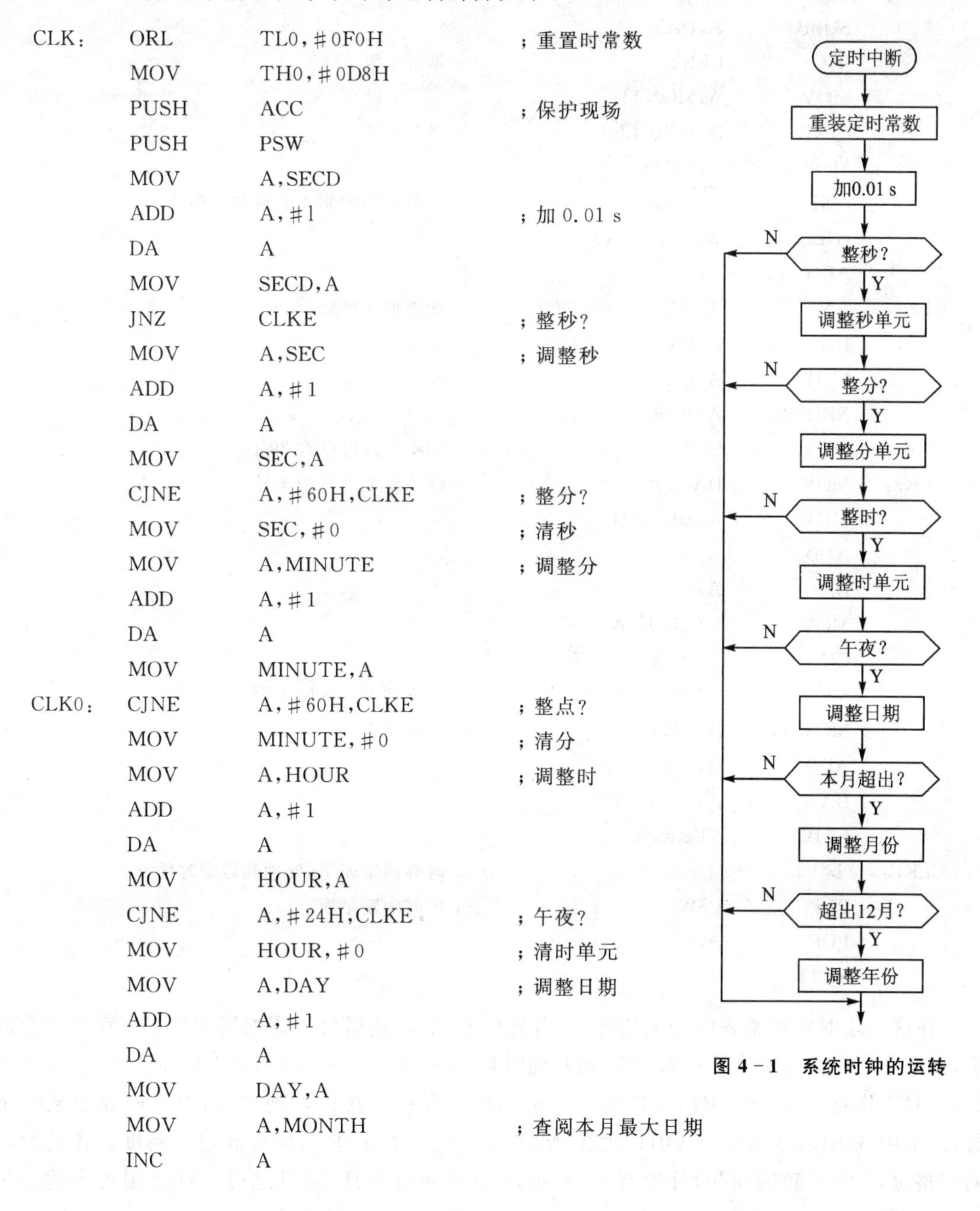

图 4－1　系统时钟的运转

```
        MOVC    A,@A+PC
        SJMP    CLK1
        BD      31H,28H,31H       ；对应月份编码：01H,02H,03H
        BD      30H,31H,30H       ；对应月份编码：04H,05H,06H
        BD      31H,31H,30H       ；对应月份编码：07H,08H,09H
        BD      00H,00H,00H       ；对应无效月份编码：0AH,0BH,0CH
        BD      00H,00H,00H       ；对应无效月份编码：0DH,0EH,0FH
        BD      31H,30H,31H       ；对应月份编码：10H,11H,12H
CLK1：  CLR     C
        SUBB    A,DAY
        JNC     CLKE              ；本月未满
        MOV     A,MONTH
        CJNE    A,#2,CLK3         ；是2月?
        MOV     A,YEAR
        ANL     A,#13H            ；保留年份中非4的整数倍部分
        JNB     ACC.4,CLK2
        ADD     A,#2
CLK2：  ANL     A,#3              ；能否被4整除?
        JNZ     CLK3              ；非闰年
        MOV     A,DAY
        XRL     A,#29H
        JZ      CLKE              ；闰年2月可以有29日
CLK3：  MOV     DAY,#1            ；调整到下个月的1日
        MOV     A,MONTH
        ADD     A,#1
        DA      A
        MOV     MONTH,A
        CJNE    A,#13H,CLKE
        MOV     MONTH,#1          ；调整到下一年的1月
        MOV     A,YEAR            ；调整年份
        ADD     A,#1
        DA      A
        MOV     YEAR,A
CLKE：  ⋮                         ；时钟调整完毕,处理其他定时任务
        POP     PSW               ；定时中断结束
        POP     ACC
        RETI
```

在这一段时钟调整程序的最初部分，首先保护现场，这里仅以累加器和状态寄存器作为例子，如果中断子程序和主程序都要用到其他共同的资源（如R0～R7，B，DPTR等），也应进行保护；对工作寄存器R0～R7，可以通过分组切换来保护。在保护现场后，对定时器重装时常数，这里用“ORL TL0，#0F0H”代替“MOV TL0，#0F0H”，可提高定时精度。在进行日期调整时，问题比较麻烦些，月份有大、有小，2月份还有平月、闰月之分。这里用查表的方法

得到每个月最大的日期数，因为月份是用BCD码表示的，故在表格设计时人为地填入6个0，以错开不存在的0AH,0BH,0CH,0DH,0EH,0FH这6个月。在计算闰年时，这里用了一个简化算法，只适用于2000—2099年，更一般的算法在此从略。有的实时系统要求时钟系统提供星期几的信息，这可以采用两种方案来实现：一种方案是设定一个单元来存放星期几，它和日期同时进行加1调整，只是调整后还要进行模七处理。另一种方案不存放星期几，而是从年、月、日的数据中用软件计算出星期几。前一种方案实现简单，但因为星期信息独立于年、月、日之外，可以单独进行人工修改，从而有可能出现人为的星期错误。后一种方案需要执行一段计算程序，但结果可靠，不会出现星期错误。星期信息对执行按星期重复的作业特别有用。星期的计算公式如下：

$$W = y + \mathrm{INT}(y/4) + \mathrm{INT}((13m + k)/5) + D$$

式中，INT为取整运算。对于21世纪，式中的$k=-1$。式中的D为日期，y和m为修正后的年和月。如果真实的年和月为Y和M，则修正方法为

当月份$M>2$时：$y=Y, m=M-2$；

当月份$M<3$时：$y=Y-l; m=M+10$。

下面是一段适合2000年3月1日至2100年2月28日的星期计算程序。在调用该程序前，将年份的低两位Y存入R5，月份M存入R6，日期D存入R7(均为BCD码)，执行后，星期值在累加器A中(星期零表示星期天)。

```
WEEK:   MOV     A,R5
        LCALL   BCDH
        MOV     R5,A
        MOV     A,R7
        ACALL   BCDH
        MOV     R7,A
        MOV     A,R6
        LCALL   BCDH
        ADD     A,#0FDH
        JC      WEEK1
        DEC     R5
        ADD     A,#0DH
        SJMP    WEEK2
WEEK1:  INC     A
WEEK2:  MOV     B,#0DH
        MUL     AB
        DEC     A
        MOV     B,#5
        DIV     AB
        ADD     A,R5
        XCH     A,R5
        MOV     B,#4
        DIV     AB
        ADD     A,R5
```

```
        ADD     A,R7
        MOV     B,#7
        DIV     AB
        MOV     A,B
        RET
BCDH:   MOV     R4,A
        SWAP    A
        ANL     A,#0FH
        MOV     B,#0AH
        MUL     AB
        XCH     A,R4
        ANL     A,#0FH
        ADD     A,R4
        RET
```

4.1.2 时钟的校对

系统时钟在上电初始化时是一个固定的时刻(如 2011 年 1 月 1 日 1 时整),不可能与当地的实际时间(如北京时间)相同,这就要求系统时钟必须提供校对的功能,随时可将系统时钟调整到与当地时间同步。

时钟的校对有两种基本方法,第一种方法是将当地标准时间以数据形式输入,从而使时钟单元中的内容得到修正,这种方法适用于具有数值输入功能的系统中,通常采用 16 键以上的中、大型键盘。第二种方法采用和校对普通电子手表相同的操作方式来完成,它只需要两个按键,一个按键用来更换调整对象,另一个按键用来对指定单元进行循环加 1 调整。这种校对方式在一些较简单的应用系统中很有效,它不需要中、大型键盘支持。

时钟校对功能模块的执行是和监控程序设计结合在一起的。对于参数输入式的校对方法,系统应提供 1 个以上的校正命令键,按下这个命令键后,启动校正功能,然后使用数字键输入当地正确时间,再按回车键,时间便校正好了。这种输入方式的软件编程方法请参阅第 6 章 6.2.2 小节的有关内容;第二种校正方法的操作流程图(监控设计时的状态转移图)请参阅第 6 章 6.3.6 小节中的图 6-14。

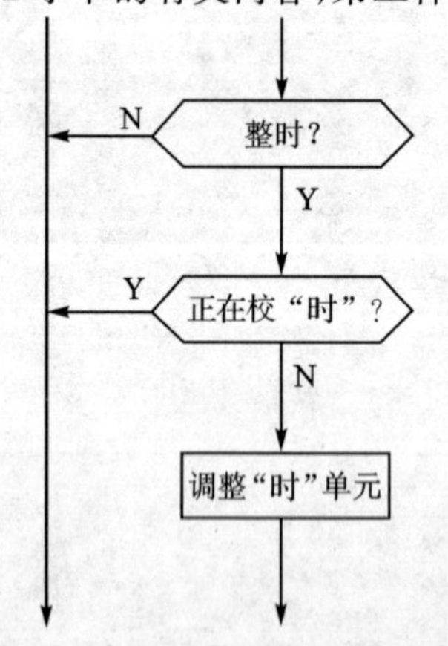

图 4-2 切断时钟调整链的方法

在进行时钟校对时,如果对分、秒进行校对,目的多为消除走时误差。这时应暂停时钟的运行(冻结时钟),等待标准时刻到来,通过按键来准确启动运行,达到与标准时间同步的目的。冻结标志的产生可参阅 6.3.6 小节的内容。这时,在定时中断的时钟调整程序中,应检查这一标志,以决定是否调整时钟。在实际编程中,为了使校对工作能顺利进行,应该设立若干个软件标志,在不同的位置切断时钟调整链。例如,如果正在校对“时”,就应切断“分”向“时”的进位操作,以免干扰对“时”单元的校对工作,如图 4-2 所示。在校分、日、月时也按类似的方式来处理。这样一来,实际的时钟运转程序比 4.1.1 小节中介

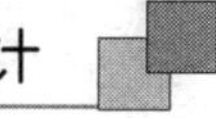

绍的程序要多加几处判转指令，例如用一个软件标志 SETHOUR ＝ 1 表示正在校对“时”，则前一程序中的 CLK0 指令段应修改如下：

```
CLK0:   CJNE    A,#60H,CLKE
        MOV     MINUTE,#0          ;整点,清“分”单元
        JB      SETHOUR,CLKE       ;正在校“时”,不调整“时”单元
        MOV     A,HOUR             ;调整“时”单元
        ADD     A,#1
        DA      A
        MOV     HOUR,A
        ⋮
```

4.1.3　定时任务的触发与撤除

单片机控制系统中有很多任务是按时间来安排的，即有固定的作息时间。这些任务的触发和撤除便由系统时钟来控制，不用操作者直接干预，这在很多无人值守的场合尤其必要。定时任务有两类：第一类是周期性任务，如每天固定时间启动、固定时间撤除的任务，它的重复周期是一天；第二类是临时性任务，操作者预定好启动时间和撤除时间后由系统时钟来执行，但仅一次有效。作为一般情况，假设系统中有几个定时任务，每个任务都有自己的启动时刻和撤除时刻。在系统中建立两个表格，一个是启动时刻表，一个是撤除时刻表。表格按作业编号顺序安排。为使任务启动和撤除的时间准确，这一过程应安排在时钟中断子程序中来完成，程序流程图如图 4-3 所示。定时中断子程序在完成时钟调整后就开始扫描这两个时刻表，当表中某项和当前时刻完全吻合时，通过查表位置指针就可以决定对应作业的编号，通过编号就可以启动或撤除相应的任务。

为使查询工作方便迅速，两个表格的设计要动点脑筋。首先要分析一下所有的启停时刻表，找出最低的时间分辨精度和最长的重复周期，然后用压缩编码的方法将一个多字节的时刻表改造为单字节的时刻表。例如，有 3 个时刻：6 时 30 分、12 时 45 分、18 时 20 分，它们的最低时间分辨精度为 5 min，只要每隔 5 min 查一次表，就不会遗漏任务。如果这 3 个时刻的重复周期为 24 h，则全天共可以分割成 12×24＝288 个时刻，1 字节装不下。如果各任务分布不均匀，例如不上夜班，所有的任务均在 6 时至 20 时之间执行，则有效时刻数就可以用 1 字节装下了。我们从 2 时开始进行时刻编码，即

2 时 00 分＝ 00H
2 时 05 分＝ 01H
⋮
5 时 00 分＝ 24H
6 时 30 分＝ 36H
12 时 45 分＝ 81H
18 时 20 分＝ 0C4H
23 时 15 分＝ 0FFH

对于 23 时 20 分至次日 1 时 55 分，均按 00H 编码。由于任务时刻分辨精度远低于时钟本身的分辨精度，如果每次时钟中断都去查任务时刻表，将消耗很多无效机时，使可用的机时

减少。为此可在时钟调整过程中产生一个软件标志,用于指明当前是否为需要查表的时刻。在本例中,当分的数值为5的整数倍时,即为需要查表的时刻。如果用一个软件标志SEARCH = 1表示查表时刻,SEARCH = 0为非查表时刻,则该标志的产生和使用情况如图4-4所示,标志产生的程序直接插在时钟调整程序中。

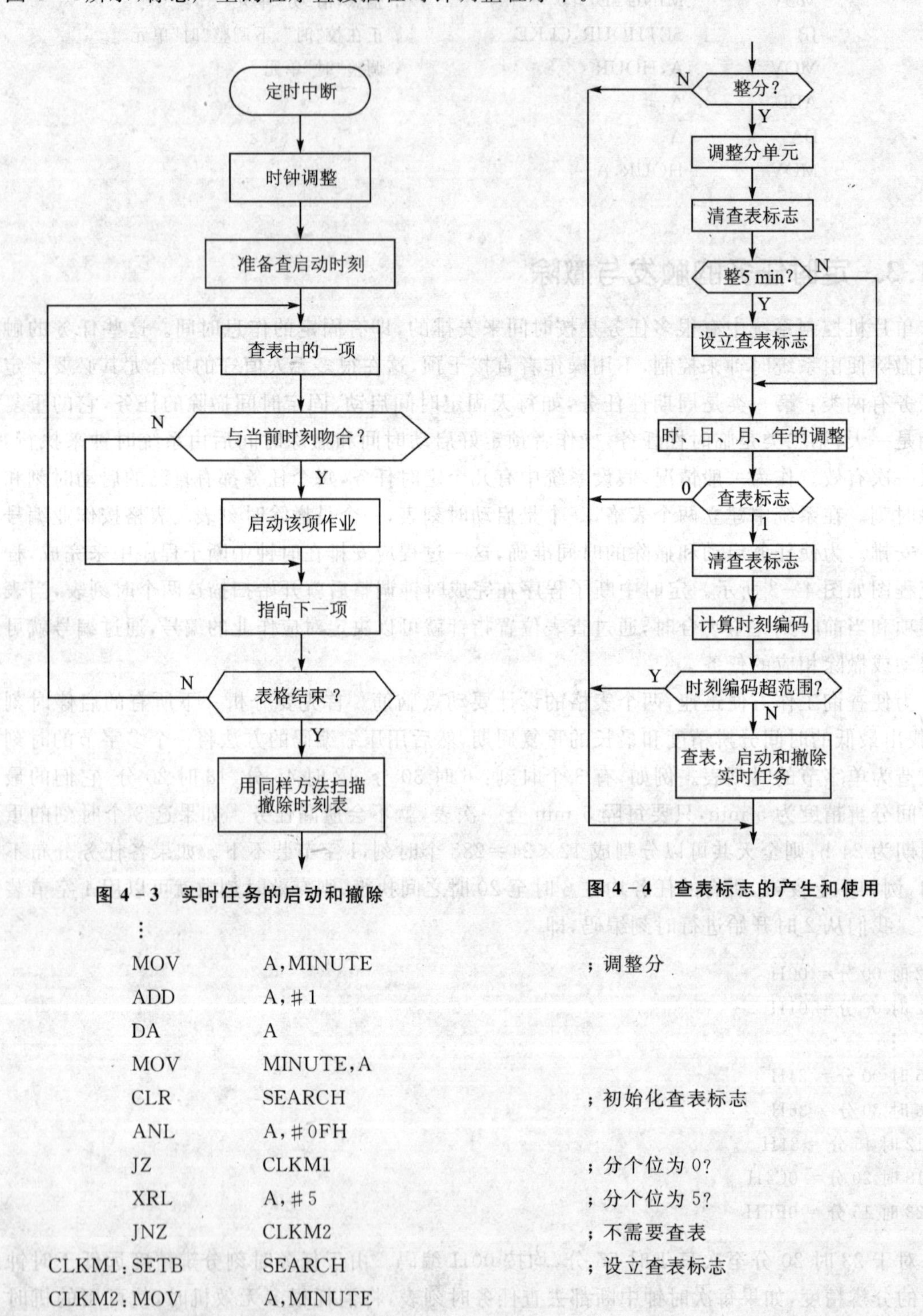

图4-3　实时任务的启动和撤除

图4-4　查表标志的产生和使用

```
          ⋮
          MOV     A,MINUTE          ;调整分
          ADD     A,#1
          DA      A
          MOV     MINUTE,A
          CLR     SEARCH            ;初始化查表标志
          ANL     A,#0FH
          JZ      CLKM1             ;分个位为0?
          XRL     A,#5              ;分个位为5?
          JNZ     CLKM2             ;不需要查表
CLKM1:    SETB    SEARCH            ;设立查表标志
CLKM2:    MOV     A,MINUTE
```

```
CLK0:  CJNE     A,#60H,CLKE
       ⋮
```

时钟调整结束后，若该标志被清除，就不进行查表和任务触发操作；若该标志被置位，就先计算出当前时刻的编码，然后对照计算出来的编码扫描两个表格，完成定时任务的触发和撤除。时间编码 TN 数值的计算程序如下：

```
TN      DATA     48H                  ;时间编码

CLKE:   JNB      SEARCH,CLKEN         ;标志检查
        CLR      SEARCH               ;清标志(一次性使用)
        MOV      A,HOUR
        ACALL    BCDH
        ADD      A,#0FEH
        JNC      CLKEN                ;2时以前不处理
        MOV      B,#0CH               ;每小时折合12个编码值
        MUL      AB
        MOV      TN,A
        MOV      A,MINUTE             ;每5 min折合1个编码值
        SWAP     A
        MOV      C,ACC.6
        RLC      A
        ANL      A,#0FH
        ADD      A,TN
        JC       CLKEN                ;23时15分以后不处理
        MOV      TN,A
        ⋮                             ;查表,执行任务的触发和撤除
CLKEN:
        ⋮
```

在程序中，标号 CLKEN 为跨过任务触发(撤除)模块后的程序标号。时钟编码本来可以用每 5 min 加 1 的方法简单完成。但这样做容易出问题，当人们对时钟进行校对时，有可能使时刻编码与实际时间不一致。而每 5 min 按调整后的实际时间计算出时刻编码，就能随时准确地反映实际时刻。

关于时刻表的设计问题，有些细节要考虑好。如果所有的任务安排是固定不变的，当然应该将时刻表固化在程序中。另外，可能某个任务在一个周期内要执行若干次，按一般的方法需要设计一个二维时刻表，由于各个任务重复的次数并不一定相同，这个二维时刻表就会变得大而空虚。一个简单的处理方法是，让一个任务按需要分配多个任务编号，如果某任务一天中要在 5 个不同时刻执行，就分配 5 个任务编号给它，只要在各任务执行模块的入口处安放同样的指针，指向同一个实际执行模块即可。还有一个问题，就是如何注销一个临时任务。在安排一个临时任务时，执行完后必须将其注销，否则第二天又会自动执行。可以在临时任务执行后将启动时刻表中对应的值改为 0FFH，作为注销标志，这就要求任何任务都不能在 0FFH(23 时 15 分)启动或撤除。最后一个问题是表格的长度问题。对于固定表格，长度是固定的，程序中

可以用立即数方式来控制查表范围。如果是具有修改、增减任务的应用系统,则表格的大小是变化的,这时可以让表格的首址固定,末址浮动,用00H作结束标志,这就要求任何任务不能在2时整启动或撤除。对表格中的数据(时刻编码)进行修改、插入、注销等操作时,其编程方法可参阅有关"数据结构"的书籍。下面介绍的是查表和触发任务的程序(撤除任务的程序与此雷同),这段程序紧接在计算当前时刻编码的程序之后,这时累加器A和TN单元中已经是当前时刻编码。

```
WORKN     DATA    47H              ;任务编码
CHECK:    JZ      CLKEN            ;时刻00H不处理
          INC     A
          JZ      CLKEN            ;时刻0FFH不处理
          MOV     DPTR,#LSTANT     ;指向表格首址
          MOV     WORKN,#0         ;任务编号初始化
CHECK0:   MOV     A,WORKN          ;取任务编号
          MOVC    A,@A+DPTR        ;读该任务时刻编码
          JZ      CHECKE           ;表尾标志,结束查表
          CJNE    A,TN,CHECK1      ;时刻吻合?
          LCALL   WORKS            ;启动任务
CHECK1:   INC     WORKN            ;查看下一任务
          SJMP    CHECK0
CHECKE:   ⋮                        ;后续程序
```

在查表过程中,如果查得的编码为00H,则说明表格已查完,可结束查表工作。如果查得的元素与当前时刻编码(TN单元内容)一致,即可启动(撤除)该任务。子程序WORKS是一个综合处理程序,它的入口参数为任务号WORKN。WORKS子程序利用WORKN单元的内容散转到各个任务的启动(撤除)子程序入口即可。特别要注意的是,各任务的启动(或撤除)子程序均不得破坏DPTR,WORKN,TN的内容,否则,其他任务的查表过程就要受到影响。如果要进行外部RAM操作(I/O用操作),则可利用P2,R0或P2,R1作外部RAM的寻址指针;如果一定要使用DPTR,则必须先将DPTR保存起来,再使用DPTR,最后恢复DPTR的内容,以便后续任务的查表工作。

4.1.4 相对时钟(闹钟)

单片机系统中有很多过程控制虽然与时间有关,但与当地时间(绝对时钟)并无直接关系。例如一个热处理控制系统,要求升温30 min,保温1 h,缓慢降温3 h。以上工艺过程与时间关系密切,但与上午、下午没有关系,只与开始投料时间有关,这一类的时间控制需要相对时钟信号。如果把时钟系统对任务的启动功能比作闹钟功能,则前面介绍的启动方式为绝对闹钟功能,而现在需要的闹钟功能属于相对闹钟功能。绝对闹钟的基础是系统绝对时钟,它是一直在运行的。相对闹钟的运行速度与绝对时钟一致,但数值完全独立。这就要求相对闹钟必须另外开辟存放单元。在使用上,相对闹钟要先初始化,再开始计时,计时到后便可唤醒指定任务。下面,我们把相对时钟(相对闹钟)简称为闹钟,来讨论一下它的使用方法。

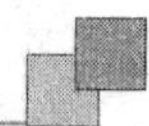

(1) 闹钟的建立

闹钟是独立于系统绝对时钟之外的,但是否也要开辟同样多的单元呢?一般是没有必要的。可以先确定最大定时间隔和最小定时间隔,然后再找出所有可能的定时间隔的最大公约数(最大计时单位),有了这些数据,就可以规划出闹钟的存放格式了。例如有一热处理温度控制工艺曲线如图4-5所示,这里需要控制4个工艺过程,时间间隔分别为15 min、35 min、120 min、130 min。最大定时间隔为130 min,最小定时间隔为15 min,各间隔的最大公约数为5 min。可以这样来建立一个闹钟:定义一个储存单元ALRM,每5 min对该单元调整一次(十六进制的加1或减1),然后将各种定时间隔都按5 min进行归一化核算,如15 min为03H,35 min为07H,120 min为18H,130 min为1AH等。由于这里最大定时间隔为1AH(26)个时间单位(5 min),离1字节能表示的范围相差太远,还有很大潜力可以挖掘。如果以1 min作为定时单位,则最大可定时间隔限制在254 min(4个多小时),仍然可以用1字节来作为闹钟单元,而为将来调整工艺带来更大的灵活性,使定时分辨精度从5 min提高到1 min。

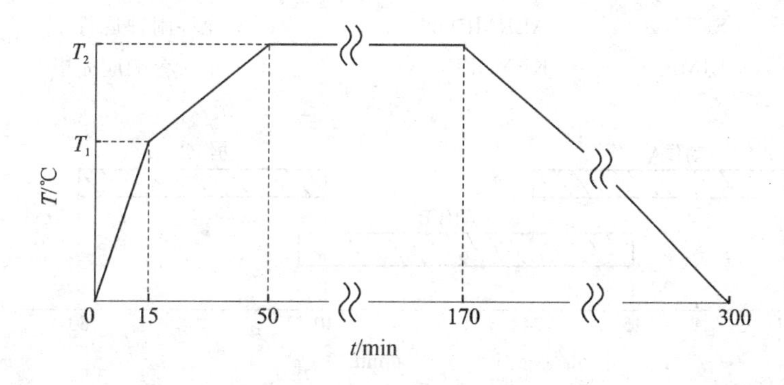

图4-5 某热处理温度控制工艺曲线

(2) 闹钟的运行

为了保证闹钟的运行速度与绝对时钟一致(即闹钟的1 min与绝对时钟的1 min是一样长的),我们将闹钟的运行和绝对时钟的运行联系在一起,即在调整绝对时钟的同时进行闹钟的调整。这样闹钟调整程序也应放在时钟中断程序中。

由于闹钟的定时单位(这里假定为1 min)和绝对时钟的定时单位(这里假定为10 ms)相差甚远,因此,绝大多数时钟中断并不需要处理闹钟问题,这和前面介绍的绝对时钟的时刻编码情况相似,只有符合一定条件(这里是整分时刻)时才调整闹钟。闹钟的运行有两种方式,正计时和倒计时。在正计时方式中,闹钟初始化时清零,以后每个定时单位加1,当加到指定数目时,便可唤醒指定作业。在倒计时方式中,闹钟初始化为预定时间间隔,以后每个定时单位减1,当减为0时就可唤醒指定作业。如果闹钟的最大计时范围不太长(例如254 min),则一天中将有很多次工作循环,如果不加以控制,在完成指定的闹钟功能后,会多次重复这一功能,造成误动作。因此,闹钟的运行必须加以控制,不能像绝对时钟那样不停地运转。这可以在闹钟初始化时同时置位一个软件标志("ALRMRUN BIT 2CH.6"),允许闹钟运行。在到达特定时刻时(例如整分),先查看该软件标志,如果标志存在,则对闹钟的数值进行调整,否则跨过闹钟功能模块。在闹钟定时间隔到达后,一方面唤醒有关作业,一方面使闹钟复位,并同时清除该软件标志,使闹钟"停摆",从而避免闹钟误闹。

倒计时闹钟比较适合一次运行触发一个任务的场合,每个任务单独对闹钟进行初始化和启动,如果多任务并行交叉运行,就需要设置多个闹钟。如果多任务串接运行,各任务之间没有重叠,也可以只设置一个闹钟,一个任务结束时,同时按下一个任务来初始化闹钟。

正计时闹钟可以比较直观地实现一个闹钟同时管理多个相关作业的运行,即使它们之间有交叉重叠也能方便地实现。下面以一个自动控制过程为例来说明闹钟的使用方法。某过程由3个动作配合完成,如图4-6所示。操作者按下命令键后,初始化闹钟,以后的过程就由闹钟来自动完成。如果控制的任务多而复杂,并经常修改调整,则可参照绝对闹钟的查表方法来处理。如果任务不太复杂,控制方式是固定的,则可用立即数的方式将闹钟时刻表编入程序中。在本例中,来看看后一种方法如何实现。操作者按下命令键后,通过监控程序转到有关的解释执行模块,该模块完成如下任务:

```
ALRM      DATA    46H             ;闹钟储存单元

KEYSTA:   MOV     ALRM,#0FFH      ;闹钟初始化
          SETB    ALRMRUN         ;允许闹钟运行
          LJMP    KEYOFF          ;本命令响应完毕
```

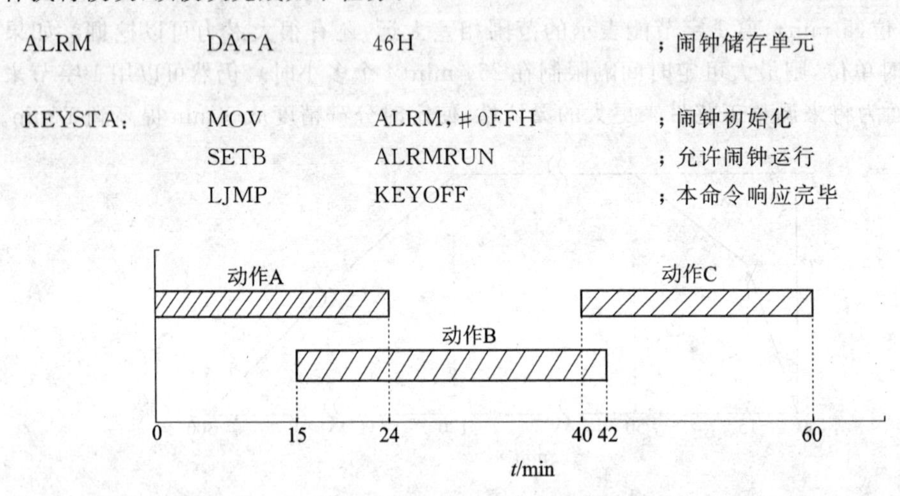

图4-6 用闹钟控制的工艺过程

在对正计时闹钟进行初始化时,如果将闹钟复位(清零),则必须同时执行启动动作A的操作;否则,下次闹钟运行后,数值变为01H,就会错过动作A的启动时刻。这里将闹钟初始化为0FFH,即-1 min,下次闹钟调整后就正好为00H,便可自动启动动作A,从而使各种操作全部由闹钟来管理,避免监控管一点、闹钟管一点的分散设计方法。这样做也有一个不足之处,即操作者按下命令键后,动作A并未立即启动,最长延误时间有可能达到一个闹钟计时单位。当闹钟计时单位较短时,人们一般没有什么感觉;当闹钟计时单位较长时(如本文设计的1 min),人们就很难接受了。按键按下后,很长时间还没有动作,人们就会认为系统出了故障。这时可为闹钟配置一个计秒单元ALRMD,按键的解释程序如下:

```
ALRMD     DATA    45H

KEYSTA:   MOV     ALRM,#0FFH      ;闹钟初始化
          MOV     ALRMD,#0FFH
          SETB    ALRMRUN         ;允许闹钟运行
          LJMP    KEYOFF          ;本命令响应完毕
```

这里将闹钟初始化为255分59秒,实际上是-1 s,这样,可望在1 s之内闹钟变为0分00秒,从而自动启动动作A。

闹钟功能作为一个模块,放在绝对时钟作业管理模块之后,程序流程图如图4-7所示,程

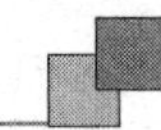

序紧接绝对时钟的查表程序之后：

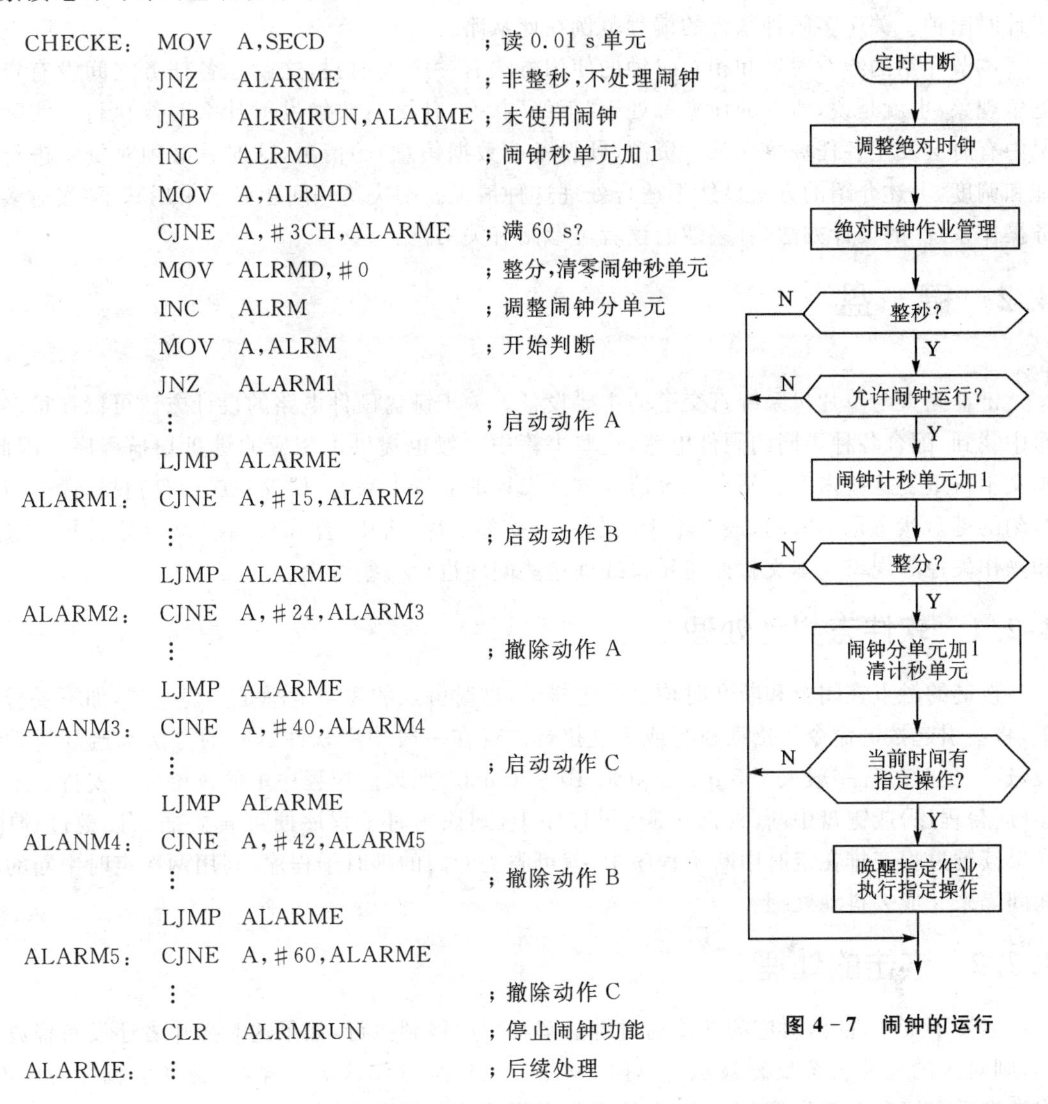

```
CHECKE:  MOV   A,SECD              ；读 0.01 s 单元
         JNZ   ALARME              ；非整秒，不处理闹钟
         JNB   ALRMRUN,ALARME      ；未使用闹钟
         INC   ALRMD               ；闹钟秒单元加 1
         MOV   A,ALRMD
         CJNE  A,#3CH,ALARME       ；满 60 s?
         MOV   ALRMD,#0            ；整分，清零闹钟秒单元
         INC   ALRM                ；调整闹钟分单元
         MOV   A,ALRM              ；开始判断
         JNZ   ALARM1
         ⋮                         ；启动动作 A
         LJMP  ALARME
ALARM1:  CJNE  A,#15,ALARM2
         ⋮                         ；启动动作 B
         LJMP  ALARME
ALARM2:  CJNE  A,#24,ALARM3
         ⋮                         ；撤除动作 A
         LJMP  ALARME
ALANM3:  CJNE  A,#40,ALARM4
         ⋮                         ；启动动作 C
         LJMP  ALARME
ALANM4:  CJNE  A,#42,ALARM5
         ⋮                         ；撤除动作 B
         LJMP  ALARME
ALARM5:  CJNE  A,#60,ALARME
         ⋮                         ；撤除动作 C
         CLR   ALRMRUN             ；停止闹钟功能
ALARME:  ⋮                         ；后续处理
```


图 4－7　闹钟的运行

由于设置了秒计时单元，闹钟与绝对时钟保持了秒同步，但不要求保持分同步（绝对时钟整分时刻，闹钟未必是整分时刻），这样做可以使动作响应更及时。在最后一个动作完成后，及时关闭闹钟，完成一个工艺过程的自动控制任务。

(3) 多闹钟系统

上面的介绍用一个闹钟控制若干个动作的方法是有先决条件的，即这些任务必须是互相关联的。如果若干个需要定时控制的任务相互独立，它们的启动时刻是各不相关的，则这时必须建立多闹钟系统，一个闹钟控制一个任务或一组相关任务。参照单个闹钟的设计方法，也可以设计出多闹钟系统。如果一个闹钟只控制一个任务，程序设计时就比较简单，在键盘解释模块中，只要对该闹钟按倒计时方式赋初值即可，不必另设允许闹钟运行的软件标志。在闹钟运行程序中，首先检查闹钟的数值，如果不为 0，即减 1，减 1 后如果为 0，就执行指定任务。如果闹钟的值在未减 1 之前已经是 0，就不再减 1，当然也不执行指定任务。这样一来，闹钟减为 0 值后便自动停止运行，可省去软件标志，这是倒计时闹钟的一个优点。当然，理论上倒计时

闹钟也能完成一组相关任务的控制,但需要"求补"赋值,编程和阅读程序均很不直观,比不上正计时闹钟。关于多闹钟系统的编程范例在此从略。

本节介绍的绝对时钟和相对时钟的使用方法有一个大前提,这就是各任务之间没有资源竞争现象,也就是说,所有的任务都处于"就绪"状态,什么时候触发就什么时候执行。实际情况中有时会发生各任务争夺某一资源(硬设备或数据信息)的情况,这时就必须对资源进行管理和调度,上述介绍的方法显然不适合处理这种情况。解决这一问题必须采用基于"实时多任务操作系统"的设计方法,有兴趣的读者可参阅有关书籍。

4.2 键 盘

键盘是人与单片机系统打交道的主要设备。关于键盘硬件电路的设计方法可以在很多书籍中找到,配合各种不同的硬件电路,这些书籍中一般也提供了相应的键盘扫描程序。因此,本文不再重复这些内容。站在系统监控软件设计的立场上来看,仅仅完成键盘扫描,读取当前时刻的键盘状态是不够的,还有不少问题需要妥善解决,否则,操作键盘时就容易引起误操作和操作失控等现象。本文就如何妥善处理这些问题进行一些讨论。

4.2.1 软件去抖动处理

按键的触点在闭合和断开时均会产生抖动,这时触点的逻辑电平是不稳定的,如不妥善处理,将会引起按键命令的错误执行或重复执行。现在一般均用软件延时的方法来避开抖动阶段,这一延时过程一般大于5 ms,例如取10～20 ms。如果监控程序中的读键操作安排在主程序(后台程序)或键盘中断(外部中断)子程序中,则该延时子程序便可直接插入读键过程中。如果读键过程安排在定时中断子程序中,就可省去专门的延时子程序,利用两次定时中断的时间间隔来完成去抖动处理。

4.2.2 连击的处理

当按下某个键时,对应的功能通过键盘解释程序得到执行,如果这时操作者还没有释放按键,则对应的功能就会反复被执行,好像操作者在连续操作该键一样,这种现象就称为连击。连击在很多情况下都是不允许的,它使操作者很难准确地进行操作。

解决连击的关键是一次按键只让它响应一次,该键不释放就不执行第二次。为此要分别检测到按键按下和释放的时刻。有两种程序结构都可以解决连击问题,如图4-8(a)和图4-8(b)所示。

图4-8(a)是按下键盘就执行,执行完后就等待操作者释放按键,在未释放前不再执行指定功能,从而避免了一次按键重复执行的现象。图4-8(b)是在按键释放后再执行指定功能,同样可以避免连击,但给人一种反应迟钝的感觉,因此常采用图4-8(a)的结构。假定有一个子程序KEYIN,它负责对当前键盘状态进行采样,获得当前的键码。再假定,当键盘完全释放时,键码为0FFH。KEYIN子程序的具体内容随硬件结构不同而不同。对于图4-8(a)所示流程图,可得如下程序:

```
KEY:    LCALL    KEYIN        ;读键
        CPL      A
```

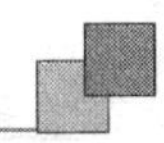

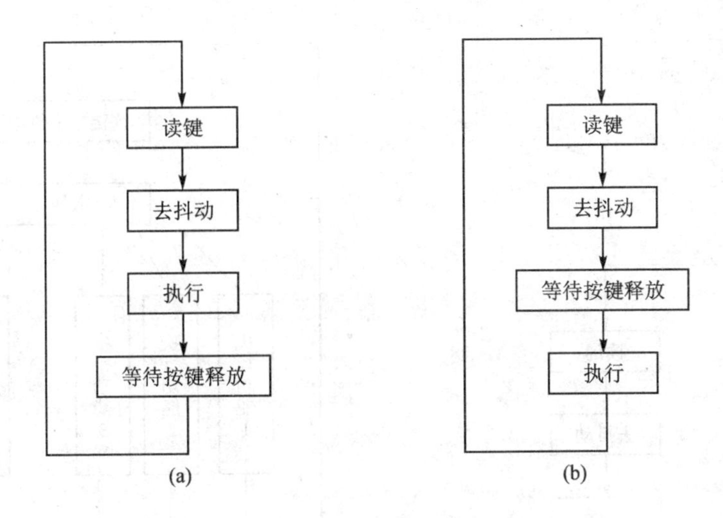

图 4-8 解决连击的两种程序结构

```
         JZ       KEY                ;未按,再读
         LCALL    TIME               ;延时 10 ms,去抖动
         LCALL    KEYIN              ;再读键
         CPL      A
         JZ       KEY                ;未按,再读
         CPL      A                  ;恢复有效键码
         ⋮                           ;键盘解析、执行相应模块
KEYOFF:  LCALL    KEYIN              ;读键
         CJNE     A,#0FFH,KEYOFF     ;未释放,再读
         LJMP     KEY                ;已释放,读新的按键
```

连击现象加以合理利用,有时也能给操作者带来一些方便。在某些简易智能仪器中,因设置的按键数目很少,没有数字键0~9,这时只能采用加1(或减1)的方式来调整有关参数。当参数的调整量比较大时,就需要按很多次调整键。如果这时有连击功能,只要按住调整键不放,参数就会不停地加1(或减1),调整到我们需要的参数时再放开按键,这就给操作带来不少方便。

计算机处理过程的速度很快,如果允许连击,还来不及放手它就可以执行几十次到几百次,则使人无法控制连击的次数。因此,要对连击速度进行限制,例如3~4次/秒,使操作者能有效控制连击次数。连击功能的实现如图4-9所示。图中如果延时环节为250 ms,则连击速度为4次/秒。连击现象对于调整键是有利的,但对其他功能键则是有害的,必须区别对待。一个能同时实现连击和防止连击的程序结构如图4-10所示。当键盘解释程序安排在后台主程序中时,上述处理连击的方法比较适用。当键盘解释程序安排在定时中断子程序中时,上述方法就不能使用,因为每次定时中断的时间间隔是很短的(例如10 ms),不能停下来等待键盘释放,也不能另外再延时250 ms。这时采用另一种方法,不但能解决连击问题,而且可以解决得更好,这就是利用定时中断间隔作为时间单位来测量按键的持续时间,我们用“键龄”来比喻按键按下的持续时间。从按下时开始计算,持续时间每增加一个定时间隔时间,“键龄”就加1,直到释放时为止。我们再定义一个软件标志,用来表示某键指定的功能是否已经被执行过,

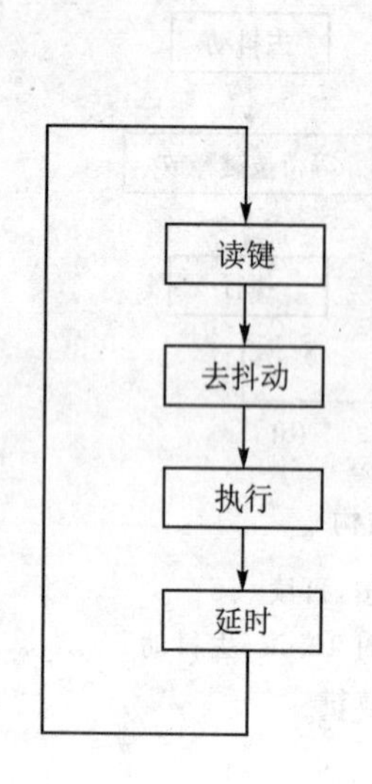

图 4-9　连击功能的实现

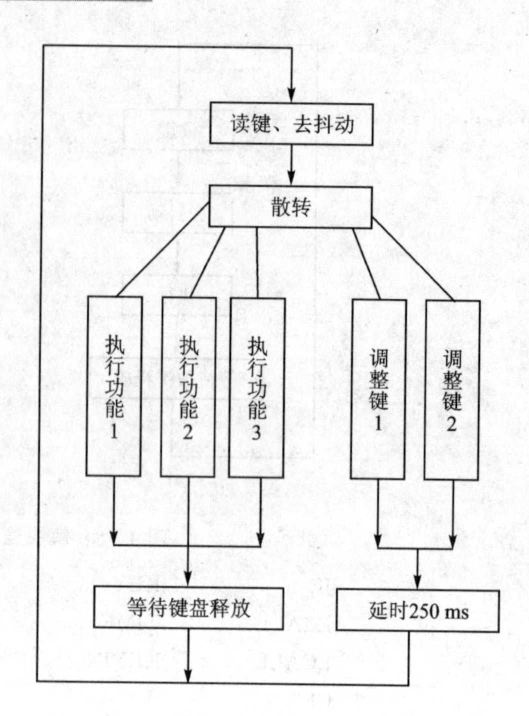

图 4-10　同时实现连击和防止连击的程序结构

如果已经被执行，则软件标志置 1，表示“已响应”。有了“键龄”和“已响应”这两个辅助信息后，处理防抖动、防止连击、利用连击、延时响应均很方便。这时的键盘处理流程图如图 4-11 所示。每次定时中断发生后，在完成例行处理任务后就对键盘进行一次采样，获得当前的键码，并和上一次采样的键码进行比较，如果相同，则该键码的键龄加 1；如果不同，则说明键盘状态发生变化(包括释放按键)，这时就对键龄和响应标志初始化，并保存新键码。在对键码进行解释前，先检查响应标志，如果已经响应过了，而且该键码不允许连击，则不进行解释，从而防止了连击现象。当该键码尚未响应过，或者虽已响应过但该键允许连击时，则具有解释执行权。但在解释执行前先要检查它的键龄，当键龄小于某一个数值时暂不解释执行，当键龄达到某一数值(例如 2)时就进行解释执行。这样做以后，触点抖动问题就可以顺利解决，因为触点抖动时间小于定时中断间隔，当键龄达到预定值时，抖动早已消失。对于允许连击的键码，其键龄要求为指定的连击间隔。例如，连击速度为 4 次/秒，定时中断间隔为 10 ms，则键龄限制为 25。通过键龄审查之后，就可以解释执行了，解释执行后便设定“已响应”标志，阻止这个按键重复响应。这个标志对允许连击的按键无效，因此，还要将键龄值清零，使允许连击的按键不会马上得到响应，而必须使键龄再次增长到 25 才响应一次，从而达到控制连击速度的目的。设 KEYCODE 为键码存放单元，KEYT 为键龄存放单元，KEYOK 为响应标志，允许连击的按键的键码为 5，则程序如下：

```
KEYCODE    DATA     38H          ；键码存放单元
KEYT       DATA     39H          ；键龄存放单元
KEYOK      BIT      2DH.5        ；“已经响应”标志

KEY：      LCALL    KEYIN        ；读键盘
```

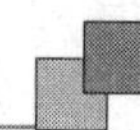

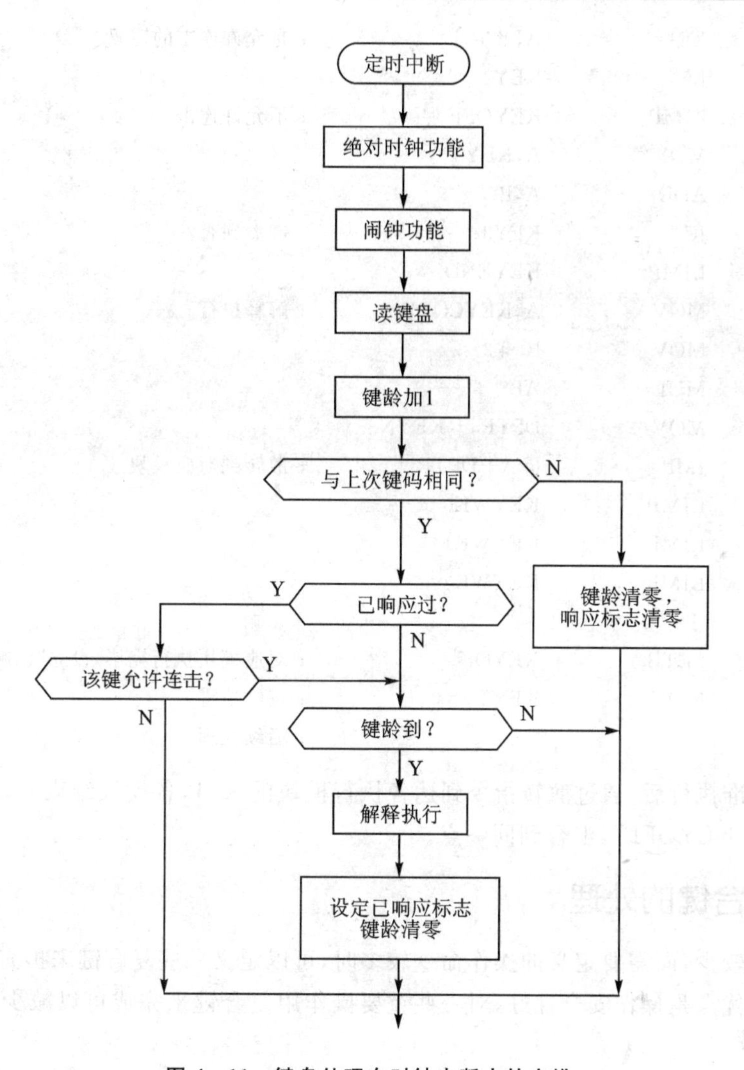

图 4-11 键盘处理在时钟中断中的安排

```
        CPL     A
        JZ      KEY0            ;键盘释放
        CPL     A               ;恢复键码
        INC     KEYT            ;键龄加 1
        XCH     A,KEYCODE       ;暂存键码
        XRL     A,KEYCODE       ;与上次键码相同否?
        JZ      KEY1
KEY0:   MOV     KEYT,#0         ;键码变化,键龄清零
        CLR     KEYOK           ;响应标志清零
        LJMP    KEYEND
KEY1:   MOV     B,#0FEH         ;键龄要求初始化(02H)
        JNB     KEYOK,KEY2      ;已响应过否?
        MOV     B,#0E7H         ;连击速度控制(19H)
        MOV     A,KEYCODE
```

```
        XRL     A,#5            ;是允许连击的键吗?
        JZ      KEY2
        LJMP    KEYOFF          ;不允许连击
KEY2:   MOV     A,KEYT
        ADD     A,B
        JC      KEY3            ;键龄到否?
        LJMP    KEYEND
KEY3:   MOV     A,KEYCODE       ;解释执行
        MOV     B,#3
        MUL     AB
        MOV     DPTR,#KEYN
        JMP     @A+DPTR         ;散转到对应模块
KEYN:   LJMP    KEYWK0
        LJMP    KEYWK1
        LJMP    KEYWK2
        ⋮
KEYOFF: SETB    KEYOK           ;对应模块执行完毕,设立"已响应"标志
        MOV     KEYT,#0         ;键龄清零
KEYEND: ⋮                       ;后续处理
```

当某键获准执行后,通过散转指令到达各执行模块的入口,各模块结束时,最后一条指令应该为“LJMP KEYOFF”,汇合到同一点。

4.2.3 复合键的处理

当总键数较少,而需要定义的操作命令较多时,可以定义一些复合键来扩充键盘功能。复合键的另一个优点是操作安全性好,对一些重要操作用复合键来完成可以减少误碰键盘引起的差错。

复合键利用了两个以上按键同时按下时产生的按键效果,但实际情况中不可能做到真正的“同时按下”,它们的时间差可以长到50 ms左右,这对单片机来说是足够长了,完全可能引起错误后果。

设K1为动作1的功能键,K2为动作2的功能键,复合键K1+K2为动作3的功能键。当要执行动作3时,“同时按下”K1和K2,结果K1(或K2)先闭合,单片机系统先执行动作1(或动作2),然后K2(或K1)才闭合,这时才执行我们希望的动作3,从而产生了额外的动作。因此,要使用复合键必须解决这个问题。

如果键盘解释程序安排在定时中断中,并引入了键龄这个控制信息,则问题就很容易解决。我们将最低键龄定义到5(即50 ms),当K1先闭合时,只要提前时间小于50 ms,则K1的键龄还来不及增长到5就“夭亡”了,当然也不会引起额外的动作。

当键盘解释程序安排在后台主程序中(或外部键盘中断程序中)时,计算键龄是困难的,这时采用另一种策略比较有效:定义一个或两个“引导”键,这些“引导”键单独按下时没有什么意义(执行空操作),而和其他键同时按下时就形成一个复合键。这种方式在操作时要求先按下“引导”键,再按下其他功能键。我们在通用计算机上看到的CTRL,SHIFT,ALT键均是

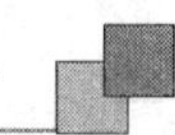

“引导”键的例子。

4.2.4 键盘编码

在监控程序设计中已经提到，键盘编码有两种方式，一种是特征编码，一种是顺序编码。对于小键盘，特征编码比较有用。对于中、大型键盘，有效键码较多，监控中一般采取散转处理或查表处理，这时就要采用顺序编码。在读键盘过程中，通过键盘扫描等方法得到的是特征编码，离散度很大。下面介绍一种将特征码转换成顺序码的通用查表方法。以4×4的16键为例，接法如图4-12所示，用反转法读取键盘状态。先从P1口的高四位输出零电平，从P1口的低四位读取键盘的状态。再从P1口的低四位输出零电平，从P1口的高四位读取键盘状态，将两次读取结果组合起来就可以得到当前按键的特征编码，如表4-1所列。现在希望将它们转换成顺序编码，这时只要将各特征编码按希望的顺序排成一张表，然后用当前读得的特征码来查表，当表中有该特征码时，它的位置就是对应的顺序编码；当表中没有该特征码时，说明这是一个没有定义的键码，与没有按键(0FFH)同等看待。表格以0FFH作为结束标志，没有固定长度，这样便于扩充新的键码(用于增加新的复合键)。

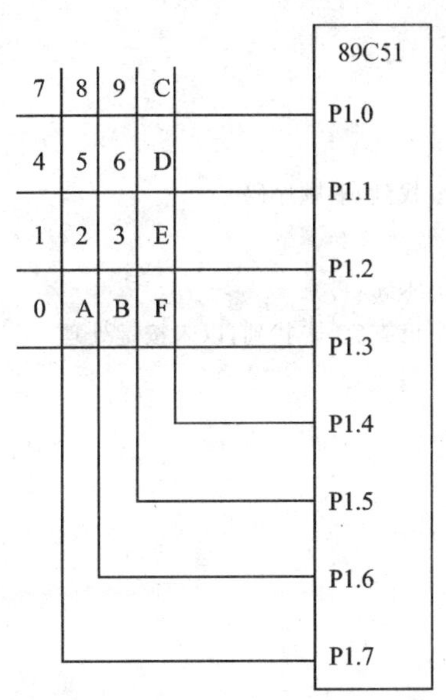

图4-12 4×4键盘的反转法驱动方式

表4-1 键码转换表

按键名称	K0	K1	K2	K3	K4	K5	K6	K7	K8
特征键码	77H	7BH	0BBH	0DBH	7DH	0BDH	0DDH	7EH	0BEH
顺序键码	00H	01H	02H	03H	04H	05H	06H	07H	08H
按键名称	K9	KA	KB	KC	KD	KE	KF	KB+KF	未按
特征键码	0DEH	0B7H	0D7H	0EEH	0EDH	0EBH	0E7H	0C7H	0FFH
顺序键码	09H	0AH	0BH	0CH	0DH	0EH	0FH	10H	0FFH

读键及键码转换程序如下：

```
KEYIN:  MOV     P1,#0FH             ;反转读键
        MOV     A,P1
        ANL     A,#0FH
        MOV     B,A
        MOV     P1,#0F0H
        MOV     A,P1
        ANL     A,#0F0H
        ORL     A,B
        CJNE    A,#0FFH,KEYIN1
```

就可以这样来安排显示模块的调用：

```
DISP      BIT     2DH.4            ；显示申请标志
KEYEND：  JNB     DISP,RETI0       ；有显示申请？
          LCALL   DISPLAY          ；调用显示模块,更新显示内容
          CLR     DISP             ；清除申请
RETI0：                            ；恢复现场
          RETI                     ；中断返回
```

KEYEND为键盘解释程序的最后汇集点。这时如果发现有显示申请,就进行显示操作,更新显示内容,否则就跳过这一步。

这里将显示功能集中到一起,作为一个功能模块,这就要求它的功能全面,能根据系统软件提供的信息自动完成显示内容的查找、变换、输出驱动。这样设计使得各功能模块都不必考虑显示问题,只需给出一个简单的信息(如显示格式编号),甚至不用再提供额外信息,直接利用当前状态变量和软件标志就可以完成所需的显示。

如果编写这样一个集中显示模块有困难,也可以将显示模块编小一些,只完成将显示缓冲区的内容输出到显示器件上的工作。这时各功能模块在提出显示申请时,还要将显示内容按需要的格式送入显示缓冲区中。这样分而治之比较容易编程,但要小心出现显示混乱。例如后台程序需要调用显示,将有关内容送入显示缓冲区,送到一半时,中断发生了,并将它的显示内容送入显示缓冲区进行显示,中断返回后,后台程序继续送完后半部分显示内容,但前半部分内容已经改变了,这样就出现了显示错误。解决的办法是,在申请显示前,先检查是否已经有显示申请,如果有,就不再申请,等待下次机会;如果没有其他模块提出申请,就先置位申请标志,再将显示内容送显示缓冲区,这时就不必担心其他前台模块来打扰了,可以得到一次完整的显示机会。

4.3.2 显示配置与输出驱动

显示配置与系统功能有关,低级一些的一般是数字显示装置,高级一些的可配置大面积液晶屏,大面积液晶屏的显示驱动将在4.4节介绍。这里来讨论一下最常用的数码管显示装置中采用的显示技巧。用一个5位数字的串行显示来作为讨论的例子,电路图如图4-13所示。这里采用5只共阳数码管、5块74LS164集成电路和若干限流电阻组成显示电路(也可以用74LS595,但需要增加一个驱动信号)。单片机利用串行口的0工作方式就可以将笔型码输入到5块74LS164中。由于是共阳数码管,故74LS164的输出电平为0时,对应笔画发光,为1时熄灭,只要输出0FFH就可以熄灭整个数码管。而各个数字及符号的笔型码可以根据实际电路连接来安排,并不要求Q_A一定接数码管的a,Q_H一定接数码管的h。正确的方法是先设计硬件显示板,怎样连接方便就怎样连接。电路板设计好以后,再找出Q_A～Q_H与笔型a～h的对应关系,各位数字之间也不一定要求具有同样的对应关系,可以各位有各位的笔型表。这样做,笔型表的设计虽然麻烦一些,但并不太难,而先统一规范笔型表,再制电路板,往往很难布线。

各位Q_A～Q_H与a～h的对应关系确定后,就可以决定各种笔型码了。这时要注意Q_A对应笔型码的最高位D7,QB对应D6,……,Q_H对应D0,因为串行口是先移出D0,最后移出D7。

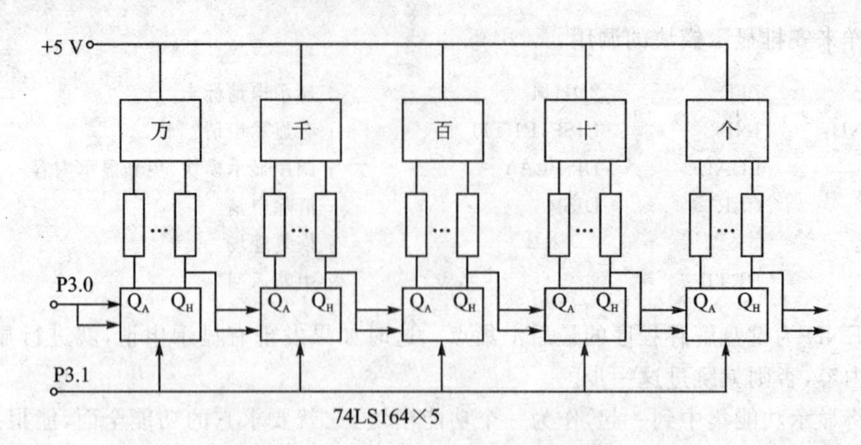

图 4-13 串行显示电路示意图

由于串行口接到数码显示的最高位(万位),故在更新显示内容时,应按个位、十位、百位、千位、万位的顺序依次移出。有不少书刊的介绍中加了一根复位控制线,在进行显示前先清除5块74LS164中的内容,再将新内容送入,其实这是没有必要的。在新的内容输出后,原内容自动被挤出去了,而这个过程是很快的,人眼是感觉不到的。增加这个清零控制线还要浪费一个端口资源。

对应5位数码管,RAM中开辟5字节的显示缓冲区,用来存放5位显示内容,这里定义DSBUF0,DSBUF1,DSBUF2,DSBUF3,DSBUF4,分别存放万位、千位、百位、十位、个位的内容。另外,为了控制小数点的显示,在笔型码设计时暂不考虑小数点而另外开辟一个小数点控制单元XSDS。定义XSD0～XSD4对应于万位到个位的小数点,0为灭,1为亮。对共阳数码管,应将其取反后拼入笔型码中。为方便讨论,假设各位具有相同的笔型码,小数点均安排在笔型码的最低位。当显示内容为0FH时,对应的笔型码为0FFH,将对应数码管熄灭。可以这样来设计显示的输出驱动程序:

```
DSBUFS   EQU    5BH          ;显示缓冲区首址
DSBUF0   DATA   5BH          ;万位显示内容存放单元
DSBUF1   DATA   5CH          ;千位显示内容存放单元
DSBUF2   DATA   5DH          ;百位显示内容存放单元
DSBUF3   DATA   5EH          ;十位显示内容存放单元
DSBUF4   DATA   5FH          ;个位显示内容存放单元

XSDS     DATA   2AH          ;小数点控制单元
XSD0     BIT    XSDS.0       ;万位小数点控制标志(0:熄灭,1:点亮)
XSD1     BIT    XSDS.1       ;千位小数点控制标志(0:熄灭,1:点亮)
XSD2     BIT    XSDS.2       ;百位小数点控制标志(0:熄灭,1:点亮)
XSD3     BIT    XSDS.3       ;十位小数点控制标志(0:熄灭,1:点亮)
XSD4     BIT    XSDS.4       ;个位小数点控制标志(0:熄灭,1:点亮)

DSOUT:   MOV    DPTR,#DISCOD ;指向笔型表
         MOV    A,DSBUF4     ;取个位内容
         MOV    C,XSD4       ;取个位小数点
```

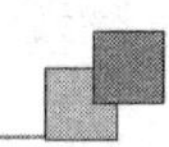

```
          LCALL     OUT0                  ；输出个位
          MOV       A,DSBUF3              ；取十位内容
          MOV       C,XSD3                ；取十位小数点
          LCALL     OUT0                  ；输出十位
          MOV       A,DSBUF2              ；取百位内容
          MOV       C,XSD2                ；取百位小数点
          LCALL     OUT0                  ；输出百位
          MOV       A,DSBUF1              ；取千位内容
          MOV       C,XSD1                ；取千位小数点
          LCALL     OUT0                  ；输出千位
          MOV       A,DSBUF0              ；取万位内容
          MOV       C,XSD0                ；取万位小数点
OUT0:     CJNE      A,#0FH,OUT1           ；是否为熄灭要求?
          CLR       C                     ；小数点也一并熄灭
OUT1:     CPL       C                     ；按共阳接法校正小数点
          MOVC      A,@A+DPTR             ；查笔型表
          MOV       ACC.0,C               ；拼入小数点
          MOV       SCON,#0               ；串行口0方式
          MOV       SBUF,A                ；串行移位输出
WAIT0:    JNB       TI,WAIT0              ；等待输出完成
          CLR       TI                    ；清串行输出标志
          RET
```

程序中的万位、千位等是指数码管的相对位置,并非一定显示实际的万位、千位;当XSD1=1时,万位实际上是十位,千位实际上是个位。

4.3.3　灭零处理

在显示的时候,应该将高位的零熄灭,例如00367应该显示成367,这样可以减少阅读差错,也比较符合习惯。这种显示方式称为灭零显示,它的处理规则是:整数部分从高位到低位的连续零均不显示,从遇到的第一个非零数值开始均要显示,个位的零和小数部分均应显示。有些液晶显示器件具有硬件灭零功能,但发光数码管得靠软件来实现。根据灭零规则,可以得到如图4-14所示的处理程序流程图,编成程序如下:

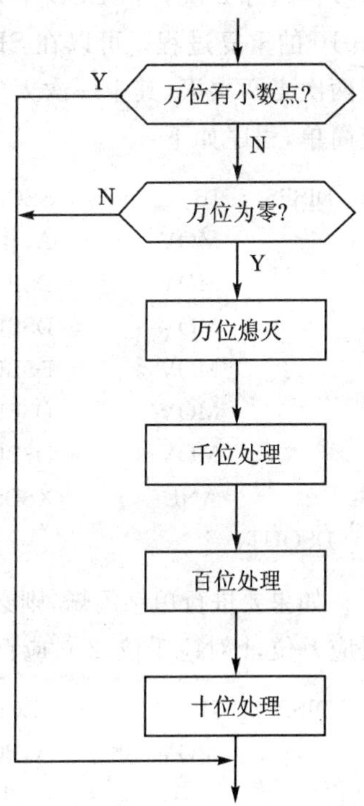

图4-14　灭零处理流程

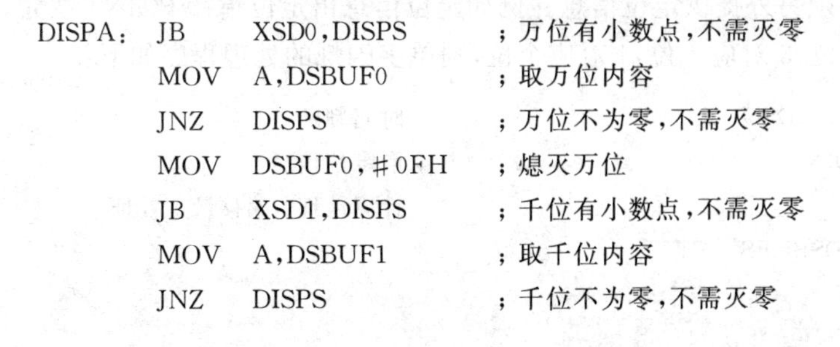

```
DISPA:  JB     XSD0,DISPS       ；万位有小数点,不需灭零
        MOV    A,DSBUF0         ；取万位内容
        JNZ    DISPS            ；万位不为零,不需灭零
        MOV    DSBUF0,#0FH      ；熄灭万位
        JB     XSD1,DISPS       ；千位有小数点,不需灭零
        MOV    A,DSBUF1         ；取千位内容
        JNZ    DISPS            ；千位不为零,不需灭零
```

```
        MOV     DSBUF1,#0FH             ;熄灭千位
        JB      XSD2,DISPS              ;百位有小数点,不需灭零
        MOV     A,DSBUF2                ;取百位内容
        JNZ     DISPS                   ;百位不为零,不需灭零
        MOV     DSBUF2,#0FH             ;熄灭百位
        JB      XSD3,DISPS              ;十位有小数点,不需灭零
        MOV     A,DSBUF3                ;取十位内容
        JNZ     DISPS                   ;十位不为零,不需灭零
        MOV     DSBUF3,#0FH             ;熄灭十位
DISPS:  ⋮                               ;后续处理
```

4.3.4 闪烁处理

在显示过程中,有时为了提醒操作者注意,可对显示进行闪烁处理。闪烁方式有两种:一种是全闪,即整个内容进行闪烁,多用于异常状态的提示,例如显示的参数超过正常范围,提醒操作者及时处理,以免引起更大的异常情况;另一种是单字闪烁,多用于定位指示,例如采用按键来调整一个多位数字参数时,可用单字闪烁的方法来指示当前正被调整的数字位置。

闪烁处理的基本方法是:一段时间正常显示,一段时间熄灭显示,互相交替就产生了闪烁的效果。一般每秒钟闪烁1~4次,闪烁速度可以用系统的时钟来控制。在系统时钟中,有一个不足1 s的单元,例如前面介绍的系统时钟是用SECD单元来存放0.01 s的计数值。如果每秒钟闪烁2次,当SECD中是BCD码时,可用SECD.5位来控制,这时1 s被分成5份,成为01010的重复过程。可以在SECD.5位成为1时进行正常显示,成为0时熄灭显示,每秒钟就有两次亮两次灭(其中一次灭的时间长一些)。闪烁处理一般在灭零处理之后。全闪的处理比较简单,程序如下:

```
DISPS:  JB      SECD.5,DSOUT            ;当前该显示?
        MOV     A,#0FH                  ;取熄灭码
        MOV     DSBUF0,A                ;全部熄灭
        MOV     DSBUF1,A
        MOV     DSBUF2,A
        MOV     DSBUF3,A
        MOV     DSBUF4,A
        ANL     XSDS,#0E0H              ;熄灭所有小数点
DSOUT:  ⋮                               ;显示输出
```

如果要进行单字闪烁,则必须另外提供定位信息。例如定位信息由定位指针POINT决定,0对应万位,1对应千位,2对应百位,3对应十位,4对应个位,则单字闪烁的处理程序如下:

```
DISPS1: JB      SECD.5,DSOUT            ;时间判断
        MOV     A,POINT                 ;取定位信息
        ANL     A,#7                    ;计算地址:偏移量+首址
        ADD     A,#DSBUFS
        MOV     R0,A
```

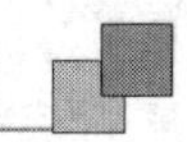

```
        MOV     @R0,#0FH                ;熄灭指定位置的数码管
DSOUT:  ⋮                               ;显示输出
```

在进行闪烁显示时，如果显示模块由显示申请标志来驱动，则在时钟中断子程序中，应该每隔 0.2 s 自动申请一次显示，否则就不能产生闪烁效果。

4.3.5 模拟串行显示

如果系统的串行口需要用来进行串行通信，那么就不能直接用来进行串行显示(除非增加硬件切换电路)。如果系统还有两个空闲端口，则可以用软件来模拟串行口的 0 方式，进行串行移位输出。由于现在的输出方式是用软件来模拟的，速度可以自由决定，输出端口也可以自由挑选，因此完全可以用任何两个输出端口来完成串行显示任务，从而将单片机的串行口解放出来，让它完成真正的通信任务。

例如某单片机系统，串行口用于通信，INT0 用于掉电中断，T1 用于外部计数，T0 用于系统定时中断。这时，INT1 和 T0 的两个端口(P3.3 和 P3.4)未能充分利用，则可以用来进行模拟串行移位输出。当需要传送的笔型码装入累加器 A 后，调用下面的程序，就可以将一个字节移位出去：

```
DAT     BIT     P3.3            ;数据输出线
CP      BIT     P3.4            ;时钟输出线
OUT0:   MOV     B,#8            ;准备移位 8 bit
OUT1:   RRC     A               ;移出 1 bit(低位)
        MOV     DAT,C           ;置于数据端口上
        DB      0,0,0           ;空操作、延时
        CLR     CP              ;发出移位脉冲
        DB      0,0,0           ;空操作、延时
        SETB    CP              ;复位移位脉冲
        DJNZ    B,OUT1          ;移完 8 bit?
        SETB    DAT             ;恢复空闲状态
        RET
```

当显示器件与单片机的距离比较远时，应该增加延时时间，降低传输速度，并在显示电路板上增加施密特器件，对输入的信号和移位脉冲进行整形，然后再供给各块 74LS164 电路。如果直接采用传送来的移位脉冲，由于各块电路的输入特性差异，则可能导致移位动作不同步而使显示出错。

由于 74LS164 的移位寄存器直接驱动数码管，故在输出笔型码的过程中数码管会出现闪烁现象，当数码管个数比较多时，这种现象就更加明显。而 74LS595 的移位寄存器要通过锁存寄存器来驱动数码管，如果用 74LS595 进行串行显示，就可以克服这个缺点，但需要增加一条锁存控制线。

4.4 无字库液晶显示屏

液晶显示屏不但能够显示数据，还能够显示文字和图形，其显示效果远远超过数码管，随

着价格的下降,将被越来越多的系统采用。液晶显示屏有两种类型,即智能型和普通型。智能型液晶显示屏具有一套接口命令(类似于绘图仪),显示内容的文字部分以文本形式输入显示屏即可,其中汉字以区位码方式传送,并且可以设置字体大小、颜色和显示位置等;显示内容的图形部分直接用绘图命令输入,可以指明图形类型(直线、矩形、圆形和椭圆形等)和各种坐标参数,用户编程非常简单,本书不作介绍。普通型液晶显示屏必须由用户编程来完成全部显示功能,用户编程工作量相对较大,但价格比智能型液晶显示屏要低很多。如果所开发的产品生产批量比较大,则采用普通型液晶显示屏所降低的总体成本是很可观的。普通型液晶显示屏又可以分为两种类型,即低档的无字库型液晶显示屏和高档的有字库型液晶显示屏。本节先介绍低档的无字库型液晶显示屏的编程技术。

4.4.1 图文混合显示的基本原理

无字库型液晶显示屏的功能相当于普通计算机中"显卡+监视器"的功能,里面有一个"显示缓冲区",CPU将需要显示的内容传送到显示缓冲区后,由扫描与驱动部件完成显示任务。显示缓冲区分为"文本显示缓冲区"与"图形显示缓冲区"。对于ASC字符,传送到文本显示缓冲区;对于图形,以点阵模式传送到图形显示缓冲区。

液晶显示屏有3种显示模式:文本显示模式、图形显示模式和图文混合显示模式。在文本显示模式下,文本显示缓冲区的内容(通常是ASC字符)将被显示。在图形显示模式下,图形显示缓冲区的内容按点阵对应方式进行显示。在图文混合显示模式下,两个缓冲区的内容进行混合显示,混合的方式有3种:"与"、"或"和"异或"。从混合显示的效果来看,以"异或"方式最好。

CPU通常不能高效率访问液晶显示屏中的显示缓冲区,1字节的访问操作需要先传送地址,再传送数据,需要若干条指令才能完成。如果直接在其图形显示缓冲区中完成绘图过程,效率将非常低。为此,先在片外RAM中开辟一块"映像缓冲区",在其中完成文本显示和图形绘制过程,然后通过专用命令进行高效的传送,将映像缓冲区的内容"克隆"到液晶显示屏内部的显示缓冲区中,完成显示任务。

每一款液晶显示屏在工作前均需要进行初始化,设定工作模式、显示缓冲区的地址等参数,这一过程的编程方法,厂家均会在产品说明书中详细介绍。我们选定一款160×128的普通液晶显示屏作为例子,来讨论如何对"映像缓冲区"进行操作,完成预定的图文显示内容设置,其硬件框图和软件操作流程如图4-15所示。

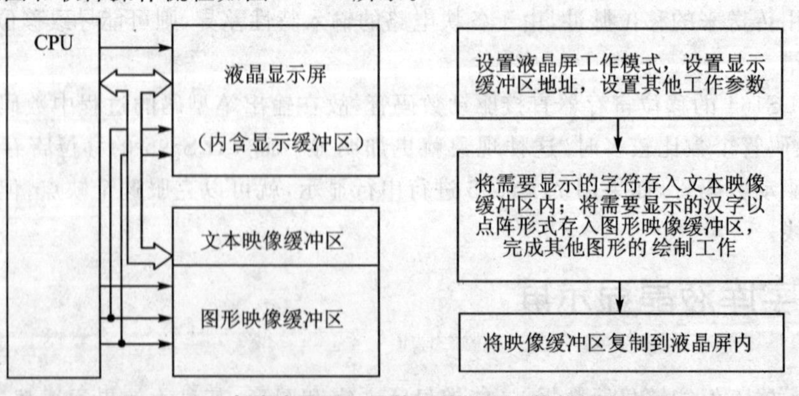

图4-15 点阵液晶显示屏的硬件框图和软件操作流程

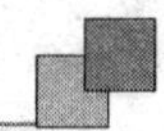

4.4.2 字符的显示

该液晶显示屏横向为160点，纵向为128点。当显示字符时，每个字符横向宽度为8点，故横向可显示20个字符；每个字符纵向高度为8点，故纵向可显示16行字符。全屏显示字符总数为20×16=320个字符，每个字符占用文本显示缓冲区1字节，故文本显示缓冲区的大小为320字节。将缓冲区的320字节分成16段，每段20字节对应屏幕的一行。在片外RAM中开辟一个同样大小的文本映像缓冲区，以下操作均在该映像缓冲区中完成，如图4-16所示。

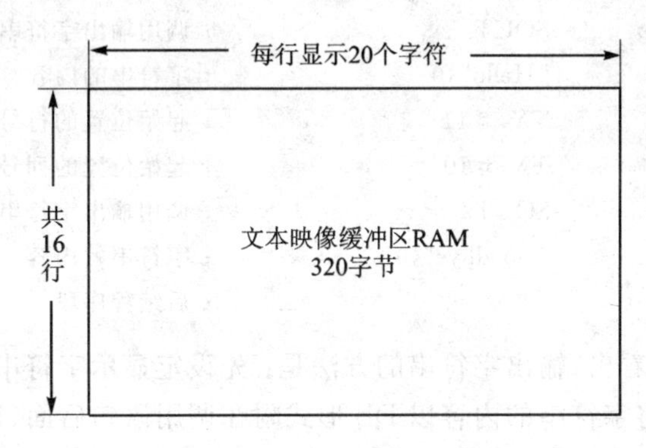

图4-16 文本映像缓冲区与文本显示屏幕的对应关系

(1) 清屏操作

虽然一般液晶显示屏有清屏命令，但在配置新的内容前，必须初始化映像缓冲区，将其原有内容清除。

```
TBUF      EQU     4000H          ；文本映像缓冲区首址
TXMAX     EQU     20             ；横向(行)最多可显示20个字符
TYMAX     EQU     16             ；纵向最多可显示16行字符

TCLR:     MOV     DPTR,#TBUF     ；指向文本映像缓冲区的首址
          CLR     A              ；用0来填充缓冲区
          MOV     R2,#TYMAX      ；共16行
TCLR1:    MOV     R3,#TXMAX      ；每行20字节(字符)
TCLR2:    MOVX    @DPTR,A
          INC     DPTR
          DJNZ    R3,TCLR2
          DJNZ    R2,TCLR1
          RET
```

(2) 显示字符串

从屏幕指定的位置开始显示指定的字符串。显示位置由两个坐标参数决定，横坐标TX表示“列”，取值范围为0～TXMAX－1。对于我们这款液晶屏，取值范围为0～19，第0列对应屏幕最左边的一列，第19列对应屏幕最右边的一列。纵坐标TY表示“行”，取值范围为0～TYMAX－1。对于我们这款液晶屏，取值范围为0～15，第0行对应屏幕最上边的一行，第

15行对应屏幕最下边的一行。

假设要从第5行第8列的位置开始显示字符串“HELLO”,从第11行第10列的位置开始显示字符串“GOOD BYE”,则程序段如下:

```
TX      DATA    30H             ;横坐标存放单元
TY      DATA    31H             ;纵坐标存放单元
        ⋮                       ;前续程序段
        MOV     TY,#5           ;起始位置的行号
        MOV     TX,#8           ;起始位置的列号
        LCALL   SOUT            ;调用输出字符串的子程序
        DB      "Hello",0       ;字符串的内容
        MOV     TY,#11          ;起始位置的行号
        MOV     TX,#10          ;起始位置的列号
        LCALL   SOUT            ;调用输出字符串的子程序
        DB      "Goodbye",0     ;字符串的内容
        ⋮                       ;后续程序段
```

从这段程序中可以看出,输出字符串的方法是:先设定显示字符串的起始坐标,然后调用字符串输出子程序,并将字符串的内容以DB形式附在调用语句后面(以0表示字符串结束),该字符串的起始地址将被调用子程序语句作为“返回地址”压入堆栈。字符串输出子程序如下:

```
SOUT:   MOV     DPTR,#TBUF      ;根据坐标,计算起始地址
        MOV     A,TY
        MOV     B,#TXMAX
        MUL     AB
        ADD     A,TX
        JNC     SOUT1
        INC     DPH
SOUT1:  ADD     A,DPL
        MOV     R1,A
        MOV     A,B
        ADDC    A,DPH
        MOV     P2,A            ;将计算结果存入P2+R1中
        POP     DPH             ;弹出字符串内容的起始地址
        POP     DPL
SOUT2:  CLR     A               ;读取一个字符
        MOVC    A,@A+DPTR
        INC     DPTR            ;调整字符串指针
        JZ      SOUT4           ;是字符串结束标志吗?
        MOVX    @R1,A           ;不是,将其写入映像缓冲区中
        INC     R1              ;调整映像缓冲区指针
        CJNE    R1,#0,SOUT3
        INC     P2              ;换页
```

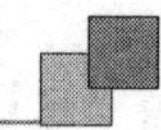

```
SOUT3:    SJMP    SOUT2              ;继续读取下一个字符
SOUT4:    JMP     @A+DPTR            ;字符串输出结束,返回主程序
```

该子程序根据起始坐标计算出映像缓冲区中对应的地址,并用P2+R1作为地址指针指向该地址,然后从堆栈里弹出字符串内容的起始地址,用DPTR作为查表指针,指向该字符串。两个指针均设置好以后,便通过查表指令取出字符串的内容,存入文本映像缓冲区中对应的地方。由于用P2+R1作为访问外部RAM的地址指针时不能自动换页,故必须用软件进行调整(某些增强型51系列单片机具有双DPTR,使用起来比较方便)。当字符串全部输出后,查表的结果将得到结束标志0,这时DPTR已经调整到结束标志后面,指向输出子程序的真正返回地址,可以用DPTR中的地址来返回主程序了。不用RET指令来返回主程序是因为堆栈里已经没有"返回地址"了。

有的液晶显示屏的字符内部编码与ASCII编码不同,这就需要进行转换。例如,内部编码比ASCII编码相差20H(即去掉ASCII编码的前32个非显示字符),即字符A的编码由41H变成21H。对于这类液晶显示屏,在上述输出子程序中必须加入编码转换的环节:

```
          ⋮
SOUT2:    CLR     A                  ;读取一个字符
          MOVC    A,@A+DPTR
          INC     DPTR               ;调整字符串指针
          JZ      SOUT4              ;是字符串结束标志吗?
          ADD     A,#0E0H            ;不是,则减去20H,转换为内部字符编码
          MOVX    @R1,A              ;将其写入映像缓冲区中
          ⋮
```

(3) 显示数据

从屏幕指定的位置开始按指定的格式显示指定的数据。例如,有一个数据,经过格式转换,将千位和百位的BCD码存放在R5中,将十位和个位的BCD码存放在R6中,将小数点后面两位的BCD码存放在R7中,则输出子程序如下:

```
DOUT:     MOV     DPTR,#TBUF         ;根据坐标,计算起始地址
          MOV     A,TY
          MOV     B,#TXMAX
          MUL     AB
          ADD     A,TX
          JNC     DOUT10
          INC     DPH
DOUT10:   ADD     A,DPL
          MOV     DPL,A
          MOV     A,B
          ADDC    A,DPH
          MOV     DPH,A              ;将计算结果存入DPTR中
          CLR     F0                 ;灭零标志初始化
          MOV     A,R5
          SWAP    A
```

```
            LCALL   DOUT0           ；输出千位
            MOV     A,R5
            LCALL   DOUT0           ；输出百位
            MOV     A,R6
            SWAP    A
            LCALL   DOUT0           ；输出十位
            MOV     A,R6
            SETB    F0              ；个位一定要显示
            LCALL   DOUT0           ；输出个位
            MOV     A,#
            LCALL   DOUT2           ；输出小数点
            MOV     A,R7
            SWAP    A
            LCALL   DOUT0           ；输出十分位
            MOV     A,R7
            LCALL   DOUT0           ；输出百分位
            RET
DOUT0:      ANL     A,#0FH          ；取低四位
            JNZ     DOUT1           ；非0数据位,进行显示
            JB      F0,DOUT1        ；灭零结束,0数据位也显示
            SJMP    DOUT2           ；高端0数据位,不转换,达到灭零效果
DOUT1:      ADD     A,#30H          ；转换成ASCII码,也可加10H,成为内码
            SETB    F0              ；显示数据,灭零结束
DOUT2:      MOVX    @DPTR,A         ；输出到文本映像缓冲区
            INC     DPTR            ；调整地址指针
            RET
```

需要显示的数据必须进行一些预处理,将浮点数转换成十进制数,并按预定的格式存放到工作寄存器中(应对于同一类数据编制一个子程序来进行预处理),就可以调用输出数据的子程序了。

```
            ⋮                       ；前续程序段:数据格式转换和存放
            MOV     TY,#5           ；起始位置的行号
            MOV     TX,#8           ；起始位置的列号
            LCALL   DOUT            ；调用输出数据的子程序
            ⋮                       ；后续程序段
```

为了使显示界面更友好,可以在数据的前面显示“提示”字符串,在数据后面显示“单位”字符串。

4.4.3 图形的显示

我们这款液晶显示屏在图形模式下可以显示160×128个点,横向每8个点对应于图形缓冲区中的1字节,故每行的160个点对应缓冲区中的20字节,在1字节的8位中,每一个“1”对应一个显示出来的点,每一个“0”对应一个未显示的点,且高位对应左边的点,低位对应右边

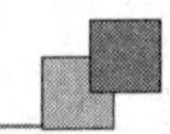

的点。整个屏幕有128行,故图形显示缓冲区共有128×20=2 560字节,其对应关系如图4-17(a)所示。显示缓冲区中4个地址连续字节在显示屏上的对应位置有两种分布类型:图4-17(b)所示为交错型,图中的数字为地址顺序,4字节分别交错控制两行各16个点的显示,编程相对复杂一些;图4-17(c)所示为连续型,4字节控制同一行的32个点的显示,编程相对简单一些。下面介绍的基本绘图子程序适用于图4-17(c)所示类型的液晶显示屏。

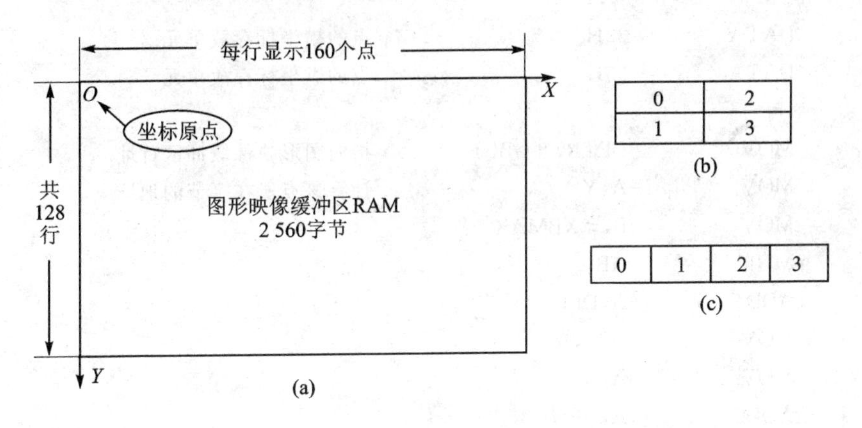

图4-17 图形映像缓冲区与图形显示屏幕的对应关系

① 清屏操作:在配置新的图形画面前,必须初始化图形映像缓冲区,将其原有的画面清除。

```
GBUF      EQU     4200H          ;图形映像缓冲区首址
XMAX      EQU     160            ;每行最多可显示160个点
XBMAX     EQU     20             ;每行占用缓冲区20字节
YMAX      EQU     128            ;纵向最多可显示128行

GCLR:     MOV     DPTR,#GBUF     ;指向图形映像缓冲区的首址
          CLR     A              ;用0来填充缓冲区
          MOV     R2,#YMAX       ;共128行
GCLR1:    MOV     R3,#XBMAX      ;每行占用20字节
GCLR2:    MOVX    @DPTR,A
          INC     DPTR
          DJNZ    R3,GCLR2
          DJNZ    R2,GCLR1
          RET
```

② 画一个点:画点子程序是所有作图功能的基础,斜线和函数曲线都需要用连续打点的方法来画出。在实时系统中,可以用画点的方法来输出系统参数的动态变化曲线。要在屏幕指定的位置画一个点,必须给出位置的坐标参数X和Y,特别要注意的是,液晶屏画面的坐标原点定义在屏幕的左上角,如图4-17(a)所示。X表示横坐标,最左边$X=0$,最右边$X=$XMAX-1,对于我们选用的这款液晶显示屏,X的取值范围为0~159;Y表示纵坐标,最上面一行$Y=0$,最下面一行$Y=$YMAX-1,对于我们选用的这款液晶显示屏,Y的取值范围为0~127。由于Y坐标轴是朝下的,在实际作图时需要特别注意,如果按习惯将坐标原点选定在左

下角，且将 Y 坐标轴朝上，则需要进行坐标变换：

$$Y = YMAX - Y^* - 1$$

式中，Y^* 为习惯坐标值。

要画一个点，首先要根据这个点的坐标计算出对应图形缓冲区中的哪一个字节的哪一位，然后将这一位置"1"便完成了画一个点的任务。画点的子程序如下：

```
X        DATA    32H                 ；点的横坐标存放单元
Y        DATA    33H                 ；点的纵坐标存放单元

PDOT:    MOV     DPTR,#GBUF          ；指向图形映像缓冲区首址
         MOV     A,Y                 ；计算该点所在字节的地址
         MOV     B,#XBMAX
         MUL     AB
         ADD     A,DPL
         MOV     DPL,A
         MOV     A,B
         ADDC    A,DPH
         MOV     DPH,A               ；DPTR 指向该点所在行的起始地址
         MOV     A,X
         MOV     B,#8
         DIV     AB
         ADD     A,DPL
         MOV     DPL,A
         CLR     A
         ADDC    A,DPH
         MOV     DPH,A               ；DPTR 指向该点所在字节的地址
         MOV     A,B                 ；取该点在字节中的位置
         ADD     A,#2
         MOVC    A,@A+PC             ；查表得到画点所需的操作码
         SJMP    PDOT1
         DB      80H,40H,20H,10H
         DB      08H,04H,02H,01H
PDOT1:   MOV     R2,A                ；保存操作码
         MOVX    A,@DPTR             ；取映像缓冲区中的对应字节
         ORL     A,R2                ；在对应位置上画一点
         MOVX    @DPTR,A             ；放回缓冲区
         RET
```

如果有一个函数：

$$Y = X^2 - 5X + 6, \quad 1 \leqslant X \leqslant 10$$

则画出该函数曲线的子程序如下：

```
X1       EQU     1                   ；自变量 X 的起始值
X2       EQU     10                  ；自变量 X 的终值
```

```
FUNCT:  MOV     X,#X1           ;初始化自变量
        MOV     A,#X2           ;将终值设置到有效范围之外
        INC     A
        MOV     R4,A
FUN0:   MOV     A,X             ;计算5X的值,并保存到R2,R3中
        MOV     B,#5
        MUL     AB
        MOV     R2,B
        MOV     R3,A
        MOV     A,X             ;计算X²的值
        MOV     B,A
        MUL     AB
        ADD     A,#16           ;计算X²+16的值,暂存在A和B中
        JNC     FUN1
        INC     B
FUN1:   CLR     C
        SUBB    A,R3            ;计算(BA)-(R2R3),得到Y值
        MOV     R3,A
        MOV     A,B
        SUBB    A,R2
        MOV     R2,A
        JNC     FUN2            ;Y<0?
        CLR     A               ;当Y为负数时,以Y=0保底
        SJMP    FUN4
FUN2:   JNZ     FUN3            ;Y>256?
        MOV     A,R3            ;Y≥YMAX?
        CLR     C
        SUBB    A,#YMAX
        JNC     FUN3
        MOV     A,R3            ;Y有效
        SJMP    FUN4
FUN3:   MOV     A,#YMAX-1       ;当Y≥YMAX时,以Y=YMAX-1封顶
FUN4:   MOV     Y,A             ;得到Y坐标值
        LCALL   PDOT            ;调用画一个点的子程序
        INC     X               ;调整自变量的值
        MOV     A,R4
        CJNE    A,X,FUN0        ;自变量未超出范围,继续画曲线
        RET                     ;自变量超出范围,曲线完成
```

在画曲线的算法中,必须进行函数值计算结果的检查,使坐标值始终在屏幕的范围之内;如超出范围,可以进行保底或封顶处理,否则将把点画到屏幕外面去,其实际效果是破坏了图形映像缓冲区之外的RAM中的数据,这是非常危险的。但是,保底或封顶处理的对象只是作

图的坐标数据，函数值本身(R2R3)并不处理，仍然有效，可供其他过程使用。

③ 画一条水平线：水平线由一系列 X 坐标连续且 Y 坐标相同的点组成，本来可以采用连续画点的方法来完成，但效率太低。在一般情况下，水平线主要用来画表格横线和坐标横轴，其长度均远大于8个点，一定有若干个字节被完整占用，可以用"对整个字节赋值0FFH"来完成一次画8个点的工作，其效率非常高。

水平线由起点坐标和长度两个因素决定，当其长度(点数)不是8的整数倍时，或者起点的 X 坐标不是8的整数倍时，或者终点的 X 坐标不是8的整数倍减1时，必定有不完整占用的字节，必须单独处理。为了提高画水平线的效率，建议将水平线起点的 X 坐标设置为8的整数倍(如8,24,…)，并将其长度(点数)也设置为8的整数倍，这时，整条水平线将由图形缓冲区中若干连续字节组成，所有操作将完全以字节为单位进行，效率达到最高。在按这种设置的前提下，起点的横坐标由XB来表示(XB＝X/8，单位为字节)，其取值范围为0～XBMAX－1，长度由LB来表示(LB＝长度点数/8，单位为字节)，其取值范围为1～XBMAX。画一条水平线的子程序如下：

```
XB       DATA    34H          ；水平线起点横坐标存放单元(以字节为单位)
LB       DATA    35H          ；水平线长度存放单元(以字节为单位)

HLINE：  MOV     DPTR，#GBUF   ；指向图形映像缓冲区首址
         MOV     A，Y          ；计算水平线起点所在字节的地址
         MOV     B，#XBMAX
         MUL     AB
         ADD     A，XB
         JNC     HLINE1
         INC     DPH
HLINE1： ADD     A，DPL
         MOV     DPL，A
         MOV     A，B
         ADDC    A，DPH
         MOV     DPH，A        ；DPTR指向水平线起点所在字节
         MOV     R2，LB        ；取水平线长度的字节数
         MOV     A，#0FFH      ；将整个字节全部着色
HLINE2： MOVX    @DPTR，A      ；着色1字节(8个点)
         INC     DPTR
         DJNZ    R2，HLINE2    ；画完该水平线
         RET
```

该子程序的调用方法如下：

```
         MOV     Y，#20        ；水平线所在纵坐标
         MOV     XB，#2        ；左端空2字节
         MOV     LB，#16       ；长度为16字节
         LCALL   HLINE         ；调用画水平线子程序
```

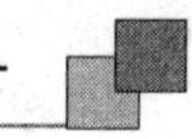

若干水平线的起点和长度是任意的，则水平线的两端需要特殊处理(读者可以参考以上程序自己编制相关算法)，中间部分仍然可以采用整字节着色的算法。

④ 画一条垂直线：垂直线由一系列 Y 坐标连续且 X 坐标相同的点组成，可以采用连续画点的方法来完成。由于各个点的 X 坐标相同，其画点所需的操作码也必然相同，故只要求出起点的操作码即可，画其他点时可以直接使用。画一条垂直线的子程序如下：

```
X0       DATA    36H         ；垂直线起点横坐标存放单元
Y0       DATA    37H         ；垂直线起点纵坐标存放单元
HI       DATA    38H         ；垂直线高度(点数)

VLINE：  MOV     X,X0        ；设置起点坐标
         MOV     Y,Y0
         LCALL   PDOT        ；画起点，DPTR 和 R2 有效
         MOV     R3,HI       ；取高度(垂直线的总点数)
         DEC     R3          ；减去起点
VLINE1： MOV     A,#XBMAX    ；地址指针下移一行
         ADD     A,DPL
         MOV     DPL,A
         JNC     VLINE2
         INC     DPH
VLINE2： MOVX    A,@DPTR     ；取映像缓冲区中的对应字节
         ORL     A,R2        ；在对应位置上画一点
         MOVX    @DPTR,A     ；放回缓冲区
         DJNZ    R3,VLINE1   ；画完该垂直线
         RET
```

方框和表格是由若干条水平线和垂直线组成的，由于 HLINE 子程序和 VLINE 子程序具有透明性和相容性，故要画出如图 4-18 所示的表格，可以很方便地用如下程序段来实现：

```
         MOV     Y,#20       ；第一条水平线起点的纵坐标
         MOV     XB,#2       ；起点左端空 2 字节
         MOV     LB,#16      ；长度为 16 字节
         LCALL   HLINE       ；调用画水平线子程序
         MOV     Y,#50       ；第二条水平线起点所在纵坐标
         LCALL   HLINE       ；调用画水平线子程序
         MOV     Y,#80       ；第三条水平线起点所在纵坐标
         LCALL   HLINE       ；调用画水平线子程序
         MOV     Y,#110      ；第四条水平线起点所在纵坐标
         LCALL   HLINE       ；调用画水平线子程序
         MOV     Y0,#20      ；第一条垂直线起点所在位置的纵坐标
         MOV     X0,#16      ；第一条垂直线起点所在位置的横坐标
         MOV     HI,#91      ；垂直线高度
         LCALL   VLINE       ；调用画垂直线的子程序
         MOV     X0,#48      ；第二条垂直线起点所在位置的横坐标
```

```
        LCALL   VLINE       ；调用画垂直线的子程序
        MOV     X0,＃80     ；第三条垂直线起点所在位置的横坐标
        LCALL   VLINE       ；调用画垂直线的子程序
        MOV     X0,＃112    ；第四条垂直线起点所在位置的横坐标
        LCALL   VLINE       ；调用画垂直线的子程序
        MOV     X0,＃143    ；第五条垂直线起点所在位置的横坐标
        LCALL   VLINE       ；调用画垂直线的子程序
```

图4-18　由若干条水平线和垂直线组成一个表格

⑤ 画一条光棒：在菜单画面中，需要用光棒来指示当前选项。所谓光棒，就是一个长条形区域，其中的内容和背景与其他区域不同。对于单色液晶屏，正常显示是白底黑字，光棒区域则是黑底白字。产生光棒效果的方法很简单，只要将光棒区域对应的显示缓冲区内容进行反转即可。从微观上看，光棒区域是由一系列水平线构成的，为了提高产生光棒的效率，与画水平线的算法类似，应该将光棒的水平长度和位置设定为整数字节。要画一条光棒，需要给定光棒左上角的坐标(XB和Y)、宽度LB和高度HI。画一条光棒的子程序如下：

```
LBAR:   MOV     DPTR,＃GBUF     ；指向图形映像缓冲区首址
        MOV     A,Y             ；计算光棒左上角所在字节的地址
        MOV     B,＃XBMAX
        MUL     AB
        ADD     A,XB
        JNC     LBAR1
        INC     DPH
LBAR1:  ADD     A,DPL
        MOV     DPL,A
        MOV     A,B
        ADDC    A,DPH
        MOV     DPH,A           ；DPTR指光棒左上角所在字节
        MOV     R3,HI           ；取光棒高度
LBAR2:  MOV     R2,LB           ；取光棒宽度的字节数
        MOV     R6,DPH          ；保存当前行左端地址
        MOV     R7,DPL
LBAR3:  MOVX    A,@DPTR         ；读取缓冲区内容
        CPL     A               ；进行反转
        MOVX    @DPTR,A         ；存回原处
```

```
         INC       DPTR              ；右移 1 字节
         DJNZ      R2,LBAR3          ；处理完一行
         MOV       A,R7              ；调整到下一行的左端
         ADD       A,#XBMAX
         MOV       DPL,A
         JNC       LBAR4
         INC       R6
LBAR4:   MOV       DPH,R6
         DJNZ      R3,LBAR2          ；画完整个光棒
         RET
```

要画一条光棒可以按如下方式完成：

```
         MOV       XB,#2             ；光棒左上角的横坐标(字节)
         MOV       Y,#40             ；光棒左上角的纵坐标
         MOV       LB,#8             ；光棒的宽度(字节)
         MOV       HI,#40            ；光棒的高度
         LCALL     LBAR              ；调用画光棒的子程序
```

在进行菜单操作时，需要移动光棒，只要在原来光棒的位置再画一次光棒，就可以使光棒消失(即由反转显示恢复为正常显示)，然后在新的位置画一个光棒，就产生了光棒移动的效果。

⑥ 动画效果：实现动画效果的简单方法是交替进行绘画和擦除，通过控制每次绘画坐标的调整量和时间间隔来控制动画的活动速度。在这种方法中，绘画过程是对显示缓冲区的指定位置"置 1"的过程，擦除过程是对显示缓冲区的指定位置"清零"的过程，这种动画程序设计方法只能在没有"背景图案"的前提下采用。当存在背景图案时，必须采用"异或"算法来完成绘画和擦除的任务，这与光棒的显示和消失的原理相同。在绘画时，将绘画对象的图形和背景图形进行"异或"，便在背景上显示出一个新的图形，停留一段时间后，在相同的位置再用对象图形进行一次"异或"操作，则这个图形对象便消失了，背景也恢复了原样。然后将显示坐标作少许调整，在新的位置用对象的图形和背景图形进行"异或"，则对象图形便移动到新的位置了，重复这个过程，就可以在不破坏背景图形的前提下得到动画的效果，具体程序从略。

4.4.4 汉字的显示

汉字的显示也是在图形模式下完成的，但和绘图过程相比有其特殊性。汉字显示的过程不是通过绘画方式写出来的，更像是在屏幕上进行排版印刷，即将汉字的点阵字模存放到图形映像缓冲区指定的区域之中。汉字有各种不同的字体(点阵规模的大小、书写风格等)，由于液晶显示屏的规模有限，故汉字的字体必须限定在若干种之内，常用的字体有 16 点阵宋体、24 点阵宋体或 24 点阵楷体。

每种字体的汉字都有点阵字库，字库的大小与字体的大小和字数的多少有关，例如一个包含 6 000 多个 16 点阵宋体的字库，其规模为 200 KB 左右，并已经有专用芯片出售。在一般的应用系统中，需要显示的汉字数目有限，就可以自己生成一个小型的用户字库，以降低系统成

本和简化系统硬件电路。在一般情况下,有3个用户字库就可以了。

① 一个8×16点阵的字符库:普通的ASCII字符的字模高度为8行,和汉字一起显示时显得很不协调(如“输出电压=3.25V”),为此,可存放一批字模高度为16行、宽度为8列的ASCII字符(主要是数字、标点符号),只要将8×8点阵的ASCII字符的字模中每一行变成两行,就可以得到8×16点阵的字符的字模。由于其高度和宋体汉字相同,和汉字一起显示时比较协调(如“输出电压=3.25V”)。每个字符需要16字节的存放空间,通常所需字符总数在32个以内,故字库大小为16×32=512字节。字库命名为DOT0,字体代码为0,字符编码范围从00H～1FH,为了使用方便,数目字符0～9的编码与本身相同,其他字符和标点符号的编码可自行定义。

② 一个16×16点阵的宋体汉字库:包含系统使用到的菜单项目、提示、说明、参数单位等,使用的汉字(可以包括少量全角字符和自己设计的图形单元)总数应控制在208个之内,每个汉字需要2×16=32字节,故字库大小为32×208=6 656字节。字库命名为DOT1,字体代码为1,汉字字模编码范围从00H～0CFH。

③ 一个24×24点阵的楷体汉字库:主要用于显示系统封面和各级功能画面的标题,所使用的汉字(包括全角字符)数目很少,一般不超过32个。每个汉字需要3×24=72字节,故字库大小为72×32=2 304字节。字库命名为DOT2,字体代码为2,汉字字模编码范围从00H～1FH。

点阵字库的个数和每个字库的大小(即包含字数的多少)应该按实际需要来设置,点阵字库中的字模数据可以从各种中文系统中获取,很多电子爱好者的网站上均可以免费下载字模软件。各个字库生成后,应该和程序一起编译,烧录到芯片的程序存储器中。输出一个汉字时,需要给定汉字左上角的坐标(XB和*Y*)、字体代码ZT、汉字编码HZ和汉字之间的间隔XD。输出一个汉字的子程序如下:

```
DOT0      EQU     3000H          ;8×16字符点阵库的首址
DOT1      EQU     3200H          ;16×16汉字点阵库的首址
DOT2      EQU     4E00H          ;24×24汉字点阵库的首址
ZT        DATA    40H            ;字体编码的存放单元
HZ        DATA    41H            ;待显示汉字的编码的存放单元
XD        DATA    42H            ;汉字之间的间隔

HZOUT:    MOV     DPTR,#GBUF     ;指向图形映像缓冲区首址
          MOV     A,Y            ;计算汉字左上角所在字节的地址
          MOV     B,#XBMAX
          MUL     AB
          ADD     A,XB
          JNC     HZOUT1
          INC     DPH
HZOUT1:   ADD     A,DPL
          MOV     R1,A
          MOV     A,B
          ADDC    A,DPH
```

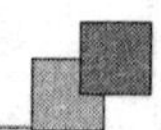

```
         MOV     P2,A              ；P2＋R1 指向汉字左上角所在字节
         MOV     R4,＃16           ；8×16 字体的高度(行数)
         MOV     R5,＃1            ；8×16 字体的宽度(字节数)
         MOV     DPTR,＃DOT0       ；8×16 字体的字库首址
         MOV     A,ZT
         JZ      HZOUT4
         CJNE    A,＃1,HZOUT3
         MOV     R4,＃16           ；16×16 字体的高度(行数)
         MOV     R5,＃2            ；16×16 字体的宽度(字节数)
         MOV     DPTR,＃DOT1       ；16×16 字体的字库首址
         SJMP    HZOUT4
HZOUT3： MOV     R4,＃24           ；24×24 字体的高度(行数)
         MOV     R5,＃3            ；24×24 字体的宽度(字节数)
         MOV     DPTR,＃DOT2       ；24×24 字体的字库首址
HZOUT4： MOV     A,R4
         MOV     B,R5
         MUL     AB
         MOV     B,HZ
         MUL     AB
         ADD     A,DPL
         MOV     DPL,A
         MOV     A,B
         ADDC    A,DPH
         MOV     DPH,A             ；DPTR 指向汉字字模起点地址
HZOUT5： MOV     A,R5              ；取汉字宽度的字节数
         MOV     R2,A
         MOV     R6,P2             ；保存当前行左端地址
         MOV     A,R1
         MOV     R7,A
HZOUT6： CLR     A                 ；读取 1 字节的字模信息
         MOVC    A,@A＋DPTR
         MOVX    @R1,A             ；写入显示缓冲区
         INC     DPTR              ；调整字模指针
         INC     R1                ；调整显示缓冲区指针
         CJNE    R1,＃0,HZOUT7
         INC     P2
HZOUT7： DJNZ    R2,HZOUT6         ；处理完一行
         MOV     A,R7              ；调整到下一行的左端
         ADD     A,＃XBMAX
         MOV     R1,A
         JNC     HZOUT8
         INC     R6
HZOUT8： MOV     P2,R6
```

```
        DJNZ    R4,HZOUT5           ；处理完整个汉字
        MOV     A,XB                ；本汉字左端的横坐标
        ADD     A,R5                ；加上本汉字的宽度
        ADD     A,XD                ；再加上间隔
        MOV     XB,A                ；得到后续汉字的左端横坐标
        RET
```

该汉字输出子程序采用了透明化设计技术，输出一个汉字后，除了将横坐标调整到下一个输出位置外，不改变字体、间隔和纵坐标等设置，只要给出下一个汉字的编码，就可以继续输出，便于连续输出汉字，为实现排版功能打下基础。

```
        MOV     XB,#2               ；汉字左上角的横坐标(字节)
        MOV     Y,#40               ；汉字左上角的纵坐标
        MOV     ZT,#1               ；采用16×16的点阵字体
        MOV     XD,#1               ；字间间隔为1字节(8点)
        MOV     HZ,#20H             ；汉字编码为20H
        LCALL   HZOUT               ；调用输出汉字的子程序
        MOV     HZ,#21H             ；下一个汉字编码为21H
        LCALL   HZOUT               ；继续调用输出汉字的子程序
```

4.4.5 汉字的排版及其画面的输出

采用前面介绍的方法来输出一个内容比较复杂的画面时，所编制的程序必然也很复杂，当需要对显示内容或排版格式作一些调整时，就需要频繁修改程序，这显然不利于提高编程效率。

“方法”与“数据”分离是编程技术的一大进步，把显示内容和排版格式分离出来，作为一个数据包，然后编制一个数据包的解释程序，分解出数据包中的“显示内容”和“排版指令”，最后按排版指令将显示内容输出到显示缓冲区中。采用这种编程思路后，当需要对显示内容或排版格式进行调整时，只需要对数据包进行调整，程序不需要进行任何修改。

数据包以数据表格的形式存在，数据表格中包含两种信息，即显示内容和排版指令。显示内容由汉字编码组成，排版指令由操作代码组成。由于汉字编码的范围在00H～0CFH之间，故0D0H～0FFH可以用来定义排版指令，如表4-2所列。

表4-2　排版指令表

排版操作	0号字库	1号字库	2号字库	待扩充定义	清屏	设置横坐标
指　令　码	0F0H	0F1H	0F2H	0F3H～0FAH	0FBH	0FCH
排版操作	设置纵坐标	设置间隔	排版结束	光标右移	光标下移	
指　令　码	0FDH	0FEH	0FFH	0EXH	0DXH	

在排版过程中，用一个虚拟的光标来指示当前排版位置。所有与坐标有关的设置和移动指令均为光标控制指令。

设置横坐标(0FCH)和设置间隔(0FEH)这两条指令所需要的数据紧跟其后，以字节(8点)为单位，取值范围为0～XBMAX－1；对于我们这款液晶显示屏，取值范围为0～19。

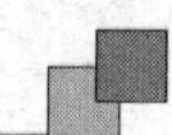

设置纵坐标(0FDH)这条指令所需要的数据紧跟在其后,以行为单位,取值范围为0～YMAX－1;对于我们这款液晶显示屏,取值范围为0～127。

光标右移(0EXH)这条指令所需要的数据在低半字节(即X),以字节(8点)为单位,取值范围为十六进制的0～F;如果需要右移的距离超过15字节,则可以通过连续右移的方法来实现。例如需要右移18字节,可以用0EFH,0E3H来实现。

光标下移(0DXH)这条指令所需要的数据在低半字节(即X),以行为单位,取值范围为十六进制的0～F;如果需要下移的距离超过15行,则可以通过连续下移的方法来实现。例如需要下移24行,可以用0DFH,0D9H来实现。

清屏、排版结束指令和选用字库指令不用解释;还有8条指令没有定义,用户可根据需要自行扩充,例如扩充字体、定义彩色液晶显示屏中的前景色和背景色等。

假设某控制系统的汉字库编码表(一部分)如表4－3、表4－4和表4－5所列。

表4－3　8×16点阵字库DOT0的编码表

编　码	00H	01H	02H	03H	04H	05H	06H	07H	08H	09H	0AH	0BH	0CH
内　容	0	1	2	3	4	5	6	7	8	9	.	—	:

表4－4　16×16点阵字库DOT1的编码表

编　码	00H	01H	02H	03H	04H	05H	06H	07H	08H	09H	0AH	0BH	0CH
内　容	东	华	理	工	大	学	电	子	技	术	研	究	所

表4－5　24×24点阵字库DOT2的编码表

编　码	00H	01H	02H	03H	04H	05H	06H	07H	08H	09H	0AH	0BH	0CH
内　容	微	机	配	料	系	统							

如果开机时显示的封面如图4－19所示,则封面的数据包的内容如下:

```
COVER:  DB      0FBH,0F2H                     ;清屏,选用24点阵楷体
        DB      0FCH,1,0FDH,30,0FEH,0         ;光标坐标XB=1,Y=30,间隔XD=0
        DB      0,1,2,3,4,5                   ;显示内容为“单片机配料系统”
        DB      0F1H,0FCH,4,0FDH,80           ;选用16点阵宋体,XB=4,Y=80
        DB      0,1,2,3,4,5                   ;显示“东华理工大学”
        DB      0FCH,3,0FDH,100               ;XB=3,Y=100
        DB      6,7,8,9,10,11,12,0FFH         ;显示“电子技术研究所”,结束
```

要将该封面显示出来,只要用DPTR指向它的数据包,然后调用排版输出子程序即可。

```
        MOV     DPTR,#COVER                   ;指向数据包
        LCALL   EDOUT                         ;调用排版输出子程序
```

排版输出子程序如下:

```
EDOUT:  CLR     A                             ;读取数据包中的1字节信息
```

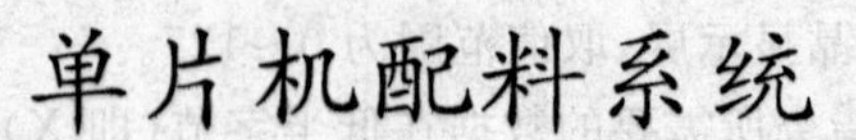

图 4-19 “封面”样式设计

```
          MOVC    A,@A+DPTR
          INC     DPTR                 ；调整指针
          CJNE    A,#0FFH,EDOUT0       ；是“结束排版”指令？
          RET                          ；是，则结束排版
EDOUT0:   CJNE    A,#0FBH,EDOUT1       ；是清屏指令？
          PUSH    DPL                  ；保护数据包指针
          PUSH    DPH
          LCALL   GCLR                 ；清屏
          POP     DPH                  ；恢复数据包指针
          POP     DPL
          MOV     XB,#0                ；光标坐标初始化
          MOV     Y,#0
          MOV     XD,#0                ；默认无间隔
          MOV     ZT,#1                ；默认字体为16点阵宋体
          SJMP    EDOUT                ；继续排版
EDOUT1:   CJNE    A,#0F0H,EDOUT2       ；是“设置0号字库”指令？
          MOV     ZT,#0
          SJMP    EDOUT                ；继续排版
EDOUT2:   CJNE    A,#0F1H,EDOUT3       ；是“设置1号字库”指令？
          MOV     ZT,#1
          SJMP    EDOUT                ；继续排版
EDOUT3:   CJNE    A,#0F2H,EDOUT4       ；是“设置2号字库”指令？
          MOV     ZT,#2
          SJMP    EDOUT                ；继续排版
EDOUT4:   CJNE    A,#0FCH,EDOUT5       ；是“设置XB坐标”指令？
          CLR     A
          MOVC    A,@A+DPTR            ；读取并设置新的XB坐标
          MOV     XB,A
          INC     DPTR                 ；调整指针
          SJMP    EDOUT                ；继续排版
EDOUT5:   CJNE    A,#0FDH,EDOUT6       ；是“设置Y坐标”指令？
```

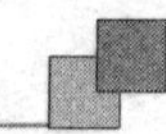

```
            CLR     A
            MOVC    A,@A+DPTR           ;读取并设置新的 Y 坐标
            MOV     Y,A
            INC     DPTR                ;调整指针
            SJMP    EDOUT               ;继续排版
EDOUT6:     CJNE    A,#0FEH,EDOUT7      ;是"设置间隔"指令?
            CLR     A
            MOVC    A,@A+DPTR           ;读取并设置新的间隔
            MOV     XD,A
            INC     DPTR                ;调整指针
            SJMP    EDOUT               ;继续排版
EDOUT7:     MOV     B,A                 ;保存排版信息
            ANL     A,#0F0H
            CJNE    A,#0F0H,EDOUT8
            SJMP    EDOUT               ;放弃未定义的指令,继续排版
EDOUT8:     CJNE    A,#0E0H,EDOUT9      ;是"光标右移"指令?
            MOV     A,B                 ;取右移字节数
            ANL     A,#0FH
            ADD     A,XB                ;将光标右移到新的位置
            MOV     XB,A
            SJMP    EDOUT               ;继续排版
EDOUT9:     CJNE    A,#0D0H,EDOUTA      ;是"光标下移"指令?
            MOV     A,B                 ;取下移行数
            ANL     A,#0FH
            ADD     A,Y                 ;将光标下移到新的位置
            MOV     Y,A
            SJMP    EDOUT               ;继续排版
EDOUTA:     MOV     A,B                 ;是汉字编码,进行输出处理
            PUSH    DPL                 ;保护数据包指针
            PUSH    DPH
            LCALL   HZOUT               ;输出汉字
            POP     DPH                 ;恢复数据包指针
            POP     DPL
            LJMP    EDOUT               ;继续排版
```

在第 3 章曾经介绍了菜单驱动的监控程序设计方法,菜单显示和操作是其主要功能模块。在规划好各级菜单和运行画面后,就可以汇总所有使用到的汉字及其字体,然后构造相关的点阵字库,编制各级菜单和运行画面的排版数据包。

画面内容可分为下列 6 种。

① 静态 ASCII 字符:使用字符串格式,由字符串输出子程序 SOUT 完成。

② 静态图形文字:用排版数据包说明,由排版子程序 EDOUT 完成。

③ 静态图形表格:用坐标参数说明,由绘图子程序 HLINE,VLINE 完成。

④ 动态字符型数据:用变量说明,由数据输出子程序 DOUT 完成。

⑤ 动态图形：曲线类用函数计算或输入采样值说明，由打点子程序 PDOT 完成；动态光棒用坐标参数说明，由光棒子程序 LBAR 完成。

⑥ 动态 8×16 点阵字符型数据：用变量说明，输出子程序没有介绍，读者可参考 DOUT 和 HZOUT 两个子程序将其设计出来，作为液晶显示软件技术的自我测试。

一个完整的画面包含上述 6 种形式之中的几种甚至全部。

4.5 有字库液晶显示屏

随着集成电路技术的发展，液晶显示屏控制芯片的集成度越来越高，已经将很多原来的外部芯片集成到控制芯片之内。以 RA8806 为例，它就是一款集成了中文字库、触摸屏检测电路和键盘扫描电路的液晶显示屏控制芯片。这类有字库的液晶显示屏给用户带来很大方便：用户硬件电路系统可以省去映像缓冲区所需的外部 RAM，软件设计中不需要软件字库，编程方法也更加简单方便。由于支持触摸屏操作，可以省去键盘驱动系统，不但简化了硬件系统，而且操作更加人性化。本节以一款 ZLG320240F 液晶显示屏(控制芯片为 RA8806)为例来介绍有字库液晶显示屏的软件编程方法。

4.5.1 液晶屏的硬件接口

ZLG320240F 液晶显示屏使用并行接口，8 位数据总线接单片机的 P0 口，对于早期 51 系列单片机，需要为 P0 口外接 8×10 kΩ 的上拉电阻排，而新型的 51 系列单片机可以对 P0 口进行配置，省去上拉电阻排。ZLG320240F 液晶显示屏还需要 7 根控制线，由单片机的 7 个端口来完成。下面是一个实现方案。

```
RS      BIT     P2.7        ；类型控制端(高电平为命令；低电平为数据)
WRR     BIT     P2.6        ；写控制端
RRD     BIT     P2.5        ；读控制端
CS      BIT     P2.4        ；使能控制端
BUSY    BIT     P3.4        ；忙信号
REST    BIT     P3.3        ；复位控制端
INT     BIT     P3.2        ；中断信号
```

ZLG320240F 液晶显示屏供电电源为 5 V，其他连接线参考产品说明书。

4.5.2 最底层驱动子程序

ZLG320240F 液晶显示屏的控制芯片为 RA8806，内部包含几十个命令寄存器(它们通过不同的地址相互区别)，通过软件编程，对这些命令寄存器进行读/写操作就可以控制液晶显示屏，实现我们希望的显示功能。

能够实现这些最基本的读/写操作的子程序就是最底层的驱动子程序，它们主要有以下几个。

① 指定命令寄存器：在对某个命令寄存器进行读/写操作时，必须首先将该命令寄存器的地址告诉控制芯片 RA8806。为此可将命令寄存器地址存入累加器 A 中，再调用以下子程序：

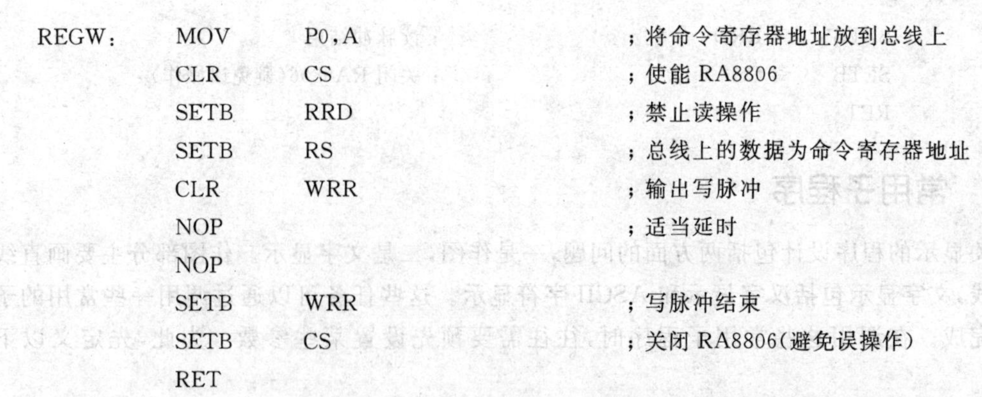

```
REGW:    MOV     P0,A          ；将命令寄存器地址放到总线上
         CLR     CS            ；使能 RA8806
         SETB    RRD           ；禁止读操作
         SETB    RS            ；总线上的数据为命令寄存器地址
         CLR     WRR           ；输出写脉冲
         NOP                   ；适当延时
         NOP
         SETB    WRR           ；写脉冲结束
         SETB    CS            ；关闭 RA8806(避免误操作)
         RET
```

② 写入数据：将数据存入累加器 A 中，再调用以下子程序，即可将数据写入 RA8806。

```
DDWR:    JNB     BUSY,DDWR     ；等待 RA8806 准备好(不忙)
         MOV     P0,A          ；将数据放到总线上
         CLR     CS            ；使能 RA8806
         SETB    RRD           ；禁止读操作
         CLR     RS            ；总线上的数据为数据
         CLR     WRR           ；输出写脉冲
         NOP                   ；适当延时
         NOP
         SETB    WRR           ；写脉冲结束
         SETB    CS            ；关闭 RA8806(避免误操作)
         RET
```

③ 数据存储器写入命令：用户的显示内容保存在控制芯片 RA8806 内部的数据存储器中，在需要将显示内容写入显示屏（而不是写入命令寄存器）时，需要首先通知控制芯片 RA8806，方法就是调用下面的子程序：

```
WDATA:   MOV     A,#0B0H       ；命令寄存器 0B0H 为数据存储器写入控制
         LCALL   REGW
         RET
```

④ 读命令寄存器：当需要从控制芯片 RA8806 内部读取数据时，将命令寄存器地址存入累加器 A 中，调用下面的子程序，读出的数据就在累加器 A 中了。在读取触摸屏信息时需要用到该子程序。

```
REGR:    LCALL   REGW          ；指定寄存器地址
         MOV     P0,#0FFH      ；将 P0 口设置为输入状态，准备接收数据
         CLR     CS            ；使能 RA8806
         SETB    WRR           ；禁止写操作
         SETB    RS            ；总线上的数据为命令寄存器的内容
         CLR     RRD           ；输出读脉冲
         NOP                   ；适当延时
         NOP
         MOV     A,P0          ；读取数据
```

```
        SETB    RRD                 ；读脉冲结束
        SETB    CS                  ；关闭 RA8806(避免误操作)
        RET
```

4.5.3 常用子程序

有关显示的程序设计包括两方面的问题，一是作图，二是文字显示。作图部分主要画直线和画曲线，文字显示包括汉字显示和 ASCII 字符显示。这些任务可以通过调用一些常用的子程序来完成。在调用这些常用子程序时，往往需要预先设置某些参数。为此，先定义以下参数：

```
ZITI    DATA    30H             ；字体编号
ZM      DATA    31H             ；画点字模
H       DATA    32H             ；垂线高度
WD      DATA    33H             ；水平线宽度(字节数)
X       DATA    34H             ；X 坐标(字节)
Y       DATA    35H             ；Y 坐标(行)
NBH     DATA    36H             ；数据高字节(BCD 码)
NBL     DATA    37H             ；数据低字节(BCD 码)
```

① 初始化 RA8806：在使用液晶显示屏之前，必须进行初始化，初始化 RA8806 子程序应该包含在系统上电后的初始化过程中，使液晶显示屏进入正常工作状态。初始化过程就是给各个命令寄存器赋值，使液晶显示屏工作在我们所希望的初始状态。有关各个命令寄存器的参数设置方法，可阅读 RA8806 的相关资料。

```
LCMINIT:  SETB    RS                  ；初始化控制端口
          SETB    WRR
          SETB    RRD
          SETB    BUSY
          CLR     CS                  ；使能 RA8806
          CLR     REST                ；进行复位
          MOV     R4,#0FFH            ；延时
          DJNZ    R4,$
          SETB    REST                ；复位结束
          MOV     R4,#0FFH            ；延时
          DJNZ    R4,$
          MOV     DPTR,#INITTAB       ；指向复位参数表格首址
LINIT1:   CLR     A
          MOVC    A,@A+DPTR           ；读取命令寄存器地址
          CJNE    A,#9,LINIT2         ；是无效地址?
          SETB    CS                  ；关闭 RA8806(避免误操作)
          RET                         ；初始化结束
LINIT2:   LCALL   REGW                ；将有效命令寄存器地址写入 RA8806
          INC     DPTR                ；调整指针
```

```
        CLR     A
        MOVC    A,@A+DPTR          ;取该命令寄存器的参数
        LCALL   DDWR               ;将参数写入该命令寄存器
        INC     DPTR               ;调整指针
        SJMP    LINIT1             ;继续设置下一个命令寄存器

;初始化数据(每行为一个命令寄存器,前面是地址,后面是对应参数):
INITTAB: DB     00H,00H
        DB      01H,08H
        DB      03H,00H
        DB      0FH,10H
        DB      10H,00H
        DB      11H,00H
        DB      12H,11H
        DB      20H,27H
        DB      21H,27H
        DB      30H,0EFH
        DB      31H,0EFH
        DB      40H,00H
        DB      50H,00H
        DB      60H,00H
        DB      61H,00H
        DB      62H,00H
        DB      70H,00H
        DB      71H,00H
        DB      72H,00H
        DB      80H,20H
        DB      90H,0A0H
        DB      0A0H,00H
        DB      0A1H,00H
        DB      0A2H,00H
        DB      0A3H,00H
        DB      0A4H,00H
        DB      0B0H,00H
        DB      0B1H,00H
        DB      0C0H,80H
        DB      0C4H,00H
        DB      0D0H,00H
        DB      0D1H,00H
        DB      0E0H,00H
        DB      0F0H,00H
        DB      0F1H,00H
        DB      9,9                ;用未定义的地址来结束初始化过程
```

② 清屏：清除显示屏内容，以便显示新的画面。

```
LCM_CLR:  MOV     A,#0E0H          ;全屏填充命令
          LCALL   REGW
          MOV     A,#00H           ;设置填充的数据
          LCALL   DDWR
          MOV     A,#0F0H          ;执行填充命令
          LCALL   REGW
          MOV     A,#8
          LCALL   DDWR
          RET
```

③ 进入图形模式：液晶显示屏有两种工作模式，即图形模式和文本模式。当需要进行作图操作时，必须使显示屏处于图形模式。下面的子程序可以将显示屏设置为图形模式。

```
GR:       MOV     A,#00H           ;设置工作模式
          LCALL   REGW
          MOV     A,#04H           ;图形模式
          LCALL   DDWR
          RET
```

④ 设置坐标：在进行作图操作时，首先需要设置起始坐标。本显示屏垂直方向有240行，每行在水平方向有320个点，每8个点用1字节保存，故每行用40字节保存。为了简化显示程序，我们按字节进行操作。故 X 坐标值的范围为0(屏幕最左边)～39(屏幕最右边)，Y 坐标值的范围为0(屏幕最上边)～239(屏幕最下边)。将坐标值预先存入参数 X 和 Y 中，再调用下面的子程序，即可完成坐标设置。

```
SETXY:    MOV     A,#60H           ;设置X坐标
          LCALL   REGW
          MOV     A,X
          LCALL   DDWR
          MOV     A,#70H           ;设置Y坐标
          LCALL   REGW
          MOV     A,Y
          LCALL   DDWR
          RET
```

⑤ 画水平线：将水平线起始点的坐标值预先存入参数 X 和 Y 中，宽度值存入参数 WD，再调用下面的子程序，即可完成画水平线的操作。在这里，水平线的宽度用字节数表示，例如 WD=5 表示水平线实际上由38个点组成。

```
VLINE:    LCALL   SETXY            ;设置坐标
          LCALL   WDATA            ;准备写入显示数据
          MOV     A,#7FH           ;最左边的字节画7个点
          LCALL   DDWR             ;写入数据
          MOV     A,WD
```

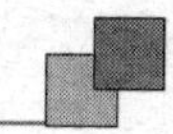

```
        ADD     A,#0FEH
        MOV     B,A             ；中间为WD—2个字节
VLINE1： MOV     A,#0FFH         ；每字节画8个点
        LCALL   DDWR            ；写入数据
        DJNZ    B,VLINE1
        MOV     A,#0FEH         ；最右边的字节画7个点
        LCALL   DDWR            ；写入数据
        RET
```

⑥ 画垂直线：将垂直线上端的坐标值预先存入参数 X 和 Y 中，高度值存入参数 H 中，再调用下面的子程序，即可完成画垂直线的操作。由于画垂直线只需要在一行中画一个点(或相邻两个点)，故在采样字节操作时，必须使用一个字模来实现画点功能。在 X,Y,H 相同的情况下，使用不同的字模可以画出水平位置稍有不同的垂直线。在画表格或方框时，可以用不同的字模来画左垂线、中垂线和右垂线。为此，画垂直线的子程序提供了3个入口(即3个子程序)。

```
HLINEL： MOV     ZM,#60H         ；画左垂线入口
        SJMP    HLINE
HLINEM： MOV     ZM,#18H         ；画中垂线入口
        SJMP    HLINE
HLINER： MOV     ZM,#06H         ；画右垂线入口
HLINE：  MOV     B,H             ；取垂直线的高度
HLINE1： LCALL   SETXY           ；设置垂直线上端的坐标
        LCALL   WDATA           ；写入数据存储器
        MOV     A,ZM            ；取字模
        LCALL   DDWR            ；实现画点
        INC     Y               ；向下一行
        DJNZ    B,HLINE1        ；完成所需高度
        RET
```

⑦ 画矩形：在画按钮边框时，需要调用画矩形的子程序。将矩形左上角的坐标值预先存入参数 X 和 Y 中，矩形高度值存入参数 H 中(比实际高度少两行)，宽度值存入参数 WD，再调用下面的子程序，即可完成画矩形的操作。

```
JIXIN：  LCALL   VLINE           ；画上边的水平线
        INC     Y               ；下移一行
        LCALL   HLINEL          ；画左边的垂直线
        LCALL   VLINE           ；画下边的水平线
        MOV     A,X             ；将坐标调整到右上角
        ADD     A,WD
        DEC     A
        MOV     X,A
        MOV     A,Y
        CLR     C
```

```
        SUBB    A,H
        MOV     Y,A
        LCALL   HLINER                  ;画右边的垂直线
        RET
```

⑧ 显示点阵图形：该子程序能够将一个点阵图形显示在指定位置上。在调用该子程序之前，需要预先将DPTR指向该图形的数据首址。图形数据的前4字节依次为该点阵图形左上角的 X 坐标、左上角的 Y 坐标、矩形行数 H 和宽度字节数WD，然后为图形的点阵数据。

```
DZXS:   CLR     A
        MOVC    A,@A+DPTR
        INC     DPTR
        MOV     X,A                     ;读出左上角的X坐标
        CLR     A
        MOVC    A,@A+DPTR
        INC     DPTR
        MOV     Y,A                     ;读出左上角的Y坐标
        CLR     A
        MOVC    A,@A+DPTR
        INC     DPTR
        MOV     H,A                     ;读出行数H
        CLR     A
        MOVC    A,@A+DPTR
        INC     DPTR
        MOV     WD,A                    ;读出宽度字节数WD
        MOV     R4,H                    ;行数控制
DZXS1:  LCALL   SETXY                   ;设置起始坐标
        LCALL   WDATA                   ;开始写入数据存储器
        MOV     R5,WD                   ;宽度控制
DZXS2:  CLR     A
        MOVC    A,@A+DPTR               ;读取1字节的点阵数据
        INC     DPTR
        LCALL   DDWR                    ;写入数据存储器
        DJNZ    R5, DZXS2               ;显示完一行
        INC     Y                       ;下移一行
        DJNZ    R4, DZXS1               ;显示完全部图形
        RET
```

⑨ 进入文本模式：当需要显示文字(汉字或ASCII字符)时，必须使显示屏处于文本模式。下面的子程序可以将显示屏设置为文本模式。

```
TEXT:   MOV     A,#10H
        LCALL   REGW
        MOV     A,#00H                  ;正常模式
        LCALL   DDWR
```

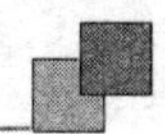

```
            MOV       A,#00H
            LCALL     REGW
            MOV       A,#0CH                    ;进入文本模式
            LCALL     DDWR
            RET
```

⑩ 设置字体：文本采用的字体有4种规格，用参数ZITI(范围1～4)来表示，调用下面的子程序即可完成字体设置。

```
ZTSET:      MOV       A,#0F1H                   ;设置字体命令
            LCALL     REGW
            MOV       A,ZITI
            CJNE      A,#1,ZTSET1
            MOV       A,#00H                    ;16×16 字体
            LCALL     DDWR
            RET
ZTSET1:     CJNE      A,#2,ZTSET2
            MOV       A,#50H                    ;32×32 字体
            LCALL     DDWR
            RET
ZTSET2:     CJNE      A,#3,ZTSET3
            MOV       A,#0A0H                   ;48×48 字体
            LCALL     DDWR
            RET
ZTSET3:     CJNE      A,#4,ZTSETE
            MOV       A,#0F0H                   ;64×64 字体
            LCALL     DDWR
ZTSETE:     RET
```

⑪ 正常显示：蓝底白字显示。

```
NORMAL:     MOV       A,#10H
            LCALL     REGW
            MOV       A,#00H
            LCALL     DDWR
            RET
```

⑫ 反白显示：白底蓝字显示。

```
INV:        MOV       A,#10H
            LCALL     REGW
            MOV       A,#20H
            LCALL     DDWR
            RET
```

⑬ 显示字符串：该子程序能够将一个字符串显示在指定位置上。在调用该子程序之前，需要预先将DPTR指向该字符串数据的首址。字符串数据的前三个字节依次为该字符串的

字体、显示起始位置的 X 坐标和 Y 坐标,然后为字符串内容(ASCII 字符或汉字),最后为字符串结束标志 00H。

```
ZFXS:    CLR     A
         MOVC    A,@A+DPTR
         INC     DPTR
         MOV     ZITI,A                    ;读取字体
         CLR     A
         MOVC    A,@A+DPTR
         INC     DPTR
         MOV     X,A                       ;读取起始位置的 X 坐标
         CLR     A
         MOVC    A,@A+DPTR
         INC     DPTR
         MOV     Y,A                       ;读取起始位置的 Y 坐标
         LCALL   ZTSET                     ;设置字体
         LCALL   SETXY                     ;设置起始位置的坐标
         LCALL   WDATA                     ;准备写入数据
ZFXS1:   CLR     A
         MOVC    A,@A+DPTR                 ;读取 1 字节内容
         INC     DPTR
         JNZ     ZFXS2                     ;是否为字符串结束标志?
         RET                               ;结束
ZFXS2:   LCALL   DDWR                      ;写入数据
         SJMP    ZFXS1                     ;继续
```

⑭ 显示一批字符串:在显示新的画面时,一次将需要显示的所有字符串全部显示出来,该子程序常用来显示菜单。在调用该子程序之前,需要预先将 DPTR 指向该菜单数据的首址。菜单数据由若干个字符串数据构成,在最后一个字符串数据的结束标志 00H 后面必须再加上一个菜单结束标志 0FFH。

```
CDXS:    CLR     A
         MOVC    A,@A+DPTR                 ;读取 1 字节
         CJNE    A,#0FFH,CDXS1             ;是否为菜单结束标志?
         RET                               ;结束
CDXS1:   LCALL   ZFXS                      ;显示一个字符串
         SJMP    CDXS                      ;继续
```

⑮ 显示数据:将需要显示的数据用 BCD 码格式存入 NBH 和 NBL 中,其中 NBH 为整数部分,NBL 为小数部分。数据显示的字体和起始位置坐标分别存入 ZITI,X 和 Y 中,然后调用下面的子程序即可。

```
SJXS:    CLR     F0                        ;初始化灭零标志
         LCALL   ZTSET                     ;设置字体
         LCALL   SETXY                     ;设置坐标
```

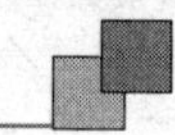

```
          LCALL    WDATA                 ；准备写入数据
          MOV      A,NBH
          SWAP     A
          LCALL    ASCOUT                ；显示十位(可灭零)
          SETB     F0                    ；不再灭零(个位以后全部显示)
          MOV      A,NBH
          LCALL    ASCOUT                ；显示个位
          MOV      A,#2EH
          LCALL    ASCOUT3               ；显示小数点
          MOV      A,NBL
          SWAP     A
          LCALL    ASCOUT                ；显示十分位
          MOV      A,NBL
          LCALL    ASCOUT                ；显示百分位
          RET

ASCOUT：  ANL      A,#0FH                ；取低4位
          JNZ      ASCOUT2               ；是否为零？
          JB       F0,ASCOUT2            ；是否需要灭零？
          MOV      A,#20H                ；灭零操作：用空格代替0
          SJMP     ASCOUT3
ASCOUT2： SETB     F0                    ；不再灭零
          ADD      A,#90H                ；将数字转换为ASCII码
          DA       A
          ADDC     A,#40H
          DA       A
ASCOUT3： LCALL    DDWR                  ；写入数据存储器
          RET
```

4.5.4 画面显示

图4-20是一个输入数据的画面，画面的右边是一个触摸屏数字键盘，用来输入数据。画面左边最上面是输入数据的名称(每袋定量)，名称下面是数据输入窗口，动态显示当前输入的数据(15.15)，输入窗口下面是提示信息(提示数据的有效范围)，再下面是两个调整操作按钮(“增”和“减”)，用来对数据进行微量调整(每次操作调整0.01 kg)，最下面是“确认”按钮，用来结束输入过程。

下面的子程序可以完成如图4-20所示的画面的显示。

```
NEWHM：   LCALL    LCM_CLR               ；清屏
          LCALL    GR                    ；进入图形模式
          LCALL    BK3                   ；画各种边框和按钮
          LCALL    TEXT                  ；进入文本模式
          LCALL    NORMAL                ；正常显示
```

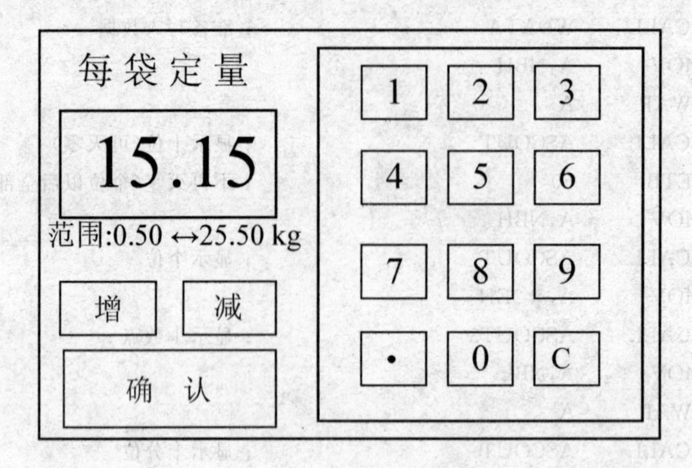

图4-20 数据输入画面

```
        MOV     DPTR,#CDTAB3            ;指向"菜单"数据首址
        LCALL   CDXS                    ;显示"菜单"
        MOV     DPTR,#TSTAB3            ;指向数据名称字符串
        LCALL   ZFXS                    ;显示数据名称
        MOV     DPTR,#YXFW0             ;指向提示字符串
        LCALL   ZFXS                    ;显示提示信息
        MOV     NBH,#15H                ;数据值 15.15 kg
        MOV     NBL,#15H
        MOV     ZITI,#3
        MOV     X,#1
        MOV     Y,#54
        LCALL   SJXS                    ;显示数据
        RET

;数据输入画面的边框和按钮:
BK3:    MOV     X,#17                   ;数字键盘的边框
        MOV     Y,#0
        MOV     WD,#23
        LCALL   VLINE
        MOV     X,#17
        MOV     Y,#1
        MOV     H,#236
        MOV     WD,#23
        LCALL   JIXIN
        MOV     X,#17
        MOV     Y,#239
        MOV     WD,#23
        LCALL   VLINE
        MOV     TEMPH,#18               ;12个数字键的边框
```

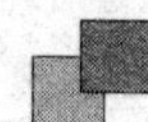

```
BK31:   MOV     TEMPL,#5
BK32:   MOV     X,TEMPH
        MOV     Y,TEMPL
        MOV     H,#53
        MOV     WD,#7
        LCALL   JIXIN
        MOV     A,TEMPL
        ADD     A,#58
        MOV     TEMPL,A
        CJNE    A,#237,BK32
        MOV     A,TEMPH
        ADD     A,#7
        MOV     TEMPH,A
        CJNE    A,#39,BK31
        MOV     X,#0                    ;输入数据的边框
        MOV     Y,#50
        MOV     H,#54
        MOV     WD,#17
        LCALL   JIXIN
        MOV     X,#0                    ;按钮"增"的边框
        MOV     Y,#138
        MOV     H,#48
        MOV     WD,#8
        LCALL   JIXIN
        MOV     X,#9                    ;按钮"减"的边框
        MOV     Y,#138
        MOV     H,#48
        MOV     WD,#8
        LCALL   JIXIN
        MOV     X,#0                    ;按钮"确认"的边框
        MOV     Y,#190
        MOV     H,#48
        MOV     WD,#17
        LCALL   JIXIN
        RET

;"数据输入"画面菜单内容:
CDTAB3: DB      3,20,7,"1",0,3,27,7,"2",0,3,34,7,"3",0
        DB      3,20,65,"4",0,3,27,65,"5",0,3,34,65,"6",0
        DB      3,20,123,"7",0,3,27,123,"8",0,3,34,123,"9",0
        DB      2,20,181,".",0,3,27,181,"0",0,3,34,181,"C",0
        DB      2,2,146,"增",0,2,11,146,"减",0,2,3,198,"确认",0,0FFH
```

```
;数据名称:
TSTAB3:    DB      2,0,8,"每袋定量",0

;有效范围:
YXFW0:     DB      1,0,112,"范围:0.50",1DH,"25.50Kg",0      ;每袋定量范围提示
```

4.6 触摸屏

触摸屏是一种更加人性化的输入设备,随着触摸屏应用的推广,其大有替代键盘的趋势。在用机械按键作为输入设备的系统中,每个按键都有一个固定的键码,仪器做出来以后,按键的数目是固定的,对应的键码也是固定的。而触摸屏系统与机械按键系统不同,屏幕上的按钮数目没有限制,完全按需要来设置,而且不同画面的按钮数目也互不相关;也就是说,在以触摸屏作为输入设备的系统中,按钮的数目是不固定的,仪器做出来以后,可以通过软件升级来增减按钮的数目。

在以触摸屏作为输入设备的系统中,每个按钮都有功能提示,而且都是与当前画面有关的操作按钮;也就是说,无关的按钮不可能出现在当前画面中,想误操作都不可能。故触摸屏系统非常容易操作,基本上不需要专门进行操作培训。

本节仍然以ZLG320240F液晶显示屏作为例子,来介绍触摸屏的软件编程方法。其控制芯片RA8806支持触摸屏操作。

4.6.1 触摸信息的获取

在进行触摸屏操作时,控制芯片RA8806会对触摸屏进行采样,得到与触摸位置有关的两个采样值(都是12位A/D转换值),并输出一个中断信号,触发单片机的外部中断。因此,单片机可以及时读取控制芯片RA8806内部的两个采样数据,从而获取操作者的触摸信息。

操作者的触摸过程相对于计算机来说是一个"非常慢"的过程,故采样数据也是一个"很慢"的动态变化过程。为了取得比较真实的触摸信息,必须等到采样数据基本稳定之后再读取数据。为此,必须进行断续采样,当相邻两次采样值基本相同(8位精度)时,再输出采样数据。下面的子程序就是按此方法来进行的。

```
VX         DATA       38H              ;触摸屏X方向的采样值
VY         DATA       39H              ;触摸屏Y方向的采样值

XYADC:     MOV        A,#0FFH          ;初始化采样值
           MOV        R6,A
           MOV        R7,A
XYADC0:    MOV        A,#0FH           ;读触摸状态
           LCALL      REGR
           MOV        B,A
           MOV        A,#0FFH          ;缓冲
           LCALL      REGW
           JB         B.0,XYADC2       ;有触摸信号?
```

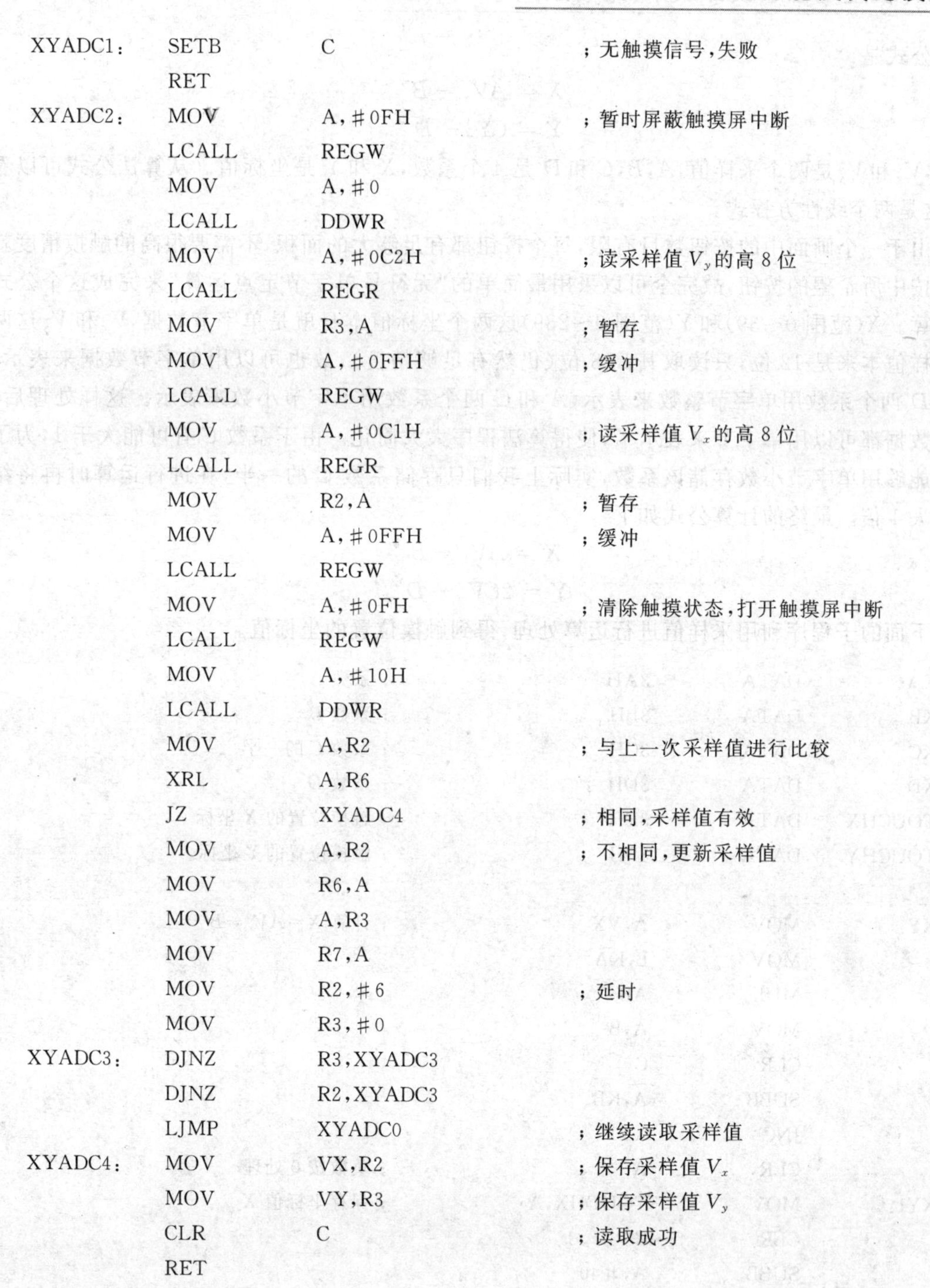

```
XYADC1：  SETB    C             ；无触摸信号，失败
          RET
XYADC2：  MOV     A,#0FH        ；暂时屏蔽触摸屏中断
          LCALL   REGW
          MOV     A,#0
          LCALL   DDWR
          MOV     A,#0C2H       ；读采样值Vy的高8位
          LCALL   REGR
          MOV     R3,A          ；暂存
          MOV     A,#0FFH       ；缓冲
          LCALL   REGW
          MOV     A,#0C1H       ；读采样值Vx的高8位
          LCALL   REGR
          MOV     R2,A          ；暂存
          MOV     A,#0FFH       ；缓冲
          LCALL   REGW
          MOV     A,#0FH        ；清除触摸状态，打开触摸屏中断
          LCALL   REGW
          MOV     A,#10H
          LCALL   DDWR
          MOV     A,R2          ；与上一次采样值进行比较
          XRL     A,R6
          JZ      XYADC4        ；相同，采样值有效
          MOV     A,R2          ；不相同，更新采样值
          MOV     R6,A
          MOV     A,R3
          MOV     R7,A
          MOV     R2,#6         ；延时
          MOV     R3,#0
XYADC3：  DJNZ    R3,XYADC3
          DJNZ    R2,XYADC3
          LJMP    XYADC0        ；继续读取采样值
XYADC4：  MOV     VX,R2         ；保存采样值Vx
          MOV     VY,R3         ；保存采样值Vy
          CLR     C             ；读取成功
          RET
```

调用该子程序后，如果进位标志C被清除，则采样值V_x和V_y有效；如果进位标志C被置位，则按未操作处理。

4.6.2　触摸位置的计算

触摸位置用触摸点的坐标来表示，上一小节已经获得了触摸点的两个采样数据，用这两个采样数据就可以计算出触摸点的坐标值。计算方法有很多种，这里只介绍最简单的算法。其

计算公式是

$$X = AV_x - B$$
$$Y = CY_y - D$$

式中,V_x和V_y是两个采样值,A,B,C和D是4个系数,X和Y是坐标值。从算法公式可以看出,这是两个线性方程式。

由于一个画面中的按钮数目有限,每个按钮都有足够大的面积,不需要很高的触摸精度就可以按中所希望的按钮,故完全可以采用最简单的"无符号单字节定点运算"来完成这个公式的计算。X(范围0~39)和Y(范围0~239)这两个坐标值本身就是单字节数据,V_x和V_y这两个采样值本来是12位,只读取其高8位(仍然有足够精度),故也可以用单字节数据来表示。B和D两个系数用单字节整数来表示,A和C两个系数用单字节小数来表示。这样处理后,全部数据都可以用单字节来表示了,使得算法程序大大简化。由于系数C有可能大于1,为了保证能够用单字节小数存储该系数,实际上我们只存储系数C的一半,在进行运算时再将结果放大1倍。最终的计算公式如下:

$$X = AV_x - B$$
$$Y = 2CV_y - D$$

下面的子程序利用采样值进行运算处理,得到触摸位置的坐标值。

```
KA          DATA    3AH             ;系数A
KB          DATA    3BH             ;系数B
KC          DATA    3CH             ;系数C的一半
KD          DATA    3DH             ;系数D
TOUCHX      DATA    3EH             ;触摸位置的X坐标
TOUCHY      DATA    3FH             ;触摸位置的Y坐标

XY:         MOV     A,VX            ;计算X=AVx-B
            MOV     B,KA
            MUL     AB
            MOV     A,B
            CLR     C
            SUBB    A,KB
            JNC     XY1
            CLR     A               ;负数按0处理
XY1:        MOV     TOUCHX,A        ;保存坐标值X
            CLR     C
            SUBB    A,#40
            JC      XY2
            MOV     TOUCHX,#39      ;超过39按39处理
XY2:        MOV     A,VY            ;计算Y=2CVy-D
            MOV     B,KC
            MUL     AB
            RLC     A
            MOV     A,B
```

```
        RLC     A
        MOV     F0,C
        CLR     C
        SUBB    A,KD
        JNC     XY3
        JB      F0,XY3
        CLR     A                   ；负数按 0 处理
XY3：   MOV     TOUCHY,A            ；保存坐标值 Y
        CLR     C
        SUBB    A,#240
        JC      XY4
        MOV     TOUCHY,#239         ；超过 239 按 239 处理
XY4：   RET
```

由于在本算法中采用的计算方法是“无符号单字节定点运算”，这就要求所有参加运算的数据本身必须是正数。如果要求系数 KA 和 KC 为正数，就意味着 VX 随着 X 增加而增加(即右边的 VX 比左边的 VX 大)，VY 随着 Y 增加而增加(即下边的 VY 比上边的 VY 大)。如果不满足这个条件，即右边的 VX 比左边的 VX 小，下边的 VY 比上边的 VY 小，就需要进行调整，方法是将采样值取补，达到改变变化方向的目的。这时候，读取触摸屏采样值的子程序的最后部分需要修改为

```
XYADC4： MOV    A,R2            ；取采样值 Vx
         CPL    A               ；取补
         INC    A
         MOV    VX,A            ；保存调整后的采样值 Vx
         MOV    A,R3            ；取采样值 Vy
         CPL    A               ；取补
         INC    A
         MOV    VY,A            ；保存调整后的采样值 Vy
         CLR    C               ；读取成功
         RET
```

4.6.3 按钮编号查询方法

在使用触摸屏的系统中，有一个共同的问题需要解决，即操作者触摸了屏幕上的哪个按钮？解决这个问题的方法比较简单，给每个按钮画出一块地盘，只要触摸位置在这块地盘的范围之中，就算触摸了这个按钮。为了处理方便，地盘的形状用一个矩形方框表示，即用 4 个数据来表示该按钮的地盘(左边的 X 坐标、右边的 X 坐标、上边的 Y 坐标、下边的 Y 坐标)。在为每个按钮分配地盘时，可以在按钮边框显示范围的基础上适当扩大一些，以便增加触摸按钮的成功率。这种扩展有一个前提，就是各个按钮的地盘不能有互相重叠的情况。为每个按钮划分好地盘之后，再将画面中所有按钮的地盘数据集中在一起，按编号顺序组成一个表格(表格结束标志为 0FFH)。触摸屏控制系统检测到触摸位置的坐标值后，就可以通过查表比对的方法得到按钮的编号(即按钮表中的顺序号)。下面的子程序就是获取按钮编号算法的示意程

序。在调用该子程序之前,需要将DPTR指向当前画面的按钮地盘数据表格的首址(例如“MOV DPTR,#K3TAB”),然后再调用该子程序,就可以在累加器A中得到操作者触摸的按钮编号。如果编号值为0FFH,则表示无效编号(触摸位置无效)。

```
TOUCH_K:  MOV     R6,TOUCHX           ;读取触摸位置坐标数据
          MOV     R7,TOUCHY
          MOV     R1,#0FFH            ;初始化按钮编号为无效编号
TOUCH1:   CLR     A
          MOVC    A,@A+DPTR           ;查表
          CJNE    A,#0FFH,TOUCH2      ;表格结束否?
          RET                         ;结束,A中返回编号0FFH
TOUCH2:   INC     R1                  ;编号加1
          CLR     A
          MOVC    A,@A+DPTR
          INC     DPTR
          MOV     R2,A                ;读取按钮地盘左边的X坐标
          CLR     A
          MOVC    A,@A+DPTR
          INC     DPTR
          MOV     R3,A                ;读取按钮地盘右边的X坐标
          CLR     A
          MOVC    A,@A+DPTR
          INC     DPTR
          MOV     R4,A                ;读取按钮地盘上边的Y坐标
          CLR     A
          MOVC    A,@A+DPTR
          INC     DPTR
          MOV     R5,A                ;读取按钮地盘下边的Y坐标
          CLR     C
          MOV     A,R6                ;左边判断
          SUBB    A,R2
          JC      TOUCH1              ;出界,继续下一个按钮的判断
          CLR     C
          MOV     A,R3                ;右边判断
          SUBB    A,R6
          JC      TOUCH1              ;出界,继续下一个按钮的判断
          CLR     C
          MOV     A,R7                ;上边判断
          SUBB    A,R4
          JC      TOUCH1              ;出界,继续下一个按钮的判断
          CLR     C
          MOV     A,R5                ;下边判断
          SUBB    A,R7
```

```
        JC          TOUCH1                ；出界，继续下一个按钮的判断
        MOV         A,R1                  ；触摸位置在该按钮的地盘之内
        RET                               ；返回 R1 中的按钮编号

；图 4-20 中的按钮地盘数据表格(左、右、上、下)：
K3TAB:  DB          25,29,179,239         ；"0"按键，键码=0
        DB          17,22,0,62            ；"1"按键，键码=1
        DB          25,29,0,62            ；"2"按键，键码=2
        DB          32,39,0,62            ；"3"按键，键码=3
        DB          17,22,63,120          ；"4"按键，键码=4
        DB          25,29,63,120          ；"5"按键，键码=5
        DB          32,39,63,120          ；"6"按键，键码=6
        DB          17,22,121,178         ；"7"按键，键码=7
        DB          25,29,121,178         ；"8"按键，键码=8
        DB          32,39,121,178         ；"9"按键，键码=9
        DB          17,22,179,239         ；"."按键，键码=10
        DB          32,39,179,239         ；"C"按键，键码=11
        DB          0,8,110,186           ；"增"按键，键码=12
        DB          9,16,110,186          ；"减"按键，键码=13
        DB          0,16,188,239          ；"确认"按键，键码=14
        DB          0FFH                  ；表格结束
```

触摸屏按钮编号相当于机械键盘中的键码，它取代了键盘在监控程序中的角色。只要在监控程序中将键码换成触摸屏按钮的编号即可，监控程序的设计方法完全一样。

4.6.4 触摸屏校准

在计算触摸位置坐标值的公式中，需要 4 个系数。在触摸屏第一次使用时，这 4 个系数可能不知道。另外，在触摸屏使用过程中，如果常常出现触摸不准确，则很可能是这 4 个系数已经不准确了。因此，需要对触摸屏进行校准。通过校准，获得比较准确的 4 个系数。

根据线性方程原理，4 个系数可以通过 4 个独立线性方程来求解。由于每个触摸点可以得到两个线性方程，故只要获得两个不同触摸点的数据，就可以求解出 4 个系数。为了提高计算精度，这两个触摸点尽量离远一些，理论上一个在左上角，一个在右下角。由于制造工艺上的问题，靠近触摸屏边缘的地方有比较明显的非线性，选择校准点时应该离开边缘一定距离。

在这里，假设选择的两个校准点为(X_1,Y_1)和(X_2,Y_2)，检测到的采样值对应为(V_{X1},V_{Y1})和(V_{X2},V_{Y2})，则可得到以下方程式：

$$X_1 = AV_{X1} - B \tag{1}$$

$$Y_1 = 2CV_{Y1} - D \tag{2}$$

$$X_2 = AV_{X2} - B \tag{3}$$

$$Y_2 = 2CV_{Y2} - D \tag{4}$$

用式(3)减去式(1)，可求得系数 A：

$$A = (X_2 - X_1)/(V_{X2} - V_{X1})$$

将求得的系数 A 代入式(1),可求得系数 B:

$$B = AV_{X1} - X_1$$

用式(4)减去式(2),可求得系数 C:

$$C = (Y_2 - Y_1)/2(V_{Y2} - V_{Y1})$$

将求得的系数 C 代入式(2),可求得系数 D:

$$D = 2CV_{Y1} - Y_1$$

至此,4个系数全部求出,将其保存到 EEPROM 中,供以后每次上电初始化时将其取出使用。

根据以上求解过程,可以得到以下系数求解子程序:

```
TX1      DATA   40H          ;第一点的 X 坐标
TY1      DATA   41H          ;第一点的 Y 坐标
TX2      DATA   42H          ;第二点的 X 坐标
TY3      DATA   43H          ;第二点的 Y 坐标
VX1      DATA   44H          ;第一点 X 方向的采样值
VY1      DATA   45H          ;第一点 Y 方向的采样值
VX2      DATA   46H          ;第二点 X 方向的采样值
VY2      DATA   47H          ;第二点 Y 方向的采样值

ABCD:    MOV    A,TX2        ;R4=TX2-TX1
         CLR    C
         SUBB   A,TX1
         MOV    R4,A
         MOV    R5,#0
         MOV    A,VX2        ;R7=VX2-VX1
         CLR    C
         SUBB   A,VX1
         MOV    R7,A
         LCALL  D457         ;R3=R4R5/R7
         MOV    A,R3
         MOV    KA,A         ;保存系数 KA
         MOV    B,VX1        ;计算系数 KB=KA×VX1-TX1
         MUL    AB
         MOV    A,B
         CLR    C
         SUBB   A,TX1
         MOV    KB,A         ;保存系数 KB
         MOV    A,TY2        ;R4=(TY2-TY1)/2
         CLR    C
         SUBB   A,TY1
         CLR    C
         RRC    A
         MOV    R4,A
```

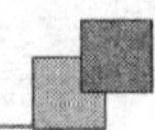

```
        CLR     A
        RRC     A
        MOV     R5,A
        MOV     A,VY2               ; R7=VY2-VY1
        CLR     C
        SUBB    A,VY1
        MOV     R7,A
        LCALL   D457                ; R3=R4R5/R7
        MOV     A,R3
        MOV     KC,A                ; 保存系数 KC
        MOV     B,VY1               ; 计算系数 KD=(KC×VY1)×2-TY1
        MUL     AB
        RLC     A
        MOV     A,B
        RLC     A
        CLR     C
        SUBB    A,TY1
        MOV     KD,A                ; 保存系数 KD
        RET
```

本程序中调用的除法子程序 D457 是定点子程序库中的一个子程序，详细说明见附录 B 中的第 8 个子程序。

在实际校准过程中，最好在屏幕的不同位置多选择几个校准点，分别求出 4 个系数，然后进行平均，这样得到的系数比较准确。

触摸屏校准过程如下：

- 清屏，显示提示“请触摸十字光标”。
- 在第一个校准点显示十字光标，并等待操作者触摸它。
- 记录第一个校准点的两个采样值。
- 清屏，显示提示“请触摸十字光标”。
- 在第二个校准点显示十字光标，并等待操作者触摸它。
- 记录第二个校准点的两个采样值。
- 如果有必要，再多校准几个不同位置的测试点。
- 计算并保存 4 个系数。
- 清屏，显示提示“请在屏幕不同位置进行触摸，观察定位效果”。
- 操作者触摸一次，就用求得的 4 个系数计算一次触摸坐标值，并用这个坐标值显示一个小方块。如果每次小方块的显示位置基本上都在手指下面，则触摸屏校准的效果就比较满意。
- 触摸预定次数(例如 20 次)后，结束校准过程。
- 根据观察，判断校准效果，如果效果不满意，可重新校准，直到效果满意为止。

第5章 抗干扰设计

很多从事单片机应用工作的人员都有这样的经历：当将经过千辛万苦安装和调试好的样机投入工业现场进行实际运行时，几乎都不能正常工作。有的一开机就失灵，有的时好时坏，让人不知所措。为什么在实验室能正常模拟运行的系统，到了工业环境就不能正常运行呢？原因是人所共知的：工业环境有强大的干扰，单片机系统没有采取抗干扰的措施，或者措施不力。经过反复修改硬件设计和软件设计，增加不少对症措施之后，系统才能够适应现场环境，得到用户验收认可。这时再对整个研制开发过程进行回顾，将会发现，为抗干扰而做的工作比前期实验室研制样机的工作要多，有时还要多几倍。由此可见抗干扰技术的重要性。本章从常见的干扰入手，剖析干扰的作用机制及造成的后果，介绍常用的抗干扰措施。

5.1 干扰的作用机制及后果

干扰可以沿各种线路侵入单片机系统，也可以以电磁场的形式从空间侵入单片机系统。供电线路是电网中各种浪涌电压入侵的主要途径；系统的接地装置不良或不合理，也是引入干扰的重要途径。各类传感器、输入/输出线路的绝缘不良，均有可能引入干扰。以电磁场的形式入侵的干扰主要发生在高电压、大电流和高频电磁场（包括电火花激发的电磁辐射）附近，它们可以通过静电感应、电磁感应等方式在单片机系统中形成干扰。

干扰对单片机系统的作用部位可以分为三个。第一个部位是输入系统，干扰使模拟信号失真，数字信号出错。单片机系统根据这种输入信息作出的反应必然是错误的。第二个部位是输出系统，干扰使各输出信号混乱，不能正常反映单片机系统的真实输出量，从而导致一系列严重后果。如果是检测系统，则其输出的信息不可靠，人们据此信息做出的决策也必然出差错；如果是控制系统，则其输出将控制一批执行机构，使其做出一些不正确的动作，轻者造成一批废次产品，重者引其严重事故。第三个部位是单片机系统的内核，干扰使三总线上的数字信号错乱，从而引发一系列后果。CPU 得到错误的数据信息，使指令或操作数失真，导致结果出错，并将这个错误一直传递下去，形成一系列错误。CPU 得到错误的地址信息后，引起程序计数器 PC 出错，使程序运行离开正常轨道，导致程序失控。程序失控后，有时几经周折，自己回到正常轨道上来，但这时它可能已经做了几件“坏事”，造成一些明显不好的后果，也可能埋下了几处隐患，使后续程序出错；有时程序几经周折后便进入一个死循环，使系统完全瘫痪。这

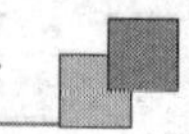

种死循环往往不是人们编程时所设计的，而是PC出错后，将操作数当成操作码来执行而形成的。请看下面的程序片断：

```
        ⋮
13F4    A2 74    MOV     C,2EH.4
13F6    E5 44    MOV     A,44H
13F8    34 02    ADDC    A,#2
13FA    13       RRC     A
13FB    F5 44    MOV     44H,A
13FD    92 74    MOV     2EH.4,C
        ⋮
```

如果干扰使PC的值在某时刻变为13F5H，则CPU将执行如下程序片断，掉进一个死循环而不能自拔，即

```
13F5    74 E5       MOV     A,#0E5H
13F7    44 34       ORL     A,#34H
13F9    02 13 F5    LJMP    13F5H
```

这种死循环有时是由若干个离散的片断构成的，从A片断到B片断，再到C片断……，最后又回到A片断，如此循环不已。由于程序失控，CPU执行的指令系列中，既有编程者编制的程序段(但在不该执行的时刻被执行了)，也有不是编程者编制的程序段(把操作数当指令而形成的程序段)，因此，什么指令都有可能被执行，从而做出很多无法预料的事情来。

由于程序失控，有可能不经调用指令就插入一个子程序中，然后通过返回指令来破坏堆栈指针，使程序更加失控。如果插入到一个中断子程序中，则通过中断返回指令，不但破坏堆栈指针，而且破坏中断嵌套关系，引起中断混乱。

失控的程序有可能破坏与中断有关的专用寄存器内容，从而改变中断设置方式，关闭某些有用中断，打开某些未使用的中断，引起意外的非法中断。

失控的程序有可能修改片内RAM的内容，使某些决定性的参数被破坏，引起系统决策失误；也可能修改片外RAM的内容，这些内容多为数据块，使数据失实。各种外围芯片大多统一编址，以外部RAM的身份出现，当修改外部RAM时，有可能引起对外围芯片的非法操作，改变外围芯片的工作方式，引起定义混乱，出现意外的I/O操作。

对于CMOS型的80C51系列CPU，如果失控的程序修改了专用寄存器PCON的内容，则有可能进入掉电工作方式，也有可能进入“睡眠”工作方式；如果在这之前已将中断关闭，则进入“死睡”状态。在这两种情况下，只有通过复位操作才能使CPU重新工作。

5.2 抗干扰的硬件措施

在与干扰作斗争的过程中，人们积累了很多经验，既有硬件措施，也有软件措施，通常采用软硬结合的措施。硬件措施如果得当，可将绝大多数干扰拒之门外，但仍然有少数干扰窜入单片机系统，引起不良后果，故软件抗干扰措施作为第二道防线是必不可少的。由于软件抗干扰措施是以CPU的开销为代价的，如果没有硬件抗干扰措施消除绝大多数干扰，CPU将疲于奔命，没有时间来干正经工作，严重影响到系统的工作效率和实时性。因此，一个成功的抗干扰

系统是由硬件和软件相结合构成的。硬件抗干扰有效率高的优点,但要增加系统的投资和设备的体积;软件抗干扰有投资低的优点,但有可能会稍微降低系统的工作效率。

干扰信号可分为串模干扰和共模干扰两大类。针对这两类干扰,已经有很多成熟的抗干扰电路,这方面的专著也不少。下面将常用的电路介绍一下,详细电路设计计算请参阅有关专著。

5.2.1 抗串模干扰的措施

串模干扰通常叠加在各种不平衡输入信号和输出信号上,还有很多情况下是通过供电线路窜入系统的。因此,抗干扰电路通常就设置在这些干扰必经之路上。

① 光电隔离:在输入和输出通道上采用光电耦合器件来进行信息传输是很有好处的,它将单片机系统与各种传感器、开关和执行机构从电气上隔离开来,很大一部分干扰(如外部设备和传感器的漏电现象)将被阻挡。对于各类数字信号,光电耦合器件进行传送是没有问题的。对于模拟信号,在条件许可时可以用线性光电耦合器件来传送。

② 硬件滤波电路:常用RC低通滤波器接在一些低频信号传送电路(如热电偶输入线路)中,可以大大削弱各类高频干扰信号(各类“毛刺”型干扰相对于慢变有效信号均属“高频”干扰)。但硬件滤波电路的主要缺点是体积较大,要增加成本,如果截止频率定得很低(如0.01 Hz),则硬件滤波是很难胜任的,必须配合软件滤波(数字滤波)来实现。

③ 过压保护电路:如果没有采用光电耦合措施,在输入/输出通道上应采用一定的过压保护电路,以防引入过高电压,伤害单片机系统。交流过压保护有专用的压敏元件和间隙放电器件,可以防止供电系统中出现的过高浪涌电压和雷击对系统的伤害。直流过压保护电路由限流电阻和稳压管组成。限流电阻选择要适宜,太大了会引起信号衰减,太小了起不到保护稳压管的作用。稳压管的选择也要适宜,其稳压值以略高于最高传送信号电压为宜,太低了将对有效信号起限幅作用,使信号失真。对于微弱信号(0.2 V以下),通常用两只反并联的二极管来代替稳压管,同样可以起到过压保护作用。

④ 调制解调技术:很多情况下,有效信号的频谱与干扰信号的频谱相互交错,采用常规的硬件滤波很难将它们分离,这时可采用调制解调技术。先用某一已知频率的信号对有效信号进行调制,调制后的信号频谱就可移到远离干扰信号频谱的区域;然后再进行传输,传输途中混入的各种干扰信号很容易被滤波环节滤除,被调制的有效信号经过硬件解调器解调后,频谱搬回原处,恢复原来的面目。在某些情况下,也可以不用硬件解调器,而采用软件中的相关算法,同样可以恢复信号原来的面目。

⑤ 抗干扰稳压电源:单片机系统的供电线路是干扰的主要入侵途径。必须下功夫设计一个抗干扰的稳压电源来给单片机系统供电,通常采用的措施有如下几种。

- 单片机系统的供电线路和产生干扰的用电设备分开供电。通常干扰源为各类大功率的设备,如大电机、电焊机及电弧炉等,它们的供电均取自动力线路。单片机系统的供电可取自照明线路,照明线路的电源相对要“干净”一些。对机电一体化的产品,这一点往往是不可能的,单片机系统和被控机构做成一台设备,供电来源只能是相同的。对某些小型单片机检测系统,可采用CMOS芯片,设计成低功耗系统,从而直接用电池供电,干扰可大为减少。
- 通过低通滤波器和隔离变压器接入电网,如图5-1所示。低通滤波器可以吸收大部分电网中的“毛刺”，目前市场上已有成品出售。隔离变压器与普通变压器不同，它在初级绕组和次级绕组之间多加了一层屏蔽层，并将它和铁芯一起接地，防止干扰通过初次级之间的电容效应进入单片机供电系统。该屏蔽也可用加绕的一层线圈来充当(一头接地，另一头空置)。

➢ 整流元件上并接滤波电容。整流元件是非线性元件，电压电流波形均有很多冲击波形，是产生高频干扰的来源。并接滤波电容后，可在很大程度上削弱高频干扰。滤波电容选为1 000 pF～0.01 μF，耐压根据次级电压决定。多加一些安全系数，选用无感的瓷片电容为好，接法如图5-1所示。

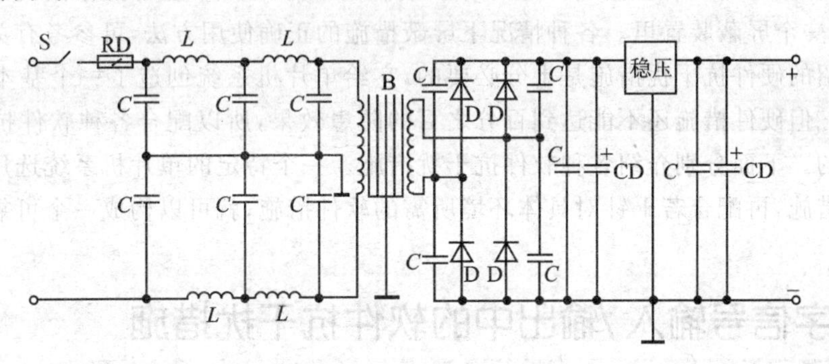

图5-1 抗干扰稳压电源

➢ 选用高质量的稳压电路，使输出直流电压上的纹波很小，干扰也很难在输出端形成。高质量稳压电源的指标很多，等效内阻是其中之一。如果等效内阻比单片机系统的等效负载电阻小数百倍，那么质量就不错了。为了进一步加强抗干扰效果，通常还在滤波用的电解电容上再并接一个无感瓷片电容或独石电容，其容量为0.1～0.33 μF，如图5-1所示。直流电源接入单片机系统后，在电路主板的各个位置上多接一些滤波电容，跨接在电源和地线之间。如有可能，最好为每一块大型集成芯片的供电引线均加接一个瓷片电容。

➢ 数字信号采用负逻辑传输：干扰源作用于高阻线路上时，容易形成较大幅度的干扰信号，而对于低阻线路影响就要小一些。在数字信号系统中，输出低电平时内阻要小，输出高电平时内阻要大。如果定义低电平为有效电平(使能信号)，高电平为无效电平，就可以减少干扰引起的错误动作，提高数字信号传输的可靠性。

5.2.2 抗共模干扰的措施

共模干扰通常是针对平衡输入信号而言的。抗共模干扰的方法主要有如下几种。

① 平衡对称输入：在设计信号源(通常是各类传感器)时尽可能做到平衡和对称，否则有可能产生附加的差模干扰，使后续电路不易对付。

② 选用高质量的差动放大器：高质量差动放大器的特点为高增益、低噪声、低漂移和宽频带。由它构成的运算放大器将获得足够高的共模抑制比。

③ 良好的接地系统：接地不良时，将形成较明显的共模干扰。如果没有条件进行良好的接地，则不如将系统浮置起来，再配合采用合适的屏蔽措施，这样效果也不错。千万不要把供电系统中的中线当做地线使用，否则无异于引狼入室。

④ 系统接地点的正确连接方式：系统中的数字地与模拟地要分开，最后只在一点相连。如果系统中的数字地与模拟地不分，则数字信号电流在模拟系统的地线中将形成干扰，使模拟信号失真。

⑤ 屏蔽：用金属外壳或金属匣将整机或部分元器件包围起来，再将金属外壳或金属匣接地，就能起到屏蔽的作用，对于各种通过电磁感应引起的干扰特别有效。屏蔽的方式和接地点很有讲究，若不注意，反而会增加干扰。屏蔽外壳的接地点要与系统的信号参考点相接，而且只能在一处相接，所有具有相同参考点的电路部分必须全部装入同一金属外壳中；如有引出线，则应采用屏蔽线，其屏蔽层应和外壳在同一点接系统参考点。参考点不同的系统应分别屏蔽，不可共处一个屏蔽装置里。各种情况下屏蔽措施的正确使用方法，可参考有关专著。

以上介绍的硬件抗干扰措施是十分必要的，它给单片机系统创造了一个基本上是“干净”的工作环境。但硬件措施还不能达到百分之百的防患效果，所以配合各种软件抗干扰措施也是十分必要的。下面分别介绍各种软件抗干扰措施。一个特定的单片机系统选用若干有关的硬件抗干扰措施，再配合若干针对具体环境所需的软件措施，就可以构成一个可靠的单片机系统了。

5.3 数字信号输入/输出中的软件抗干扰措施

如果干扰只作用在系统的I/O通道上，CPU工作正常，则可用如下方法来使干扰对数字信号的输入/输出影响减少或消失。

5.3.1 数字信号的输入方法

干扰信号多呈毛刺状，作用时间短。利用这一特点，在采集某一数字信号时，可多次重复采集，直到连续两次或两次以上采集结果完全一致方为有效。若多次采集后，信号总是变化不定，则可停止采集，给出报警信号。由于数字信号主要是来自各类开关型状态传感器，如限位开关和操作按钮等，所以，对这些信号的采集不能用多次平均的方法，必须绝对一致才行。典型的程序流程如图5-2所示。

程序清单如下：

```
DIGIN:   MOV     R2,#0           ;信号值初始化
         MOV     R7,#6           ;最多采集6次
         MOV     R6,#0           ;初始化“相同次数”
DIGIN0:  LCALL   INPUT           ;采集一次数字信号
         XCH     A,R2            ;保存本次采集结果
         XRL     A,R2            ;与上次比较
         JNZ     DIGIN1          ;相同否?
         INC     R6              ;“相同次数”加1
         CJNE    R6,#3,DIGIN2    ;连续3次相同否?
         MOV     A,R2            ;采集有效,取结果
         SETB    F0              ;设定成功标志
         RET                     ;返回
DIGIN1:  MOV     R6,#0           ;与上次不同,清“相同次数”计数器
```

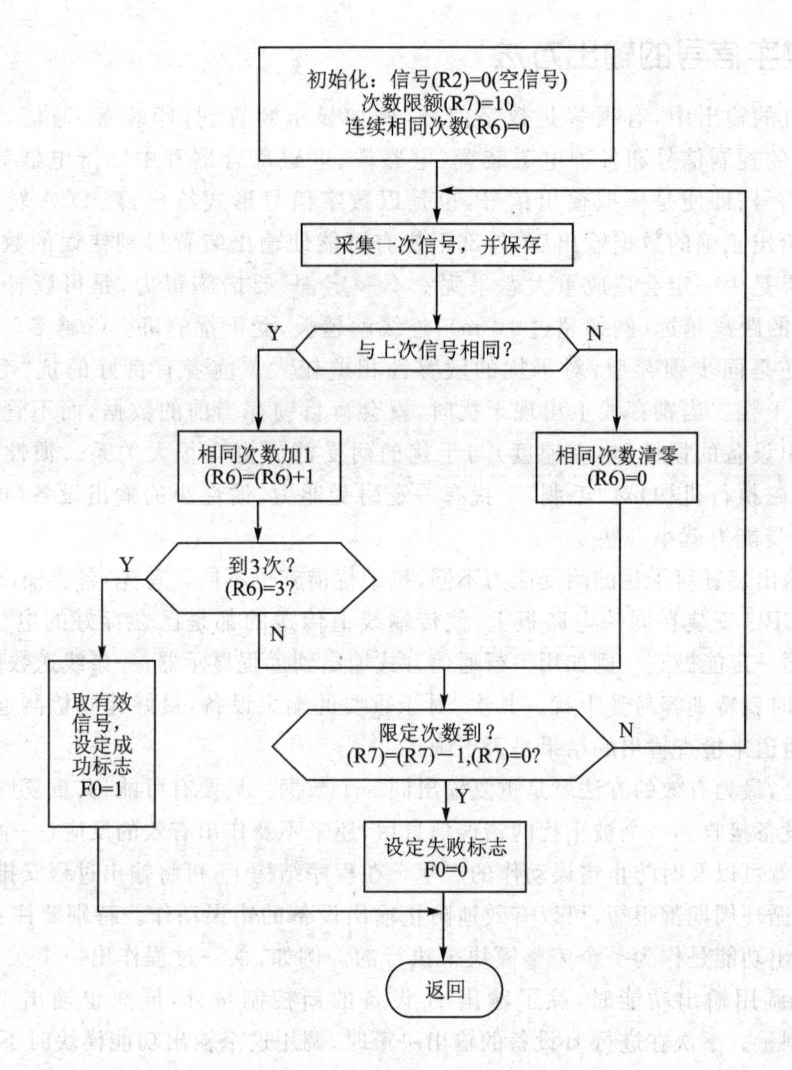

图5-2　数字信号采集流程图

```
DIGIN2:  DJNZ    R7,DIGIN0       ;限定总次数到否?
         CLR     F0              ;次数已到,宣告失败
         RET                     ;返回
```

程序中“LCALL　INPUT”是调用一个采集数字信号的过程，采集的结果为8位数字信号，并保存在累加器A中。如果这个采集过程很简单，那么应该直接将过程替代“LCALL INPUT”。例如各数字信号直接连在P1口上，便可用一条指令“MOV　A,P1”来取代“LCALL INPUT”。如果采集过程较复杂，则可另编一个INPUT子程序。但要注意，该子程序中不要再使用R2，R6和R7，否则将出错。如果数字信息超过8位，则可按8位一组进行分组处理，也可定义多字节信息暂存区，按类似方法处理。在满足实时性要求的前提下，如果在各次采集数字信号之间接入一段延时，则效果就会好一些，就能对抗较宽的干扰。延时时间为10～100 μs，对于每次采集的最高次数限额和连续相同次数均可按实际情况适当调整。

5.3.2 数字信号的输出方法

在单片机的输出中,有很多是数字信号,例如显示装置、打印装置、通信、各种报警装置、步进电机的控制信号和各种电磁装置(电磁铁、电磁离合器和中间继电器等)的驱动信号就是数字信号;即便是模拟输出信号,也是以数字信号形式给出,经D/A转换后才形成的。单片机给出正确的数据输出后,外部干扰有可能使输出装置得到错误的数据。这种错误的输出结果是否一定会造成重大恶果呢?不一定,只要措施得力,是可以补救的。输出装置与CPU的距离越远(例如超过10 m),连线就越长,受干扰的机会就越多。输出设备是电位控制型还是同步锁存型,对干扰的敏感性相差较大。前者有良好的抗“毛刺”干扰能力,后者不耐干扰。当锁存线上出现干扰时,就会盲目锁存当前的数据,而不管这时数据是否有效。输出设备的惯性(响应速度)与干扰的耐受能力也有很大关系。惯性大的输出设备(如各类电磁执行机构)对“毛刺”干扰有一定耐受能力,惯性小的输出设备(如通信口、显示设备等)耐受能力就小一些。

不同的输出装置对干扰的耐受能力不同,抗干扰措施也不同。首先,各类输出数据锁存器应尽可能和CPU安装在同一电路板上,使传输线上传送的都是已锁存好的电位控制信号。有时这一点不一定能做到。例如用串行通信方式输出到远程显示器,一条线送数据,一条线送同步脉冲,这时就特别容易受干扰。其次,对于重要的输出设备,最好建立检测通道,CPU可以通过检测通道来检查输出的结果是否正确。

在软件上,最为有效的方法就是重复输出同一个数据。只要有可能,其重复周期应尽可能短些。外部设备接收到一个被干扰的错误信息后,还来不及作出有效的反应,一个正确的输出信息又来到,就可以及时防止错误动作的产生。在程序结构上,可将输出过程安排进监控循环中,一般监控循环周期都很短,可以有效地防止输出设备的错误动作。特别要注意的是,这种安排之后,输出功能是作为一个完整模块来执行的。例如,某一过程作出一个关于A设备的输出决策,在调用输出功能时,除了输出A设备的新控制量外,同时也输出B设备、C设备……的控制量。下次在进行B设备的输出决策时,调用这个输出功能模块时不仅输出B设备的新控制量,同时也输出A设备、C设备……的原控制量,从而实现每个输出设备不断得到控制数据,使干扰造成的错误状态无法长期维持,避免产生严重后果。与这种重复输出措施对应,软件设计中必须为每个外部设备建立一个输出暂存单元,各个决策算法过程只将结果写入对应设备的输出暂存单元即可,输出功能模块将所有暂存区的数据一一输出,不管这个数据是刚刚算出来的还是以前早就算好的。

有些输出设备具有增量控制特性,如自带环型分配器和功率驱动器的步进电机组件,计算机只须输出方向控制信号和步进脉冲信号。在这种情况下,方向控制信号可以重复输出,而步进脉冲信号是不能重复输出的,每重复一次就要前进一步。对于这种情况,如果有位置检测功能(如光栅、磁尺等定位信号),则可实现闭环控制,本身有足够的抗干扰性能,不用重复输出。如果没有检测手段(即开环控制系统),则建议采用软件算法来实现环形分配器的功能。计算机直接输出各相绕组的电位控制信号,经光电隔离后传送给功率驱动放大器。这时仍可采用重复输出的方式来防止步进电机失步,只是这时的重复周期与步进电机的转速之间有严格的关系,例如每个换相周期内重复输出二三次。在步进电机以最高速度运转时,CPU最好以主要机时来完成步进电机的控制。在做进给运动时,由于速度较慢,可以很容易地实现重复输出

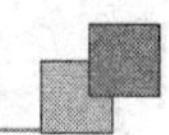

功能，减少失步，并有充足的时间完成各种控制算法。

在执行输出功能时，应该将有关输出芯片的状态也一并重复设置。例如8155芯片和8255芯片常用来扩展输入/输出功能，很多外设均通过它们来获得单片机的控制信息。这类芯片均应编程，以明确各端口的职能。由于干扰的作用，有可能在无形中改变了芯片的编程方式。为了确保输出功能正确实现，输出功能模块在执行具体的数据输出之前，应该先执行芯片的编程指令，再输出有关数据。这样做时顺便也将通过这些编程芯片进行输入的端口定义好了，确保输入模块得以正确运行。

对于以D/A转换方式实现的模拟输出，因本质上仍为数字量，同样可以通过重复输出的方式来提高模拟输出通道的抗干扰性能。在不影响反应速度的前提下，在模拟输出端接一适当的RC滤波电路(起到增加惯性的作用)，配合重复输出措施便能基本上消除模拟输出通道上的干扰毛刺。

5.4 数字滤波

模拟信号都必须经过A/D转换后才能为单片机接受，干扰作用于模拟信号之后，使A/D转换结果偏离真实值。如果仅采样一次，是无法确定该结果是否可信的，必须多次采样，得到一个A/D转换的数据系列，通过某种处理后，才能得到一个可信度较高的结果。这种从数据系列中提取逼近真值数据的软件算法，通常称为数字滤波算法。它有硬件滤波的功效，却不需要硬件投资。由于软件算法的灵活性，其效果往往是硬件滤波电路达不到的，它的不足之处就是需要消耗一定的CPU机时。

干扰信号分周期性和随机性两种，采用积分时间为20 ms整数倍的双积分型A/D转换方式，能有效地抑制50 Hz工频干扰。对于非周期性的随机干扰，常采用数字滤波算法来抑制。在下面要介绍的各种数字滤波算法中，均以8位A/D转换为代表，采用单字节定点算法。对于12位A/D和多量程的浮点A/D系统，算法原理是相同的，只是数据结构和类型不同而已。

5.4.1 程序判断滤波

经验告诉我们，很多物理量的变化是需要一定时间的，相邻两次采样值之间的变化也有一个限度。例如在热处理车间的大型回火炉里，工件的温度变化是不可能在短时间(几秒钟)内发生剧烈变化(例如上百度)的。

可以从经验出发，定出一个最大可能的变化范围。每次采样后都和上次的有效采样值进行比较，如果变化幅度不超过经验值，则本次采样有效；否则，本次采样值应视为干扰而放弃，以上次采样值为准。为了加快判断速度，将经验限额值取反(即加1后取补)后以立即数的身份编入程序中，然后用加法运算来取代比较(减法)运算。例如，相邻两次采样值最大变化范围不超过#04H，取反后即为#0FBH。当变化量为#05H时，相加即产生进位，从而达到一条指令判断的目的。程序流程如图5-3所示。设当前有效采样值放在X1单元，上次采样有效值存放在X0单元，超限量以反码立即数方式编入程序中。程序如下：

```
X0      DATA    X0      ；上次采样值
X1      DATA    X1      ；本次采样值
```

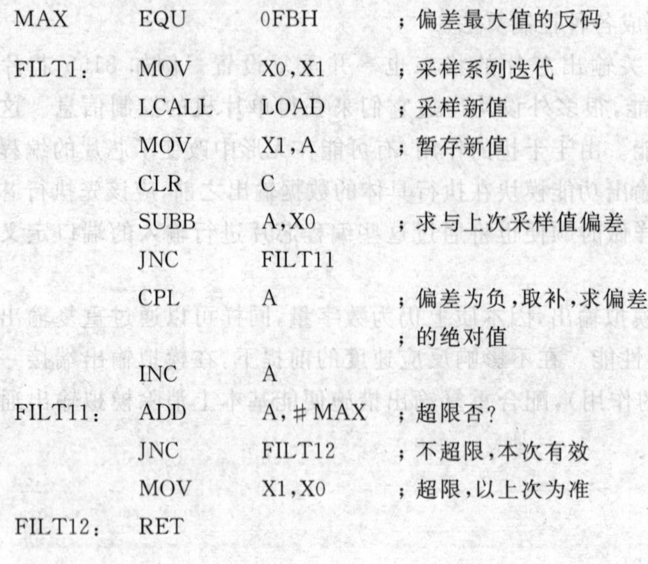

```
MAX      EQU     0FBH       ；偏差最大值的反码
FILT1:   MOV     X0,X1      ；采样系列迭代
         LCALL   LOAD       ；采样新值
         MOV     X1,A       ；暂存新值
         CLR     C
         SUBB    A,X0       ；求与上次采样值偏差
         JNC     FILT11
         CPL     A          ；偏差为负,取补,求偏差
                            ；的绝对值
         INC     A
FILT11:  ADD     A,#MAX     ；超限否?
         JNC     FILT12     ；不超限,本次有效
         MOV     X1,X0      ；超限,以上次为准
FILT12:  RET
```

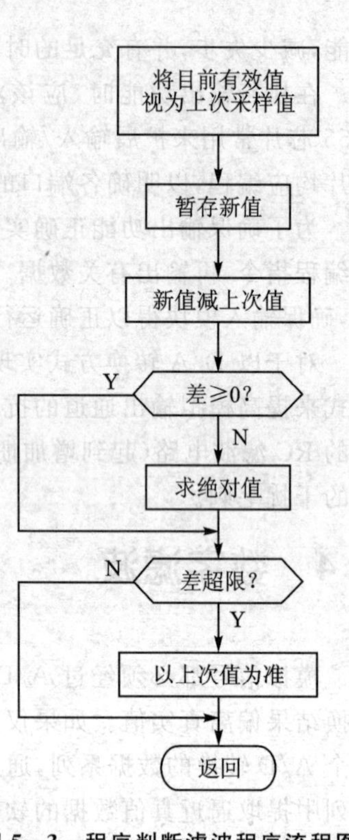

图 5-3　程序判断滤波程序流程图

本程序执行后,X1 中即为当前有效采样值。本算法适用于慢变化物理参数的采样过程,如温度、湿度和液位等。

5.4.2　中值滤波

对目标参数连续进行若干次采样,然后将这些采样进行排序,选取中间位置的采样值为有效值。本算法为取中值,采样次数应为奇数,常用 3 次或 5 次。对于变化很慢的参数,有时也可增加次数,例如 15 次。对于变化较为剧烈的参数,此法不宜采用。

现以采样 3 次为例:采样值分别存放在 R2,R3 和 R4 中,经过本算法之后,中值在 R3 中。程序如下:

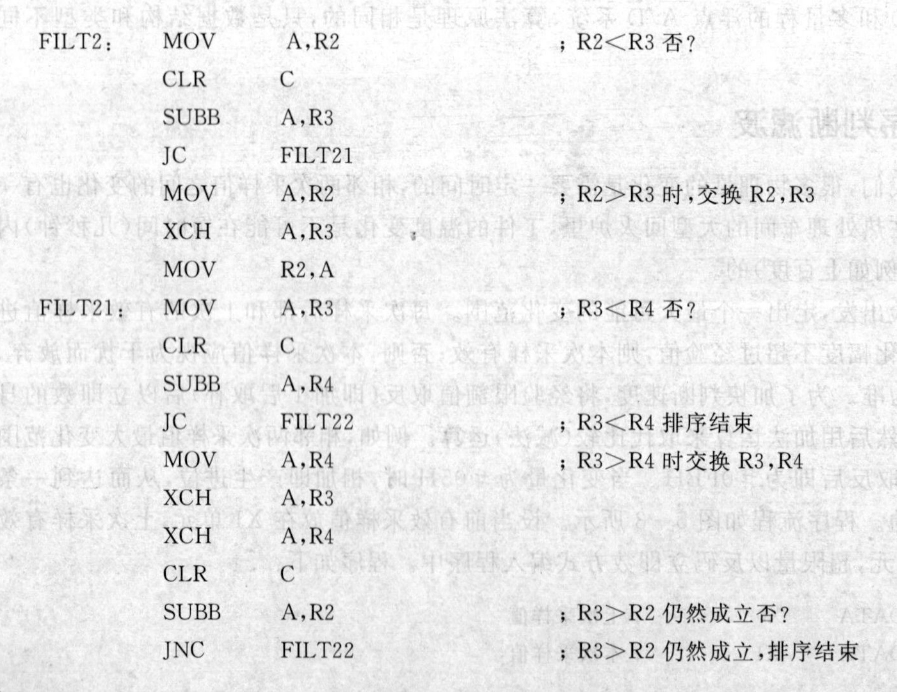

```
FILT2:   MOV     A,R2       ；R2<R3 否?
         CLR     C
         SUBB    A,R3
         JC      FILT21
         MOV     A,R2       ；R2>R3 时,交换 R2,R3
         XCH     A,R3       ；
         MOV     R2,A
FILT21:  MOV     A,R3       ；R3<R4 否?
         CLR     C
         SUBB    A,R4
         JC      FILT22     ；R3<R4 排序结束
         MOV     A,R4       ；R3>R4 时交换 R3,R4
         XCH     A,R3
         XCH     A,R4
         CLR     C
         SUBB    A,R2       ；R3>R2 仍然成立否?
         JNC     FILT22     ；R3>R2 仍然成立,排序结束
```

```
        MOV     A,R2            ；R3<R2,以 R2 为中值
        MOV     R3,A
FILT22: MOV     A,R3            ；中值在 R3 中
        RET
```

采样次数为 5 次以上时，排序没有这样简单，可采用几种常规的排序算法，如冒泡算法等，在此从略。

5.4.3 算术平均滤波

对目标参数进行连续采样，然后求其算术平均值作为有效采样值。该算法适用于抑制随机干扰。采样次数 n 越大，平滑效果越好，但系统的灵敏度要下降。为方便求平均值，n 一般取 4,8,16 等 2 的整数幂，以便用移位来代替除法。设 8 次采样值依次存放在 XBUF 为首址的连续 8 个单元中，平均值求出后，保留在累加器 A 中。程序如下：

```
XBUF    EQU     30H                     ；采样数据缓冲区(8 字节)首址
FILT3:  CLR     A                       ；清累加和
        MOV     R2,A
        MOV     R3,A
        MOV     R0,#XBUF                ；指向采样数据缓冲区
FILT30: MOV     A,@R0                   ；取一个采样值
        ADD     A,R3                    ；累加到 R2,R3 中
        MOV     R3,A
        CLR     A
        ADDC    A,R2
        MOV     R2,A
        INC     R0
        CJNE    R0,#XBUF+8,FILT30       ；累加完 8 次?
FILT31: SWAP    A                       ；(R2,R3)/8
        RL      A
        XCH     A,R3
        SWAP    A
        RL      A
        ADD     A,#80H                  ；四舍五入
        ANL     A,#1FH
        ADDC    A,R3
        RET                             ；结果在 A 中
```

5.4.4 去极值平均滤波

算术平均滤波不能将明显的脉冲干扰消除，只是将其影响削弱。因明显干扰使采样值远离真实值，故可以比较容易地将其剔除，不参加平均值计算，从而使平均滤波的输出值更接近真实值。算法原理如下：连续采样 n 次，将其累加求和，同时找出其中的最大值与最小值，再从累加和中减去最大值和最小值，按 $n-2$ 个采样值求平均，即得有效采样值。为使平均滤波

方便，$n-2$ 应为 2,4,8,16，故 n 常取 4,6,10,18。具体做法有两种：对于快变参数，先连续采样 n 次，然后再处理，但要在 RAM 中开辟出 n 个数据的暂存区。对于慢变参数，可一边采样，一边处理，而不必在 RAM 中开辟大量数据暂存区。下面以 $n=10$ 为例，介绍边采样边计算的程序设计方法。程序流程图如图 5-4 所示。

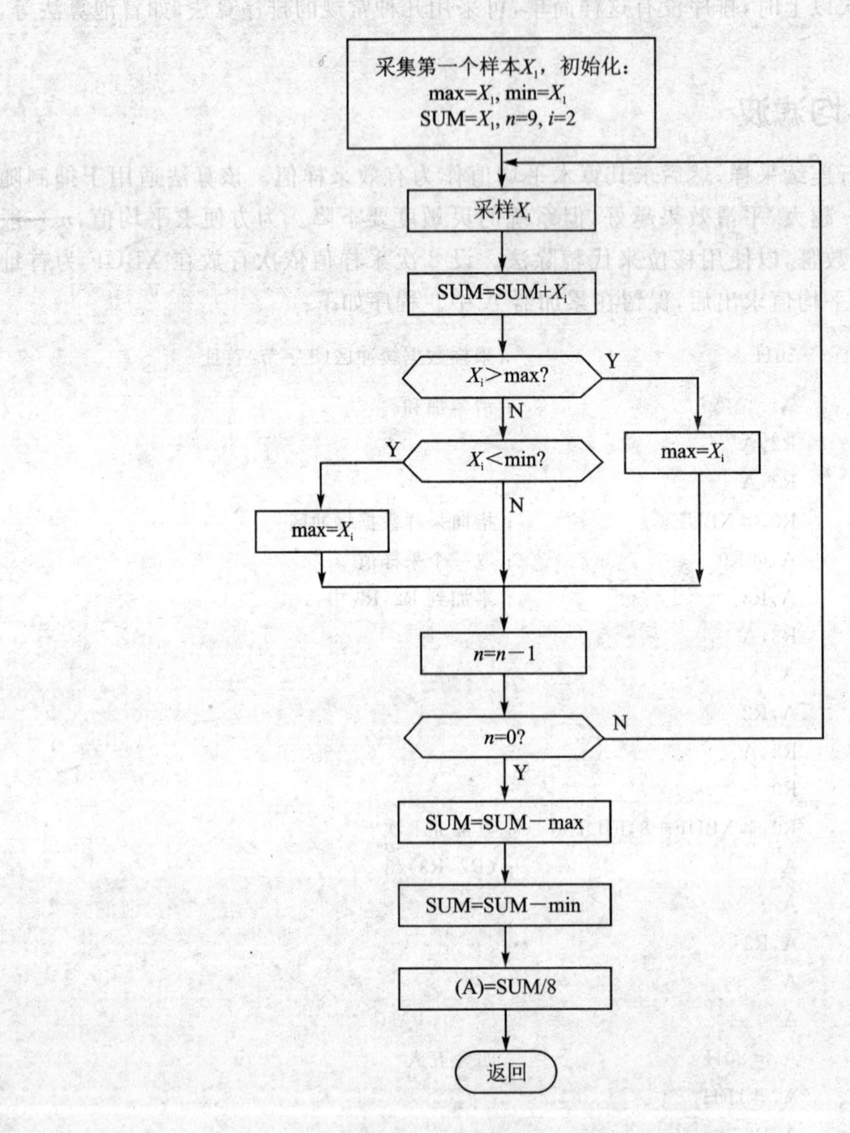

图 5-4　去极值平均滤波程序流程图

程序如下：

```
FILT4:  LCALL   INPUT           ；先采样 1 次
        MOV     R3,A            ；作为累加和的初始值
        MOV     R2,#0
        MOV     R4,A            ；也作为最大值的初始值
        MOV     R5,A            ；也作为最小值的初始值
```

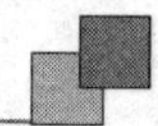

```
         MOV     R7,#9           ；再采样9次
FILT40：  LCALL   INPUT           ；采样1次
         MOV     R6,A            ；暂存采样值
         ADD     A,R3            ；累加到R2,R3中
         MOV     R3,A
         CLR     A
         ADDC    A,R2
         MOV     R2,A
         MOV     A,R6            ；当前采样值是新的最大值?
         SUBB    A,R4
         JC      FILT41
         MOV     A,R6            ；更新最大值
         MOV     R4,A
         SJMP    FILT42
FILT41：  MOV     A,R6            ；当前采样值是新的最小值?
         CLR     C
         SUBB    A,R5
         JNC     FILT42
         MOV     A,R6            ；更新最小值
         MOV     R5,A
FILT42：  DJNZ    R7,FILT40       ；总共采完10个样本
         CLR     C
         MOV     A,R3            ；从累加和中减去最大值
         SUBB    A,R4
         XCH     A,R2
         SUBB    A,#0
         XCH     A,R2
         SUBB    A,R5            ；再从累加和中减去最小值
         MOV     R3,A
         MOV     A,R2
         SUBB    A,#0
         SWAP    A               ；剩下的数值除以8
         RL      A
         XCH     A,R3
         SWAP    A
         RL      A
         ADD     A,#80H          ；四舍五入
         ANL     A,#1FH
         ADDC    A,R3
         RET                     ；结果在A中
```

5.4.5 加权平均滤波

算术平均滤波和去极值平均滤波存在平滑性和灵敏度的矛盾。采样次数太少,平滑效果差;采样次数太多,灵敏度下降,对参数的变化趋势不敏感。为协调两者的关系,可采用加权平均滤波。对连续 n 次采样值不是“一视同仁”地求累加和,而是分别乘上不同的加权系数之后再求累加和。加权系数一般先小后大,以突出后若干次采样的效果,加强系统对参数变化趋势的辨识。各个加权系数均为小于1的小数,且满足总和等于1的约束条件。这样一来,加权运算之后的累加和即为有效采样值。为方便计算,可取各加权系数均为整数,且总和为256,加权运算之后的累加和除以256(即舍去低字节)以后便是有效采样值。

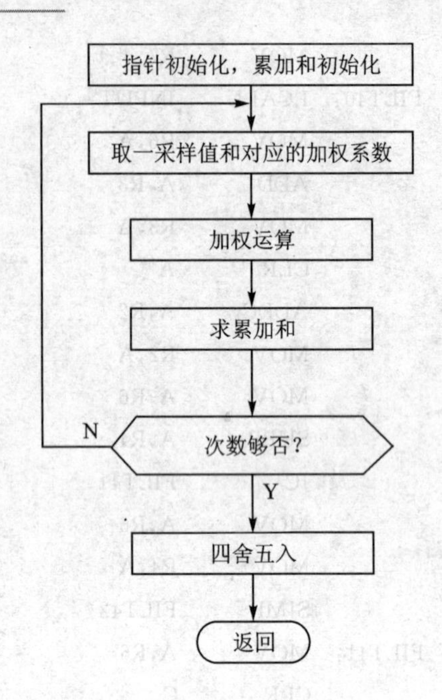

图5-5 加权平均滤波程序流程图

各加权系数存放在一个表格中,各次采样值依次存放在RAM中,算法流程图如图5-5所示。设每批采样8个数据,依次存放在XBUF为首址的连续8个单元中。程序如下:

```
XBUF     EQU    30H                 ;采样数据缓冲区(8字节)首址
FILT5:   MOV    R0,#XBUF            ;指向采样数据缓冲区首址
         MOV    DPTR,#CI            ;指向加权系数表格首址
         MOV    R2,#0               ;累加和清零
         MOV    R3,#0
FILT50:  MOV    B,@R0               ;取采样值
         CLR    A
         MOVC   A,@A+DPTR           ;取加权系数
         MUL    AB                  ;加权运算
         ADD    A,R3                ;求累加和
         MOV    R3,A
         MOV    A,B
         ADDC   A,R2
         MOV    R2,A
         INC    DPTR                ;指向下一个加权系数
         INC    R0                  ;指向下一个采样值
         CJNE   R0,#XBUF+8,FILT50   ;未完继续
         MOV    A,R3                ;四舍五入
         RLC    A
         CLR    A
         ADDC   A,R2
         RET                        ;有效采样值在累加器A中
CI:      DB     18,22,26            ;8个加权系数,总和为256
```

```
          RET                                  ；未按键
KEYIN1：  MOV     B,A                          ；暂存特征码
          MOV     DPTR,#KEYCOD                 ；指向码表
          MOV     R3,#0FFH                     ；顺序码初始化
KEYIN2：  INC     R3
          MOV     A,R3
          MOVC    A,@A+DPTR
          CJNE    A,B,KEYIN3
          MOV     A,R3                         ；找到,取顺序码
          RET
KEYIN3：  CJNE    A,#0FFH,KEYIN2               ；未完,再查
          RET                                  ；已查完,未找到,以未按键处理
KEYCOD：  DB      77H,7BH,0BBH                 ；码表
          DB      0DBH,7DH,0BDH
          DB      0DDH,7EH,0BEH
          DB      0DEH,0B7H,0D7H
          DB      0EEH,0EDH,0EBH
          DB      0E7H,0C7H,0FFH
```

4.3 数码显示

显示功能与硬件关系极大,当硬件固定后,如何在不引起操作者误解的前提下提供尽可能丰富的信息,就全靠软件来解决了。本节不讨论各类显示电路的设计,这方面的资料已经比较丰富了,我们将要讨论一些显示技巧问题。

4.3.1 显示模块在系统软件中的安排

操作者主要是从显示设备上获取单片机系统的信息的,因此,操作者每操作一下,显示设备上都应该有一定的反应。这说明,显示模块与操作有关,即监控程序需要调用显示模块。不同的操作需要显示不同的内容,这又说明各执行模块对显示模块的驱动方式是不同的。另一方面,在操作者没有进行操作时,显示内容也是变化的,如显示现场各物理量的变化情况。这时显示模块不是由操作者通过命令键来驱动,而是由各类自动执行的功能模块来驱动。自动执行的各类模块安排在各种中断子程序中,这就是说,各种中断子程序也要调用显示模块。如果监控程序安排在中断子程序中,两者的要求就统一了,问题比较好解决。如果监控程序安排在主程序中,在监控程序调用显示模块的过程中间发生了中断,中断子程序也调用显示模块,这时就容易出问题。一种比较妥善的办法是只让一处调用显示模块,其他各处均不得直接调用显示模块,但有权申请显示。这就要设置一个显示申请标志,当某模块需要显示时,将申请标志置位,同时设定有关显示内容(或指针)。由于只有一处调用显示模块,故不会发生冲突。为了使显示模块能及时反映系统需要,应将显示模块安排在一个重复执行的循环中(如监控循环或时钟中断子程序)。当监控程序(键盘解释程序)安排在时钟中断子程序中时,事情可以处理得比较方便,只要在监控程序的汇合处调用显示模块即可。例如用 DISP 作显示申请标志,

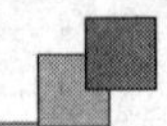

```
        DB      30,34,38
        DB      42,46
```

上述加权系数表格中8个系数按线性递增排列,总和为256。当然,也可以按实际情况自行调整。

5.4.6 滑动平均滤波

以上介绍的各种平均滤波算法有一个共同点,即每取得一个有效采样值必须连续进行若干次采样,当采样速度较慢(如双积分型A/D转换)或目标参数变化较快时,系统的实时性不能得到保证。而滑动平均滤波算法只采样一次,将这一次采样值和过去的若干次采样值一起求平均,得到的有效采样值即可投入使用。如果取n个采样值求平均,则RAM中必须开辟n个数据的暂存区。每新采集一个数据便存入暂存区,同时去掉一个最老的数据,保持这n个数据始终是最近的数据。这种数据存放方式可以用环形队列结构方便地实现,每存入一个新数据便自动冲去一个最老的数据。假设这个环形队列地址范围为40H～4FH共16个单元,用PR作为队尾指针,指向前一个采样值存放单元。程序流程图如图5-6所示。程序如下:

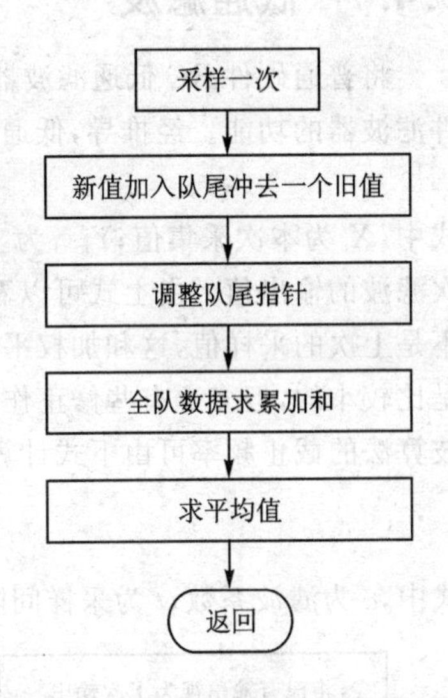

图5-6 滑动平均滤波程序流程图

```
XBUF    EQU     40H                     ;循环队列空间的起始地址(共16字节)
PR      DATA    3FH                     ;队尾指针
FILT6:  LCALL   INPUT                   ;采样新值
        INC     PR                      ;调整队尾指针
        ANL     PR,#4FH
        MOV     R0,PR
        MOV     @R0,A                   ;排入队尾
        MOV     R1,#XBUF                ;初始化,准备求累加和
        MOV     R2,#0
        MOV     R3,#0
FILT60: MOV     A,@R1                   ;取一采样值
        ADD     A,R3                    ;求累加和
        MOV     R3,A
        CLR     A
        ADDC    A,R2
        MOV     R2,A
        INC     R1
        CJNE    R1,#XBUF+16,FLT60       ;累加完16个采样值
        SWAP    A                       ;累加和除以16(舍弃低半个字节)
        XCH     A,R3
        SWAP    A
        ADD     A,#80H                  ;四舍五入
```

```
        ANL     A,#0FH
        ADDC    A,R3
        RET                         ;结果在A中
```

5.4.7 低通滤波

将普通硬件RC低通滤波器的微分方程用差分方程来表示,便可以用软件算法来模拟硬件滤波器的功能。经推导,低通滤波算法如下:

$$Y_n = \alpha X_n + (1-\alpha)Y_{n-1}$$

式中,X_n为本次采集值;Y_{n-1}为上次的滤波输出值;α为滤波系数,其值通常远小于1;Y_n为本次滤波的输出值。由上式可以看出,本次滤波的输出值主要取决于上次滤波的输出值(注意,不是上次的采样值,这和加权平均滤波是有本质区别的),本次采样值对本次滤波输出的贡献是比较小的,但多少有些修正作用。这种算法模拟了具有较大惯性的低通滤波器的功能。滤波算法的截止频率可由下式计算出来,即

$$f_L = \frac{\alpha}{2\pi t}$$

式中,α为滤波系数,t为采样间隔时间。例如当t=0.5 s(即每秒采样2次),α=1/32时,则

$$f_L = \frac{\alpha}{2\pi t} = [(1/32)/(2\times 3.141\,6\times 0.5)]\text{Hz} \approx 0.01\ \text{Hz}$$

当目标参数为变化很慢的物理量(如大型蓄水池的水位信号)时,这是很有效的。另一方面,它不能滤除高于1/2采样频率的干扰信号,本例中采样频率为2 Hz,故对1 Hz以上的干扰信号通常配合硬件滤波电路来滤除。

低通滤波算法程序流程与加权平均滤波相似,而加权系数只有两个:α和$1-\alpha$。为计算方便,α取一整数,$1-\alpha$用$256-\alpha$来代替。计算结果舍去最低字节即可。因为只有两项,α和$1-\alpha$均以立即数的形式编入程序中,故不另设表格。虽然采样值为单字节(8位A/D),为保证运算精度,滤波输出值用双字节表示,其中一字节整数,一字节小数,否则有可能因为每次舍去尾数而使输出不会变化。

设Y_{n-1}存放在YPH(整数)和YPL(小数)两个字节中,Y_n存放在YNH(整数)和YNL(小数)两个字节中。程序流程如图5-7所示。

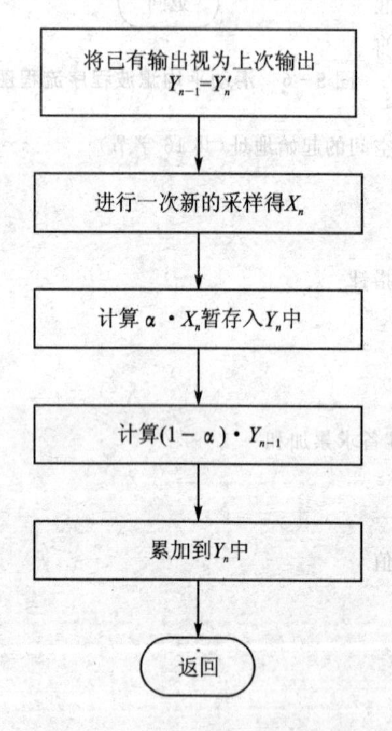

图5-7 低通滤波程序流程图

程序如下:

```
YPH     DATA    30H             ;Yn-1的整数存放单元
YPL     DATA    31H             ;Yn-1的小数存放单元
YNH     DATA    32H             ;Yn的整数存放单元
YNL     DATA    33H             ;Yn的小数存放单元
```

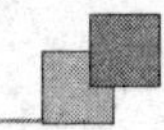

```
FILT7:  MOV    YPH,YNH       ;更新Y(n-1)
        MOV    YPL,YNL
        LCALL  INPUT         ;采样1次,采样值在累加器中
        MOV    B,#8          ;计算αXn
        MUL    AB
        MOV    YNH,B         ;临时存入Yn中
        MOV    YNL,A
        MOV    B,#248        ;计算1-α与Y(n-1)小数部分的乘积
        MOV    A,YPL
        MUL    AB
        RLC    A
        MOV    A,B
        ADDC   A,YNL         ;累加到Yn中
        MOV    YNL,A
        JNC    FILT71
        INC    YNH
FILT71: MOV    B,#248        ;计算1-α与Y(n-1)整数部分的乘积
        MOV    A,YPH
        MUL    AB
        ADD    A,YNL
        MOV    YNL,A
        MOV    A,B
        ADDC   A,YNH
        MOV    YNH,A
        RET                  ;滤波结果在Yn中(一字节整数,一字节小数)
```

除了低通滤波外,同样可以用软件算法来模拟高通滤波和带通滤波。有兴趣的读者可以从有关专著中找到具体程序设计方法。

5.5 CPU抗干扰技术

前述几项抗干扰措施是针对输入/输出通道的,干扰还未作用到CPU本身,这时CPU还能正确无误地执行各种抗干扰程序,消除或削弱干扰对输入/输出通道的影响。当干扰作用到CPU本身(通过干扰三总线等途径)时,CPU将不能按正常状态执行程序,从而引起混乱。如何发现CPU受到干扰,如何拦截失去控制的程序,如何使系统的损失减小,如何尽可能无扰动地恢复系统正常状态,这些都是CPU抗干扰技术研究的课题。

5.5.1 人工复位

对于失控的CPU,最简单的方法是使其复位,程序自动从0000H开始执行。为此只要在单片机的RESET端加上一个复位信号,并持续规定时间即可。RESET端接有一个上电复位电路,它由一个小电解电容和一个接地电阻组成,人工复位电路可另外采用一个按钮来给RESET端加上复位信号。常用两种类型电路。图5-8为8051单片机放电型人工复位电路,

上电时 C 通过 R 充电，维持一段足够的高电平时间，完成上复位功能。C 充电结束后，RESET 端为低电平，CPU 正常工作。需要人工复位时，按下按钮 K，C 通过 K 和 r 放电，RESET 端电位上升到高电平，实现人工复位。K 松开后，C 重新充电，充电结束后，CPU 重新工作。r 是限流电阻，阻值不要过大，否则不能实现人工复位。典型值为 $R=10\ \text{k}\Omega$，$r=1\ \text{k}\Omega$，$C=10\ \mu\text{F}$。

图 5-9 为组合逻辑型人工复位电路。上电复位电路通过或门后加到单片机的 RESET 端。这种复位电路有利于扩展复位功能，后文将要介绍的“看门狗”能自动生成复位信号，这个复位信号可以方便地通过组合逻辑电路加入到复位端上，使系统的三种复位方式(上电复位、人工复位和看门狗复位)相互并存。

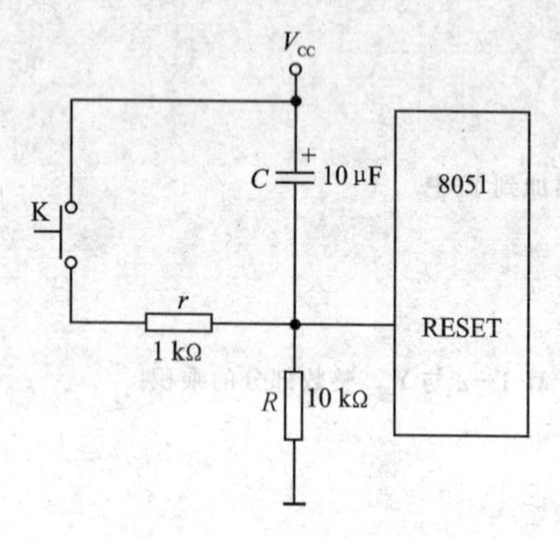

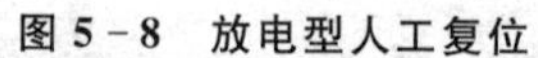
图 5-8　放电型人工复位

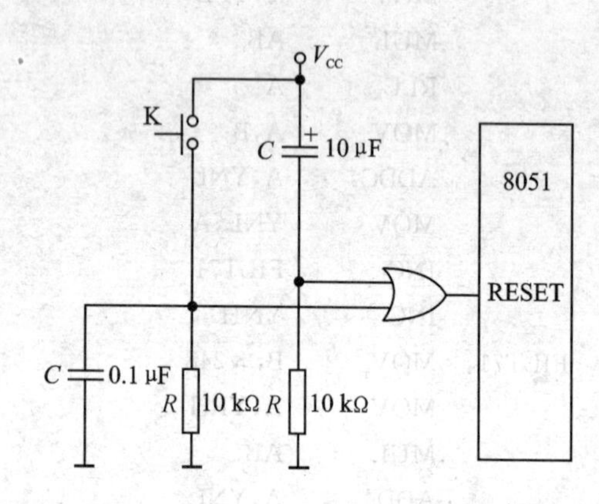

图 5-9　组合逻辑型人工复位

人工复位虽然可以强迫 CPU 走上正轨，而且电路简单，但有一个最大的缺点，就是不及时。往往系统已经瘫痪，人们在无可奈何的情况下才按下复位按钮。如果软件上没有特别的措施，则人工复位和上电复位具有同等作用，系统一切从头开始，已经完成的工作量全部作废。这在控制系统中是不允许的。因此，人工复位主要用于非控制系统，如各类智能测试仪器。CPU 在受到干扰后能自动采取补救措施，再自动复位，才能为各类控制系统所接受。这种自动复位方法将在后文介绍。

当前专用复位芯片已经商品化，它集成了上电复位功能、人工复位功能和看门狗功能，使系统复位操作更加方便可靠。

5.5.2　掉电保护

电网瞬间断电或电压突然下降，将使单片机系统陷入混乱状态，电网电压恢复正常后，单片机系统难以恢复正常。对付这一类事故的有效方法就是掉电保护。掉电信号由硬件电路检测到，加到单片机的外部中断输入端，软件中将掉电中断规定为高级中断，使系统能够及时对掉电作出反应。在掉电中断子程序中，首先进行现场保护，把当时的重要状态参数和中间结果一一从片外 RAM 中调入单片机内部 RAM 中；其次是对有关外设作出妥善处理，如关闭各输入/输出口，使外设处于安全状态等；最后必须在片内 RAM 的某一个或两个单元做上特定标记，例如存入 0AAH 或 55H 之类的代码，作为掉电标记。这些应急措施全部实施完毕后，即可进入掉电保护工作状态。为保证掉电子程序能顺利执行，掉电检测电路必须在电压下降到 CPU 最低工作电压之前就提出中断申请，提前时间为几百 μs 到数 ms。掉电后，外围电路失电，但CPU不能失电，以保持RAM中内容不变，故CPU应有一套备用电源。另外，CPU应采用CMOS型的芯片，执行一条“ORL PCON，#2”的指令后即可进入掉电工作状态。当电源恢复正常时，CPU重新复位，复位后应首先检查是否有掉电标记，如果没有掉电标记，则按一般开机程序执行(系统初始化等)；如果有掉电标记，则说明本次复位为掉电保护之后的复位，不应将系统初始化，而应按掉电中断子程序相反的方式恢复现场，以一种合理的安全方式使系统继续未完成的工作。

为实现以上功能，必须有一套功能完备的硬件掉电检测电路和CPU电源切换电路。图5-10为一种比较简单的掉电检测和备用电源电路，利用R_3和D_W在运放的负输入端建立一个参考电压信号(2.5～3.5 V)，再由R_1和R_2分压，在运放的正输入端建立电源检测信号，调整R_1和R_2的比值，使V_{CC}高于4.8 V时，运放输出为高电平。当V_{CC}低于4.8 V时，运放输出低电平信号，去触发80C51的外部中断。

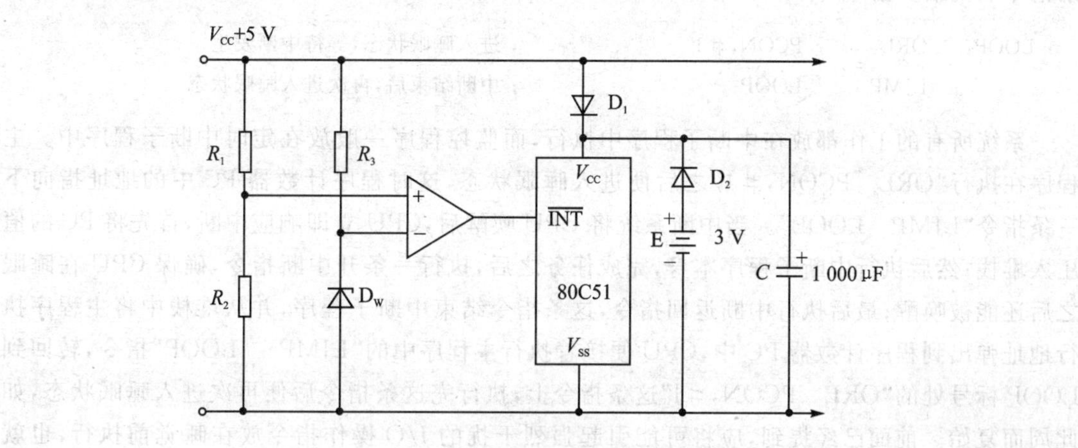

图5-10 掉电检测和备用电源

CPU进入掉电保护状态后耗电极微，V_{CC}继续下降后，CPU通过D_2从备用电池E中得到工作电压(2.3～3.0 V)，维持片内RAM中的数据不丢失。如果电容C选用自身漏电极微的大容量电解电容器(1 000 μF以上)，二极管D_1选用硅二极管，则在不要备用电源E(当然也不要二极管D_2)的情况下，RAM中的信息可以保持10 h以上，这对于天天都开机的系统来说是完全足够的。

当前专用电源监控芯片已经商品化，它集成了上电复位功能和掉电检测功能，可以输出掉电信号；有的还集成了看门狗功能，使系统复位操作和电源监控更加方便可靠。

不少新型单片机已经将相关电路集成到单片机芯片内部，不再需要另外增加其他元器件了。关于相关电路设计可以从很多刊物和厂家广告上查到，在此不再叙述。

5.5.3 睡眠抗干扰

CMOS型80C51通过执行“ORL PCON，#1”还可以进入睡眠状态，只有定时/计数系统和中断系统处于值班工作状态。这时CPU对系统三总线上出现的干扰不会作出什么反应，从而大大降低了系统对干扰的敏感程序。

仔细分析系统软件后可以发现，CPU并不是一直忙着干正经事情，有很多情况下是在执行一些踏步等待指令和循环检查程序。由于这时CPU虽未干什么重要工作，但却是清醒的，故很容易受干扰。让CPU在没有正经工作时就睡觉,有活儿干时再由中断系统来唤醒它,干完后又接着睡觉。采用这种安排之后,大多数CPU可以有50 %～95 %的时间用于睡觉,从而使CPU受到随机干扰的威胁的概率大大降低;对于低功耗系统,CPU的功耗也明显下降。

在一些大功率设备的单片机控制系统中,大电流和高电压设备的投入和切除都是由软件指令来完成的。这些指令执行之后,必然引起强烈的干扰,这些干扰不能算随机干扰,它们与软件完全相关。这如同一个胆小的孩子放爆竹,爆竹是他自己点燃的,结果反被自己点着的爆竹的响声吓坏了。如果教他在点着爆竹之后立即用双手捂着耳朵,也就不会被吓着了。同样的道理,如果CPU在做好准备工作之后,最后进行可能引起强烈干扰的I/O操作,之后立即进入睡眠状态,也就不会自己干扰自己了。等下一次醒过来时,干扰的高峰也基本上过去了。

按这种思想设计的软件有如下特点:主程序在完成各种自检、初始化工作之后,用下述两条指令取代踏步指令,即

```
LOOP:   ORL     PCON,#1        ;进入睡眠状态,等待中断发生
        LJMP    LOOP           ;中断结束后,再次进入睡眠状态
```

系统所有的工作都放在中断子程序中执行,而监控程序一般放在定时中断子程序中。主程序在执行“ORL　PCON,#1”之后便进入睡眠状态,这时程序计数器PC中的地址指向下一条指令“LJMP　LOOP”。当中断系统将CPU唤醒后,CPU立即响应中断,首先将PC的值压入堆栈;然后执行中断子程序本身,完成任务之后,执行一条开中断指令,确保CPU在睡眠之后还能被唤醒;最后执行中断返回指令,这条指令结束中断子程序,并从堆栈中将主程序执行地址弹出到程序计数器PC中,CPU便接着执行主程序中的“LJMP　LOOP”指令,转回到LOOP标号处的“ORL　PCON,#1”这条指令上,执行完这条指令后便再次进入睡眠状态,如此周而复始。前面已经提到,应将可能引起强烈干扰的I/O操作指令放在睡觉前执行,也就是说,这类I/O操作应放在中断子程序的尾部。为确保CPU不过早被唤醒,躲过强烈干扰的高峰,可临时关闭一些次要的中断,仅保留一个内部定时中断,定时尽可能长些(如100 ms),并做好标记。下次定时中断响应后,根据标记,恢复系统的正常中断设置方式。以上措施使用合理时,系统出麻烦的次数便可大为减少。

某些增强型单片机(如51LPC76X系列单片机)的时钟系统的频率具有可控制功能,可以用软件指令来降低系统时钟的频率,从而延长睡眠时间,躲过干扰期后再恢复正常时钟频率。

5.5.4 指令冗余

当CPU受到干扰后,往往将一些操作数当做指令码来执行,引起程序混乱。这时首先要尽快将程序纳入正轨(执行真正的指令系列)。MCS-51指令系统中所有的指令都不超过3字节,而且有很多单字节指令。当程序弹飞到某一条单字节指令上时,便自动纳入正轨;当程序弹飞到某一双字节指令上时,有可能落到其操作数上,从而继续出错;当程序弹飞到三字节指令上时,因它有两个操作数,继续出错的机会就更大。因此,应多采用单字节指令,并在关键的地方人为地插入一些单字节指令(NOP),或将有效单字节指令重复书写,这便是指令冗余。指令冗余无疑会降低系统的效率,但在绝大多数情况下,CPU还不至于忙到不能多执行几条指令的程度,故这种方法还是可以采用的。

在双字节指令和三字节指令之后插入两条NOP指令,可保护其后的指令不被拆散;或者

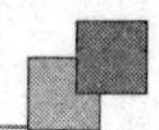

说，某指令前如果插入两条 NOP 指令，则这条指令就不会被前面冲下来的失控程序拆散，并将被完整执行，从而使程序走上正轨。但不能在程序中加入太多的冗余指令，以免明显降低程序正常运行的效率。因此，常在一些对程序流向起决定作用的指令之前插入两条 NOP 指令，以保证弹飞的程序迅速纳入正确的控制轨道。此类指令有：RET，RETI，ACALL，LCALL，SJMP，AJMP，LJMP，JZ，JNZ，JC，JNC，JB，JNB，JBC，CJNE 和 DJNZ 等。在某些对系统工作状态至关重要的指令（如"SETB　EA"之类）前也可插入两条 NOP 指令，以保证被正确执行。上述关键指令中，RET 和 RETI 本身即为单字节指令，可以直接用其本身来代替 NOP 指令，但有可能增加潜在危险，不如 NOP 指令安全。

指令冗余措施可以减少程序弹飞的次数，使其很快纳入程序轨道，但这并不能保证在失控期间不干"坏事"，更不能保证程序纳入正常轨道后就太平无事了。当程序从一个模块弹飞到另一个模块后，即使很快安定下来，但程序事实上已经偏离了正常顺序，做着不该它现在做的事情。要解决这个问题还必须采用软件容错技术，使系统的误动作减少，并消灭重大误动作。

5.5.5　软件陷阱

指令冗余使弹飞的程序安定下来是有条件的。首先弹飞的程序必须落到程序区，其次必须执行到冗余指令。当弹飞的程序落到非程序区（如程序存储器中未使用的空间、程序中的数据表格区）时，前一个条件即不满足。弹飞的程序在没有碰到冗余指令之前，已经自动形成一个死循环，这时第二个条件也不满足。对于前一种情况采取的措施就是设立软件陷阱；对于后一种情况采取的措施就是建立程序运行监视系统（WATCHDOG），即"看门狗"系统。

所谓软件陷阱，就是一条引导指令，强行将捕获的程序引向一个指定的地址，在那里有一段专门对程序出错进行处理的程序。如果把这段程序的入口标号称为 ERR，则软件陷阱即为一条"LJMP　ERR"指令。为加强其捕捉效果，一般还在它前面加两条 NOP 指令，因此，真正的软件陷阱由 3 条指令构成，即

```
NOP
NOP
LJMP    ERR
```

软件陷阱安排在下列 4 种地方。

① 未使用的中断向量区：有的编程人员将未使用的中断向量区用于存放用户程序，以节约程序存储器空间，这是不可取的。现在芯片中的程序存储器容量越来越大，节约几十个字节的程序储存空间已毫无意义。当干扰使未使用的中断开放，并激活这些中断时，就会进入这些用户程序中，进一步引起混乱。如果在这些地方布上陷阱，就能及时捕捉到错误的中断。例如，某 89C51 系统共使用了 3 个中断：INT0，T0 和 T1，它们的中断子程序分别为 PGINT0，PGT0 和 PGT1，建议按如下方式来设置中断向量区，即

```
                ORG     0000H
0000 START:     LJMP    MAIN        ；引向主程序入口
0003            LJMP    PGINT0      ；INT0 中断正常入口
0006            NOP                 ；冗余指令
0007            NOP
0008            LJMP    ERR         ；陷阱
```

```
000B    LJMP    PGT0    ；T0 中断正常入口
000E    NOP             ；冗余指令
000F    NOP
0010    LJMP    ERR     ；陷阱
0013    LJMP    ERR     ；未使用 INT1，设陷阱
0016    NOP             ；冗余指令
0017    NOP
0018    LJMP    ERR     ；陷阱
001B    LJMP    PGT1    ；T1 中断正常入口
001E    NOP             ；冗余指令
001F    NOP
0020    LJMP    ERR     ；陷阱
0023    LJMP    ERR     ；未使用串行口中断，设陷阱
0026    NOP             ；冗余指令
0027    NOP
0028    LJMP    ERR     ；陷阱
002B    LJMP    ERR     ；未使用 T2 中断(89C52)
002E    NOP             ；冗余指令
002F    NOP
```

从 0050H 开始再编写正式程序，先编主程序还是先编中断子程序都是可以的。对于增强型单片机，由于增加了很多新的中断源，其中断向量范围扩大了很多，也应该按相同的方法处理。

② 未使用的大片 ROM 空间：很少有将程序空间全部用完的。对于剩余的大片未编程的程序存储空间，一般均维持原状(0FFH)。0FFH 对于 89C51 指令系统来讲，是一条单字节指令("MOV　R7，A")，程序弹飞到这一区域后将顺流而下，不再跳跃(除非受到新的干扰)。只要每隔一段设置一个陷阱，就一定能捕捉到弹飞的程序。有的编程者用"02　00　00"(即"LJMP START")来填充程序存储器的未使用空间，以为两个 00H 既是地址，可设置陷阱，又是 NOP 指令，起到双重作用。这实际上是不妥的。程序出错后直接从头开始执行将有可能发生一系列的麻烦事情，软件陷阱一定要指向出错处理过程 ERR。例如，对于 89C51 单片机，其程序空间为 0000H～0FFFH，可以在程序的最后加入下列语句：

```
        ORG     0FFBH   ；程序空间的最后 5 字节
        NOP
        NOP
        LJMP    ERR     ；引导到出错处理程序
        END
```

③ 表格：有两类表格，一类是数据表格，供 MOVC 指令使用，其内容不是指令；另一类是散转表格，供"JMP　@A+DPTR"指令使用，其内容为一系列的三字节指令 LJMP 或两字节指令 AJMP。由于表格内容和检索值有一一对应关系，在表格中间安排陷阱将会破坏其连续性和对应关系，故只能在表格的最后安排 5 字节陷阱。由于表格区一般较长，安排在最后的陷阱不能保证一定捕捉住飞来的程序流向，有可能在中途再次飞走。这时只好指望别处的陷阱

或冗余指令来制服它了。

④ 程序区：程序区是由一串串执行指令构成的，不能在这些指令串中间任意安排陷阱，否则正常执行的程序也被抓走。但是，在这些指令串之间常有一些断裂点，正常执行的程序到此便不会继续往下执行了。这类指令有 LJMP，SJMP，AJMP，RET 和 RETI。这时 PC 的值应发生正常跳变。如果还要顺次往下执行，必然就出错了。当然，弹飞来的程序刚好落到断裂点的操作数上或落到前面指令的操作数上(又没有在这条指令之前使用冗余指令)，则程序就会越过断裂点，继续往前冲。在这种地方安排陷阱之后，就能有效地捕捉住它，而又不影响正常执行的程序流程。例如：在一个根据累加器 A 中内容的正、负和零情况进行三分支的处理程序中，软件陷阱的安置方式如下：

```
PNZ:    JNZ     XYZ
        ⋮                       ；"零"处理
        SJMP    ABC             ；断裂点
        NOP                     ；陷阱
        NOP
        LJMP    ERR
XYZ:    JB      ACC.7,UVW
        ⋮                       ；"正"处理
        SJMP    ABC             ；断裂点
        NOP                     ；陷阱
        NOP
        LJMP    ERR
UVW:    ⋮                       ；"负"处理
ABC:    MOV     A,R2            ；取结果(假设处理的结果在 R2 中)
        RET                     ；断裂点
        NOP                     ；陷阱
        NOP
        LJMP    ERR
```

由于软件陷阱都安排在正常程序执行不到的地方，故不影响程序执行效率；在当前程序存储器容量不成问题的条件下，还是多多益善，只是在打印程序清单时显得很臃肿，破坏程序的可读性和条理性。可以在打印程序清单时删去所有的软件陷阱和冗余指令，在编译前再加上冗余指令和尽可能多的软件陷阱，生成目标代码后再写入程序存储器中。

5.5.6 看门狗系统

前面已经提到，当程序弹飞到一个临时构成的死循环中时，冗余指令和软件陷阱也无能为力了，这时系统将完全瘫痪。如果操作者在场，就可以按下人工复位按钮，强制系统复位，摆脱死循环。但操作者不能一直监视着系统，即使监视着系统，也往往是在引起不良后果之后才进行人工复位。能不能不要人来监视，而让计算机自己来监视系统运行情况呢？当然可以，这就是"看门狗"(WATCHDOG)技术，即"程序运行监视系统"。这好比是主人养了一条狗，主人在正常干活的时候总是不忘每隔一段固定时间就给狗吃点东西，狗吃过东西后就安静下来，不影响主人干活儿。如果主人打瞌睡，不干活儿了，到一定时间，狗饿了，发现主人还没有给它吃东西,就会大叫起来,把主人喊醒。把"程序运行监视系统"称为"看门狗"也就是这个意思。从这个比喻中可以看出,看门狗有如下特性:

① 本身能独立工作,基本上不依赖CPU。

② CPU在一个固定的时间间隔中和该系统打一次交道(喂一次狗),以表明系统"目前尚正常"。

③ 当CPU掉入死循环后,能及时发觉并使系统复位。

在8096系列单片机和增强型8051系列单片机中,已将看门狗系统做入芯片中,使用起来很方便;而在普通型8051系列单片机系统中,必须由用户自己建立。如果要达到看门狗的真正目标,则该系统必须包括一定的硬件部分,它完全独立于CPU之外。如果为了简化硬件电路,也可以采用纯软件的看门狗系统。当硬件电路设计时未考虑到采用看门狗,则软件看门狗是一个比较好的补救措施,只是其可靠性稍差一些。

看门狗芯片已经商品化,为了提高性能价格比,通常和电源监控、EEPROM集成在一起。CPU正常工作时,每隔一段时间就输出一个脉冲,将看门狗复位。当CPU受干扰而掉入死循环时,就不能送出复位脉冲了,经过预定时间,看门狗芯片就会输出一个脉冲,使CPU复位。

CPU通过某个端口输出一个脉冲来喂狗,即

```
WTDOG    BIT     P1.7        ;喂狗端口
         CLR     WTDOG       ;喂狗脉冲的下降沿
         NOP
         NOP
         SETB    WTDOG       ;喂狗脉冲的上升沿
```

喂狗过程一般安排在监控循环中或定时中断中,如果有比较长的延时子程序,则应该在其中插入喂狗过程。对于片内看门狗,是通过两条特定的赋值指令来完成的。

有时为了简化硬件电路,也可以用软件来建立一个看门狗系统。当系统掉进死循环后,什么程序才能使它离开呢?只有比这个死循环更高级的中断子程序才能夺走对CPU的控制权。为此,用一个定时器来作看门狗,将它的溢出中断设定为高级中断(当掉电中断选用INT0时,也可设为高级中断,并享有比定时中断优先的地位)。系统中的其他中断均设为低级中断。例如用T0作软件看门狗,定时约为16 ms,可以在初始化时这样建立软件看门狗,即

```
         MOV     TMOD,#11H   ;设T0为16位定时器
         SETB    ET0         ;允许T0中断
         SETB    PT0         ;设T0为高级中断
         MOV     TH0,#0E0H   ;定时约16 ms(6 MHz晶体)
         SETB    TR0         ;启动T0
         SETB    EA          ;开中断
```

以上初始化过程可和其他资源初始化一并进行。

软件看门狗启动以后,系统工作程序必须经常喂它,每两次之间的间隔不得大于16 ms。执行一条"MOV TH0,#0E0H"指令即可将它暂时喂饱。如果用"MOV TH0,#0"来喂它,它将安静131 ms。这条指令的安放原则和硬件看门狗相同。

当程序掉入死循环后,16 ms之内即可引起一次T0溢出,产生高级中断,从而退出死循

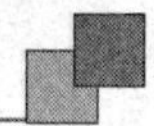

环。T0中断可直接转向出错处理程序，在中断向量区安放一条“LJMP　ERR”指令即可。由出错处理程序来完成各种善后工作，并用软件方法使系统复位。

纯软件看门狗需要系统让出一个定时器资源，这在某些系统中是难以办到的。如果还想采取纯软件看门狗，则可以让T0作兼职看门狗，由T0中断子程序分担部分工作程序。如果在执行这段工作程序中掉进死循环，则软件看门狗系统当然也同时瘫痪了，因此，这部分兼职工作程序的执行时间应尽可能短些。

专职软件看门狗的溢出中断在正常情况下是不发生的，而兼职软件看门狗的溢出中断在正常情况下是必定发生的，因为它还有兼职的工作要完成。这时可以另外用一个单元作为计数器，统计T0中断的次数。当T0中断次数达到某个规定值时(例如5次)，即作出错处理。在主程序和其他低级中断子程序中均插入若干条使软件看门狗计数器清零的指令(“MOV　DOCN，#0”)，起到喂狗的作用。系统正常运行时，该计数器的值不断被清零，是增加不起来的，故不会引起出错处理。当系统掉进死循环后，软件看门狗的中断使程序退出死循环，将计数器加1，返回到死循环中继续进行死循环，然后再中断，如此下去，直到计数器加到指定值便作出错处理。兼职看门狗的中断子程序流程如图5-11所示。

设计数单元为DOCN，T0定时为16 ms，最大允许死循环时间为80 ms(5次中断)，则T0中断子程序(软件看门狗系统)如下：

```
DOCN     DATA    39H           ；软件看门狗计数器
FTDOG：  PUSH    ACC           ；保护现场
         PUSH    PSW
         MOV     TH0,#0E0H     ；置初值
         INC     DOCN          ；计数器加1
         MOV     A,DOCN
         ADD     A,#0FBH       ；是否达到5次？
         JNC     WORK
         LJMP    ERR           ；出错处理
WORK：   ⋮                     ；执行兼职程序
         POP     PSW           ；恢复现场
         POP     ACC
         RETI                  ；中断返回
```

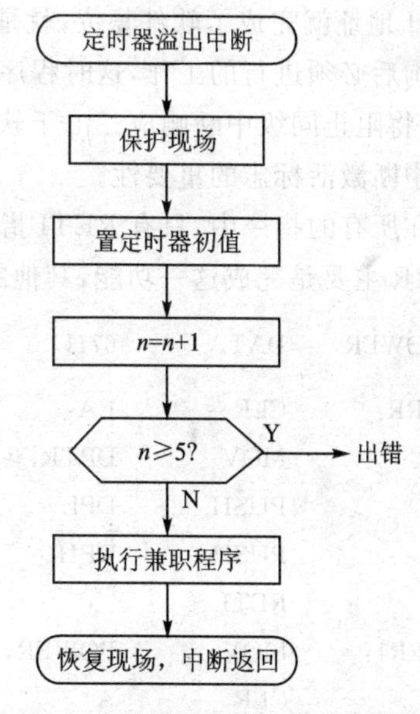

图5-11　兼职看门狗的中断子程序流程图

如果失控程序执行了修改T0功能的指令(这些指令由操作数变形后形成)，如CLR TR0，CLR ET0，CLR PT0和CLR EA，则软件看门狗便失效了。这就是软件看门狗的弱点。虽然这种情况发生的概率极小，但在要求较高的系统中，人们还是愿意采用硬件看门狗系统，或采用带有硬件看门狗的单片机。

5.6　系统的恢复

以上各项措施只解决了如何发现系统被干扰和如何捕捉住失控的程序，仅此是不够的。要让计算机根据被破坏的现场中的残留信息自动恢复到正常工作状态，而且这个过程要尽可

能快,让人感觉不出来系统受到过严重干扰,做到这一点是不容易的,做到完全正确恢复就更难了。为此付出的硬件代价和软件代价都是很大的。

5.6.1 系统复位

使CPU进入初始状态,从0000H地址开始执行程序的过程叫系统复位。从实现系统复位的方法来看,系统复位可分为硬件复位和软件复位。硬件复位必须通过CPU外部的硬件电路给CPU的RESET端加上足够时间的高电位才能实现。上电复位、人工按钮复位和硬件看门狗复位均为硬件复位。硬件复位后,各专用寄存器的状态均被初始化,且对片内通用寄存器的内容没有影响。但是,硬件复位还能自动清除中断激活标志,使中断系统能够正常工作,这样一个事实却容易为不少编程人员所忽视。

软件复位就是用一系列指令来模拟硬件复位功能,最后通过转移指令使程序从0000H地址开始执行。对各专用寄存器的复位操作是容易的,也没有必要完全模仿,可根据实际需要在主程序初始化过程中完成。而对中断激活标志的清除工作常被遗忘,因为它没有明确的位地址可供编程。有的编程人员用"02 00 00"("LJMP　0000H")作为软件陷阱,认为直接转向0000H地址就完成了软件复位,就是这类错误的典型代表。软件复位是使用软件陷阱和软件看门狗后必须进行的工作,这时程序出错完全有可能发生在中断子程序中,中断激活标志已置位,它将阻止同级中断响应。由于软件看门狗是高级中断,它将阻止所有中断响应,由此可见清除中断激活标志的重要性。

在所有的指令中,只有RETI指令能够清除中断激活标志。前文各处提到的出错处理程序ERR主要是完成这一功能,其他的善后工作交由复位后的系统去完成。这部分程序如下:

```
POWER   DATA    67H             ;上电标志存放单元
ERR:    CLR     EA              ;关中断
        MOV     DPTR,#ERR1      ;准备返回地址
        PUSH    DPL
        PUSH    DPH
        RETI                    ;清除高级中断激活标志
ERR1:   MOV     POWER,#0AAH     ;重建上电标志
        CLR     A               ;准备复位地址
        PUSH    ACC             ;压入复位地址0000H
        PUSH    ACC
        RETI                    ;清除低级中断激活标志,程序从0000H开始执行
```

这段程序先关中断,以便后续处理能顺利进行,然后用两个RETI指令代替两个LJMP指令,从而清除了两级中断激活标志。由软件陷阱捕捉来的程序可能没有全部激活两个标志,这也无妨。

现在已经有一些新型单片机具有用软件来实现硬件复位的功能,例如宏晶公司的单片机就可以用一条指令实现硬件复位功能:

```
ERR:    MOV     POWER,#0AAH         ;重建上电标志
        MOV     EE_CONTR,#20H       ;对系统进行复位
```

执行复位指令后，单片机便开始执行一系列硬件复位操作（与人工按复位按钮效果相同）。

由复位时系统的历史状况，可将复位分为“冷启动”和“热启动”。冷启动时，系统的状态全部无效，进行彻底的初始化操作；而热启动时，对系统的当前状态进行修复和有选择的初始化。系统初次上电投入运行时，必然是冷启动，以后由抗干扰措施引起的复位操作一般均为热启动。为了使系统能正确决定采用何种启动方式，常用上电标志来区分，如图 5-12 所示。

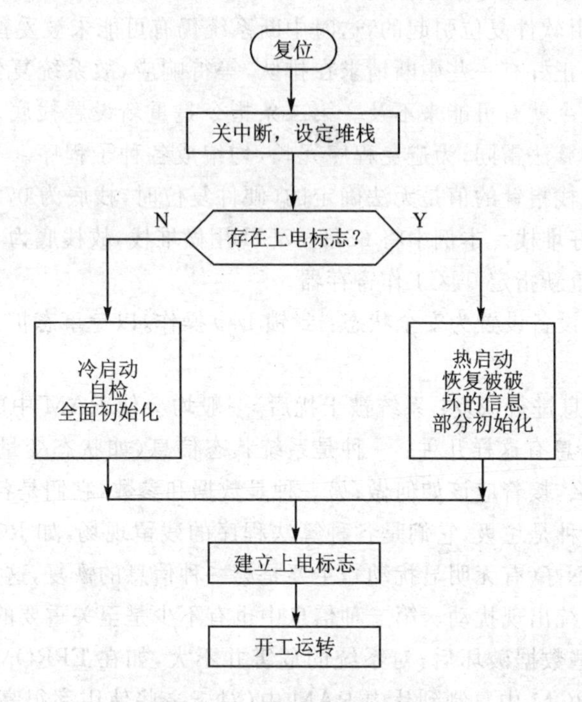

图 5-12 系统复位策略

上电标志是软件标志，如上述程序中，用在 POWER 中存放的特定数据 0AAH 作为“上电标志”。这时复位后的主程序如下：

```
MAIN:   CLR     EA              ；关中断
        MOV     SP，#67H        ；设定堆栈
        MOV     PSW，#0         ；设定 0 区工作寄存器
        MOV     A，POWER        ；判断上电标志
        CJNE    A，#0AAH，MAIN0
        SJMP    MAINH           ；有上电标志，进行热启动
MAIN0:  ⋮                       ；无上电标志，进行冷启动
                                ；自检、全面初始化
        SJMP    MAIN3
MAINH:  ⋮                       ；热启动过程，恢复现场
                                ；部分初始化
MAIN3:  MOV     POWER，#0AAH    ；建立上电标志
LOOP:   ⋮                       ；开工循环
        LJMP    LOOP
```

软件抗干扰措施要通过热启动来使系统恢复正常。这里需要说明，在热启动过程中，如果出

于现场破坏过于严重,则所采取的软件、硬件手段均不能正确恢复系统,这时只好转为冷启动。

5.6.2 热启动过程

热启动过程主要由以下步骤组成。

① 热启动的准备:为使热启动过程能顺利进行,首先要关闭中断,重新设置堆栈。因为热启动过程有可能是由软件复位引起的,这时中断系统仍有可能未被妥善关闭,尤其是中断激活标志刚被清除,也许正好有一些中断请求在排队,等待响应,故系统复位的第一条指令必须关中断,放到第二条指令就有可能来不及。第二条指令是重新设置栈底。在冷启动和热启动过程中,有不少操作的算法雷同,为避免程序冗长,均编成各种子程序。子程序的工作需要堆栈配合,而在这之前堆栈指针的值是无法确定的(硬件复位时,栈底为 07H),故在进行正式恢复工作之前应先设置好堆栈。本例中将 68H～7FH 用做堆栈,故栈底为 67H。第三条指令是为主程序(后台程序)重新指定 0 区工作寄存器。

② 将所有的 I/O 设备设置为安全状态:封锁 I/O 操作,以免事态扩大。具体程序由系统硬件配备决定。

③ 对系统残留信息进行恢复:系统被干扰后,一般均会使 RAM 中的信息遭受程度不等的破坏。RAM 中的信息有这样几种:一种是系统状态信息(如状态变量、各类软件标志),它们决定系统正在做什么,接着应该如何做;另一种是数据和参数,它们是各种算法程序的原料、半成品或成品;最后一种是垃圾,它们是各种算法程序的残留现场,如 R0～R7 中的数据都属此类。系统恢复得好不好(有无明显扰动),主要是第一种信息的恢复,这类信息有明显的时序特性,恢复不好将使系统出现扰动。第二种信息中也有不少是至关重要的,它们是系统进行下一步决策的依据。有些数据破坏后,对系统的危害并不大,如在 EPROM 中已固化了的参数表格,可以重新从 EPROM 中复制到片内 RAM 中(对于一些使用率很高的参数和小型表格,往往将其复制到片内 RAM 中);对于现场采集的数据,可以重新采集。第三种信息,即数据垃圾,是不必理会的。因此,系统恢复的实质就是对状态信息和关键数据进行核查,如发现有错,则尽力纠正。

④ 系统状态重入:关键信息恢复后,再配合一些其他必要的准备工作,如对系统外围芯片重新设置,补充必需的新信息后,就可以重新进入系统工作循环了。

5.6.3 重要信息的恢复

每个信息都是以代码的方式存放在 RAM 中的,如果就这样简单地存放,则当读到它时无法证明是对还是不对。查错的实现必须以代码冗余作为基础。比如某字节存放的数据为一个 BCD 码的信息,当读出它的内容为 6CH 时,就可以发现这个数据被破坏了。一个字节有 256 种编码,而 BCD 码只有 100 种编码,还有 156 种编码是冗余的,这才有可能查错。如果某单元存放的是 A/D 转换的采集数据,就不能判断是否有错,因为 00H～0FFH 所有代码均有效,没有任何冗余代码(当然,可以用多次采样比较来判断是否有错,这时实质上利用了时间冗余措施,以增加时间来查错,若干数字滤波技术正是如此)。

由此可见,想要查错,必须先付出代价,要么是时间,要么是空间(增加编码冗余度)。对于单片机控制系统来说,还要求纠错,这比查错要求更高,故必然要付出更大的代价。

编码技术已经很成熟了,各种纠错编码的格式和编码算法也是现成的。但人们往往不按

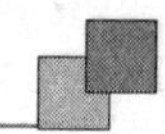

那一套办，因为纠错编码研究的主要对象是通信系统，干扰往往只影响到一两位，纠错编码研究如何以最小的冗余度达到纠错的目的，来提高通信速度。如果用纯软件来完成编码和纠错是很费时的。系统在正常运行过程中，时刻都要读/写这些重要信息，为预防随时可能发生的干扰，每次对这些信息的读操作和写操作都必须由编码过程和解码过程来实现，这在实时控制系统中是不可能被采纳的。

目前广泛采用的纠错方案为三重冗余编码，其冗余度远远大于通信系统中的纠错码。付出这样大的空间代价是为了换取最小的时间开销，从而使所有重要信息均可以直读直写。这种编码方式就是将每个重要信息均分在三个互相无关的地址单元中重复存放，建立双重备份数据(数据副本)。当系统受干扰时，就可以通过表决程序恢复重要信息的原值了。如果三个存放地址中有两个被破坏，则表决就会失败，所以这三个地址应尽可能各自独立。如果系统中有片外 RAM，则应将每个重要信息均分在片外 RAM 中建立双重数据副本，那里的信息只有 MOVX 指令才能修改。相比之下，片内 RAM 中的数据可以被各种 MOV 类指令、算术运算及逻辑运算指令所修改，安全性要差一些。最常见的做法是，片内 RAM 中的数据供程序使用，以加快速度；当数据发生变化时，再将片外 RAM 中的两个副本作同样修改。这样，片外 RAM 中的副本平常只写不读，当需要纠错时才读入片内参加表决。

三中取二是最常用的表决原则。在系统恢复时，通过表决，完成数据的恢复任务。因为表决过程为各个数据的共同处理过程，故编为一个子程序。为加快速度，该过程在工作寄存器中完成。程序流程如图 5－13 所示。首先将需要恢复的单字节信息及它的两个副本分别存放在

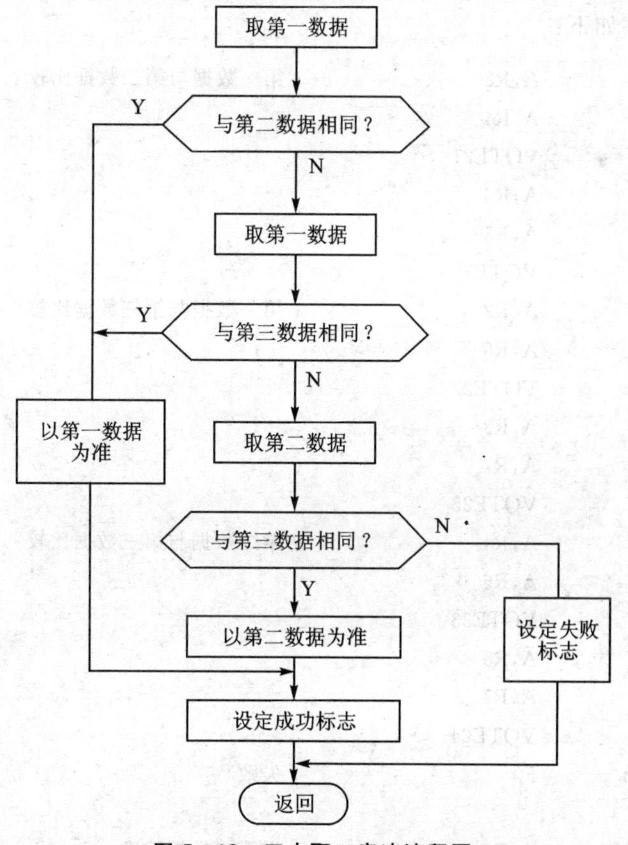

图 5－13　三中取二表决流程图

工作寄存器R2,R3和R4中,再调用表决子程序。子程序出口时,如果F0=1,则表决失败(三个数据不相同);如果F0=0,则表决成功。表决结果在累加器A中。程序如下:

```
VOTE3:   MOV   A,R2       ;第一数据与第二数据比较
         XRL   A,R3
         JZ    VOTE32
         MOV   A,R2       ;第一数据与第三数据比较
         XRL   A,R4
         JZ    VOTE32
         MOV   A,R3       ;第二数据与第三数据比较
         XRL   A,R4
         JZ    VOTE31
         SETB  F0         ;失败
         RET
VOTE31:  MOV   A,R3       ;以第二数据为准
         MOV   R2,A
VOTE32:  CLR   F0         ;成功
         MOV   A,R2       ;取结果
         RET
```

对于双字节数据,表决前将三份数据分别存入R2R3,R4R5和R6R7中,表决成功后,结果在R2R3中。程序如下:

```
VOTE2:   MOV   A,R2       ;第一数据与第二数据比较
         XRL   A,R4
         JNZ   VOTE21
         MOV   A,R3
         XRL   A,R5
         JZ    VOTE25
VOTE21:  MOV   A,R2       ;第一数据与第三数据比较
         XRL   A,R6
         JNZ   VOTE22
         MOV   A,R3
         XRL   A,R7
         JZ    VOTE25
VOTE22:  MOV   A,R4       ;第二数据与第三数据比较
         XRL   A,R6
         JNZ   VOTE23
         MOV   A,R5
         XRL   A,R7
         JZ    VOTE24
VOTE23:  SETB  F0         ;失败
         RET
VOTE24:  MOV   A,R4       ;以第二数据为准
```

```
         MOV     R2,A
         MOV     A,R5
         MOV     R3,A
VOTE25:  CLR     F0              ;成功
         RET
```

将所有重要信息一一进行表决,对于表决成功的信息,将表决结果再写回三个地方,以进行统一;对于表决失败的信息要进行登记。全部表决结束后再检查登记,如果全部成功,则系统将得到满意的恢复。如果有失败者,则应根据该信息的特征,采取其他补救措施来帮助恢复。例如,可临时采集有关现场数据从而帮助判断。这类工作可简可繁。简单的方案就是直接认输,对表决失败的信息按初始值进行处理。复杂的方案可以搞成一个智能系统,通过对各种信息进行相关分析以求正确恢复现场。

5.6.4 系统状态的重入

系统有关信息如果全部恢复,是否就能满意地恢复系统呢?这也未必。系统重入的难易程度与程序结构风格关系很大。假设有一单片机控制的加工中心,一个工件安装在工作台上之后,能自动完成好几种不同工艺的加工过程,在每种工艺加工过程中,同时还要进行各种工艺数据的检测和显示,并通过键盘与操作者保持联系。这个系统可以看成一般单片机过程控制系统的代表。

在"监控程序设计"中已经知道控制系统运转的因素有如下几种:键盘操作、定时信号、检测信号和当前状态。根据对这些因素的利用方法不同,可以编制出各种不同风格的软件。一种常见的风格为顺序控制流程,它为大多数初次搞单片机控制的人员所采用,其编程思路直观易懂,如图 5-14(a)所示。每道工艺加工过程为一段程序,其内部又按加工动作过程顺序编排,如图 5-14(b)所示。每一个动作过程的控制流程如图 5-14(c)所示。首先设定好本动作的有关条件,然后一边执行一边检测和显示,直到条件满足即结束本动作,进入下一动作过程。键盘通常设计为一键一义的命令键方式,键盘用外部中断来响应。

在这种风格的程序中,系统当前的进程完全包含在顺序中,即程序执行到哪里就表示当前的进程在什么工艺步骤上。当系统受到干扰后,程序被弹飞,即使被抗干扰系统捕获也很难知道程序刚才执行到哪里。因此,这类纯顺序结构程序的重入性极差,在单片机控制系统中很难成功,但在其他干扰很小的场合(如室内智能仪表)中还是可以采用的。

要使系统具有良好的重入性,常设计"作业调度中心",由它来控制系统运行。将顺序结构改造为丛状结构,如图 5-15(a)所示。作业调度中心具有高抗干扰特性,它保存有当前的作业"调度单"和"调度计划",前者为当前工艺进程的指针,后者为工艺流程(固化在 EEPROM 中)。某道工艺过程接到调度单后即被启动,进行规定的作业,作业完成后,即通知调度中心,由调度中心来决定下一步的作业,各道工艺之间不准直接发生联系。当系统受到干扰后,由于作业调度中心具有高抗干扰特性,可以从它的当前有效作业调度单中迅速判明系统当前进行到哪道工艺过程。这时就可以使系统得到恢复。故这种丛状结构的程序具有良好的重入性。如果用干扰前的状态和重入点的状态之间的偏差来衡量重入的精度,则图 5-15(a)的重入精度为一道工艺。这道工艺中的各个动作不能保证准确重入,只好整道工艺从头开始。如果将调度中心的功能再加强一些,调度单开得更仔细一些,使各道工艺内部的每一个动作也由调度

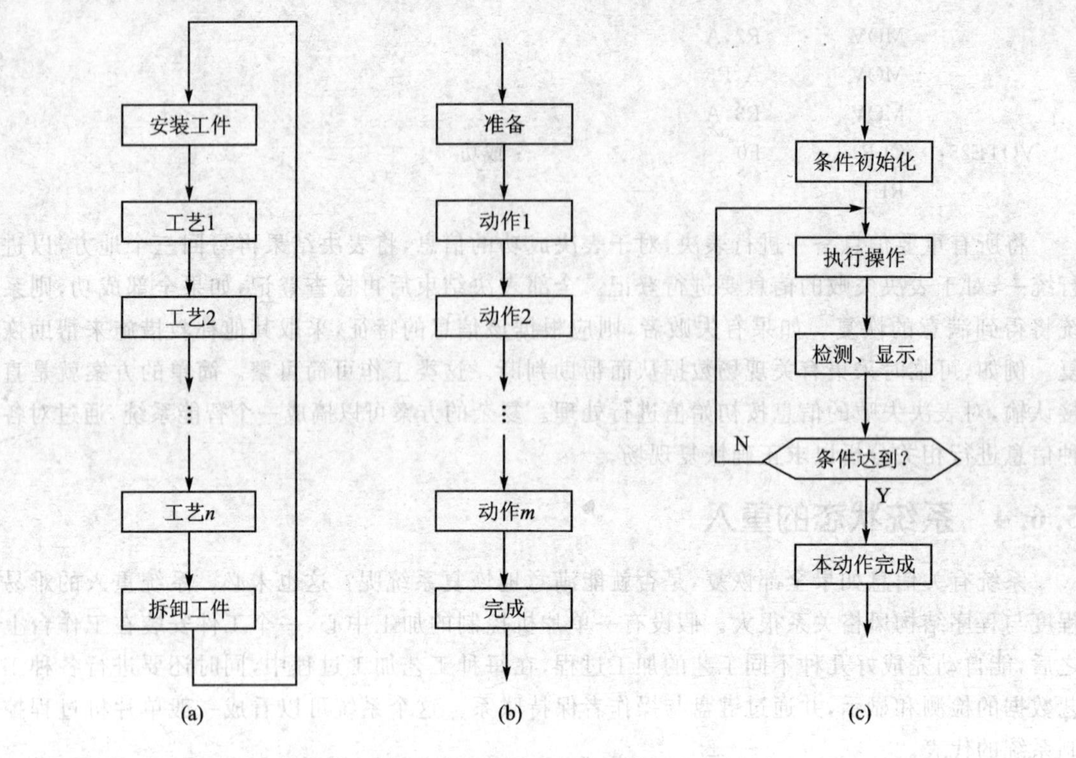

图 5-14 顺序控制加工流程图

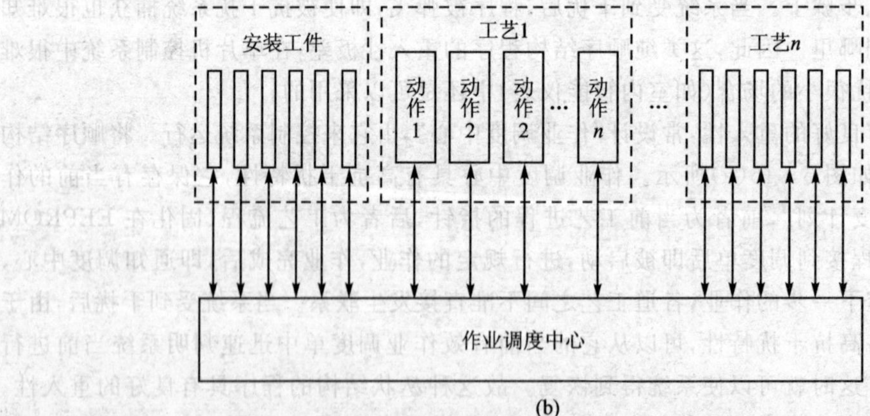

图 5-15 丛状结构的控制流程

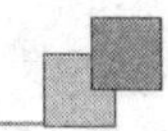

中心来控制(如图 5-15(b)所示,这时系统的重入精度为一个动作),再配合临时补充的现场检测数据,则能方便地判断该动作已进展到什么程度,从而有可能实现无扰动重入。

采用“作业调度中心”来控制系统运行不但能使系统具有良好的抗干扰性能,而且可以增加系统控制功能的灵活性。可以将各式各样的工艺流程固化到 EPROM 中,通过键盘来设置加工方案和工艺参数。各种工艺过程可以按任务顺序组合,也可以不按顺序,而按用户指定的其他条件进行临时调度,但图 5-14 所示结构难以做到这样灵活。

丛状结构的程序设计方法也有简有繁。实时多任务操作系统就是比较先进的一种,它具有很强的多任务并行处理功能,这方面的程序设计方法请参考有关专著。这里介绍一种简单的丛状结构程序设计方法,它对单任务系统(一个时刻内只进行一项作业)比较适合。首先将所有工艺过程进行编码,再将每道工艺过程中的各动作进行编码,在作业调度中心存放的工艺编码和动作编码即为当前进程的指针。该调度中心有一调度程序,图 5-16 为其流程图,当一道作业完成后,即转入调度程序。

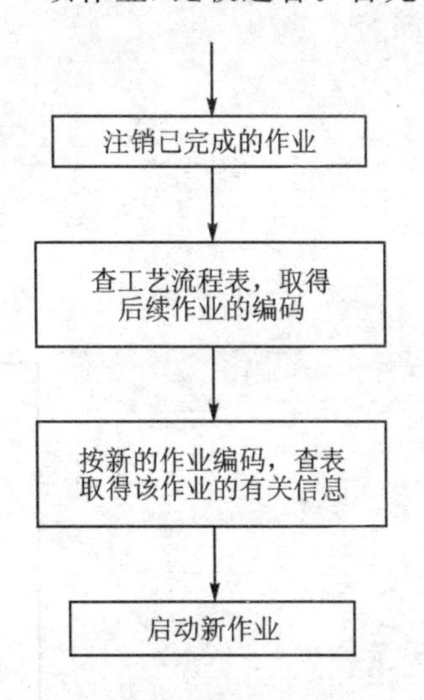

图 5-16 作业调度程序流程图

该程序首先验收作业完成情况,然后吊销该作业,再按当前有效工艺流程,查表取得后续作业的编码。通常该编码可包含几层信息,如工艺号、动作号等。再根据后续作业的编码,查表取得有关的各种信息,如各种外设的配置方式、各项操作条件和参数等。最后便可启动一个新作业,将控制权交给新作业。

调度程序必须处于最稳定的底层,即进入调度程序时和离开调度程序时堆栈均已全空。因此,调度程序应安排在主程序的主循环中。这样一来,抗干扰系统在进行系统恢复后,便可以直接进入调度程序,而不会因为系统多次重入使堆栈溢出。各个环节的关系如图 5-17 所示。键盘监控可安排在中断程序中,用于完成人机对话。

作业调度中心由三部分组成,体现在形式上就是上面介绍的调度程序、调度单和调度计划。系统抗干扰的关键就是如何加固作业调度中心。这三部分中,调度程序编好后一般是不变的,可按常规方法加固(指令冗余、软件陷阱和容错设计)。调度计划可分为两类:一类是常用的调度计划,如大批量加工对象的工艺流程,一般均固化在 EEPROM 中,强度很高,不易破坏;另一类为临时性调度计划,如试制品的实验性工艺流程,一般均由输入设备(如键盘)临时输入到 RAM 中,它的强度就要低些,但便于一边加工一边修改,以找出最佳加工工艺后再固化到 EEPROM 中。对于 RAM 中的调度计划,可采用冗余存储的方式进行加固。发生干扰后,通过表决程序来恢复调度计划。

调度单中的各项内容对系统重入精度的影响可分为若干级,第一级为最高级,指明当前加工对象采用的工艺流程编号;第二级为高级,指明当前已进行到第几道加工工艺;第三级为低级,指明当前工艺过程已执行到第几个动作;第四级为最低级,指明当前动作已执行到什么程序。调度单中的内容越丰富,系统重入精度就越高,但编程技巧要求也越高。一般可取 2～3 级。在对调度单进行加固时,级别越高的,要求也越高。

如果系统硬件电路中的检测功能很强,能提供工艺过程的各种信息,这实质上就是将调度单以各种硬件特征作为一个最可靠的副本存放在RAM芯片外。由于外部设备均有物理惯性,在干扰发生的瞬间,RAM中的信息可以迅速破坏,但外设的各种运行状态不可能发生突变。这时候将系统的各种外设运行状态采集下来,通过判断(例如查阅一个"词典"),可以很快通过表决失败的那一关,从而大大提高系统无扰动重入的概率。

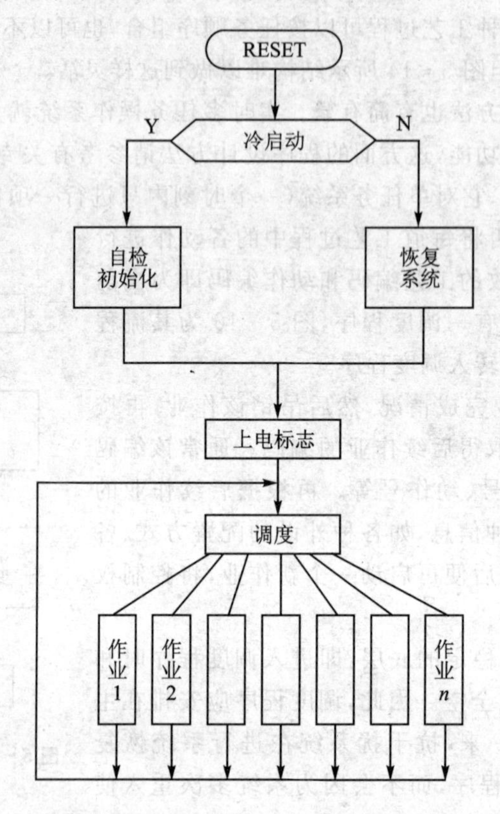

图5-17 调度程序在主程序中的安排

第6章 容错设计

单片机应用系统能否正常运行是由很多因素决定的，其外因为各类干扰，其内因即为该系统本身的素质。在第5章中，讨论了单片机系统抗干扰的各种措施，从而基本上克服了外因的影响。如何提高单片机系统自身的素质，是本章要讨论的问题。

容错设计有各种不同角度的定义，有时也把抗干扰设计包括进去。容错技术和可靠性设计有什么关系，是不是一回事？这里不打算进行字面上的定义之争。本章中容错设计是专指提高单片机系统本身的素质，使其在没有外来电磁干扰的前提下能可靠运行的各类方法。这样定义，范围就比较小，也比较明确，且容易与抗干扰设计相区别。

单片机系统本身的素质可分为两方面：硬件系统和软件系统。构成单片机系统的各种芯片、电子元件、电路板和接插件等的质量，电路设计的合理性，布线的合理性和工艺结构设计等，决定了系统的硬件素质，其中任何一个出了问题，都有可能使系统出错。硬件容错设计研究如何提高系统硬件的可靠性，使其能长期正常工作，即使出了问题，也能及时诊断出硬件故障类型，甚至诊断出故障位置，协助维修人员进行修复，并能及时采取相应的措施，避免事态扩大。

为了使单片机系统的硬件故障能够及时自行诊断出来，在进行系统硬件电路设计时就必须通盘考虑。诊断过程是检查—思考—判断的过程。首先必须检查，即对硬件进行测试。为此，在设计硬件电路时，必须将有关测试电路设计进去，以便CPU可以随时了解系统各部分工作是否正常，其中重要的执行机构必须配备监测电路。CPU检测到硬件的状态信息后，经过思考过程，即运行一段程序，查阅有关“故障词典”，便可作出系统是否有故障的判断。由此可以看出，系统的硬件容错功能在很大程度上是先天的，系统做成之后其硬件容错能力的极限也就定下来了。例如在没有任何附加检测电路的系统中，CPU本身就无法知道其各种外围电路工作是否正常，其硬件容错极限是否超出CPU，RAM和ROM的范围之外。

为提高系统的硬件容错能力，在可靠性压倒一切的场合，常采用硬件冗余设计，如三套系统并行运行，经过表决后再输出最后信息。也有双机系统，一套系统投入正常运行，另一套系统处于热身准备状态。当运行出现故障时，备用系统立即投入运行，故障系统即可进行检修。也有部件冗余设计的方案，为关键部件准备了备份。但绝大多数单片机系统并没有这样高的要求，只要求少出故障，出了故障能及时发现，最好能自动诊断出故障点，便于维修人员迅速排除故障，缩短停机时间。本章只讨论这一类的容错问题，对于硬件冗余设计，有兴趣的读者可

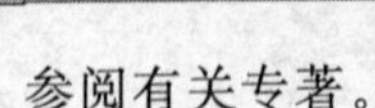

参阅有关专著。

关于硬件系统的可靠性设计,如元器件筛选、老化、防潮、防振、防尘、散热和安装工艺等,本章均不作讨论,并假设这方面已经尽到最大努力。剩下的问题就是系统在运行中的硬件故障自诊断问题,由于这一功能需要软件技术配合,故列为本章讨论范围。

系统素质的另一个方面是软件素质。软件理论告诉我们,一个单片机系统的软件是不可能没有错误的,更不要说没有不足之处了。软件容错设计可以帮助人们尽可能减少错误,使系统由于软件问题而出错的概率降低到完全可以接受的程度。本章准备就软件容错设计作较多的介绍,但必然有很多好方法没有介绍到,也有更多的新方法等待人们去探讨。

6.1 硬件故障的自诊断技术

自诊断俗称自检,通过自诊断功能,使人们增加了对系统的可信度。对于具有模拟信息处理功能的系统,自诊断过程往往包括自动校验过程,为系统提供模拟通道的增益变化和零点漂移信息,供系统运算时进行校正,以确保系统的精度。有3种进行自检的方式,即

① 上电自检:系统上电时自动进行,自检中如果没有发现问题,则继续执行其他程序;如果发现问题,则及时报警并停机,避免系统带病运行。

② 定时自检:由系统时钟定时启动自检功能,对系统进行周期性在线检查,可以及时发现运行中的故障;在模拟通道的自检中,及时发现增益变化和零点漂移,随时校正各种系数,为系统精度提供保证。

③ 键控自检:操作者随时可以通过键盘操作来启动一次自检过程。这在操作者对系统的可信度下降时特别有用,可使操作者恢复对系统的信心或者发现系统的故障。

事实上,在有些I/O操作过程中,系统软件往往要对效果进行检测。在闭环控制系统中,这种检测本身已经是必不可少的了,但并不把这种检测叫自检。自诊断功能是指一个全面检查诊断过程,它包括系统力所能及的各项检查。以下分别介绍自诊断中的各个项目。

6.1.1 CPU的诊断

在通常情况下,CPU是不用诊断的;但在要求高的系统中,必须确保CPU正常,如果有问题,必须及时发现,决不允许带病运行。CPU诊断的项目有:指令系统、片内RAM、定时器、中断系统和I/O端口等。

(1) 指令系统的诊断

8051指令系统能否被正确执行是诊断CPU中指令译码器是否有故障的基本方法。编制一段程序,将执行后的结果与它预定结果进行比较,如果不同,则证明CPU有问题;如果相同,则其可信度已经完全满足一般单片机系统的需要了。为了使测试的效果好一些,应设计一段涉及指令种类尽可能多一些的测试程序,起码应将各种基本类型的指令都涉及到。下面是一段CPU的指令测试程序:

```
TEST1:   MOV    A,#30H          ;数据传输指令测试
         MOV    R0,A
         MOV    @R0,#5AH
         MOV    A,@R0
```

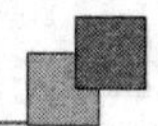

```
        SWAP    A
        XCHD    A,@R0
        XCH     A,@R0
        PUSH    ACC                     ;堆栈指令测试
        INC     R0
        MOV     @R0,30H
        MOV     40H,31H
        DEC     R0
        DEC     R0
        CPL     A
        POP     B                       ;堆栈指令测试
        ORL     B,A                     ;逻辑指令测试
        XRL     A,B
        ANL     B,A
        MOV     @R0,B
        SETB    2FH.1                   ;位操作指令测试
        CLR     2FH.6
        MOV     A,40H
        ADD     A,@R0
        MOV     C,2FH.4
        ADDC    A,#0D7H                 ;算术运算指令测试
        SUBB    A,B
        MUL     AB
        MOV     B,@R0
        DIV     AB
        RL      A                       ;移位指令测试
        XCH     A,B
        RR      A
        SETB    C
        RLC     A
        XCH     A,B
        RRC     A
        ORL     C,2FH.4                 ;位操作指令测试
        ANL     C,ACC.7
        ADDC    A,B
        XRL     A,#94H
        RET
```

当执行完这一段程序后,累加器中的内容应该为零,否则就有问题。这段程序中有最常用的传送指令、算术运算指令、逻辑运算指令、位传送指令和位逻辑操作指令,但没有控制转移类指令、查表指令、片外RAM访问指令和I/O端口操作指令等,这些指令在其他诊断时将被使用到。如果其他诊断能顺利进行,也证明了这几类指令能正确执行。

(2) 片内 RAM 的诊断

片内 RAM 是指 00H～7FH 这些通用寄存器(对于 8052 以上的单片机,地址范围扩大到 00H～0FFH 或者更大)。专用寄存器必须通过验证其特殊功能来诊断,而不是通过简单的读/写操作能诊断得了的。在进行片内 RAM 的诊断时,通常对其进行读/写操作,如果无误,便认为正常。在上电自检时,RAM 中没有什么有意义的信息,可以进行破坏性的诊断,随便写入什么内容都可以。一个 RAM 单元如果正常,其中的任何一位均可任意写"0"或写"1"。因此,常用＃55H 和＃0AAH 作为测试字,对一个字节进行两次写两次读,来判断其好坏。如用 R0 来指示诊断单元,则测试程序如下:

```
TEST2:   MOV    PSW,＃0              ; 采用 0 区工作寄存器,先诊断 R0
         SETB   F0                   ; 出错标志初始化
         MOV    R0,＃55H             ; 写
         CJNE   R0,＃55H,TEST22      ; 读
         MOV    R0,＃0AAH            ; 再写
         CJNE   R0,＃0AAH,TEST22     ; 再读
         MOV    R0,＃1               ; 从 01H 开始诊断
TEST20:  MOV    @R0,＃55H            ; 写
         CJNE   @R0,＃55H,TEST22     ; 读
         MOV    @R0,＃0AAH           ; 再写
         CJNE   @R0,＃0AAH,TEST22    ; 再读
         INC    R0
         CJNE   R0,＃80H,TEST20      ; 测试完?
         CLR    F0                   ; 正常
TEST22:  ⋮                           ; 后续处理
```

执行后,如果 F0＝0 则通过,F0＝1 则有问题。这里 TEST2 不能作为一个子程序,只能供系统上电初始化时使用,且只能串在上电自检的程序中执行。这时堆栈是空的,片内 RAM 中确实没有任何有用信息。

当要把片内 RAM 的自检当做一个子程序,供定时自检和键控自检使用时,堆栈中已经压入了返回地址,不允许随意改写。这时必须采用非破坏性的自检方式。先将其内容读出,保存副本,取反后写入原地址,再读出进行一次判断,如果没问题,再恢复原状,并验证是否妥善复原。此过程不破坏片内通用 RAM 中的任何信息,只影响 A,B 和 PSW 三个专用寄存器的内容,出口标志 F0＝0 时正常,F0＝1 时异常。非破坏性测试程序如下:

```
TEST3:   PUSH   00H
         PUSH   PSW
         MOV    PSW,＃0              ; 采样 0 区工作寄存器,先诊断 R0
         SETB   F0
         MOV    A,R0
         MOV    B,A
         CPL    A
         MOV    R0,A
         MOV    A,R0
```

```
          CPL     A
          CJNE    A,B,TEST31             ;出错
          MOV     R0,A
          MOV     A,R0
          CJNE    A,B,TEST31             ;出错
          MOV     R0,#1
TEST30:   MOV     A,@R0
          MOV     B,A
          CPL     A
          MOV     @R0,A
          MOV     A,@R0
          CPL     A
          CJNE    A,B,TEST31             ;出错
          MOV     @R0,A
          MOV     A,@R0
          CJNE    A,B,TEST31             ;出错
          INC     R0
          CJNE    R0,#80H,TEST30
          CLR     F0                     ;通过
TEST31:   MOV     C,F0                   ;保存检测结果
          RRC     A                      ;将结果转移到累加器中
          POP     PSW                    ;恢复 PSW
          RLC     A                      ;将检测结果放回 F0 中
          MOV     F0,C
          POP     00H
          RET
```

诊断后，F0=0 为通过，F0=1 为有问题。要注意的是，R0 必须为 00H 单元，即使用 0 区工作寄存器。当诊断过程在后台执行时，这个条件通常可以满足。

(3) 定时器的诊断

8051 系列单片机至少有两个定时器/计数器，绝大多数单片机系统都要使用它们。由于硬件原因，一般只诊断其定时功能（它不需要外部条件），而计数功能的诊断必须从外部引入脉冲源。因此，以下对定时器/计数器的诊断也是不完备的，但通常也足够了。定时器的关键部分是一个 16 位的计数器和有关专用寄存器，让它以定时方式运转，如能按时溢出，置位溢出标志，就可以基本上诊断为无故障。T0 诊断程序如下：

```
TEST4:    MOV     TMOD,#1                ;设定 T0 定时器
          CLR     TR0
          CLR     ET0
          MOV     TH0,#0                 ;16 位全程计数
          MOV     TL0,#0
          SETB    F0                     ;出错标志初始化
          SETB    TR0                    ;启动 T0
```

```
            MOV     R2,#80H             ;延时
            MOV     R3,#0
TEST40:     DJNZ    R3,TEST40
            DJNZ    R2,TEST40
            CLR     TR0
            JNB     TF0,TEST41          ;产生溢出否?
            CLR     F0                  ;有正常溢出
TEST41:     RET
```

诊断后,F0=0为通过,F0=1为有问题。T1的诊断与此类似。执行定时器诊断后,定时器设置已被改变,故诊断过程结束后必须恢复原来的设置。

(4) 中断功能的诊断

MCS-51系列单片机中断源比较多,如果要一一诊断比较费事,一般选一个中断源作代表,看看中断系统能否正常运转。为简化,可选"定时中断"作代表,因为它不需要外部硬件支持。

在诊断T0定时器中断时,如果允许T0中断,并在中断子程序中做一件事来通知自检程序,则可以根据这件事是否发生来判断中断是否发生;再将T0中断屏蔽,看看中断还能否发生,即可达到初步诊断中断控制功能的目的。选用TESTER作检测标志,程序流程如图6-1所示。图6-1(a)为检测程序流程,图6-1(b)为T0定时中断子程序流程。

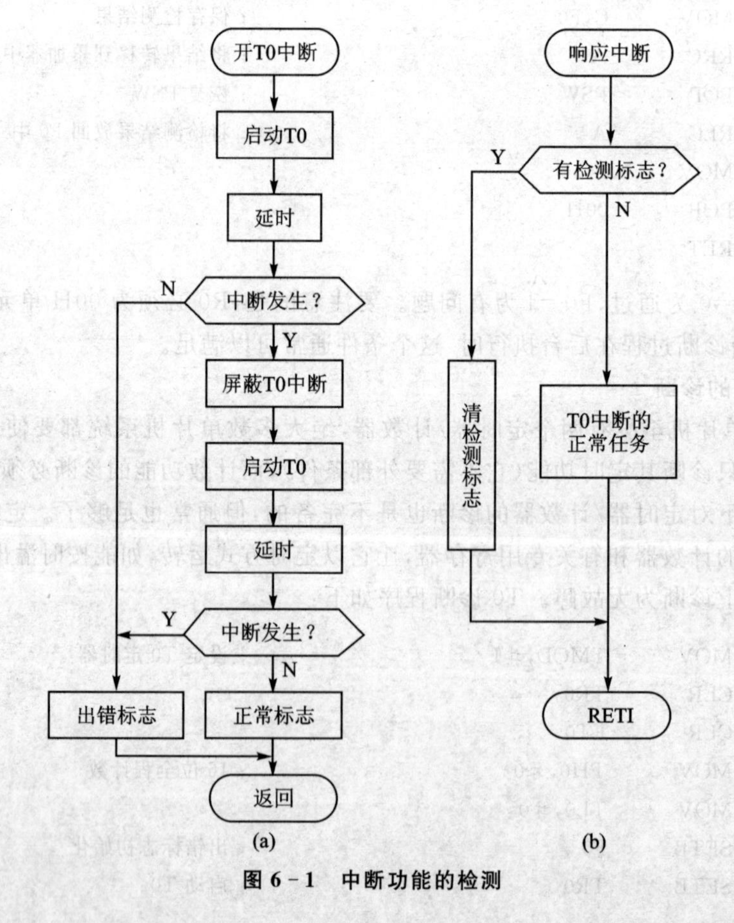

图6-1 中断功能的检测

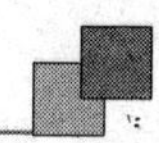

程序如下：

```
TESTER  BIT     2EH.0               ；中断检测标志
TEST5：  MOV     TMOD，#1            ；设置定时器 T0
        CLR     TR0
        MOV     TH0，#0E0H          ；预置定时常数
        MOV     TL0，#0
        SETB    TR0                 ；启动 T0
        SETB    ET0                 ；允许 T0 中断
        SETB    EA                  ；开中断
        SETB    TESTER              ；设定检测标志
        SETB    F0                  ；出错标志初始化
        MOV     R2，#10H            ；延时
        MOV     R3，#0
TEST50： DJNZ    R3，TEST50
        DJNZ    R2，TEST50
        JBC     TESTER，TEST56      ；未发生中断，出错
        CLR     ET0                 ；已发生中断，屏蔽中断
        SETB    TESTER              ；继续检测
        MOV     TH0，#0E0H          ；重设 T0
        MOV     R2，#10H            ；延时
        MOV     R3，#0
TEST51： DJNZ    R3，TEST51
        DJNZ    R2，TEST51
        JNB     TESTER，TEST56      ；仍发生中断，中断不能屏蔽，出错
        CLR     TESTER              ；未发生中断，正常，清标志
        CLR     F0                  ；成功
TEST56： RET
```

T0 定时中断子程序如下：

```
PGT0：   JNB     TESTER，PGT00       ；状态判断
        CLR     TESTER              ；清检测标志
        RETI                        ；返回
PGT00：  ⋮                           ；正常 T0 中断子程序
        RETI
```

由于这时 TESTER 用来作为中断诊断标志，千万不可再作其他用途，否则将影响 T0 中断的正常工作。

对 CPU 的诊断工作可简可繁，全看对系统的要求如何。若要繁，则还可对其他特殊功能寄存器进行检查。但在很多情况下，基于用户对 CPU 芯片的信任，可进行上述检测的一部分，甚至不进行 CPU 的专项检查，只执行对其他芯片的检查。只要其他检查能通过，则默认执行检查工作的 CPU 也是正常的。

6.1.2 程序存储器的诊断

用户程序通过编程器写入芯片后，一般是不会出错的。但使用时间一长，尤其是处于放射性较大的环境中，程序存储器的内容有可能改变，从而使系统运行不正常。由于这种出错总是个别单元零星发生，不一定每次都能被执行到，故必须主动进行检查。

通常用“校验和”来诊断程序存储器的故障。以89C52为例，其程序存储器地址范围为0000H～1FFFH。把应用软件加上各种抗干扰措施(冗余指令、软件陷阱等)后进行编译，然后把生成的目标码调入开发系统的仿真RAM中，用另一个程序(即下面的XRTS程序)求出应用程序这8 KB的校验和(“加法和”或者“异或和”)。如果是加法和，则将其求补；如果是异或和，则保持原状。把求得的结果存入最后一个单元(1FFFH)中。至此，便可将仿真器中0000H～1FFFH的内容保存到一个HEX文件或BIN文件中，供烧录89C52芯片使用。下面是生成有校验功能的程序块的程序，本例采用异或校验和，其起始地址应该在应用程序的范围之外。

```
        ORG     2000H
XRTS:   MOV     DPTR,#1FFFH         ;指向应用程序最后单元
        CLR     A
        MOVX    @DPTR,A             ;程序最后单元清零
        MOV     B,A                 ;“校验和”初始化清零
        MOV     R2,#20H             ;程序范围8 KB
        MOV     DPTR,#0000H         ;从头开始
XRTS0:  MOVX    A,@DPTR             ;读1字节
        XRL     B,A                 ;求校验和
        INC     DPTR
        MOV     A,DPL
        JNZ     XRTES0
        DJNZ    R2,XRTS0            ;处理完毕?
        MOV     DPTR,#1FFFH         ;指向应用程序最后单元
        MOV     A,B
        MOVX    @DPTR,A             ;将校验和填入
STOP:   LJMP    STOP                ;结束
```

由于1FFFH单元用于校验，故不能作其他用途，并建议在应用程序的最后加一软件陷阱，地址安排在1FFAH～1FFEH，空出1FFFH单元，即

```
        ORG     1FFAH
        NOP
        NOP
        LJMP    ERR
```

在应用程序中，应该包含下面的诊断子程序，用来检测程序存储器内容是否正常，即

```
TEST6:  MOV     DPTR,#0000H
        MOV     R2,#20H
```

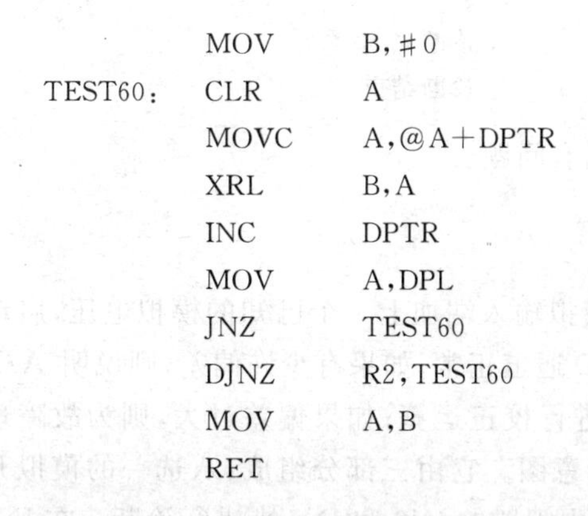

```
           MOV      B,#0
TEST60:    CLR      A
           MOVC     A,@A+DPTR
           XRL      B,A
           INC      DPTR
           MOV      A,DPL
           JNZ      TEST60
           DJNZ     R2,TEST60
           MOV      A,B
           RET
```

执行该诊断程序后，若累加器中的内容不为零，则程序存储器中有错误；若累加器中的内容为零，则可以认为程序存储器中的内容是正确的。理论上，这种诊断方式不能发现若干不同地址的同一位上的偶数个错误，只是这种概率太小，人们不加考虑罢了。若要发现这种错误，则必须采用更复杂的校验方法。

6.1.3　RAM 的诊断

8051 系统 RAM 的物理地址可分为两类：一类是片内 RAM，它的诊断在 CPU 诊断中已经介绍过了；另一类是片外 RAM，共有 64 KB 地址空间。由于扩展的 I/O 芯片均统一编址，故 64 KB 地址不一定都是 RAM，有的可能是扩展芯片的专用寄存器。这里只讨论真正的 RAM 的诊断方法，对于各类以 RAM 地址面目出现的 I/O 芯片将另行诊断。

与片内 RAM 的诊断类似，片外 RAM 的诊断也有破坏性诊断与非破坏性诊断两种。建议采用非破坏性诊断，因为这种诊断可以随时进行。

设系统扩充有 1 片 6264，其地址为 2000H～3FFFH，测试程序如下：

```
TEST7:     MOV      DPTR,#2000H           ;诊断 6264
           MOV      R2,#20H               ;共 32 页
TEST72:    SETB     F0                    ;诊断 1 页，出错标志初始化
TEST74:    MOVX     A,@DPTR               ;诊断 1 字节
           MOV      B,A                   ;保存副本
           CPL      A                     ;取反
           MOVX     @DPTR,A               ;写
           MOVX     A,@DPTR               ;读
           CPL      A                     ;取反
           CJNE     A,B,TEST76            ;校对
           MOVX     @DPTR,A               ;恢复
           MOVX     A,@DPTR
           CJNE     A,B,TEST76            ;恢复出错?
           INC      DPTR                  ;下一单元
           MOV      A,DPL
           JNZ      TEST74                ;全页完?
           CLR      F0                    ;本页通过
TEST76:    JB       F0,TEST78             ;出错，结束检测
```

```
            DJNZ        R2,TEST72                    ;诊断完32页?
TEST78:     RET                                      ;诊断结束
```

上述程序执行后,若F0=0则通过,若F0=1则有问题。

6.1.4 A/D通道的诊断与校正

对A/D通道的诊断方法如下:在某一闲置的模拟输入端加上一个已知的模拟电压,启动A/D转换后读取转换结果,如果等于预定值,则A/D通道正常;如果有少许偏差,则说明A/D通道发生少许漂移,应求出校正系数,供信号通道进行校正运算;如果偏差过大,则为故障现象。图6-2为一多路温度检测系统的A/D通道示意图。它由三部分组成:八选一的模拟开关、运算放大器和单路8位A/D转换芯片。利用其中闲置的IN6和IN7来进行诊断。在IN6端加上一个已知的固定电压信号,这个电压信号一般是由一个高稳定的基准电压信号经电阻分压后而获得的,其等效电压的数值一般为通道的中心值。经过运放后,A/D转换后的理论值应该为80H,其等效内阻与各信号源的等效内阻相同。IN7端接一等效内阻后直接接地。在进行诊断时,分别检测IN6和IN7,读得两路A/D转换后的结果,分别存入X6单元和X7单元中。诊断流程如图6-3所示。

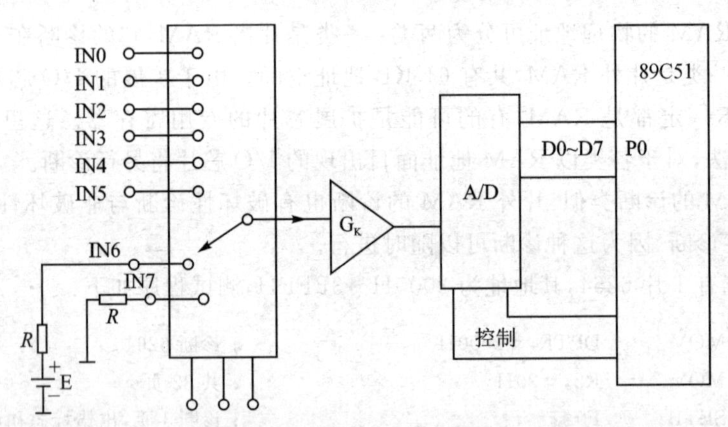

图6-2 A/D通道示意图

程序如下:

```
IN6         EQU         0EFF6H                       ;参考信号的地址
IN7         EQU         0EFF7H                       ;零漂信号的地址
X6          DATA        46H                          ;参考信号转换结果的存放单元
X7          DATA        47H                          ;零漂信号转换结果的存放单元
REV         DATA        48H                          ;校正系数的存放单元
TEST8:      MOV         DPTR,#IN6                    ;采样参考信号
            MOVX        @DPTR,A
            LCALL       TIME
            MOVX        A,@DPTR
            MOV         X6,A
            MOV         DPTR,#IN7                    ;采样零漂信号
```

```
         MOVX     @DPTR,A
         LCALL    TIME
         MOVX     A,@DPTR
         MOV      X7,A
         SETB     F0             ；故障标志初始化
         ADD      A,#0FCH        ；零漂判断(>4?)
         JC       TEST88         ；零漂过大
         MOV      A,X6           ；取参考信号采样值
         SUBB     A,X7           ；减去零漂
         JC       TEST88         ；失常
         MOV      B,A            ；暂存参考信号的净值
         ADD      A,#78H
         JC       TEST88         ；增益过大(净值>88H)
         MOV      A,#88H
         ADD      A,B
         JNC      TEST88         ；增益过小(净值<78H)
         MOV      DPTR,#GCOD     ；查表
         MOVC     A,@A+DPTR
         MOV      REV,A          ；保存校正系数
         CLR      F0             ；通过诊断
TEST88:  RET
GCOD:    DB       11H,0FH,0DH    ；校正系数表
         DB       0AH,08H,06H
         DB       04H,02H,00H
         DB       82H,84H,86H
         DB       88H,8AH,8BH
         DB       8DH
```

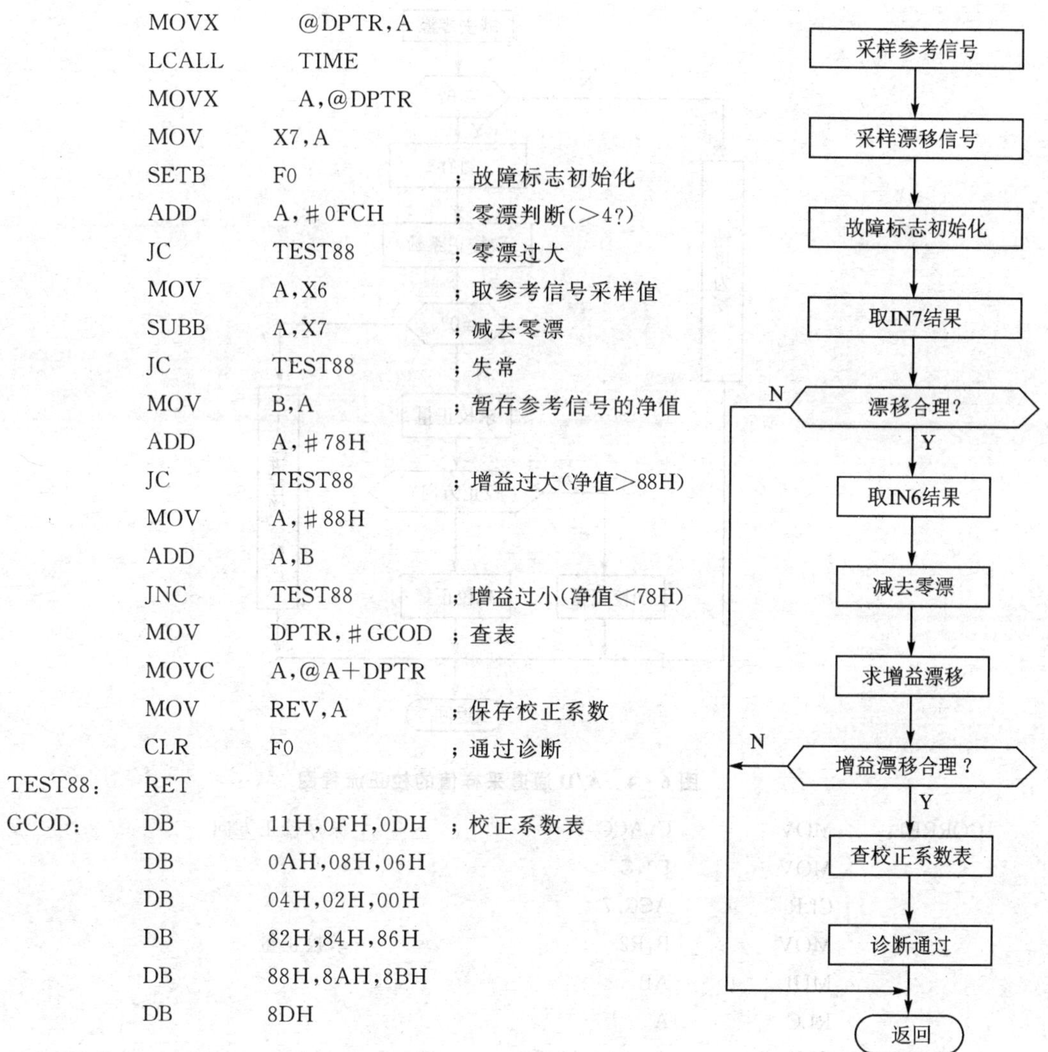

图6-3 A/D诊断流程图

A/D转换过程中，CPU延时等待时间的长短与A/D芯片有关，程序中用TIME子程序来表示。

执行诊断过程后，若F0=1则为有故障，若F0=0则基本正常；系统的零漂在X7单元中，增益校正系数在REV单元中。在系统正常运行时，各路模拟信号采样后必须经过校正方可使用，校正程序流程如图6-4所示。将待校正的采样值调入累加器A中，调用下面的校正程序，校正后的结果仍在累加器A中。

```
CORREC:  CLR      C
         SUBB     A,X7           ；减去零漂
         JC       CORRE2
         MOV      R2,A
         MOV      A,REV          ；取校正系数
         JNZ      CORRE1
         MOV      A,R2           ；不用校正
         RET
```

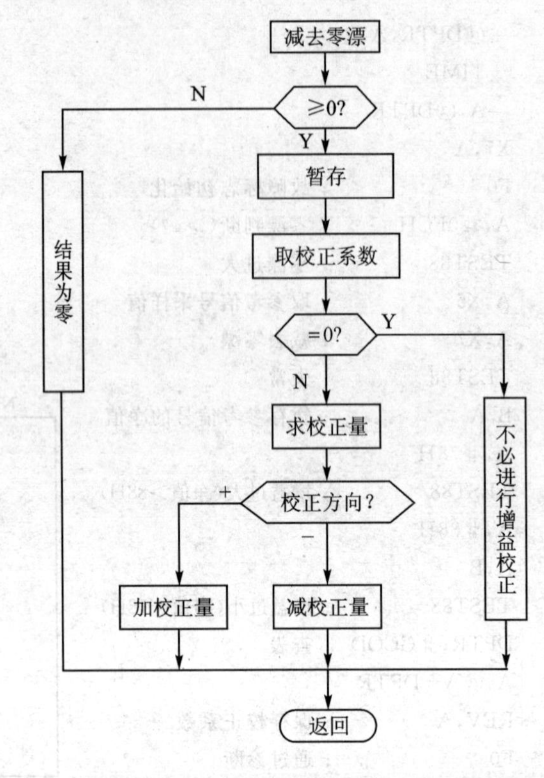

图 6-4 A/D 通道采样值的校正流程图

```
CORRE1:   MOV    C,ACC.7        ;保存校正方向
          MOV    F0,C
          CLR    ACC.7
          MOV    B,R2           ;求校正量
          MUL    AB
          RLC    A
          CLR    A
          ADDC   A,B
          JNB    F0,CORRE3
          XCH    A,R2           ;负校正
          SUBB   A,R2
          JNC    CORRE4
CORRE2:   CLR    A              ;下限为零
          RET
CORRE3:   ADD    A,R2           ;正校正
          JNC    CORRE4
          MOV    A,#0FFH        ;封顶
CORRE4:   RET
```

6.1.5 D/A 通道的诊断

D/A 通道诊断的目的是确保模拟输出量的准确性,而要判断模拟量是否准确,又必须将

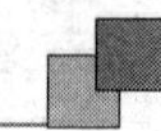

其转变为数字量，CPU才能进行判断。因此，D/A的诊断离不开A/D环节。

在已经进行A/D诊断并获知其正常后，就可以借助A/D的一个输入通道(例如IN5)来对D/A进行诊断了，这时A/D只剩5个输入通道(IN0～IN4)可以用来采集外部模拟信号。如图6-5所示，将D/A转换后的模拟输出信号通过分压电阻接到A/D的IN5输入端。适当调整这两个分压电阻，使整个D/A～A/D闭环增益为1，即可达到满意的诊断效果。例如，A/D环节的转换关系为0～25.5 mV的输入信号转换结果为00H～0FFH；D/A环节的转换关系为00H～0FFH的输出电压为0～25.5 V。如果选择R_1和R_2之比为999：1，则成为千分之一的电压衰减器。如果A/D的输入电阻为1 Ω，则即可选R_1=999 kΩ，R_2=1.00 kΩ。这时如果输出数字量为80H，则D/A正常时，输出模拟电压应为12.8 V，经分压后为12.8 mV。输入A/D的IN5后，经转换再变回80H，与原输出数字量相同。

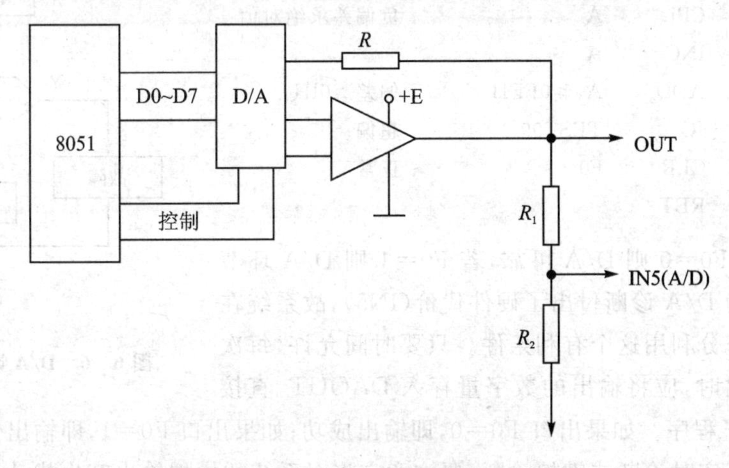

图6-5 D/A诊断电路

进行D/A诊断时，可选择3个数字量进行测试，例如0F0H，80H和10H，分别代表3个输出范围。由于A/D转换中要进行校正运算，有可能出现四舍五入的误差，故应允许有01H的出入。诊断流程如图6-6所示。程序如下：

```
DAC       EQU       0A000H              ；D/A芯片的地址
IN5       EQU       0EFF5H              ；IN5的地址
DAOUT     DATA      49H                 ；D/A输出量的存放单元

TEST9:    MOV       DAOUT,#0F0H         ；高端诊断
          LCALL     TEST90
          JB        F0,TEST99
          MOV       DAOUT,#80H          ；中端诊断
          LCALL     TEST90
          JB        F0,TEST99
          MOV       DAOUT,#10H          ；低端诊断
TEST90:   SETB      F0                  ；诊断标志初始化
          MOV       DPTR,#DAC           ；D/A地址
          MOV       A,DAOUT
          MOVX      @DPTR,A             ；D/A输出
```

```
            ACALL   TIME          ；等待
            MOVX    @DPTR,A       ；重复输出
            ACALL   TIME          ；等待
            MOV     DPTR,#IN5     ；A/D 地址
            MOVX    @DPTR,A       ；启动 A/D
            ACALL   TIME          ；等待
            MOVX    A,@DPTR       ；读 A/D 结果
            LCALL   CORREC        ；校正
            CLR     C
            SUBB    A,DAOUT       ；求偏差
            JNC     TEST92
            CPL     A             ；负偏差求绝对值
            INC     A
TEST92：    ADD     A,#0FEH       ；偏差>01H?
            JC      TEST99        ；超偏
            CLR     F0            ；正常
TEST99：    RET
```

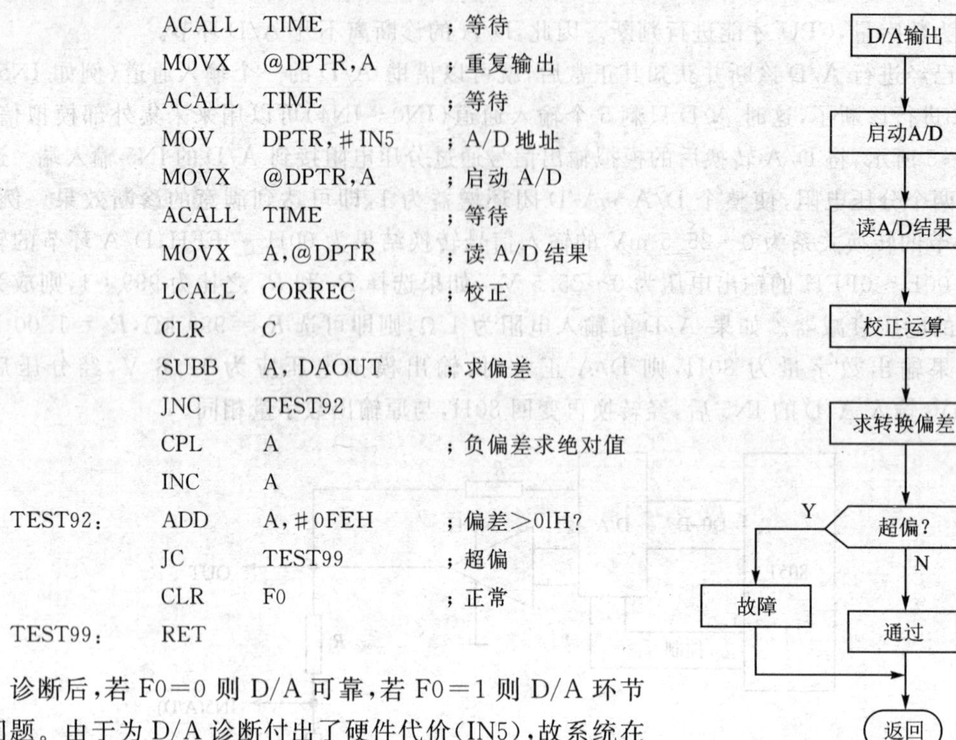

图 6-6　D/A 诊断流程图

诊断后，若 F0=0 则 D/A 可靠，若 F0=1 则 D/A 环节有问题。由于为 D/A 诊断付出了硬件代价(IN5)，故系统在正常工作时应充分利用这个有利条件。只要时间允许，每次进行模拟量输出时，应将输出的数字量存入 DAOUT，直接调用 TEST90 子程序。如果出口 F0=0，即输出成功；如果出口 F0=1，即输出失败。另外，本诊断过程如用于定时诊断或键控诊断，要注意它将对系统的模拟输出产生扰动，如果这种扰动是可以接受的，则在进行 D/A 诊断前要将原来的真实输出量保护起来，可用如下过程代替：

```
PUSH    DAOUT
LCALL   TEST9
POP     DAOUT，
```

然后再根据 F0 标志来判断诊断结果，接着应将原输出量再输出一次，恢复系统真实状态。

6.1.6　数字 I/O 通道的诊断

单片机系统中的键盘、数字显示、报警输出信号和各外部设备的驱动信号等均属数字信号。由于输入的诊断需要驱动信号，输出的诊断需要用输入来检测，如果每个输入/输出都要求自动诊断，则系统硬件 I/O 资源将被耗空。除特别重要者外，数字 I/O 通道的诊断不采用由单片机自动得出诊断结论的方法，而广泛采用与操作者合作的方式进行诊断。诊断模块进行一系列预定的 I/O 操作，操作者对这些 I/O 操作的结果进行验收，如果一切都与预定的结果一致，则操作者可以信任其 I/O 通道的功能；如果有某些预定的 I/O 操作不能完成或有差错，则应对有关的 I/O 通道进行检修。

1. 数字显示功能的诊断

几乎所有的单片机应用系统都有数字显示功能，高级一些的系统还配有 CRT 显示部件。

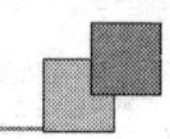

它是单片机系统的重要部件，在一些较简单的智能仪表中，甚至是唯一的输出部件。对它必须进行诊断，只有诊断通过后，才能相信它显示的内容。

数显装置显示的内容有数字、小数点、提示符和负号等。凡是系统可能用到的显示内容，均应进行诊断。通常数显的诊断过程又称为自检显示过程，由于只有操作者才知道显示结果是否正常，故这个过程必须有操作者在场才有意义，因而自检显示仅在上电自检和键控自检中进行，在定时自动诊断过程中不必进行。

设某单片机系统配备有5位数码管，采用串行显示方式，其驱动程序请参阅第4章有关内容。缓冲区的内容有如下约定（通过笔型表的安排来实现）：00H～09H对应数码0～9，0FH为熄灭，0AH～0EH为各种提示符号。自检显示过程如下：

```
DSBUFS   EQU    5BH            ；显示缓冲区首址
DSBUF0   DATA   5BH            ；万位显示内容存放单元
DSBUF1   DATA   5CH            ；千位显示内容存放单元
DSBUF2   DATA   5DH            ；百位显示内容存放单元
DSBUF3   DATA   5EH            ；十位显示内容存放单元
DSBUF4   DATA   5FH            ；个位显示内容存放单元
XSDS     DATA   2AH            ；小数点控制单元
XSD0     BIT    XSDS.0         ；万位小数点控制标志(0:熄灭;1:点亮)
XSD1     BIT    XSDS.1         ；千位小数点控制标志(0:熄灭;1:点亮)
XSD2     BIT    XSDS.2         ；百位小数点控制标志(0:熄灭;1:点亮)
XSD3     BIT    XSDS.3         ；十位小数点控制标志(0:熄灭;1:点亮)
XSD4     BIT    XSDS.4         ；个位小数点控制标志(0:熄灭;1:点亮)

TESTDS:  MOV    XSDS,#0        ；不显示小数点
         MOV    R5,#0FFH       ；从0开始
TESTD1:  INC    R5
         MOV    DSBUF0,R5      ；缓冲区赋值
         MOV    DSBUF1,R5
         MOV    DSBUF2,R5
         MOV    DSBUF3,R5
         MOV    DSBUF4,R5
         LCALL  DISPLA         ；输出
         LCALL  TIMES5         ；延时0.5 s左右
         CJNE   R5,#9,TESTD1   ；到9为止
         MOV    XSDS,#1        ；小数点从万位开始
TESTD2:  LCALL  DISPLA
         LCALL  TIME5
         MOV    A,XSDS
         RL     A              ；小数点移1位
         MOV    XSDS,A
         CJNE   A,#20H,TESTD2
         MOV    R1,# DSBUFS+4  ；从个位开始熄灭
```

```
TESTD3： MOV     @R1,＃0FH
         LCALL   DISPLA                ；熄灭1位
         LCALL   TIME5
         DEC     R1
         CJNE    R1,＃ DSBUF－1,TESTD3  ；全部熄灭?
         MOV     DSBUF0,＃0EH           ；在“万”位显示各种提示符号
TESTD4： LCALL   DISPLA
         LCALL   TIME5
         DEC     DSBUF0                ；更换提示符
         MOV     A, DSBUF0
         CJNE    A,＃0AH,TESTD4         ；显示完全部提示符
         RET
```

该自检显示程序执行后，操作者应观察到如下过程：

① 显示数码00000，且不带小数点，隔0.5 s左右变为11111，再变为22222，直到变为99999。

② 最高位(万位)出现小数点，显示内容变成9.9999；然后这个小数点开始右移，使内容变成99.999，当变成99999.以后个位就熄灭了。

③ 十位也熄灭，直到全部熄灭。

④ 在最高位出现一个提示符号。

⑤ 再换一个提示符号，最后停在编码为0AH的提示符号上，结束自检显示。

执行上述过程后，CPU没有任何诊断结果，结论全由操作者根据显示效果来作出。

2. 打印机的诊断

不少单片机系统接有各种类型的微型打印机，用来输出各种信息。对打印机的诊断主要是验证其功能是否正常，不一定非要对其全部字符库进行打印诊断。最常采用的做法是：让打印机启动→走纸2～3行→打印一段开工信息→再走纸2～3行→回车→关闭打印机。这段开工信息可以是系统名称，如“×××单片机控制系统”，也可以是日期等。如能正确执行上述过程，则打印系统是可信的。

由于打印机种类不同，所以驱动程序各异。设某系统的打印机驱动子程序名为PR，入口参数为累加器的内容。当其值小于80H时，按ASCII字符打印；大于或等于80H时，按点阵图形(包括汉字)处理。下面为一段诊断程序，先走纸2行，再打印开工信息HELLO，再回车走纸2行。

```
TESTPR： LCALL   PRCR                  ；回车走纸2行
         LCALL   PRCR
         MOV     DPTR,＃HELLO           ；打印开工信息
PRN：    CLR     A
         MOVC    A,@A＋DPTR
         CJNE    A,＃0DH,PRN1
         LCALL   PRCR                  ；再回车走纸2行
         LCALL   PRCR
```

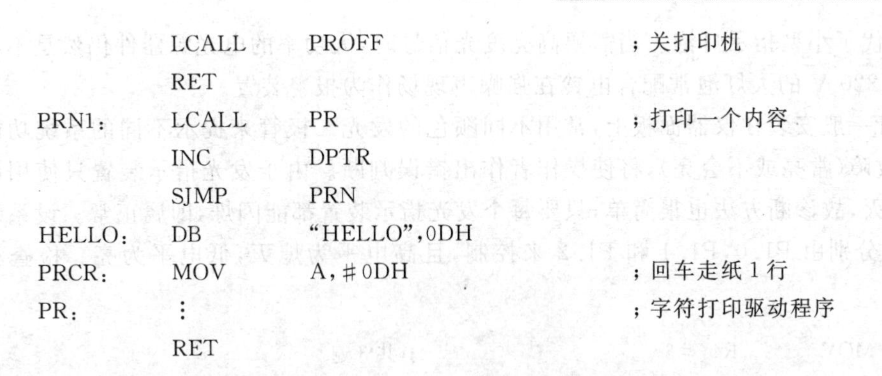

```
        LCALL   PROFF           ；关打印机
        RET
PRN1：  LCALL   PR              ；打印一个内容
        INC     DPTR
        SJMP    PRN
HELLO： DB      “HELLO”,0DH
PRCR：  MOV     A,＃0DH         ；回车走纸1行
PR：    ：                      ；字符打印驱动程序
        RET
```

3. 音响报警装置的诊断

音响报警装置有电喇叭、蜂鸣器(压电陶瓷)和电铃等种类。电喇叭发声响亮,音域宽广,可进行各种不同音调的控制。通过编程,可用来进行报警、操作提示等,适合有噪声的场合,如工厂车间等。蜂鸣器声音较小,音域窄,但驱动功率很小,适合于各类便携式智能仪表。电铃主要用于报警。

对于电喇叭的诊断,常让它表演一段预定的音乐旋律,如能正常唱出来(音量足够,不跑调),便可对它放心。对于蜂鸣器的诊断,为提高换能效率,驱动频率一般固定在其共振频率左右,常用输出方波来控制发声长短和间隔,以便区别不同的报警提示功能。电铃的诊断与蜂鸣器相似,但需要控制强电,输出功率较大。下面介绍一段驱动蜂鸣器的诊断程序。P1.6 输出间断音频方波,通过驱动电路使压电陶瓷发出三声音响,以验证其工作正常。

```
BUZZ     BIT     P1.6           ；蜂鸣器输出控制端口(0：响；1：停)

TESTBP： LCALL   BEEP           ；共响三声
         LCALL   BEEP
BEEP：   CPL     BUZZ           ；响一声
         LCALL   TIME5          ；延时 0.5 s
         SETB    BUZZ           ；停
TIME5：  MOV     R7,＃5         ；延时 0.5 s
TIME1：  MOV     R6,＃100
TIME2：  MOV     R5,＃249
TIME3：  DJNZ    R5,TIME3
         DJNZ    R6,TIME2
         DJNZ    R7,TIME1
         RET
```

当系统使用 6 MHz 晶体时,上述程序将发出三声音响,每响持续 0.5 s,间隔 0.5 s。该程序同时提供两个子程序:一个是延时 0.5 s 的子程序,标号为 TIME5;另一个是响一声的子程序,标号为 BEEP。当响完一声后,应及时关闭驱动电路(使驱动晶体管截止),以减小驱动电路的功耗。

4. 发光指示装置的诊断

发光指示装置常用发光二极管(LED)和信号指示灯两类元件。发光二极管功耗小、寿命长,已经完全取代了小型指示灯泡。当需要高亮度光信号时,大功率的电光源器件仍然是不可取代的选择,如220 V的大灯泡常配合电铃在强噪声现场作为报警装置。

发光二极管一般安装在仪器面板上,常用不同颜色的发光二极管来提示不同的系统功能状态。若出现故障(常亮或不会亮),将使操作者作出错误判断。由于发光指示装置只使用两个状态,即亮和灭,故诊断方法也很简单,只要每个发光指示装置都能闪烁,即属正常。设系统共有3个LED,分别由P1.0,P1.1和P1.2来控制,且高电平为熄灭,低电平为亮。检查程序如下:

```
TESTLD:  MOV    R4,#3              ;共3遍
LED:     MOV    R2,#0FEH           ;控制字初始化
         ORL    P1,#07H            ;全灭
LED0:    MOV    A,R2
         ANL    P1,A               ;某LED亮
         LCALL  TIME5              ;延时0.5 s
         CPL    A
         ORL    P1,A               ;灭
         CPL    A
         RL     A                  ;换一个LED
         MOV    R2,A
         LCALL  TIME5              ;延时0.5 s
         CJNE   R2,#0F7H,LED0      ;3个闪完1遍
         DJNZ   R4,LED             ;3遍闪完
         RET
```

上述程序使3个发光装置轮流亮灭3次,以便操作者能确认无误。

5. 键盘的诊断

有时操作者的指挥失灵,不一定是系统有别的问题,完全有可能是键盘本身失灵,使系统不能取得操作者的控制命令。键盘诊断功能可以使操作者很快作出判断:问题是出在键盘上还是与键盘无关。

键盘的功能是:操作者按下键后,应向CPU提供唯一对应的信息,只要CPU已取得这个信息,以后的事就与键盘无关了。因此,诊断的方法是:CPU每取得一个键盘信息,就签署一份“收据”,如果每次操作键盘都能得到“收据”,则键盘即属可靠。最常采用的“收据”就是一声短促的声响,使每一次按键都能听到一声响。当按某键听不到响声时,就可以判断键盘系统出了故障。如果单个键不响,则往往是接触不良;如果是某排键不响,则一定与对应系统的键扫描电路有关;如果全不响,则键盘扫描系统已经瘫痪或者系统监控程序已经瘫痪。

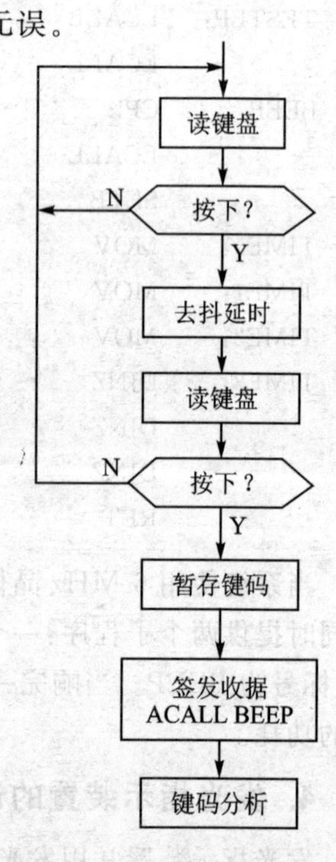

图6-7 键盘诊断方法

前面已经提供了蜂鸣器的子程序,只要将它插入监控程序中的键盘分析流程中即可,如图6-7所示。有了这个措施之

后，键盘诊断就不必包含在自诊断功能模拟中了，而是自始至终存在，有利于操作者及时发现问题。

6.1.7 硬件自诊断模块

上面介绍了常用的硬件诊断方法，在进行硬件诊断时，应根据系统的实际需要，选择若干项目组成一个硬件自诊断模块。对于CPU能自动作出诊断结论的项目，应进行故障编码；当该项目已经查出问题时，便可将对应的编码以预先约定的形式输出，供维修参考。对于有CRT显示的系统，当然可以显示得更详细些；而对一般仅有几位数码显示的系统，最常采用“Err××”的显示方式来指明故障类型。对于CPU本身不能诊断的故障，虽不参加故障编码，但自诊断功能模块还应执行相应自检程序，有否故障，由操作者去观察判断。设某系统要进行的诊断项目如表6-1所列。

表6-1 自诊断项目及故障编码

项目	CPU	ROM	RAM	A/D	D/A	数码管	LED	蜂鸣器	打印机
编码	01H	02H	03H	04H	05H	—	—	—	—

诊断程序如下：

```
TEST：    LCALL   TEST1          ；指令诊断
          JNZ     ERRCPU         ；出错
          LCALL   TEST3          ；片内RAM诊断
          JB      F0,ERRCPU      ；出错
          LCALL   TEST4          ；定时器诊断
          JB      F0,ERRCPU      ；出错
          LCALL   TEST5          ；中断诊断
          JNB     F0,TEST00
ERRCPU：  MOV     A,#1           ；CPU出错
          SJMP    ERRDIP
TEST00：  LCALL   TEST6          ；ROM诊断
          JZ      TEST01
          MOV     A,#2           ；ROM出错
          SJMP    ERRDIP
TEST01：  LCALL   TEST7          ；RAM诊断
          JNB     F0,TEST02
          MOV     A,#3           ；RAM故障
          SJMP    ERRDIP
TEST02：  LCALL   TEST8          ；诊断A/D
          JNB     F0,TEST03
          MOV     A,#4           ；A/D故障
          SJMP    ERRDIP
TEST03：  PUSH    DAOUT
          LCALL   TEST9          ；D/A诊断
          POP     DAOUT
```

```
          MOV     DPTR,# DAC          ;恢复原D/A输出
          MOV     A,DAOUT
          MOVX    @DPTR,A
          JNB     F0,TEST04
          MOV     A,#5                ;D/A故障
          SJMP    ERRDIP
TEST04:   LCALL   TESTDS              ;自检显示
          LCALL   TESTLD              ;信号灯自检显示
          LCALL   TESTBP              ;音响自检
          LCALL   TESTPR              ;打印机自检
          RET                         ;硬件诊断结束
ERRDIP:   CLR     EA                  ;关中断,显示故障类型
          MOV     DSBUF0,#0BH         ;E的编码
          MOV     DSBUF1,#0CH         ;r的编码
          MOV     DSBUF2,#0CH         ;r的编码
          MOV     DSBUF3,#0FH         ;十位熄灭
          MOV     DSBUF4,A            ;故障编码(个位)
          LCALL   DIPLA               ;显示输出
STOP:     LCALL   BEEP                ;断续声响报警
          SETB    LED                 ;闪烁光信号报警
          LCALL   BEEP
          CLR     LED
          SJMP    STOP                ;故障报警为死循环
```

这个诊断模块可以为上电过程调用,也可以为键控诊断调用。如果作为定时自诊断功能模块,则应去掉最后的4个自检项目,以免造成周期性的输出扰动,影响系统正常运行。

当自诊断模块检测出硬件故障后,在显示出故障类型编码的同时进行声光报警。为使故障及时得到排除,该模块中,已将中断关闭,并以声光报警作为死循环的唯一任务,直到引起操作者的注意,操作者查看故障类型编码后,只有关机才能停止声光报警。经过维修,若故障确已排除,才能顺利通过自诊断这一关。如果系统的I/O通道中有重要设备,则在进入声光报警死循环前,应执行一段善后处理程序,将各I/O通道设置成安全状态,避免事故扩大,引起不良后果。

6.2 人机界面的容错设计

单片机应用系统除和各种物理量打交道外还要和人打交道,从操作者那里得到各种控制命令和控制参数,将各种结果(包括中间结果)输出给操作者。单片机系统和人打交道的部分称为人机界面,它由硬件(键盘、开关、按钮、光笔、鼠标、信号灯、数码显示、CRT和打印机等)和相应的软件组成。

同一个单片机系统,熟练的操作者认为该系统很正常;而一个不太熟练的操作者会认为该系统不好使唤,老是出差错,很难伺候。出现这种现象的主要原因就是该系统的人机界面设计不佳,或曰不友好。人机界面的硬件部分往往是比较固定的,因此,主要改进的方向应放在软

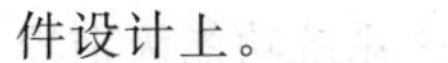

件设计上。

实践经验告诉我们,很多错误往往是人为因素造成的。所谓熟练操作者,实质上就是指那些在与单片机系统打交道的过程中很少发生人为错误的操作者,他们与单片机系统配合默契,使单片机系统能正常工作。一个友好的人机界面应有如下特点:只需要短时间训练就能顺利操作,即使操作中出现失误也不会引起事故;还能及时给操作者以帮助(进行操作功能提示),简化操作过程,为操作者提供更正错误的机会;其输出的信息清楚明白,不易引起误解。另外,对于某些重要操作,人机界面如能提供某些安全保护功能,则该系统的人机界面是安全的。友好性和安全性的设计前提都是"操作者的操作有误"。若操作者的操作一切正常,那么再不友好的人机界面也同样可以使系统正常运行,故人机界面的友好性和安全性设计属于"容错设计"的内容之一。

6.2.1 输入提示功能的设计

单片机系统的监控程序是完成人机界面功能的软件主体。监控程序一般由"输入键盘信息、分析和执行"几个环节组成。如果一切操作正常,当然这三个环节都会顺利通过;如果操作不正常,其后果全看软件的"容错能力"了。本着"预防为主,医治为辅"的原则,首先要尽可能减少误操作,真要出现误操作,总不是好事,这和没有能治好一切病的大夫一样,也没有绝对的"容错设计"。预防误操作的有力手段就是"提示功能"。单片机系统应在任何时刻都提供某种提示功能,告诉操作者现在单片机系统正在做什么,操作者应该做什么或者可以做什么。

对于比较高级一些的单片机系统,一般都配置有CRT装置,可以很方便地将各种信息都显示出来,还可以用图形显示的方式形象地将整个工艺流程显示出来,一目了然;同时,可以将各种运行参数、操作提示菜单一并显示出来。

对于中小型应用项目,不一定配备CRT或大屏幕液晶屏。这时,为了加强操作提示功能,确实要做不少努力。常采用的措施是在每一个按键、开关上(或旁边)注明其功能,这一点大家都知道。但有时键盘按键数目有限,而要完成的操作种类较多,就必须采用一键多义的方案。这时就要在一个按键上注上两种或三种功能名称,在这种情况下,必须增加其他提示功能才行。

若利用其中一个键作SHIFT键,就可配合其他功能键,实现一键二义功能。但操作时要双手一起来,不很方便。若将其中一个键作上下挡切换键,再配合发光二极管来指示当前有效键的范围(上、下挡功能),同样可以实现一键二义,且不必双手操作,但要增加辅助指示灯。这时最好将上、下挡的功能提示用不同颜色文字书写,且其颜色与提示发光二极管颜色一致。为方便普通操作者,各种提示文字最好用中文书写,使提示功能明白无误。以上提示功能是固定的,仪器设备的面板做好后,也就定下来了,属于"静态提示功能"。

还有一种常用的提示方式:将当前系统的状态或对操作者的要求以某种约定的方式在显示装置中显示中来,这就是提示符。随着系统状态变化,提示符也不断变化,以提示操作者进行对应操作,这属于"动态提示功能"。对于本身不带笔型译码驱动电路的数码管,将它的各笔画按需要组合成各种提示符,并将对应的笔型码编入笔型表中,就可以供显示使用了。常用的七笔型共阳(或共阴)数码管,配合74LS164就能方便地实现这一功能。理论上它有256种显示方式,其中不乏适用的提示符,如一,P,A,U和E等。

如果没有CRT或大屏幕液晶屏,就不能分级显示菜单,只能提示当前状态级别,故其提示功能是有限的。如果系统比较简单,级别层次较少,一般也可以对付。如果系统功能级别较多,则应有一份操作示意图供用户使用,图中注明在某种提示符下有几种操作选择,每种操作的用途等。当静态提示功能不足时,要加强提示符功能,提示符功能的实现要和显示功能模块的设计结合进行。

有一台智能仪器,具有很多测量计算功能,在正式测量计算前需要输入5个参数,系统按这5个参数来进行工作。该仪器只配置16个键(4×4),当各项功能被分配时,输入这5个参数的命令键只分配到半个键(某一键的上挡),不可能为每一个参数单独分配一个命令键。在这里,静态提示功能是很不充分的,为此,先设计5个提示符:C1,C2,C3,C4和C5,分别表示"请输入第×个参数";然后顺序输入这5个参数,每输入完一个参数就换一个提示符,直到这5个参数完全输入为止。如果这5个参数有明显的物理差别,则提示符可以设计得更直观些,其提示功能也更明确,如电压参数可用U提示符,电流参数可用I提示符,压力参数可用P提示符以及频率参数可用F提示符等。使用提示符后,为保证数据显示的精度,必须相应增加数码管的位数,这一点在硬件电路设计时要事先考虑到。对于自带笔型译码驱动电路的液晶数码管,其能显示的字型有限,很难用来显示提示符。这时可另外配合发光二极管来提示,不同的发光二极管提示不同的功能状态,但这种方案要占用不少输出端口。只用少数几个发光二极管,通过它们之间的不同组合和闪烁方式,也能提示较多的状态,但直观性差。

6.2.2 数据输入的容错设计

参数输入过程可分为三个阶段:第一阶段为接收输入命令,使系统进入输入准备状态,通常由某一个输入命令键来完成;第二阶段为输入参数过程,由操作一系列数值键(包括小数点键和负号键)来完成;最后阶段为结束输入,通常由回车键或其他非数值键来完成,这时计算机将刚才输入的数据正式存入相应的参数区中。

一个没有容错能力的输入模块设计方案如图6-8所示。在监控程序中,读得有效键码后散转到各对应的执行程序入口,与输入功能有关的键为输入命令键、数值键和回车键。

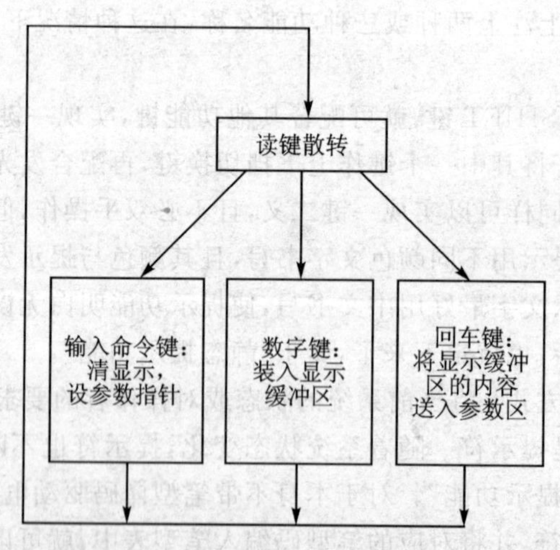

图6-8 没有容错功能的输入模块

① 输入命令键的处理过程:将显示缓冲区(或输入缓冲区)清零,准备接受输入的新数据;设立参数指针,指明输入参数的存放地址。

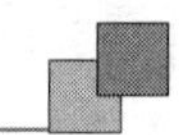

② 数值键的处理过程：对于0～9这10个数码键，从低位加入显示缓冲区（或输入缓冲区），缓冲区中的原数据连同小数点一起左移十进制一位；对于小数点键，将其安放在最低位；对于负号键，则改变缓冲区数据的符号。

③ 回车键处理：将显示缓冲区（或输入缓冲区）中的现有数值按参数指针存放到参数区中，完成输入过程。

只要认真操作，这样设计的输入模块完全可以正确地输入参数。但是，在实际工作中这三个阶段都有可能出现误操作，输入模块必须考虑到这一点。有可能一开始就属误操作，当前并不想输入这个参数，但不小心碰到了这个键，进入了输入状态。在第二阶段，正常情况下只能操作数码键（包括负号键和小数点键），如果这时不小心碰了其他键，怎么办？如果定义只有回车键为输入结束键，则在第二阶段中就不应理会其他键；如果没有回车键，其他功能键往往就是结束输入的命令键。按下结束输入键（或回车键）进入第三阶段后，刚才输入的数据很可能不合理，如出现两个小数点、数据太大或太小，或者该数据本身虽然没有问题，但和其他数据有矛盾等，这时就应向操作者提出报警，要求更正。

为保证系统有一个基本正常的运行环境，所有参数均应在程序中保留3个值：最大值、最小值和典型值。在系统上电初始化过程中，所有参数均按典型值进行赋值，不能空缺不赋值。当输入过程失败（一个无经验的操作者很容易将系统参数弄乱）后，仍可恢复典型值。系统运行中，某参数需要不断调整，当输入失败后仍应恢复被修改前的原数值。

设INP为输入状态标志，INP＝0为非输入状态，INP＝1为输入状态；设SETTING为修改标志，SETTING＝0为数据尚未修改，SETTING＝1为数据已被修改过；设PN为数符标志，PN＝0为正，PN＝1为负；设要修改的参数为频率，该参数用2字节的BCD码存放在FH和FL中，其最大值为8 000 Hz，最小值为200 Hz，典型值为1 000 Hz，调节步距为25 Hz（即输入的频率参数必须为25的整数倍）。频率提示符为F，其代码为0DH，存放在TSF中。该数码键0～9的键码分别对应于00H～09H，小数点的键码为0AH，负号的键码为0BH。加入容错措施之后，各键码的处理过程如下。

1. 输入命令键的处理过程

首先判断目前状态，如果不是输入状态，则可以进入输入状态（实际还可能需要做其他检查，判断当前是否允许输入参数）；之后就可以做一系列的输入准备工作：置位输入标志，用于说明系统进入输入状态；建立参数指针，用于说明目前待输入的参数在何处存放；按参数指针将参数的当前值送入显示缓冲区，使操作者在开始输入新值前，可以知道当前值，这对操作者是有利的；最后清除修改标志，说明目前显示缓冲区中的数值与参数的当前值一样，尚未被修改过。做完这几项准备工作后即完成输入的第一阶段，可以进入第二阶段。如果已经是输入状态了，就说明在这之前已经按过输入命令键（监控中已有防连击措施）。这时就检查修改标志，如果已经修改过，则这次命令键可以不予理会，也可以和回车键同等看待，作为结束命令，两种方式可以任选；如果尚未修改过，则说明操作者在前一次按输入命令键之后并未输入任何数据，甚至手指都没有离开过这个键，接着再次按下它。在这种情况下就可以直接清除输入标志，退出输入状态。这种安排有两个目的：如果是误操作，再按一次便可原地退回，不影响参数的数值；如果是有意按下，则提供了查询功能，操作者按下某参数的输入命令键后，该参数便显示出来,看完后再按一下便退出输入状态,达到查询的目的。输入命令键的处理程序流程图如图 6-9 所示。

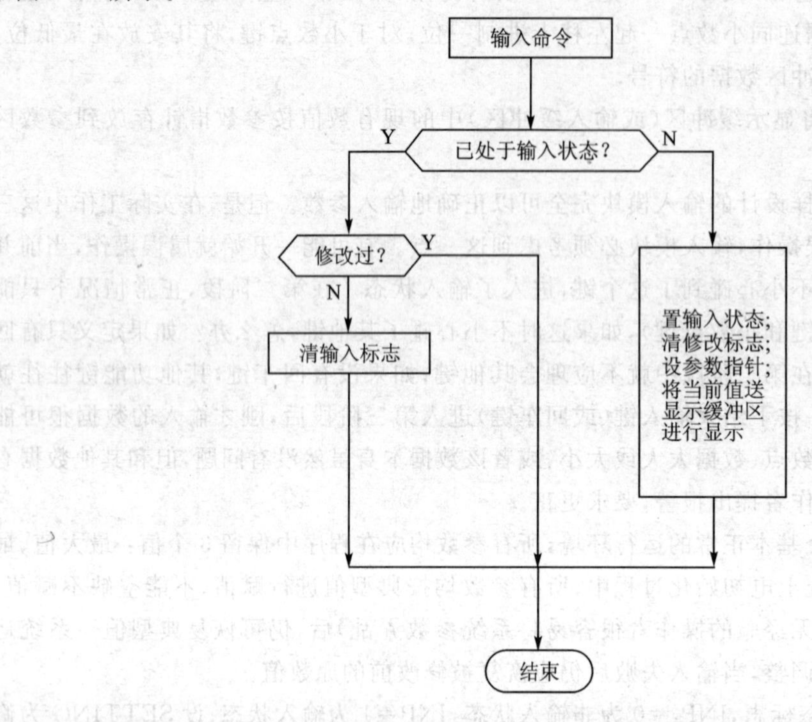

图 6-9 输入命令键的处理程序流程

程序如下:

```
INP         BIT     2EH.6       ;输入状态标志(0:非输入状态;1:输入状态)
SETTING     BIT     2EH.5       ;修改状态标志(0:未修改状态;1:已修改状态)

DSBUFS      EQU     5BH         ;显示缓冲区首址
DSBUF0      DATA    5BH         ;万位显示内容存放单元
DSBUF1      DATA    5CH         ;千位显示内容存放单元
DSBUF2      DATA    5DH         ;百位显示内容存放单元
DSBUF3      DATA    5EH         ;十位显示内容存放单元
DSBUF4      DATA    5FH         ;个位显示内容存放单元

XSDS        DATA    2AH         ;小数点控制单元
XSD0        BIT     XSDS.0      ;万位小数点控制标志(0:熄灭;1:点亮)
XSD1        BIT     XSDS.1      ;千位小数点控制标志(0:熄灭;1:点亮)
XSD2        BIT     XSDS.2      ;百位小数点控制标志(0:熄灭;1:点亮)
XSD3        BIT     XSDS.3      ;十位小数点控制标志(0:熄灭;1:点亮)
XSD4        BIT     XSDS.4      ;个位小数点控制标志(0:熄灭;1:点亮)
PN          BIT     XSDS.7      ;数据符号(0:正数;1:负数)

FSZ         EQU     60H         ;频率参数存放首址
```

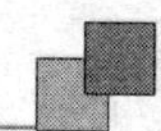

```
FH      DATA    60H             ；频率参数的高字节(BCD码)
FL      DATA    61H             ；频率参数的低字节(BCD码)
TSF     DATA    62H             ；当前提示符编码存放单元
CSP     DATA    63H             ；当前参数首址存放单元

KEYF:   JNB     INP,KEYF1       ；是输入状态?
        JB      SETTING,KEYF0   ；修改过?
        CLR     INP             ；未修改,退出输入状态,结束查询
KEYF0:  LJMP    KEYOFF          ；参数已经修改,不再处理该命令
KEYF1:  MOV     XSDS,#0         ；正整数,无小数点
        MOV     TSF,#0DH        ；提示符 F 的编码
        MOV     CSP,# FSZ       ；指向频率参数的存放首址
KEYF2:  SETB    INP             ；进入输入状态
        CLR     SETTING         ；尚未开始修改
        MOV     DSBUF0,TSF      ；万位显示提示符
        MOV     R0,CSP          ；取参数存放首址
        MOV     A,@R0           ；取参数当前值的高字节
        SWAP    A
        ANL     A,#15
        MOV     DSBUF1,A        ；千位
        MOV     A,@R0
        ANL     A,#15
        MOV     DSBUF2,A        ；百位
        INC     R0
        MOV     A,@R0           ；取参数当前值的低字节
        SWAP    A
        ANL     A,#15
        MOV     DSBUF3,A        ；十位
        MOV     A,@R0
        ANL     A,#15
        MOV     DSBUF4,A        ；个位
        LJMP    KEYOFF          ；处理结束
```

这一段程序是监控程序的一部分，当按下“输入频率”的命令键后，键盘解释程序便散转到标号为 KEYF 的地方。标号 KEYOFF 是所有键盘处理模块的汇合点。

如果按下其他输入命令键，则其处理方法与按下“输入频率”命令键基本相同，差别在于标号 KEYF1～KEYF2 之间的三条初始化指令，即不同的参数有不同的小数点位置、提示符和参数存放地址。从 KEYF2 开始，为所有输入命令共同的执行部分。其他参数输入命令的解析程序在执行完自己的初始化指令以后，执行一条“LJMP KEYF2”指令，执行公共的显示初始化过程。

2．数值键的处理过程

首先进行状态判断，如果不是输入状态，则不予处理(或进行各自对应的上挡功能处理)；

如果是输入状态,就检查"修改标志"。如果输入状态尚未修改过,则说明这是输入的第一个数值键,应先将显示缓冲区清零,再填入第一个数值到个位;如果输入状态已经修改过,且输入的是数码键,则将显示缓冲区的内容左移十进制一位,空出个位后填放刚才输入的数值。如果是小数点键,则数值内容不变,只将个位的小数点点亮;如果是负号键,则改变数符。其输入过程和使用袖珍计算器一样。执行程序流程如图 6-10 所示。

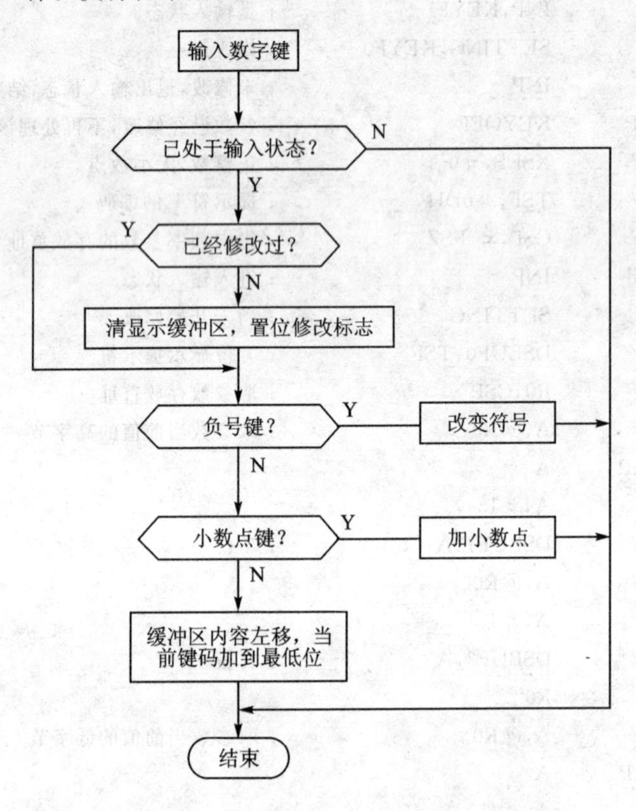

图 6-10 输入数字键的处理过程

程序如下:

```
KEYDIG: JNB   INP,KEYDGE          ; 输入状态?
        JB    SETTING,KEYDG0      ; 修改过?
        CLR   A                   ; 清显示缓冲区内容(保留提示符)
        MOV   DSBUF1,A
        MOV   DSBUF2,A
        MOV   DSBUF3,A
        MOV   DSBUF4,A
        SETB  SETTING             ; 置位"修改标志"
KEYDG0: CJNE  A,#0BH,KEYDG1       ; 负号键?
        CPL   PN                  ; 改变符号
        LJMP  KEYOFF              ; 处理完毕
KEYDG1: CJNE  A,#0AH,KEYDG2       ; 小数点键
        SETB  XSD4                ; 个位加小数点
```

```
          LJMP    KEYOFF            ；处理完毕
KEYDG2：  XCH     A，DSBUF4         ；数字键，插入最低位
          XCH     A，DSBUF3         ；顺次左移
          XCH     A，DSBUF2
          MOV     DSBUF1，A         ；到千位为止，保留提示符
          MOV     A，XSDS
          MOV     C，PN             ；保存数符
          RR      A                 ；小数点位置移一位
          ANL     A，#1EH           ；小数点只有4个有效位置
          MOV     PN，C             ；恢复数符
          MOV     XSDS，A
KEYDGE：  LJMP    KEYOFF            ；处理结束
```

3. 回车键(输入结束)的处理过程

首先判断当前是否处于输入状态，若不是输入状态，则不予处理；若是输入状态，再判断是否修改过(输入过)参数，若未修改过，则清除输入标志即可。这相当于一次查询功能或者对当前参数值表示认可。若已经修改过参数值，就要对修改后的参数值作一系列审查。审查合格后，就将新输入的数值存入参数区，更新该项参数。若审查不合格，则不更新参数，以保护原参数不被冲去，并提出告警，然后重新启动一次输入，提供更正的机会。审查项目最少有3项：数据格式(小数点位置等)、最大值和最小值。有时还要进行其他的约束条件(或相关条件)的审查，本例中要进行步距审查。程序流程如图6-11所示。

程序如下：

```
KEYCR：   JNB     INP，KEYCR0       ；输入状态？
          JB      SETTING，KEYCR1   ；修改过？
          CLR     INP               ；结束查询
KEYCR0：  LJMP    KEYOFF            ；结束处理
KEYCR1：  MOV     A，XSDS
          JNZ     AGAIN             ；非正整数无效
          MOV     A，DSBUF1         ；取千位
          JNZ     KEYCR2            ；超过1 000 Hz？
          MOV     A，DSBUF2         ；取百位
          ADD     A，#0FEH
          JNC     AGAIN             ；小于200 Hz无效
          CLR     A
KEYCR2：  ADD     A，#0F8H
          JC      AGAIN             ；大于8 000 Hz无效
          MOV     A，DSBUF3         ；十位和个位拼接
          MOV     B，#10
          MUL     AB
          ADD     A，DSBUF4
          MOV     B，#25
```

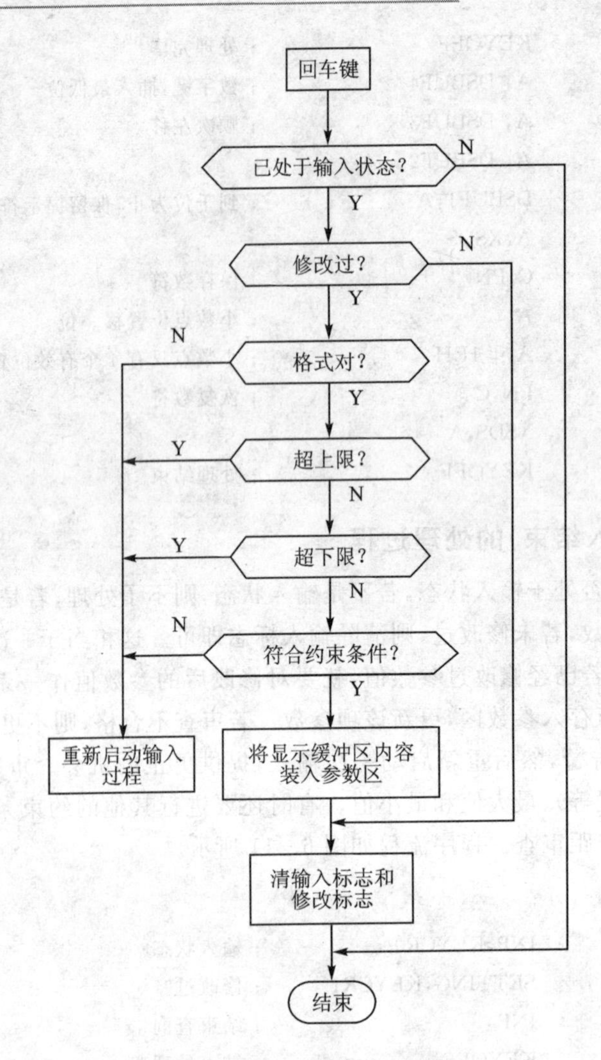

图 6-11 回车键的处理过程

```
        DIV     AB              ;能否被 25 整除?
        MOV     A,B
        JNZ     AGAIN           ;有余数,无效
        MOV     R0,CSP          ;取参数指针
        MOV     A,DSBUF1        ;拼装千位百位 BCD 码
        SWAP    A
        ORL     A,DSBUF2
        MOV     @R0,A           ;存入频率参数区高字节
        INC     R0
        MOV     A,DSBUF3        ;拼装十位个位 BCD 码
        SWAP    A
        ORL     A,DSBUF4
        MOV     @R0,A           ;存入频率参数区低字节
        CLR     INP             ;清输入标志和修改标志
        CLR     SETTING
```

```
        LJMP    KEYOFF          ；处理结束
AGAIN：  LCALL   BEEP            ；告警
        LCALL   BEEP
        LJMP    KEYF1           ；重新输入
```

采用以上容错设计后，操作者便会觉得该单片机系统比较友好，对操作者要求不高，操作者的心理状态也可以放松。而没有容错能力的系统对操作要求十分严格，不准按错一次，势必使操作者处于高度紧张的心理状态，结果反而增加了出错的机会，使人感到单片机系统很不友好。在以上设计过程中，为了说明容错方案的实施办法，将问题作了简化，只考虑了一个参数的输入过程。如果真的只有一个参数，也就不必设定参数指针 CSP，程序可以进一步化简。实际场合往往有多个参数需要输入，一种情况是面板上有多个参数输入命令键，需要输入哪个参数就用哪个键来启动输入过程。这时，就要对各键分别编写各自的启动程序(像 KEYF 程序一样)，如果各参数的数据结构(定点字节数，小数点位置等)相同，就可以分别对参数指针赋值后，进入共同的启动过程。如果各参数的数据结构不同，实现起来就要麻烦些，还不如各自独立编程好。在回车键的处理过程中，因为各参数的审查条件不同，可根据参数指针分别进行各自的审查验收过程。在面板上只有一个参数输入键，在需要输入若干个不同参数的情况下，可将各参数进行编号。参数输入键启动 1 号参数的输入过程，1 号参数结束后(接回车键)并不退出输入状态，而是自动启动 2 号参数的输入过程，当最后一个参数验收通过后，才结束输入过程。在这里，参数号成为控制全过程的关键。各参数的存放地址、数据格式、提示符、典型值、最大值、最小值及有无约束条件等均分别编成表格存放在 ROM 中，通过参数编号来读取。当只需要输入(或修改)其中部分参数时，启动参数输入过程后，可用回车键将不需要修改的参数放行过去；当需要修改的参数的提示符出现时，便可进行修改，之后再用回车键将后面不需要修改的参数放行过去，直到全部结束。

还有一种情况在程序设计中容易忽视，这就是参数的完备性检查。某一功能的实现，需要首先由操作者决定一组参数的值，由于这些参数在初始化时已经都赋给了典型值，按道理，人们不进行任何输入(即默认全部典型值)，该功能也可以正常执行，即所需参数是完备的。但实际情况可能不允许这样做，对于某些控制条件、检测条件等参数，必须由操作者一一输入或核实后才算有效，否则，使用未经核实的参数(即使是典型值)，可能会因为和实际情况不符而出问题。为此，在这些重大功能执行前必须进行参数完备性检查，保证每一个参数都是经过操作者修改(输入)过的，或者核实(虽未修改，但查询过)过的。这一措施本属输出功能中的容错措施范围，但必须在输入模块中建立相应的标志，给每一个参数分配一个软件标志位，在初始化时将其清零。在输入模块中，当结束某参数的输入过程(或查询过程)时，将相应的标志位置位。当功能执行模块进行参数完备性检查时，若发现某参数的标志为零，则说明该参数被操作者遗忘了，应及时提出告警，要求输入或核实该参数。

6.2.3 命令输入的容错设计

单片机系统除了从操作者那里获得各项参数外，更多的情况下是从操作者那里获得控制命令。人们总是希望单片机系统忠实听话，下什么命令就干什么活儿。但太听话了并不是好事，因为人下的命令未必都正确、适宜，对错误命令也忠实执行，绝不会有好的后果。事实证明，人在频繁的操作过程中，几乎没有不犯一次两次错的，也许就是这一两次的错误操作被忠实执行后引起了严重后果。

对命令键的解释执行程序不加任何容错措施就会设计出这种“最忠实”的、但也是最不友好的软件来。如果单片机系统能对操作者的命令进行分析,合理的就执行,不合理的就不执行,并提示其错误所在,人们就会感到这才是真正的忠实。所以命令输入的容错设计是十分重要的。

每一个命令的执行都需要若干条件,执行后也有若干反应。因此,一个命令应不应该执行,首先要检查条件是否具备。如果需要外部硬件配合,则要看这些外部硬件是否准备就绪。一句话,如果这个命令合理、适时,能顺利完成,就执行;否则就拒绝执行。

1. 软件环境检查

每个命令都有其适用的软件环境。这包括两种不同性质的信息集合。第一类是状态信息,如状态字和软件标志。每种状态下都有其允许进行的操作和禁止进行的操作。在同一状态下,某种操作是否允许进行还要由若干软件标志通过逻辑运算后才能决定。第二类是数值信息,它有大小、多少之分。某些命令是否允许执行,有时要通过对若干数据进行数值运算后才能决定,这种运算以各种范围判断为常见。时间信息也是一种数值信息,某些命令是否允许执行与时间有关,这时系统时钟的内容成为判断的依据。另外,前面已经提到,如果该命令执行需要若干参数,通过对参数的完备性检查,也可避免执行不妥当的命令。

2. 硬件环境检查

硬件环境不是指硬件故障,因为硬件故障由自诊断功能检查发现后系统将停止运行。这里的硬件环境是指硬件的状态环境,如在数控机床中,冷却泵是否运转?主轴电机是否运转?如果是双向运转,当前是正转还是反转?刀架电机是进、是退、还是停?如此等等。如果一个命令的执行要牵涉到若干外部硬件状态,则必须对这些状态进行检查判断。有些硬件的控制是开环的,没有检测手段,这时只能利用其输出暂存区中的信息来判断。这一步的检查工作常和软件标志检查一起进行,有时它们的状态本身就是软件标志。对于一些事关重大的设备,人们一般均设计有硬件检测手段,这时应通过检测通道来获取有关设备的最新状态信息,作为判断依据。通过上述检查无误后,操作者的命令方才被执行,这时出差错的可能性就小多了。

例如有一数据采集器,每次工作后均将大量数据存储在 EEPROM 中,每批数据都有起始标志和结束标志;为便于互相区分,标志中包含有该批数据采集的日期。该采集器可通过 RS-232 串行接口将数据输入通用计算机,以便进行各种数据处理。该采集器用按钮来下达通信命令,按下此键后,首先进行下列检查:

① 当前是否处于空闲状态?如果仪器正处于其他功能状态中,则不允许通信。

② 在这之前是否开始了一批新数据的采集过程?如果是,则不允许通信,即使处于暂时空闲状态也不允许通信,避免打乱数据采集的节奏。必须等采集过程全部结束后才允许通信。

③ 是否指定了数据块的日期?每次通信前必须首先输入一个日期参数,以指明需要通信的数据块。如果尚未输入日期,则不执行。

④ EEPROM 中是否有指定日期的数据块?如果没有,则不能执行通信命令。

上述 4 项检查均通过后,仪器即开始通信。若其中某一关未通过,则报警,并显示出错类型编码,提示操作者注意,并拒绝执行通信命令。通信命令键的执行程序如下:

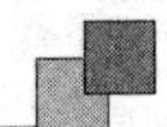

```
I          DATA    2FH              ；状态码存放单元
GET        BIT     2EH.3            ；"开始采集"标志
DATS       BIT     2EH.2            ；"日期已指定"标志
DIS        BIT     2EH.1            ；申请显示

KEYTRS：   MOV     A,I              ；取状态字
           JZ      TRANS0           ；非测量空闲期?
           MOV     A,#6             ；6#错误(忙)
           LJMP    ERROR
TRANS0：   JNB     GET,TRANS1       ；开始采集?
           MOV     A,#7             ；7#错误(采集过程未结束)
           LJMP    ERROR
TRANS1：   JB      DATS,TRANS2      ；指定日期?
           MOV     A,#8             ；8#错误(未指定日期)
           LJMP    ERROR
TRANS2：   LCALL   FUND             ；查找指定数据块
           JB      F0,TRANS3
           MOV     A,#9             ；9#错(无指定日期的数据块)
           LJMP    ERROR
TRANS3：   LCALL   TRANSF           ；执行通信命令
           LJMP    KEYOFF           ；处理完毕
ERROR：    MOV     B,#10            ；出错提示
           DIV     AB
           MOV     DSBUF4,B         ；个位
           JNZ     ERROR1
           MOV     A,#0FH
ERROR1：   MOV     DSBUF3,A         ；十位
           MOV     DSBUF2,#0CH      ；百位 r
           MOV     DSBUF1,#0CH      ；千位 r
           MOV     DSBUF0,#0BH      ；万位 E
           SETB    DIS              ；申请出错显示
           LCALL   BEEP             ；响两声
           LCALL   BEEP
           LJMP    KEYOFF           ；处理完毕
```

6.2.4　输入界面的安全性设计

前述各项容错措施可以基本防止误操作给系统带来的不良后果。只要是正确操作，都能得到响应，但没有注意到安全性问题。单片机系统中有些参数是非常重要的，不是谁都可以任意修改的。例如某供电控制器，它根据用户单位的用电定额和已交电费对用户进行供电控制。当用户电费已接近用完时，提出告警，再不交电费即停止供电。当用户交电费后，将金额输入控制器，便可恢复供电。在这里，交纳电费、调整电价和增减用电定额（超定额要罚款）等均由键盘输入，这些参数与双方的经济利益有关，不是随便就可以输入或修改的。如果没有安全措

施,用电单位便可以经常修改它们,而给供电单位造成经济损失。不仅输入重要参数要注意安全措施,有些操作命令也要采取安全措施,例如某些操作要由指定专人进行,其他未授权者不得私自操作。

单片机系统现在面临的不是操作方法是否正确,而是操作者的身份是否合法的问题。目前单片机系统对操作者直接进行辨认尚属高新技术,成本比较高;对于普通单片机应用系统,只能通过间接的手段来验明操作者的身份。

1. 硬件安全性措施

增加若干硬件,用这些硬件的状态来判断操作者的身份。合法操作者具有使这些附加硬件电路处于"允许操作"状态的手段,而非法操作者没有这种手段,其操作将被单片机系统拒绝。常用的措施如下。

① 锁开关:在主机面板上安装一个锁开关,只有用钥匙才能将开关接通,之后的各种操作均属合法。把钥匙取出后,只能进行部分操作,而受安全保护的各项操作均不能进行。在硬件电路上,将开关接到单片机系统的某一个数字信号输入端口上即可。软件上只要在需保护的操作执行前测试一个该开关的状态便能作出决断。

② 暗开关:将开关安装在一隐蔽处(如机箱后背、底部、侧面或机箱内部),合法操作者知道开关位置,拨好开关后即可进行特定操作,之后再将开关拨到无效状态。非法操作者一般不知道有这个开关,但若被发现这一秘密,安全措施也就失效了。

③ 加封记:将开关安装在机箱内,箱壳加上专用封记。合法操作者开启封记后可以拨动开关,进行有关操作,之后拨回开关,重加封记。这种方法可以发现非法操作,但不能阻止非法操作。由于操作麻烦,只用在少数操作次数极少的场合,如修改电费单价,修改供电定额,修改罚款标准等。

④ 复合键操作方式:对于某些特殊操作,必须用两个手指同时进行方能奏效。这个方案的主要目的不是防止非法操作者(他们很容易学会),而是防止误操作,因为不大可能同时误碰两个不相连的按键,从而提供一定的安全保护。

⑤ 延时方式:对某些重要操作必须按键较长一段时间才能奏效。例如按键 2 s 才有效。这个方案同样主要是用来防止误操作。短时间的误碰该键不会引起任何反应,从而也提供了一种安全保护功能。

2. 软件安全性措施

如果在系统电路设计时没有考虑到硬件安全性措施,以后再增加就不方便了,这时仍可以采用软件安全性措施。当然,也可以一开始就决定采用软件方案,从而节约硬件资源。

软件安全性措施是通过"密码"(或者说"口令")来识别操作者的身份的,合法操作者知道密码,而非法操作者不知道。若要进行某种受保护的操作,必须首先输入密码,密码无误方能执行,否则拒绝执行,甚至进行报警。密码为一串特定有序的按键操作。在单片机应用系统中,通常键盘都比较简单,组合的范围有限,可适当将密码加长,减少破密的机会。当使用密码来作系统的安全措施时,下述问题应仔细考虑好,即

① 密码存放方式:当操作者从键盘上输入一串密码后,单片机系统必须将它和真正的密码进行比较,以辨真伪。而真正的密码存放在哪里好呢?第一种方式是和程序本身一同烧录在程序存储器中。这种方式密码是固定的,万一泄密,就容易出问题,更换密码时要同时更换

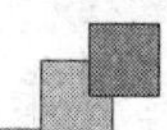

程序存储器芯片。第二种方式是存放在独立的EEPROM中,更换密码方便,比较理想。第三种方式是存放在RAM中,更换密码同样方便,但系统不能停电(除非有掉电保护或由UPS供电)。在要求不是很高的情况下,采用第一种方式也就可以了;如果要求很高,还是以硬件手段为好。

② 密码的输入过程:在输入密码时,应停止显示功能,使旁观者不能从显示装置上读出密码。还可在输入速度上加以限制,从开始输入到结束输入所耗时间不得长于规定时间,超时不予承认。输入过程中不做逐步核对工作,按回车键后再进行核对,避免非法操作者用试探的方法破密。

③ 更换密码:对于存放在程序存储器中的密码,只好连同程序存储器芯片一起更换;对于存放在RAM或EEPROM中的密码,可以通过键盘输入来更新密码,使原密码作废。更换密码是一种要求更高的操作,本身必须得到最高级别的保护。试想,一个非法操作者因为不知当前有效密码,而将密码更换成另一模式,结果合法者反而非法,非法者倒成为合法。为此,系统应设计两套密码:K和M。K密码供平时操作用,使用频度较高,泄密可能性也比较大;M密码为修改密码时的专用密码,只有少数核心操作者知道。当发现K密码泄密时,由专人输入M密码后,再输入K1密码,则K1密码取代原K密码,实现更换密码的目的。

在程序设计上,密码输入的过程和参数的输入过程很相似。当要进行某项操作时,按下对应的命令键,首先进行容错性检查,证实该项操作在当前是合理的(容错性检查只是一瞬间的事情,操作者是感觉不到的);然后再进行密码输入,以验明操作者的身份。这时要做三件事,首先清除一切显示,并设立禁止显示的软件标志;然后设立密码输入状态标志,供输入过程和结束处理时判断用;最后初始化密码输入暂存区。这之后便进入密码输入过程了。通常密码的长度和参数的长度不一定相等,而且也有可能改变,故输入的密码串最好另外开辟一个暂存区,这个暂存区的容量为最长密码的长度。输入密码的过程就是将键盘上读得的一个个键码填入暂存区的过程,填满后不再填,以后按的键均属无效,密码输入过程也算失败,但系统不必作出反应,直到按回车键后再作出反应。校对密码时,首先耗时不得长于规定时间,超时就算失败;再校对长度,长度不对也算失败;长度正确时再校对内容,内容正确便算成功。不管密码输入失败还是成功,这时都要清除"密码输入"的状态标志,并开放显示功能。这以后,若密码输入失败,则返回系统原始状态,等待新命令;若密码输入正确,便可执行后续操作。如果后续操作为执行某一功能,则启动该功能;如果后续操作为修改某一参数,则进入该参数的修改状态。

设有一系统,需要对某一种操作进行安全保护,密码为3721。选用4位密码是为了好记,但为了加强保护功能,规定必须在8 s内输入完毕(用一个闹钟来计时),格式为×××3×××7×××2×××1×××CR,共按20次键,不准多也不准少。这20次中只有第4,8,12,16次为真正的密码,最后的一次为回车键,其他15次为任意数字键。这样安排后,密码记忆仍很方便,而旁观者偷记密码却非常困难,他还以为是一个非常长的密码呢,只记下头几个数字便会失去信心,或发生记忆错误。

由于密码输入时不进行显示(可在显示模块中检查标志MMSR来实现),只要注意其第4,8,12,16个数字是否分别为3,7,2,1即可,故密码缓冲区只要4字节便可以了。另一方面,为了判断输入次数是否正确,用KEYN单元作为输入按键的计数器。为了和参数输入相区别,用MMSR作为软件标志,MMSR = 0为输入参数;MMSR = 1为输入密码。操作命令键的容错检查部分如果通过，就开始为输入密码作准备。程序如下：

```
KEYN      DATA    34H          ；按键次数计数器
MTIME     DATA    3EH          ；计时闹钟
DSBUF0    DATA    5BH          ；万位显示内容存放单元
DSBUF1    DATA    5CH          ；千位显示内容存放单元
DSBUF2    DATA    5DH          ；百位显示内容存放单元
DSBUF3    DATA    5EH          ；十位显示内容存放单元
DSBUF4    DATA    5FH          ；个位显示内容存放单元
MMSR      BIT     2DH.3        ；密码输入状态标志(0：输入数据；1：输入密码)

KEYM：    ⋮                    ；容错检查(省略)
KEYM0：   MOV     KEYN,#0      ；初始化计数器
          SETB    MMSR         ；进入密码输入状态
          MOV     MTIME,#0     ；计时闹钟清零
          MOV     A,#0FH       ；熄灭显示
          MOV     DSBUF0,A
          MOV     DSBUF1,A
          MOV     DSBUF2,A
          MOV     DSBUF3,A
          MOV     DSBUF4,A
          LCALL   DISPLA
          LJMP    KEYOFF       ；密码输入准备完毕，等待输入密码
```

然后，按19次数字键，好像输入一个19位的十进制数一样。在输入密码的过程中，密码计时闹钟开始运行(在定时中断程序中与系统时钟同步运行)。密码输入过程处理程序如下：

```
MMSZ      EQU     30H          ；密码输入缓冲区首址
MBUF0     DATA    30H          ；密码的第一个数据存放单元
MBUF1     DATA    31H          ；密码的第二个数据存放单元
MBUF2     DATA    32H          ；密码的第三个数据存放单元
MBUF3     DATA    33H          ；密码的第四个数据存放单元

KEYDIG：  JB      MMSR,KEYMM   ；状态判断
          ⋮                    ；参数输入处理
          LJMP    KEYOFF       ；处理结束
KEYMM：   INC     KEYN         ；密码输入，计数器加1
          MOV     B,A          ；暂存输入的键码
          ADD     A,#0F6H
          JNC     KEYMM1
          MOV     KEYN,#20     ；非数字键，输入失败
          LJMP    KEYOFF
KEYMM1：  MOV     A, KEYN
          ANL     A,#3
```

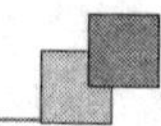

```
        JNZ     KEYMME          ；非密码位置
        MOV     A, KEYN         ；计算密码缓冲单元地址
        RR      A
        RR      A
        DEC     A
        PUSH    ACC
        ADD     A,＃0FCH
        JC      KEYMME          ；越界,不予处理
        POP     ACC
        ADD     A,＃ MMSZ
        MOV     R0,A
        MOV     @R0,B           ；存有效输入密码
KEYMME: LJMP    KEYOFF          ；处理结束
```

按下回车键后便结束密码输入过程。首先检查是否超过限定时间,超时为失败;接着检查计数器是否为19,如果不是19就算失败。在输入密码过程中,只要按下任何一个不是0～9的其他键,计数器内容就变为20,作为失败的标志。如果计数器内容是19,就验证密码内容是否正确。因为密码较短,直接用比较指令来检验即可。对于较长的密码,一般可用表格核对的方法来检验。回车键处理程序如下:

```
KEYCR:  JBC     MMSR,KEYCRM     ；是否密码输入状态?
        ⋮                       ；其他参数验收过程
        LJMP    KEYOFF          ；参数验收结束
KEYCRM: MOV     A, MTIME
        ADD     A,＃0F8H        ；8 s之内?
        JC      KEYCRE          ；超时失败
        MOV     A, KEYN
        CJNE    A,＃19,KEYCRE   ；按键次数正确?
        MOV     A, MBUF0        ；密码(3721)校对
        CJNE    A,＃3,KEYCRE
        MOV     A, MBUF1
        CJNE    A,＃7,KEYCRE
        MOV     A, MBUF2
        CJNE    A,＃2,KEYCRE
        MOV     A, MBUF3
        CJNE    A,＃1,KEYCRE
        ⋮                       ；密码正确,执行受保护的功能
KEYCRE: LJMP    KEYOFF          ；处理结束
```

这个范例中的密码以立即数的形式存放在程序的比较指令中,故平时是不能修改的。由于采用了特殊的输入规则,保密性仍然是很强的,需要更换密码的几率是很小的。

如果系统有多个命令或参数需要保护,则可将它们进行编码。操作时,按下某一命令键后,首先进行有关的容错检查,若通过,就将对应的编码存入指定单元,进入公共的密码输入准备程序KEYM0。输入密码后,在回车键的处理程序中,验收密码的过程是公共的,验收通过

后,就可以根据指定单元中的编码来控制程序流向,执行不同的功能操作或参数输入。

6.2.5 输出界面的容错设计

人机界面的输出部分包括显示部分、指示部分、报警部分和打印部分。计算机通过输出界面将有关信息传送给操作者,这些信息中有操作提示报警信号、各项运算结果或中间结果。关于提示信号和报警信号,在输入的容错设计中已经涉及到了,软件设计的方向是尽可能使有限的显示器件提供尽可能多的提示信号和报警信号,使操作者得到的信息尽可能具体和精确。对于声响报警,可设计多种不同的报警方法,例如,响一声表示按键正常;响两声表示操作有误;响三声表示运行到某一特定情况,以引起操作者注意;响声不断表示系统出现故障等。这样,操作者从听响声中就可以区分出几种不同情况,比仅仅设计一种音响报警效果要好得多。

计算机要给操作者输出不少数据,输出的格式必须仔细设计好。几百个数据用打印机打印出来,成为一大串密密麻麻的数字,人们是不乐意接受的。这样的输出结果很难阅读,使用起来经常看花了眼,引起人为差错。

对于数据信息的输出,必须用人们乐于接受、直观明了和不易引起阅读差错的格式来完成。这也就是说,输出界面的容错设计目标就是如何使计算机提供给操作者的信息能被操作者正确理解,而不产生辨识差错。

① 数据的输出精度要反映真实情况。计算机的运算精度可以非常高,但受各种传感器的精度所限制,原始数据的精度往往是有限的,根据有效数字的运算法则,输出量的精度不可能比输入量的精度高很多。如果输出数据不采用相应的舍入处理,则容易给人们造成虚假的高精度印象,这实际上是提供了错误信息。

② 数据输出格式中要加提示信息,说明其物理属性和计量单位,以免造成阅读混乱。如果是打印输出,则尽可能设计出一种报表输出格式,其阅读效果最好。若受打印机条件限制,不能采用报表格式,则应对各项数据分别附加提示。如某智能电桥采用如下打印输出格式:

F=1 000 Hz

U=1.00 V

L=1.07 H

R=125 Ω

从这张打印输出的结果中,操作者可以清楚地得到下列信息:测试频率为1 000 Hz;测试电压为1.00 V;测试结果电感量为1.07 H;电阻值为125 Ω。这不会引起误解。

当输出数据很多时,必须对数据进行分组,并同时输出各类定位提示信息,如组号、顺序号等,并对数据进行一定的初步统计处理,将有关统计处理信息一并输出,如分组累计、平均及总计等;否则,操作者面对一大堆数字,是看不出多少头绪来的。

如果仪器的功能单纯,输出信息的物理属性明确,计量单位也固定,为了省事,也可以不加提示部分和计量单位部分。

③ 数字显示的格式要有利于区别不同属性的显示对象。打印机可以比较方便地输出各种属性数据,但数字显示就要困难一些。如果采用自带笔型译码驱动电路的液晶数码管,困难就更大,因为它不能显示合适的提示符。

有一便携式放射性测井数据采集器，用4位液晶数码管作数显装置，它要显示测点的深度（井深）、测点之间的间隔距离（点距）、测点的测量结果（强度）和测井的日期等数值。液晶数码管不能提供任何提示符，没有显示提示符的位置（总共才4位），也没有用发光二极管来协助提示。当显示出一个数据后，怎么知道这是什么数据呢？只能在它们的显示格式上想办法。日期数据包括月份和日期，用万位和千位来显示月份，用十位和个位来显示日期，再在它们之间加上一个小数点，就能读出日期了。这里，日期的显示格式规定为××.××，并规定其他数据不准出现两位小数的显示格式。井深采用×××.×的格式，单位为m，必须显示一位小数，而且只显示一位小数。这样一来，井深就不能超过999.9 m。当井深小于100 m时，最高位可熄灭，采用××.×的格式；当井深小于10 m时，采用0×.×的格式，保持显示三位数码以上的特点；显示点距时，采用×.×的格式，单位也是m，由于只显示两位数码，故很容易和井深数据区别开来；对于测量结果，采用××××的格式，没有小数点，为正整数显示，高位可以自由灭零。这样规定后，只要根据有无小数点、小数点的位置和显示的数码位数，就可以区分4种不同意义的数据了。

6.3 软件的一般容错设计

当设计一段短的程序，用来完成某些特定的功能时，一般并不难。但将很多程序段组成一个应用系统时，往往会出问题。当发现一个问题并将它解决之后，另一段本来“没有问题”的程序又出了问题，真是“按下葫芦又起瓢”。系统越大，各段程序之间的互相关联也越多，处理起来就越要小心。如果能养成良好的程序设计习惯，遵守若干程序设计的基本原则，就能少走很多弯路，减少程序出错的机会。本节讨论一些常见的软件设计错误，有些错误是明显的；有些错误是隐蔽的，孤立分析是发现不了的；有些错误是在特定条件下才有可能发生的。这些错误使系统运行不稳定，时好时坏。

6.3.1 堆栈溢出的预防

MCS-51系列单片机堆栈设置在片内RAM中，由于片内RAM资源有限，故堆栈区的范围也是有限的。堆栈区留得太大，将减少其他的数据存放空间；留得太小，很容易溢出。所谓堆栈溢出，是指在堆栈区已经满了时还要进行新的压栈操作，这时只好将压栈的内容存放到非堆栈区的特殊功能寄存器（SFR）中或者存入堆栈外的数据区中。特殊功能寄存器的内容影响到系统的状态，数据区的内容很容易被程序修改，这样一来，当以后进行出栈操作（如子程序返回）时，内容已变样，程序也就乱套了。因此，堆栈区必须留够，只能大一些，一点儿也不能小。堆栈区到底留多大才算足够呢？这是可以计算出来的。调用子程序和中断响应后进入中断子程序，均要将返回地址压入堆栈，这要用去堆栈中的2字节空间，每个PUSH指令要用去1字节空间。由此，就可以计算出每一个子程序对堆栈空间的需求量。由于子程序可以嵌套，故计算时要从最底层的子程序开始。

一个不调用其他子程序的低级子程序对堆栈的需求为PUSH指令的最大深度再加两个字节返回地址；一个调用若干其他子程序的高级子程序对堆栈的需求除去PUSH指令需求和返回地址外，还要加上各个被调用子程序中的最大需求量。例如有三个子程序A1，A2和A3，它们的结构如下：

```
A1:  PUSH   ACC          A3:  PUSH   ACC
     PUSH   PSW               PUSH   PSW
      ⋮                        ⋮
     LCALL  A2                LCALL  A1
      ⋮                        ⋮
     POP    PSW               LCALL  A2
     POP    ACC                ⋮
     RET                      POP    PSW
                              POP    ACC
A2:  PUSH   B                 RET
      ⋮
     POP    B
     RET
```

在这三个子程序中,A2是一个最低级的子程序,它有一条PUSH指令,故A2子程序需要3字节堆栈空间才能正常运行。A1子程序有两条PUSH指令,加上返回地址,已经用去4字节堆栈空间,还要调用A2子程序,为此还需要3字节,故A1子程序必须动用7字节的堆栈空间。A3子程序既有PUSH指令,又调用了两个子程序,则A3子程序对堆栈的需求量由本身PUSH指令数加上2字节返回地址,再加若干低级子程序中最大需求量来决定。在这里A3本身需要4字节(2个PUSH指令加返回地址),A1要7字节,A2要3字节,取最大值7字节,故A3子程序共需要11字节的堆栈空间方能正常运行。如果A1子程序在调用A2子程序之前执行了两条出栈指令(POP指令),在调用A2子程序之后再没有压栈操作,则A1子程序对堆栈的总需求将减少到5字节。

用上述方法将所有子程序和中断子程序的堆栈需求量均计算出来后,就可以计算出系统对堆栈的极限需求了。

系统复位后设定堆栈指针。这时堆栈是空的,系统程序的主程序(又称背景程序、后台程序)由初始化程序段和无限循环程序(监控循环、踏步循环和节电待机循环等)构成,它们之中可能要调用若干子程序,找出这中间对堆栈需求最大的子程序,它对堆栈的需求量就是主程序对堆栈的最大需求量。系统中一般均使用了若干中断子程序,将所有的低级中断子程序进行比较,找出其中对堆栈需求最大的低级中断子程序,将它对堆栈的需求量作为低级中断对堆栈的最大需求量。用同样的方法,找出高级中断对堆栈的最大需求量。

系统对堆栈的极限需求量即为主程序最大需求量加上低级中断的最大需求量,再加上高级中断的最大需求量。这里是基于一种最不利的假设:当主程序运行到堆栈需求最大的时刻响应了低级中断;当低级中断运行到堆栈需求最大的时刻,又发生了高级中断。

按以上方法计算出系统的极限堆栈需求后,便可以设定合适的堆栈位置了。如果RAM资源紧张,则可以比以上计算空间减少一些,一般也能对付,因为最不利的情况发生的概率极小,但终归埋下了一个隐患。

有时按上述方法计算出来的堆栈需求量很大,系统实在无力划出那样大的堆栈区,但又不愿冒险减少堆栈区,这时唯一的出路就是减少系统对堆栈的需求量,常用以下方法实现,即

① 取消部分子程序。如果一个子程序只有一个用户(即只被一处程序调用),就将该子程

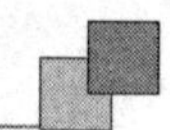

序取消，将过程体直接插入调用处。这个子程序取消后，本身对堆栈的需求已免去，同时可以减少调用程序本身的嵌套深度。对于很短的子程序，可以取消，用定义“宏”的方式将过程体直接插入有关的地方，从而减少对堆栈的需求。

② 尽量不用堆栈来传递参数和结果，即减少 PUSH 指令的使用，改用指定的单元传送同样可以达到目的。最好用累加器、B 寄存器等来传送，增加利用系数，减少堆栈需求。

③ 子程序一律不负责保护主程序的现场，从而减少子程序中的压栈指令。主程序在调用子程序时，对子程序的特性是心中有数的，可以做到主动将可能被破坏的信息保护好(转移到指定位置，不动用堆栈)，完全不必由子程序来压栈保护。在很多情况下，累加器的内容和状态寄存器的内容并不需要保护，有时它们的内容就是供子程序使用的参数，完全可以被使用掉，并在子程序结束时带回出口信息。

中断子程序是在主程序完全没有准备的情况下运行的，故对主程序的现场必须加以保护。这和一般子程序不同。当中断子程序本身对主程序现场完全没有影响时，也不必保护现场。另外，影响范围有多大就保护多大，不必什么都压栈保护，增加堆栈的开销。

6.3.2 中断中的资源冲突及其预防

在中断子程序执行的过程中，要使用若干信息；处理后，还要生成若干结果。在主程序中也要使用若干信息，产生若干结果。在很多情况下，主程序和中断子程序之间要进行信息的交流，它们有信息的“生产者”和“消费者”的相互关系。主程序和普通的子程序之间也有这种关系，但由于它们是在完全清醒的状态下，各种信息的存放读取是有条有理的，因此不会出现冲突。中断子程序可以在任何时刻运行，就有可能和主程序发生冲突，产生错误的结果。

看这样一个例子：某系统用一个定时中断来驱动实时时钟。系统的监控循环安排在主程序中，显示模块为主程序所调用。在显示模块中，显示时间的程序段如下：

```
HOUR      DATA    4CH              ；时存放单元(BCD 码)
MINUTE    DATA    4DH              ；分存放单元(BCD 码)
SEC       DATA    4EH              ；秒存放单元(BCD 码)

DISTIM：  MOV     A,HOUR
          SWAP    A
          LCALL   DISP0            ；显示时的十位
          MOV     A,HOUR
          LCALL   DISP0            ；显示时的个位
          MOV     A,MINUTE
          SWAP    A
          LCALL   DISP0            ；显示分的十位
          MOV     A,MINUTE
          LCALL   DISP0            ；显示分的个位
          MOV     A,SEC
          SWAP    A
          LCALL   DISP0            ；显示秒的十位
          MOV     A,SEC            ；显示秒的个位
```

```
DISP0:    ANL      A,#0FH           ;取低4位进行显示
          ⋮                         ;显示一位十进制码
          RET
```

如果在调用该显示模块时,时间为9时59分59秒,当显示模块刚执行完将时的十位显示输出,还来不及显示时的个位就发生了定时中断时,则在定时中断子程序中,将时钟调整为10时00分00秒;中断返回后,显示模块继续未完成的工作,先后将时的个位、分的十位和个位以及秒的十位和个位一一输入到显示器件上,结果显示的内容变为00时00分00秒,既不是09时59分59秒,也不是10时00分00秒。这种错误同样可以出现在时钟发生进位调整的各个时刻,如07时49分59秒显示成07时40分00秒,11时37分29秒显示成11时37分20秒。

由于前台程序和后台程序对同一资源(RAM中若干单元)有"生产者"和"消费者"的关系,故不能用保护现场的措施来避免冲突。如果中断时将冲突单元的内容保护起来,返回时再恢复原状态,则中断子程序所做的工作也就白干了,在这个例子中,时钟系统也就不能运行了。资源冲突发生的条件是:

① 某一资源同时为前台程序和后台程序所使用。这是冲突发生的前提。

② 双方至少有一方为"生产者",对该资源进行写操作。这是冲突发生的基础。

③ 后台程序对该资源的访问不能用一条指令完成。这是冲突发生的实质。

这三个条件都满足时,即有可能发生冲突而导致错误结果。要避免发生冲突,必须使后台程序能完整地访问一个资源,在这期间,前台程序不允许打扰。为此,当后台程序访问有可能发生冲突的资源时,应先关中断,访问结束后,再开中断。这样就可以避免发生冲突。

但是,后台访问资源的过程有时比较费时,长期关中断有可能影响系统的实时性。解决的办法是尽可能缩短关中断的时间,将一边访问一边处理的工作方式改为集中访问、分批处理的工作方式。为此,后台程序要利用一个工作缓冲区。如果是读该资源,则关中断后迅速将该资源的内容转移到缓冲区中,就可以开中断了,然后再对缓冲区中的信息进行处理;如果是写该资源,则先边运算边写缓冲区,全部写好后再关中断,然后迅速将缓冲区的内容复制到该资源中,就可以开中断了。这样处理后,中断被关闭的时间就很短了,一般不会影响系统的实时性。这样做有一个前提,就是前台程序不对缓冲区进行写操作,或者将缓冲区内容进行了保护。在本例中假设定时中断子程序不使用R2,R3和R4,或者它使用另一区的工作寄存器,则显示模块可用下述方法来避免资源冲突,即

```
DISTIM:   CLR      EA               ;关中断
          MOV      R2,HOUR          ;迅速读时钟内容
          MOV      R3,MINUTE
          MOV      R4,SEC
          SETB     EA               ;开中断
          MOV      A,R2             ;显示时间
          SWAP     A
          LCALL    DISP0            ;显示时的十位
          MOV      A,R2
          LCALL    DISP0            ;显示时的个位
          MOV      A,R3
```

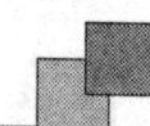

```
        SWAP    A
        LCALL   DISP0           ；显示分的十位
        MOV     A,R3
        LCALL   DISP0           ；显示分的个位
        MOV     A,R4
        SWAP    A
        LCALL   DISP0           ；显示秒的十位
        MOV     A,R4            ；显示秒的个位
DISP0:  ANL     A,#0FH          ；取低4位进行显示
        ⋮                       ；显示一位数码
        RET
```

6.3.3 状态转移的条件审查

在系统状态发生变化的原因中，有操作者命令的原因，这部分的容错设计在人机界面容错设计中已经讨论过了；另外，还有与操作无关的原因，如时间变化或外部物理条件变化达到某个限定值，这时单片机系统一般处于某种自动控制的工作模式下，系统的状态按预先规定的方式进行转换。一般情况下，当前状态转换到下一个状态往往取决于一个特定的条件。例如当前状态为刀架快进状态，当快进量完成后就进入下一个状态，停止快进，开始进给切削。在这里，快进量成为两个状态之间的转移条件。如果程序设计中只考虑这个条件，满足后就进行状态转移，一般情况下也没有什么不对。但从提高系统可靠性的角度出发，还应该再审查一下其他条件是否仍然满足，如冷却泵是否运转，主轴电机是否运转等。这些条件往往在状态转移前早已准备好了，似乎再审查一遍是多此一举，但实际上是有好处的。有各种原因可以使这些早已准备好的条件中途起了变化，如软件上的设计错误导致无形中破坏了某些条件；干扰的结果导致误执行某些指令，影响了这些条件等。因此，当系统自动进行状态转移时，最好也能像处理人机界面中的操作命令那样进行重要条件的审查，确保安全进入下一个状态。

6.3.4 重要模块的安全措施

某些重要模块的执行对系统有重大影响，如果误执行将引起严重后果。当这些模块由操作者通过键盘来执行时，可以按人机界面的容错设计方法来处理，使其安全可靠地得到执行。当系统进入自动工作方式时，可以按6.3.3小节提到的办法，加强条件审查，也能得到一定的安全性保障。但是，当系统受到干扰，程序弹飞到该模块中后，可能越过一些审查程序段，非法执行该模块的功能。在第5章抗干扰设计中，对于这种情况没有给出具体对策，现在就来讨论这个问题。

与人机界面的安全措施相似，也可以为每个特别重要的执行模块配置不同的密码。程序正常运行时，当需要调用某个重要模块前，先将对应的密码存入指定的单元，然后再按正常方法调用该模块。模块被调用后，首先进行例行的容错检查和各种准备工作。当最后要执行实质性的操作指令时，先检查指定单元的密码，如果与本模块约定的密码相同，便承认本次调用为合法调用，执行最后的实质性操作指令；如果密码不对，则判定这是一次非法进入，拒绝执行实质性操作，从而减少干扰情况下弹飞的程序造成不良后果的机会。该模块的结构如图6-12所示。

密码检查应尽可能往后推,它是安全措施的最后一道防线。密码检查后应立即清除,以保证密码的一次性使用原则。当密码检查发现问题时,说明系统非法进入该模块,程序运行秩序已被打乱,应按抗干扰的方式进入出错处理。一种简单的方法就是让它掉入软件陷阱,使系统热启动,重入正常工作轨道。

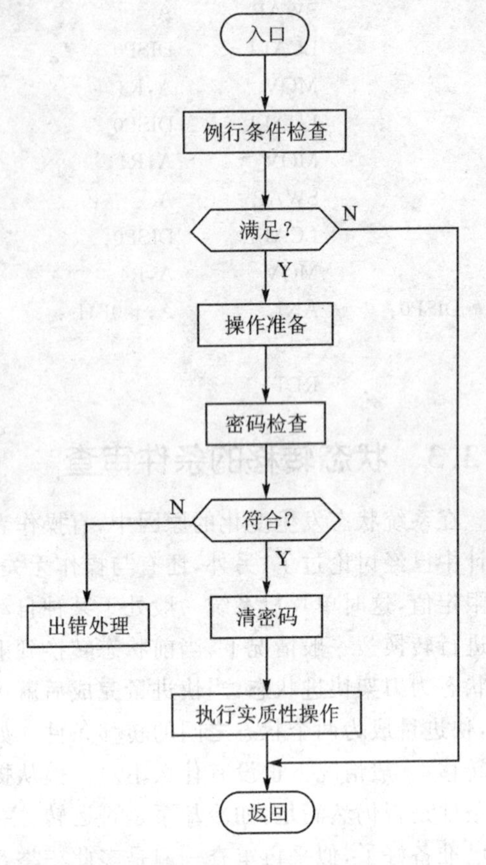

图 6-12 重要执行模块的安全性设计

6.3.5 运算软件的容错设计

运算软件可分为数值运算和逻辑运算。当然,数值运算中会包含逻辑运算,用来控制分支转移。

1. 逻辑运算的容错设计

在编写逻辑运算程序时,往往只按主观印象来设计算法,当参加运算的逻辑变量多于3个时,就容易埋下隐患。正确的设计步骤与硬件数字电路设计相似。首先画出卡诺图,对卡诺图中的每一格进行仔细推敲,计算出它的正确输出值。对于有意义的格子,必须填入明确的值,或者是0,或者是1;对于无意义的格子,可作为约束项处理。在数字电路中,约束项受外部物理现象的制约,可以保证不会出现,其取值为0或为1,可以任意选择,以对逻辑化简有利为原则。但在软件逻辑运算中,参加运算的逻辑变量均为RAM中的位信息,基本不受外界物理条件的制约。当它们出现一种无意义的组合时,常常说明内部信息受到干扰破坏或者受到其他软件错误的影响。因此,对于无意义的约束项,不能为了进行逻辑化简而自由取值,应该将它的出现看成是硬件出错或软件出错的信号而引起重视。由于卡诺图提供了一种全覆盖的逻辑设计方法,容易发现约束项并引起注意,从而可以避免由于考虑不周而埋下隐患。

卡诺图填好后就可以进行逻辑化简。在硬件数字电路设计中,为了避免竞争现象,需要采用硬件冗余设计;而软件逻辑运算中不存在竞争现象,不必提供冗余项。在按化简后的逻辑表达式进行编程时,尽可能设计一种合适的算法,充分利用唯一的逻辑运算累加器(进位标志),减少逻辑运算中间结果的暂存单元。

下面用一个最直观的例子来说明这种容错设计方法。假设有一自来水供水塔,由一电动抽水机为它注水。为保证自来水的正常供给,须设计一个水位自动控制系统。在水塔内安装了两个水位检测装置,一个安装在最低控制水位位置上,一个安装在最高控制水位位置上。当检测装置浸入水中时,输出低电平;当检测装置露出水面时,输出高电平。检测信号分别接到单片机的P1.0和P1.1端口上。控制原则为:当水位低于最低控制水位时,启动抽水机,直到水位达到最高控制水位才关闭抽水机,这以后除非水位再次下降到最低控制水位以下,否则不

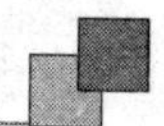

再开抽水机。这种控制方式可以减少抽水机启动的次数。

在程序设计中，将水位检测信号存入WORKB单元中，定义如下：用SGL(WORKB.0)保存低端检测装置的检查结果，SGL=0表示低端检测装置浸入水中，SGL=1表示低端检测装置露出水面；用SGH(WORKB.1)保存高端检测装置的检查结果，SGH=0表示高端检测装置浸入水中，SGH=1表示高端检测装置露出水面；再用RUN(WORKB.7)保存抽水机的控制输出信号，RUN =1表示抽水机关闭，RUN =0表示抽水机正在运转。

在没有考虑容错措施的情况下，人们一般按如下思路来设计控制策略，即当低端检测信号为高电平(露出水面)时或者高端检测信号虽然为高电平(露出水面)但抽水机已经在运转时，输出电平为抽水机的运转电平(低电平)，用逻辑函数表示即为

$$\overline{RUN}=SGL+SGH*\overline{RUN}$$

式中，右边的RUN为抽水机当前状态，左边的RUN为下一个应输出的控制信号。按这种算法编出的程序如下：

```
WORKB    DATA    2CH              ；工作字节
SGL      BIT     WORKB.0          ；低端检查结果(0：浸入水中；1：露出水面)
SGH      BIT     WORKB.1          ；高端检查结果(0：浸入水中；1：露出水面)
RUN      BIT     WORKB.7          ；抽水机控制信号(0：运转；1：停机)
RUNOUT   BIT     P1.7             ；输出端口

CRLM：   ORL     P1，#3           ；测试
         MOV     WORKB,P1
         MOV     C，SGH           ；运算
         ANL     C,/RUN
         ORL     C，SGL
         CPL     C
         MOV     RUN,C            ；保存控制信号
         MOV     RUNOUT,C         ；输出控制信号
         RET
```

在这里由于事先没有画卡诺图，把水位低于最低控制水位但同时又高于最高控制水位的情况，合并到水位低于最低控制水位的情况中去了。如果画出卡诺图(如图6-13所示)，则自然就会注意到这种情况，因为它和其他情况一样占有自己的逻辑空间。当一切正常时，这种情况确实不可能出现，在卡诺图中可以当做约束项处理。但实际运行中，这种情况完全可能出现。检测器出故障时，可能会向单片机提供这种错误信息，即使检测器正常，当CPU受到干扰后，仍可能使WORKB单元受到破坏，而使检测信息变样。因此，站在软件容错设计的立场上看问题，什么情况都有可能发生，必须区分出正常情况和异常情况，分别进行处理，方为妥善之策。

对于这个例子，当出现检测信号不合常理时，可以把它看成偶发错误，暂不处理，即维持抽水机状态不变。但最好是作出错处理，例如报警显示。在程序设计时，首先将各种不正常的逻辑组合分离出来，按出错处理(或不作处理)，剩下的情况便可按化简后的表达式来运算了；而且，这时可将约束项任意处理，以使化简后的表达式最简单，因为这时约束项已经提前处理过，

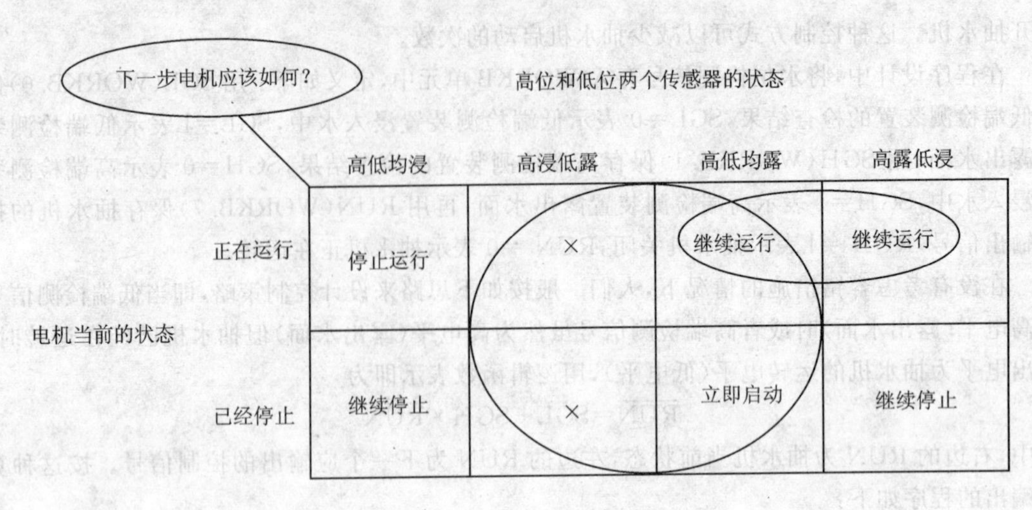

图 6-13　水位控制的卡诺图

确实不会出现了。程序如下：

```
CRLM:   ORL     P1,#3           ；测试
        MOV     WORKB,P1
        MOV     C,SGL           ；出错判断
        ANL     C,/SGH
        JNC     CRLM1
        LJMP    ERROR           ；出错处理
CRLM1:  MOV     C, SGH          ；运算
        ANL     C,/RUN
        ORL     C, SGL
        CPL     C
        MOV     RUN,C           ；保存控制信号
        MOV     RUNOUT,C        ；输出控制信号
        RET
```

这个简单的例子说明，在设计逻辑运算(包括逻辑判断)的程序时，必须做逻辑变量的全覆盖设计，最有力的工具就是卡诺图，只凭直观理解来设计往往考虑不周。

2. 数值运算的容错设计

数值运算比逻辑运算要麻烦得多，故出错的可能性也大，而且容易将错误扩散到后续处理中。首先要根据系统的需要，选择合适的数据结构和数值表示方式(定点数或浮点数)。数据结构对算法的效率影响很大；数值表示方式对运算的精度和速度影响很大。最常用的定点运算子程序和浮点运算子程序均已编成子程序库，一般情况下可直接调用或移植。但不少子程序本身的容错功能不强，使用时要特别注意。

一种算法程序是否有容错功能可从两种角度来观察：一是对入口条件的要求是否苛刻；二是出口信息中是否包括出错信息。本身没有容错能力的算法程序对入口条件的要求必然很严格，如果入口条件稍有不妥，计算结果就出错，而且也不提供出错信息，从而使这个错误结果被使用，造成错误的进一步扩散。当然，算法本身设计不合理，必然会造成运算结果出错。从

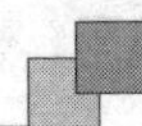

以上分析可知，数值运算程序的容错设计可从以下几方面着手，即

① 入口条件审查：参加运算的原始数据数值范围是否超出定义域？数据格式是否符合要求？各种指针、软件标志是否合理等。

例如有一个双字节正整数除以单字节正整数的数值运算子程序，被除数在R2,R3中，除数在R7中。要求将1字节的整数商存放在R4中，小数部分舍去不计。程序如下：

```
DIV21：    MOV     R4,#0          ；商初始化
           MOV     R6,#8          ；求8 bit商
DIV211：   MOV     A,R4           ；求商过程
           RL      A
           MOV     R4,A
           CLR     C
           MOV     A,R3
           RLC     A
           MOV     R3,A
           MOV     A,R2
           RLC     A
           MOV     R2,A
           MOV     F0,C
           CLR     C
           SUBB    A,R7
           JB      F0,DIV212
           JC      DIV213
DIV212：   MOV     R2,A
           INC     R4
DIV213：   DJNZ    R6,DIV211
           RET
```

这个程序没有容错能力，当(R7)＝0，即除数为零时，它也照算不误，并提供错误结果(R4)＝0FFH，这实际上是没有意义的。另外，当(R2)＞(R7)时，它同样照算不误，并提供错误的结果，因为这时商的值已经超出1字节的范围，仅提供1字节的商肯定要出错。要想不出错，只好对入口条件提出严格要求，即除数不得为零，且被除数的高字节数值必须小于除数的数值。

如果一个运算程序对入口条件提出很多要求，则使用起来就不方便。因为运算程序大都为若干过程所调用，为检查入口条件是否满足要求，势必要在好几个地方都进行这种检查，不如将这种检查直接加进运算子程序中，成为子程序的一个组成部分。这样处理之后，各个过程均可省去例行检查，直接调用该运算子程序。加进运算子程序的入口条件检查过程就是容错功能的体现。当检查条件不合格时，给出出错标志；当条件满足时，进行正常运算，给出正确结果，并清除出错标志。新的程序如下：

```
DIV21：    MOV     A,R7
           JZ      OVER           ；除数为零？
           MOV     A,R2
```

```
         CLR     C
         SUBB    A,R7              ;被除数超限?
         JC      DIV210
OVER:    SETB    OV                ;溢出,设定出错标志
         RET
DIV210:  MOV     R4,#0             ;条件满足,正常运算
         MOV     R6,#8
DIV211:  MOV     A,R4
         RL      A
         MOV     R4,A
         CLR     C
         MOV     A,R3
         RLC     A
         MOV     R3,A
         MOV     A,R2
         RLC     A
         MOV     R2,A
         MOV     F0,C
         CLR     C
         SUBB    A,R7
         JB      F0,DIV212
         JC      DIV213
DIV212:  MOV     R2,A
         INC     R4
DIV213:  DJNZ    R6,DIV211
         CLR     OV                ;运算结束,清出错标志
         RET
```

② 在入口条件分别检查均已通过时,它们的某种搭配关系仍可能是不合理的,因此必须对运算过程中的中间结果和最终结果进行监测。如有不正常情况,则应给出出错信息,并中止运算,因为继续运算已毫无意义。例如有一个运算子程序,计算

$$a = 235 + \sqrt{5b - 6c}$$

且已知 b 和 c 均为小于 200(0C8H)的单字节正整数,a 也只取 1 字节的整数,小数部分舍去。运算开始前,b 已装入 R2 中,c 已装入 R3 中,要求结果 a 装入 R6 中。很显然,只对 b 和 c 是否小于 200 进行检查,仍不能保证结果不出错。当 $5b<6c$ 时,将出现负数开平方的情况;当 $b \gg c$ 时,有可能出现 $a>255$ 的情况,那时 R6 将装不下运算的结果。这两种出错的情况要在运算的过程中和最后才能发现,故必须对整个运算过程进行监测。程序设计如下:

```
ABC:     MOV     A,R2              ;检查 b
         ADD     A,#56
         JC      OVER              ;超过 200,出错
         MOV     A,R3              ;检查 c
         ADD     A,#56
```

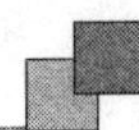

```
        JC      OVER        ；超过 200,出错
        MOV     A,R3        ；计算 6c
        MOV     B,#6
        MUL     AB
        MOV     R3,A        ；存 6c
        MOV     A,B
        XCH     A,R2
        MOV     B,#5        ；计算 5b
        MUL     AB
        CLR     C
        SUBB    A,R3        ；计算 5b−6c
        MOV     R3,A
        MOV     A,B
        SUBB    A,R2
        JC      OVER        ；负数,出错
        MOV     R2,A
        LCALL   SQR         ；开平方,整数根在 R2 中
        MOV     A,R2
        ADD     A,#235      ；计算最后结果
        JC      OVER        ；大于 255,溢出
        MOV     R6,A        ；运算成功
        CLR     OV          ；结果有效
        RET
OVER:   SETB    OV          ；设定出错标志
        RET
```

③ 出错信息的设计和使用。在上面这个例子中,共有 4 种情况导致出错。前 2 种情况是入口参数不合规定,后 2 种情况是运算中出问题,但都是使用同样的出错标志。如果主程序有比较完善的出错提示功能,就可以将出错信息设计得丰富一些,便于人们了解出错的详细情况,以便对症处理。再输出一个出错编码,主程序就可以将出错编码显示出来,人们对照预先编制好的出错信息表,便可查出真正的出错原因了。在上面这个例子中,如果将 b 超限、c 超限、负数开平方以及结果溢出的错误分别编码为 20#,21#,22# 和 23#,则程序设计如下:

```
ABC:    MOV     A,R2
        ADD     A,#56
        JNC     ABC1
        MOV     A,#20       ；b 超限,20#错误
        SJMP    OVER
ABC1:   MOV     A,R3
        ADD     A,#56
        JNC     ABC2
        MOV     A,#21       ；超限,21#错误
```

```
        SJMP    OVER
ABC2:   MOV     A,R3            ;计算5b-6c
        MOV     B,#6
        MUL     AB
        MOV     R3,A
        MOV     A,B
        XCH     A,R2
        MOV     B,#5
        MUL     AB
        SUBB    A,R3
        MOV     R3,A
        MOV     R3,A
        SUBB    A,R2
        JNC     ABC3
        MOV     A,#22           ;负数开平方,22#错误
        SJMP    OVER
ABC3:   MOV     R2,A
        LCALL   SQR             ;开平方
        MOV     A,R2
        ADD     A,#235          ;计算最后结果
        JNC     ABC4
        MOV     A,#23           ;结果溢出,23#错误
OVER:   SETB    OV
        RET
ABC4:   MOV     R6,A            ;运算成功,存结果
        CLR     OV              ;清除出错标志
        RET
```

主程序调用子程序后,首先要检查出错标志。如果出错标志已置位,则说明运算失败,这时累加器中的信息便是错误类型的编号,应转向出错显示模块或作其他出错处理;如果出错标志被清除,则说明运算成功,可从指定的单元取出有效结果。

④ 合理安排运算方案,减少舍入误差对最终结果的影响。前面介绍的容错措施并不能避免算法本身不合理而引起的差错。由于受字长的限制,数值计算的结果在很多情况下都是近似的。经过若干次运算后,最终结果的偏差就更明显。如果运算方案安排不合理,则这种偏差可能会大到不能允许的程度,初次编程的新手往往会忽视这一现象。

看一个简单的例子:计算 9÷5×6,它的准确结果为 10.8。如果采用单字节整数乘法和除法指令进行运算,则程序如下:

```
        MOV     A,#9
        MOV     B,#5
        DIV     AB
        MOV     B,#6
        MUL     AB
```

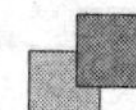

结果为6,偏差很大。如果调整计算方案,则程序如下:

```
MOV     A,#9
MOV     B,#6
MUL     AB
MOV     B,#5
DIV     AB
```

结果为10,偏差就很小了。这说明:$A \div B \times C$ 的运算方案不如 $A \times C \div B$ 的运算方案精度高。这是因为在单字节整数运算中,乘法是精确的,而除法要舍去余数,有可能出现较大偏差。因此,应尽可能将会出偏差的运算往后排,先进行无偏差或偏差小的运算。在定点运算系统中,加减法只要不超限,是没有偏差的。乘法运算的结果会使字长增加,如双字节乘以双字节,积为4字节,如果保留全部结果,则没有偏差;如果受字长限制,则要舍去低位字节,从而产生舍入偏差。除法几乎都是有偏差的,能够刚好整除的情况是很少的。在浮点运算系统中,加减法由于要进行对阶操作,当两操作数的阶码相差较大时,绝对值大的数有可能将绝对值小的数湮没,使运算的结果仍为绝对值大的数,一点儿也看不出绝对值小的数对结果有什么影响。相比之下,浮点乘法和浮点除法引起的偏差就比较小,它们能够保持一个比较稳定的运算精度。另外,不管在定点系统中还是在浮点系统中,都要尽可能避免两个数值相近的数过早相减,因为它们都可能是近似值,相减以后,差的有效数字大大减少,必然带来更大的相对误差,经过后续运算之后,结果可能离真实值相差甚远。再有,尽可能不要用绝对值小的数作分母,否则引起的误差也是很大的。当然,如果能减少总的运算次数,必然可以提高最后结果的精度,多项式的秦九韶算法就是一个好例子。

由于运算误差,当程序中要用某个运算结果与特定条件作比较,并用比较的结果来作程序流向控制时,非常容易出现差错。例如某变量初始值为0.1,每次增加0.05,当增加到0.65时转入另一过程。如果采用单字节二进制小数来运算,则这个变量永远不会等于0.65,因为

0.05=0.0DH,　　0.10=0.1AH,　　0.65=0.A6H

理论上加11次便成为0.65(0.A6H),但结果成为0.A9H。原因很明显,二进制小数不能准确表示十进制小数。如果用BCD码运算,问题就可以解决。作为更一般的处理方法,可在程序中引入一个允许偏差量,当运算结果与特定值的偏差落入允许范围时,即认为满足控制条件。

⑤ 将复杂的运算过程用查表来代替。单片机的数值运算用汇编语言来编程是一件费时且容易出错的工作。但用高级语言在通用计算机上编程却是非常容易的工作。如果用高级语言将所有可能的情况全部计算出来,排成一个表格,并将这个表格烧录到程序存储器中,则单片机的运算程序就变成查表程序了。查表时,以入口参数作为查表的索引值。有时,表格的规模可能非常大,这时可将表格缩小,用插值算法来提高查表精度。查表算法不但能避免很多编程中造成的隐患,而且大大加快了运算速度,这一点对实时系统非常有利。查表算法最适合单变量复杂函数的计算,对多元函数使用起来不太方便。在查表算法中,应对自变量(索引值)进行检查,如果超出定义域则应作出错处理。

6.3.6 软件标志的使用

MCS-51单片机有丰富的位操作指令和位存储资源,这些位资源的使用大体可分为两

类。一类是为I/O操作服务的,如检测到的各种逻辑信息可存入位资源中,随时供程序使用。程序的数字信号输出也可通过位资源(输出端口)实现,并可在其他位资源中暂存,作为输出信号的副本。另一类是为程序本身使用的,表明系统的各种状态特点,传递各模块之间的控制信息、控制程序流向等,故又称为软件标志。前一类由于直接和硬件打交道,不太会错;而软件标志很容易出错,导致程序混乱。

在程序设计过程中,往往要使用很多软件标志,软件标志一多,就容易出错。要正确使用软件标志,可从两个方面做好工作。在宏观上,要规划好软件标志的分配和定义工作,有些对整个软件系统都有控制作用的软件标志必须仔细定义,如状态变量。有些只在局部有定义的软件标志也必须定义好它的使用范围和意义。在微观上,对每一个具体的充当软件标志的位资源必须分别进行详细记录,编制软件标志的使用说明书。软件标志的说明是否完备详尽,在很大程度上影响到整个软件的质量。须说明的项目如下。

① 名称和位地址:该软件标志在程序中的代号和存放的位单元。

② 功能定义:应分别说明逻辑0和逻辑1代表何种状态或功能。对于全局定义的软件标志,它有唯一的定义;对于局部定义的软件标志,必须注明其有效范围(状态范围、时间范围和模块范围等)。有时为了节约位资源,将一个位地址同时充当几种软件标志的角色,这时必须绝对保证这几个角色互相排斥,以免产生角色冲突。这时应分别说明各种不同的角色功能和使用范围。

③ 生命周期:每个软件标志都可能为0态,也可能为1态。如果把软件标志从0态置位成1态比喻为“出生”,把从1态复位成0态比喻为“死亡”,则每个标志都有它的生命周期。在这一栏中,应仔细分析该软件标志初始化时的状态、程序运行中出生的条件和时刻以及死亡的条件和时刻,并记录在案。

④ 用户:某些状态或模块对该软件标志进行读操作,根据其内容来控制程序流向,这些状态或模块就是该软件标志的用户。软件标志的使用有两种:一种是非破坏性使用,只读不写;另一种是破坏性使用,即所谓“一次性有效”,这种软件标志,多为某种“申请”标志,响应后立即清除,可避免重复响应。

很多软件出错都在于没有认真分析软件标志的生命周期和用户关系,以致该置位的没有及时置位,该清除的没有及时清除;也有在定义范围之外被无意中置位或清除的。

只要认真填好软件标志的说明书,然后对照程序清单进行检查,如:该置位的地方是否置位了?该复位的地方是否复位了?该使用本软件标志的地方是否使用了?有没有对该软件标志的非法读/写操作(包括对该软件标志所在字节的整体读/写操作)?对每个软件标志都分别进行一次这样的审查,一定可以排除不少软件错误,提高软件的可靠性。

看这样一个例子:某单片机系统,它的时钟系统由两个按钮来校准。其中一个按钮K1为功能键,用来更换校准项目(月、日、时、分);另一个按钮K2为加1键,用来调整某项目的数值,这两个键的操作方法和普通电子表的操作方法完全相同。校表操作流程如图6-14所示。

在校分状态(4态)下,按下K1键后,将出现两种可能:如果没有修改过分的数值,便直接返回正常时钟状态(0态);如果校准过分的数值,便进入暂停状态(5态),等待对时。准确时刻到达后,按下K1或K2键,便进入正常运行状态。为了进行这种判断,必须使用一个软件标志。为它建立的说明书如下。

名称:STOP。

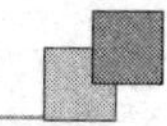

位地址：2CH.0。

定义：逻辑0为未修改过"分"数据；逻辑1为修改过"分"数据。

使用范围：时钟系统。

生命周期：修改"分"数据时被置位，结束暂停状态时被复位；初始化时应复位，即在状态4下由K2的执行模块置位，在状态5下由K1和K2的执行模块清除。

用户：退出状态4时K1的执行模块要依靠该标志来决定次态是状态0还是状态5。还有一个用户是实时时钟的运行程序(定时中断程序)，它要依靠这个软件标志来决定是否进行时钟单元内容的调整。

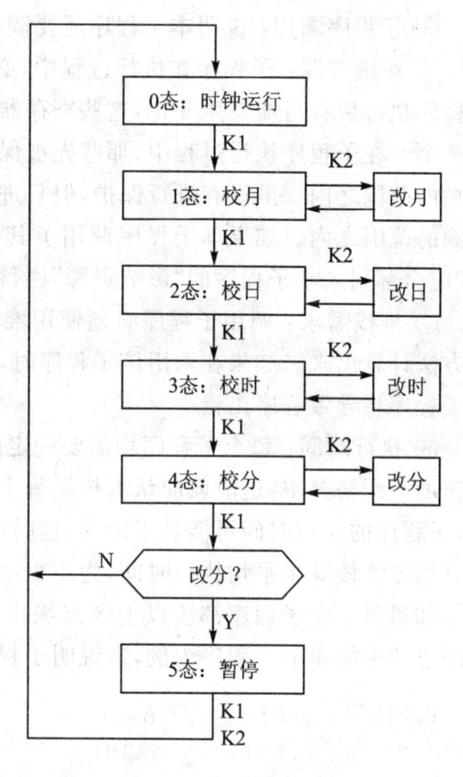

图6-14 时钟校准操作流程图

有了这份软件标志的说明书后，应该在程序清单中找到3处清除STOP标志的操作：一处在初始化过程中；一处在状态5的K1执行模块中；一处在状态5的K2执行模块中。应该找到一处置位STOP标志的操作，它应在状态4的K2执行模块中。另外，应找到2处利用STOP标志来进行判别转移：一处在状态4的K1执行模块中；一处在定时中断中。如果以上应该出现的地方没有出现，就属遗漏，应予补上。如果在这几处之外出现对STOP标志的读/写操作，包括通过对字节2CH的整体操作来影响STOP，则均属非法。

6.3.7 子程序的使用

系统主程序中要使用很多子程序，就是子程序本身也可能要调用其他低级的子程序。正确使用子程序是很重要的，但首先要提高子程序本身的质量，质量差的子程序是不好使用的。关于子程序设计在第2章中已作过介绍，现假定子程序本身已经设计好了，质量已经合乎要求，但此时若使用不当，同样会造成程序出错。

正确使用子程序的前提是了解该子程序。为此，应该为每一个子程序编制说明书，这和软件标志的使用一样。子程序的使用说明书中有如下项目。

① 标号：该子程序的名称。它在程序中也代表了该子程序的入口地址。

② 功能：说明该子程序的作用。如果该子程序内部有选择性执行功能，则应分别说明在什么情况下完成什么功能。

③ 入口条件：子程序为完成某项功能，需要预先设置条件，如原始参数、控制标志等。应详细说明每一个参数的存放地址、存放格式、控制标志的存放单元和逻辑定义。有的子程序不需要入口条件，如固定延时子程序。

④ 出口信息：子程序执行完毕时留下的现场有用信息。这中间有运算结果的存放地址、存放格式、输出的特征信息(如出错信息)的存放地址和格式。

⑤ 子程序调用：说明本子程序还要调用哪些低级子程序，将其标号一一列出。

⑥ 影响资源：子程序在执行过程中，必然要动用若干寄存器或位单元，使它们的内容在子程序执行后有可能发生变化，这些寄存器和位单元即为受影响的资源，应一一列出，不可遗漏一个。在子程序执行过程中，那些先被保护(如压栈)，然后使用，最后被恢复的资源，不在受影响的范围之内。虽没有进行保护，但只进行读操作的资源，由于其内容未受破坏，也不在受影响的范围之内。如果本子程序调用了其他若干低级子程序，则这些低级子程序的"影响资源"应全部列入本子程序的"影响资源"栏目之中。

⑦ 堆栈需求：调用子程序必须使用堆栈资源，其对堆栈的需求量可参阅6.3.1小节介绍的方法计算出来。如果在调用该子程序时，堆栈当前剩余的空间不够本子程序的需要，则调用本子程序将导致程序出错。

⑧ 执行时间：每个子程序均需要一定的执行时间。在一些实时控制系统中，对程序的运行速度有严格要求，这时就应认真核算每个子程序的执行时间。当子程序中有各种分支转移时，子程序的执行时间可能是不定的，这时应计算出最短执行时间和最长执行时间，并按概率统计的方法核算出平均执行时间，为主程序调整运行节奏提供参考数据。

如果每一个子程序都按以上8点编出详细说明，则正确使用子程序就有了可靠的保证。下面以两个简单的子程序为例，来说明子程序使用说明书的编写方法。子程序如下：

```
BCDH2:  MOV    A,R3
        LCALL  BCDH
        MOV    R3,A
        MOV    A,R2
        LCALL  BCDH
        MOV    B,#100
        MUL    AB
        ADD    A,R3
        MOV    R3,A
        CLR    A
        ADDC   A,B
        MOV    R2,A
        RET

BCDH:   MOV    R4,A
        SWAP   A
        ANL    A,#0FH
        MOV    B,#10
        MUL    AB
        XCH    A,R4
        ANL    A,#0FH
        ADD    A,R4
        RET
```

这两个子程序的使用说明书如下。

标号：BCDH2。

功能：双字节BCD码转换为双字节十六进制无符号整数。

入口条件：双字节BCD码在R2,R3中，其中高字节在R2中。

出口信息：转换后的双字节十六进制无符号整数仍在R2,R3中，其中R2仍为高字节。

子程序调用：BCDH。

影响资源：A,PSW,B,R2,R3,R4。

堆栈需求：4字节。

执行时间：48机器周期。

标号：BCDH。

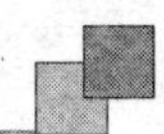

功能：单字节 BCD 码转换为十六进制整数。

入口条件：单字节 BCD 码装入累加器 A 中。

出口信息：转换后的十六进制整数仍然在累加器 A 中。

子程序调用：无。

影响资源：A,PSW,B,R4。

堆栈需求：2 字节。

执行时间：16 机器周期。

由于高级子程序的说明书与低级子程序有关，故应先编制最低级的子程序说明，然后逐步往上编。当速度没有严格要求时，可不计算执行时间。当堆栈足够大时，也可不列出堆栈需求，但标号、功能、入口条件、出口信息和影响资源这 5 项是必须有的，否则将给正确使用子程序带来困难。要正确使用子程序，必须注意以下几方面。

① 功能匹配：一个子程序如果只有一个明确的功能，那么这点很容易满足。当一个子程序设计有多种功能时，必须要掌握好所需功能和子程序所能完成功能之间的匹配。这时往往通过设置一定的控制信息来控制子程序的功能组合。

② 入口条件要完备：参照子程序说明书，将所有入口参数和控制信息按指定位置和格式准备好，方可调用该子程序。有时某些入口条件早已成立，似乎不必再准备了，但从容错角度考虑，再重复准备一次是有好处的。

③ 保护其他信息：根据子程序说明书中“影响资源”一栏提供的内容，将其中有用信息转移到安全位置。如果把累加器 A、寄存器 B、状态寄存器 PSW 和工作寄存器 R0～R7 作为运算单元，不准在其中存放各种全局或大范围的变量和参数，而子程序一般也只使用这些运算单元，则保护信息的工作就可以大大减少。将各种入口参数尽量装入 A,B 和 R0～R7 中，各种控制信号尽量装入 PSW 的 CY,F0 中，就是一种好的设计风格。

④ 出口信息的使用：根据上述同样的理由，子程序应该将出口结果和标志尽量存放在 R0～R7,A,B 和 PSW 中，主程序再按实际需要，将结果转移到真正的目的地址中。

⑤ 由于单片机的堆栈资源有限，子程序的递归调用是非常危险的，应该用循环结构、当结构和重复结构来完成同样的功能。

6.4 互斥型输出的硬件容错设计

在单片机应用系统中，输出控制信号可分为模拟信号和数字信号两种类型，其中数字信号一般用来控制各种电气设备的启停和电磁阀的通断等。由于单片机输出的数字控制信号为 TTL 电平，而执行机构多为强电设备，故两者之间必须通过接口电路来连接，从而完成电平转换和干扰隔离。典型的输出接口电路如图 6-15 所示，其中(达林顿型)光电耦合器完成直流信号隔离，小型直流继电器完成直流到交流的隔离(也可以直接用固体继电器取代光电耦合器和小型直流继电器)。

按图 6-15 中的接法，单片机输出端口的低电平为有效电平。当端口输出有效电平时，光电耦合器中的发光二极管导通，使继电器动作，通过继电器的触点控制交流设备的工作过程。这种接口电路在单片机软件运行时可以通过软件措施保持正常工作。但在系统上电或掉电时刻，单片机不能执行任何用户程序，往往出现失控现象，表现为所有的继电器在这一瞬间会同

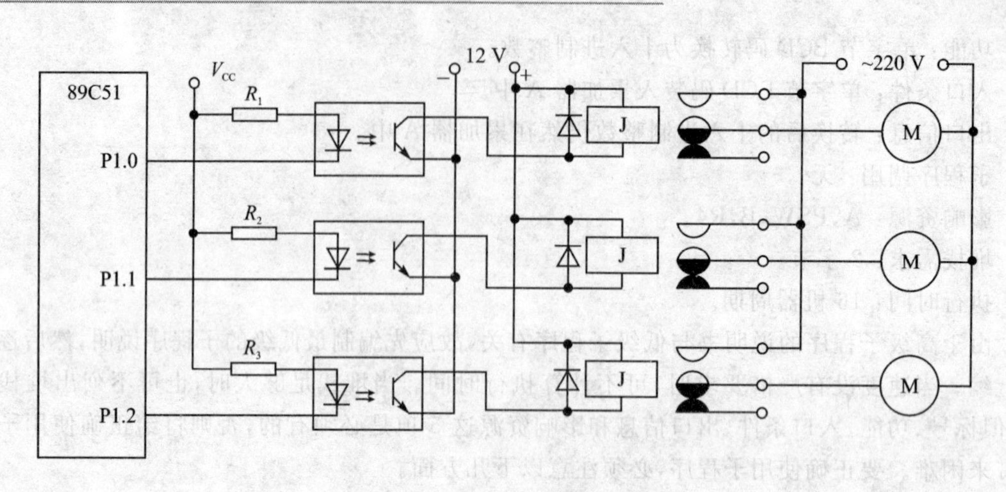

图 6-15 典型的输出接口电路

时动作一下。这种失控有可能造成严重的后果。造成电路失控的原因分析如下：在开机的过程中，V_{CC}的电平由 0 V 上升到+5 V，这时单片机处于硬件复位过程，其端口电平由 0 复位到高电平(对于 89C51，大约为4.7 V以上)。上电复位过程理论上不应该引起继电器误动作，但实际上端口的复位过程总是滞后于V_{CC}的上升过程，从而在V_{CC}和单片机端口之间形成一个短暂的电压差。这个电压差只要超过光电耦合器中发光二极管的导通电压，就有可能引起继电器的误动作(如图 6-16左端阴影部分所示)。在系统关机时，单片机端口电平下降快于V_{CC}的下降，也会在V_{CC}和单片机端口之间形成一个短暂的电压差，同样有可能引起继电器的误动作(如图6-16右端阴影部分所示)。

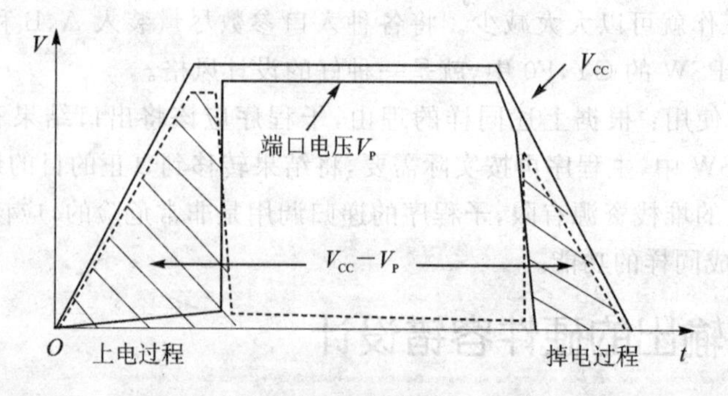

图 6-16 系统上电和掉电时的失控脉冲

由于在系统上电或掉电时单片机不执行程序或不能正常执行程序，故这时产生的失控现象只能用硬件手段来解决。一种显而易见的办法是控制各部分供电的先后次序：在上电时先给系统接通单片机的电源V_{CC}，延迟一段时间(0.5 s以上)后再给继电器电路接通 12 V 电源。在关机时先关闭继电器电路的 12 V 电源，再关闭单片机系统的电源。这种方法虽然简单，但不能从根本上解决问题，如果操作者没有按照这个规定来操作，就会造成事故。

在不少应用系统中，控制对象是依次动作的，一个控制动作结束后才开始下一个控制动作，这些动作是互相排斥的，即任何时刻都不允许同时进行两个以上的动作。这类系统的输出控制信号有一个明显的特点：任何时刻最多只有一路信号的电平为有效电平，即任何时刻都不允许有两路以上的光电耦合器同时导通，这种输出电路称为互斥型输出电路。在这种特定

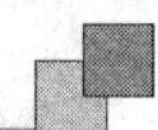

的条件下，只要对图 6－15 所示接口电路作少许修改，即使不采用供电顺序控制电路，也可以避免系统在上电和掉电时的失控。

电路的修改部分请参阅图 6－17，与图 6－15 相比，仅仅对光电耦合器的限流电路作了修改。在图 6－15 中，各路光电耦合器分别拥有自己的限流电阻；而在图 6－17 中，各路光电耦合器共用一个限流电阻 R_0（暂时不考虑 R_1，R_2 和 R_3 等）。限流电阻的阻值有一个选择范围，阻值太小就有可能伤害光电耦合器，阻值太大将造成光电耦合器的输入电流太小，不能使继电器动作。当光电耦合器和继电器的型号选定之后，可以用实验方法测出限流电阻的临界值，例如 2 kΩ。为了工作可靠，一般限流电阻的实际值比临界值要小得多，例如 330～680 Ω。在上电或掉电期间，V_{CC} 和单片机端口之间形成的脉冲电压虽然小于正常工作电压，但由于限流电阻远小于临界值，故光电耦合器仍然可以驱动继电器，产生误动作。

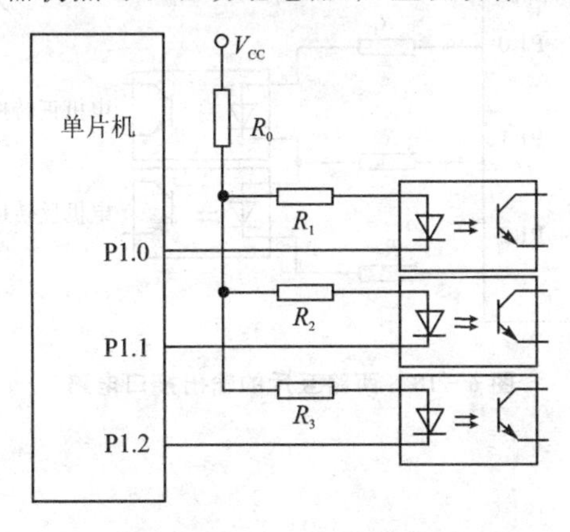

图 6－17 互斥输出接口电路

在图 6－17 中，将各路光电耦合器共用一个限流电阻 R_0，并将 R_0 的阻值选择为略小于临界电阻（例如 1.2 kΩ），使 R_0 可以充分提供一路输出所需的驱动电流，而不能提供足够两路以上输出所需的驱动电流。在系统正常运行期间，由于各路输出是互斥的，不会发生两路以上同时输出的情况，故完全可以满足系统的正常工作需要。在系统上电或掉电时刻，由于失控，单片机各个输出端口处于相同的低电平，都通过 R_0 获取驱动电流。虽然各路光电耦合器的输入端都有电流流入，但都小于临界值，不足以使继电器动作，从而避免了失控现象带来的不良后果。

由于各路光电耦合器输入特性的差异，驱动电流就有可能分配不均，甚至差异较大，导致其中一路获得足够的驱动电流，产生误动作。为预防这种现象出现，可为各路光电耦合器均接入一个均流电阻，即图 6－17 中的 R_1，R_2 和 R_3，它们的取值为 100～150 Ω。接入均流电阻后，各路光电耦合器的输入电流大体相同，且均小于临界电流，从而确保各路继电器都不能动作。

所有的输出控制完全互斥的情况也比较少见，一般是部分相斥。可以对所有的输出控制进行分析，将它们分成若干组，使分在同一组中的输出控制满足互斥的条件，让它们共用一个限流电阻。

在工业控制中，两个控制信号互斥的情况比较普遍，例如电机的正反转控制、控制对象的升温和降温控制等。这时，绝对不允许两个控制信号同时有效，但可以同时无效（如电机停转）。在输出两个互斥控制信号的情况下，可以增加一个辅助的公共控制输出端，来达到完全互斥的效果。如图 6－18 所示，当需要电机正转时，必须使 P1.0 输出高电平，同时 P1.1 输出低电平;当需要电机反转时,必须使 P1.1 输出高电平,同时 P1.2 输出低电平。在上电或掉电时,单片机失去对三个输出信号的电平的控制,它们的电平均为低电平或高电平,使两路均不能工作,避免了失控状态的出现。即使在单片机正常运行期间,由于软件错误,同时将两路信号设置为有效(P1.0 输出高电平、P1.2 输出低电平),也不可能出现两路控制信号同时有效的情况,因为在任何时刻,公共控制输出端 P1.1 的电平只能使一路信号真正有效。采用这种方案时,必须选用端口具有强上拉能力的单片机(例如 51LPC 系列单片机),其端口的高电平状态具有较强输出驱动能力。如果采用普通的端口弱上拉型单片机,则需要外接驱动电路。图 6-18中的 3 个电阻可根据实际采用的光电耦合器来选定。

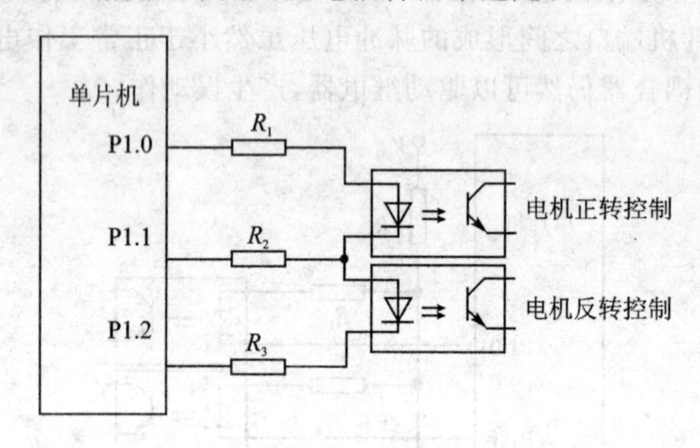

图 6-18　两路互斥的输出接口电路

第7章 程序测试

消费者有权要求工厂提供合格的产品，为此，工厂里不仅应有生产车间，还应有专门的质量检验机构。同样的道理，单片机程序设计是生产软件产品的过程，用户当然也要求得到合格的软件产品，这就要求在软件设计中必须加入质量检查环节——程序测试。因此，单片机程序设计的全过程如下：

① 系统分析。

② 画流程图。

③ 编辑程序(产生程序代码)。

④ 程序测试和纠错。

对于某些初学者，往往把程序设计仅仅理解为上机编程序。在实际场合，第①步和第②步占总时间的20％～30％，第③步约占总时间的10％，而第④步占总时间的60％～70％。由此可见，程序测试在程序设计中是何等重要。由于不少初学者没有掌握正确的程序测试方式，更缺乏正确的心理准备，因而导致程序测试效率低、质量差。这样的程序交给用户后，必然不断出毛病。

关于程序测试，虽有专著，但普及不广。本章将讨论最基本的测试技术，更深一步的探讨可参阅有关专著。

7.1 程序测试的心理准备

人的行为具有明确的目标性，且受心理状态支配。在程序测试过程中，错误的心理状态会将人们引向无效测试或低效测试。无数事实证明，在程序测试过程中，测试效果的决定因素不是测试技术的高低，而是测试心理状态是否正常。

7.1.1 程序测试的正确定义

程序测试俗称“调程序”。经常可以听到人们这样提问：“你的程序调通了没有？”，也常可以听到人们回答：“我一连调了好几天，昨天晚上干到半夜，总算调通了”。在以上的问答过程中，可以明显看出，程序测试被理解为“将程序调通的过程”。类似的观点还有：“程序测试就是验证程序能够完成预期功能的过程”，“程序测试就是证明程序中已经没有错误的过程”和

"程序测试就是排除错误,直到能够完成预期功能的过程"。持有这类观点的人在行动中有一个明显的共同点:一切为了将程序调通。所谓调通,也被理解为正确地完成了预定的功能。在程序还不通(一次也不曾完成预定功能)时,夜以继日地调试,一旦调通,如释千斤重担,喜气洋洋。对于初学者,心理状态十有八九如此。软件理论已经证明:任何一个程序(除某些短小的子程序外)都存在错误(缺陷),人们可以通过合理的测试来证明它仍然存在错误,却无法证明它已经没有错误。因为要证明一个程序没有错误所需进行的测试次数是一个巨大的天文数字,在有限时间内是不可能实现的。这一基本概念是人们长期经验教训的总结,必须先承认它,即使现在难以理解,以后自然会理解的。

既然程序中总是存在错误的,那种认为"程序测试就是证明程序中已经没有错误的过程"的观点自然也就是不对的。另一方面,不是每个隐含的错误在每次运行中都会暴露。当某次运行正常时,并不能说明程序中已经没有错误了。因此,持有"程序测试是验证程序能够完成预期功能的过程"的观点同样是错误的。他们不是以排除错误作为目标,而是以"能正常完成预定功能"作为目标,排除错误只是手段而已。这好比从甲地到乙地要求修一条路,如果仅仅是开出一条羊肠小道就算完成任务,则一定不会认为是合理的。同样道理,把一个仅仅能执行几次预定功能的程序就算合格程序,这要求也太低了。

程序测试的正确定义应该是:"程序测试是为了发现错误而执行程序的过程"。从中可以看出,应该把发现错误作为测试的目的,而不能把"调通"作为目的。回到修路的例子上。持错误观点的人修通一条小道就以为大功告成;而持正确观点的人把修通一条小道作为工作的起点,继续进行各种排除交通隐患的工作,使这条道路达到真正实用的水平。从正确定义出发,程序测试过程是具有破坏性的。为了发现错误,就需要千方百计使程序出错,甚至使系统彻底瘫痪,而这是很多程序设计员不愿看到的。在实际测试过程中,他们总是有意识或下意识地将程序引向"正常运行"的方向,实际上还是对程序测试持有错误的观点。

7.1.2 程序测试结果的正确评价

某人测试一段程序,第一天程序不能正常运行,发现几处错误并进行纠正;第二天再没有发现新的错误,程序运行正常。如何评价这两天的工作成绩呢?一般评价是第一天测试失败了,第二天才测试成功。这种评价的基础是持有"程序测试就是验证程序能够完成预期功能的过程"这种错误观点。从正确定义出发,第一天发现了程序中的错误,虽然程序运行不正常,但测试是成功的;第二天虽然程序运行正常,而测试却是失败的。

病人到医院去看病,大夫检查一遍后说"没有毛病,一切正常"。大家不会认为这是一次成功的看病过程。前面已经提到,程序中的错误是客观事实,因此,发现错误的测试才是成功的测试。

再从价值规律上来分析这个问题。设某个程序的价值是10 000元。当最后一次发现错误(不是发现最后一个错误)并纠正后,这个程序的价值就已经达到10 000元了(因为这时的软件版本和以后销售的软件版本已经完全相同了)。在这以后进行的所有测试工作由于没有对提高软件素质作出任何贡献,实质上是无效劳动,只能算作失败的测试。在这里再次明确以下观点:成功的测试就是千方百计使程序运行失败,从而使程序的查错工作取得进展,程序的素质得到提高的过程。

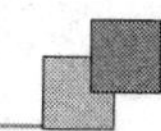

7.1.3　培养正常的测试心理状态

通过以上讨论，已经明确了程序测试的正确定义和评价测试结果的正确方法。但人们的潜意识是和这些正确观念相反的，克服这些错误观念，培养正常的测试心理状态是测试成功的基础。下述心理状态是常见的不正常心理状态，对提高程序测试质量非常不利。

①“我的程序没有问题”。持这种心态的程序设计者没有认识到“所有的程序都不能保证没有错误”。当他们认识到这一点后，也许嘴上再也不敢这样说了，但心里仍然认为自己的程序质量已经很高了，完全可以满足使用要求。同时，对他人提出进一步测试的要求持公开的或下意识的抵制或不合作态度，从而使测试失效。如果要求他自己进一步测试，他只会一次又一次地来证明自己的程序能够正常运行，而不是千方百计使自己的程序出错或瘫痪。

②“说我的程序有问题的人是跟我过不去”。持这种心态的程序员没有真正认识到程序测试的经济学意义。其意义是：“每发现一个问题，就给程序增加了一份价值。”例如一个商品软件售价 1 000 元/份。准备阶段和编程序阶段共用 100 个工作日，测试阶段共用 150 个工作日，共发现并改正了 50 个错误，平均 3 天发现一个错误。按价值规律，每个工作日的价值为 4 元/份，故发现一个错误所提供的价值为 12 元/份。如果该软件在市场上最终共销售500 份，则发现一个错误所创造的财富为 6 000 元。有了这个认识以后，就不会认为别人是“跟我过不去”，而应真心诚意地接受别人的指点，并应为此付出酬劳。在国外，程度测试是要付出很高酬金的。以后大家将会明白一个道理：程序测试比编程序要困难，耗费的脑力劳动比编这个程序还要多。当然，那些不经过认真测试就推向市场的软件实际上都是“不合格产品”，会给用户造成巨大损失，到时将引起经济纠纷案件。所以，任何投入实际使用的软件均应进行严格测试。

③“我的程序已经正常运行好几天了，找不出什么毛病来，可以结束测试了”。持这种心态的程序设计者没有一个正确的测试完成标准，过早地结束测试将使程序停留在一个低素质状态。以限定测试时间作为完成测试的标准是最不明智的，这会促使人们消极地混日子，而不去费脑子认真查错；同样，用连续多长时间（例如连续一星期）没有查出新的错误作为测试结束的标准也是不明智的，照样会鼓励人们去做那些不太费脑子且查错效率很低的测试。这里再一次重复下述观点：程序测试是比编程序更困难、更费脑子的工作。程序测试的正确标准是否可以规定为“查出程序中所有的错误，并纠正之”呢？当然不可以，因为没有办法证明程序中已经没有错误，这个标准也就没有办法实施了。正确结束测试的标准尚无定论，一般有如下几种：

- 采用了按某种法则制定的测试计划，执行了计划中的全部测试，结果全部失败（未查出新的错误），就可以结束测试。这个标准并不一定很好，因为尚无一种测试法则可以查出程序中的全部错误。最好是综合若干种法则来测试，查错效果才有保障。另外，具体执行某种测试法则时，本身就没有一个严格标准，有可能导致马虎了事的作风。
- 规定查错指标，例如“必须查出 50 个错误才算结束”。这个标准有比较积极的因素，能促使人们千方百计地去进行查错。但确定查错指标是一件困难的事情，定得太高可能永远结束不了测试。如果指标定得太低，将使程序的最终素质仍然不高。合适的指标多数情况是根据经验估算出来的，这与程序的规模、程序结构的复杂程度以及程序员的水平有关。较为妥当的测试结束标准是上述两种标准的某种结合。

7.2 程序测试方法

已经做好程序测试的心理准备后,就可以把精力转到程序测试上来了。程序测试工作最费脑子的地方是设计各种测试方案,通过执行这些测试方案,使程序中的错误暴露出来。持不正确观点的人总是下意识地设计出一些“证明程序是正确的”测试方案,导致测试失败(他们往往还认为是成功)。

测试前要写出每种测试方案的精确结果,在测试中,将实际结果和预定的精确结果仔细比较,不要放过那些极细微的差异。通过这些细微的差异也许能发现不少重大的错误。由于每个程序都有一定的设计目标和运行条件,在编写测试方案的预期结果时就不能超出范围来苛求。例如有一个开平方的子程序,它的程序规范如下:“双字节正整数开平方,根为单字节正整数,小数部分四舍五入。”当测试输入为0003H时,预期结果只能定为02H,而不能苛求它输出1.732。对于规范以外的运行条件,也不能要求它完成指定的功能,但可以要求它输出出错信息。在设计程序测试方案时,不仅要设计正常的测试方案,也要设计异常的(非法的)测试方案,以测试程序的容错能力。每个实用程序都必须具有足够的容错能力,否则只能看,不能用。

在测试过程中,不仅要仔细核对执行结果,还要检查它是否做了“分外工作”。通过这种检查,可以发现程序的“副作用”。那些透明性差的程序副作用一般均比较大。副作用是有害的,甚至是具有破坏性的。当执行某次测试后,查出了副作用,即使结果是对的,也说明程序有缺陷,这次测试应该认为是成功的。

在程序测试中,如果一个程序中发现的错误比另一个程序中发现的错误要多,则这个程序中尚未发现的错误往往比另一个程序中尚未发现的错误要多。甚至同一个程序,尚未发现的错误的存在概率与已经发现的错误也是成比例的。这种现象提示人们:程序中的错误多数是成群出现的。

为了提高程序测试效率,程序设计者最好不要测试自己的程序,请他人测试,效果要好得多。就好比这种现象:一些水平很高的医生,当自己生病或自己的亲人生病时,仍然要请其他医生诊治,不肯自己诊治。问他为什么要这样做,原因多是怕下不了手。程序测试也是这样,一个编程者总是下意识地希望自己编的程序能正常工作,看到自己的程序被整得一败涂地,心情总是不佳的。他人来测试你的程序或者你来测试他人的程序时,心情刚好相反,每当将程序整垮一次,就是一个胜利,心情只会更好;整不垮程序,只能证明自己无能。这就必然会促使测试者千方百计设计出高效的测试方案,查出更多的错误。当然,查出错误后,纠正错误的工作还是由程序设计者本人来完成更有效,他熟悉程序的细节,可以减少“因纠正当前的错误而埋下新错误”的现象。

7.2.1 程序会审和口头宣讲

在程序测试前期,成立一个审查小组,由编程者向小组成员宣讲程序,并回答小组成员提出的各种问题。在这个过程中,可以发现大量的设计错误,测试效率(单位时间查出的错误数)非常高,如有条件应尽力采用。会审的高效率是依靠群体优势而获得的,事实证明,三个人合作一天比三个人各干一天的总效果要好得多,多个人在一起可以互相启发灵感,思维活跃。

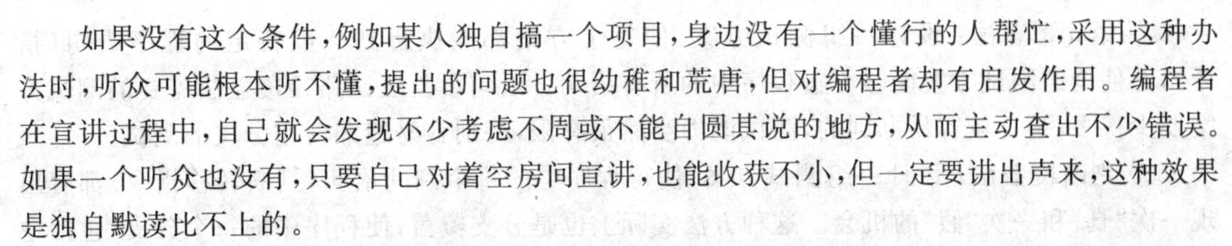

如果没有这个条件，例如某人独自搞一个项目，身边没有一个懂行的人帮忙，采用这种办法时，听众可能根本听不懂，提出的问题也很幼稚和荒唐，但对编程者却有启发作用。编程者在宣讲过程中，自己就会发现不少考虑不周或不能自圆其说的地方，从而主动查出不少错误。如果一个听众也没有，只要自己对着空房间宣讲，也能收获不小，但一定要讲出声来，这种效果是独自默读比不上的。

程序会审通常能成批地发现错误，并能正确分析出这些错误的性质和位置，提出最合理的纠错方法。相比之下，上机测试时一般只是发现错误症状，如“结果有误”、“有副作用”及“程序瘫痪”等，一般不能提供出错位置，错误也是一个一个找到，一个一个纠正，在纠错中埋下新的错误的概率比较大。

在程序会审会议上，编程者在宣讲过程中主动发现的错误不一定比会议上的其他专家少，比独自一人闭门思考的效果要好得多。编程者的自尊心产生了正面效果，明知程序中一定有错，与其让别人指出，总不如自己找出来更体面一些。因此，编程者在会审会议上将会以空前的主动性来查找错误。

在程序会审和口头宣讲中，除了审查程序的各种规范、数据结构和逻辑流程外，还要进行人工运行。有人认为人工运行意义不太大，不如直接上机运行来得快。事实证明，人工运行(最好另外请一位懂行的人来进行)虽然麻烦，但非常仔细地了解了程序运行的细节，因而发现错误的概率比较高。

7.2.2 白盒测试法

在进行程序测试时，必须先设计出测试方案。所谓测试方案，就是拟定一组特定的输入条件(或曰驱动条件、运行环境)。理论上必须通过无穷多个测试方案才能发现全部错误，这样一来就不能指望通过几个测试方案发现绝大部分错误(更不要说全部错误)。现在面临的问题是如何设计出有限个测试方案来覆盖尽可能多的错误。最不明智的做法是随机设计若干个测试方案，这样做盲目性太大，如果查出几个错误，也是“瞎猫逮住死耗子”，更多的错误必然被遗漏。

程序测试的基本原理是：设计若干个测试方案，每个测试方案在执行中都会使程序按各自不同的方式运行起来，当某种运行方式刚好触发某个隐含的错误时，该错误便被激发，对程序的后续运行产生影响，并以某种形式在结果中体现出来，从而被测试者发现。

在设计测试方案时，如果不考虑程序内部结构，把整个程序看成一个黑盒子，仅从程序任务书或程序规范出发来设计测试方案，就称为“黑盒测试法”；如果测试方案的制定要考虑程序内部的情况，即把盒子打开，就称为“白盒测试法”。在白盒测试法中，程序流程图和程序清单都是制定方案的依据。下面简单介绍一下白盒测试法。

① 路径覆盖法：在一个程序执行的过程中，因条件不同，其执行的路径也不同。所谓路径覆盖法，就是设计一组测试方案，其中每一个方案都覆盖一条特定的路径，使全组测试方案覆盖程序所有可能的路径。当程序中存在循环结构、重复结构和当结构时，路径覆盖法需要的测试方案将是一个天文数字。因此，路径覆盖法没有实用价值。即使没有上述结构，程序路径有限，本方法也不能查出全部错误。举一个极端的例子，一个没有任何分支的程序，只有唯一的路径，按路径覆盖法的原则，只需要设计出一个测试方案就可以了。很显然，一个测试方案是不可能查出多少错误的。

② 语句覆盖法：设计一组测试方案，使每个方案都能执行到一段特定的程序语句（指令），并使全组测试方案能够覆盖程序中的所有语句。语句覆盖法比路径覆盖法需要的测试方案要少得多，是比较容易办到的，测试能力当然很有限，特别容易遗漏对空分支的测试。

③ 判断覆盖法：设计一组测试方案，使得程序中的每个判断语句（判断转移指令）都有出现一次"真"和一次"假"的机会。这种方法实际上也是分支覆盖，使程序中的每个分支（包括空分支）都有机会被执行到。

④ 条件覆盖法：设计一组测试方案，使得每个判断条件都有出现一次"真"和一次"假"的机会。由于条件之间的相互作用，有可能遗漏某些分支。

⑤ 判断/条件覆盖法：设计一组测试方案，使得每个判断中的每个条件都有一次"真"和一次"假"的机会。这个方法是以上两种的结合，功能要强一些，当然设计出来的测试方案也要更多一些。

⑥ 多重条件覆盖法：设计一组测试方案，使得每个判断中的各个条件的各种可能的组合至少出现一次。这是一种功能进一步加强的白盒测试方法，查错的效率也比较高。

按白盒测试法来设计测试方案时，基本思想是搜索错误，利用程序流程图和程序清单来制定出各种搜索方案。由于测试本身也是执行程序的过程，对于一个特定的测试方案，只有对应的一种运行模式，故不可能覆盖全部错误。为了尽可能减少遗漏，就需要设计出许多个测试方案。6种白盒测试方法中，最后一种方法（多重条件覆盖）是一种比较好的测试方法，常被采用。例如有一段程序，其程序流程图如图7-1所示。程序中有4段执行指令串（其内部没有判断分支），分别称为A,B,C,D，有两处多重条件判断分支。按多重条件覆盖的原则，共可列出下列各种可能的条件组合：

① $x>y, z=0$；

② $x>y, z\neq0$；

③ $x\leqslant y, z=0$；

④ $x\leqslant y, z\neq0$；

⑤ $x=y, z=1$；

⑥ $x=y, z\neq1$；

⑦ $x\neq y, z=1$；

⑧ $x\neq y, z\neq1$。

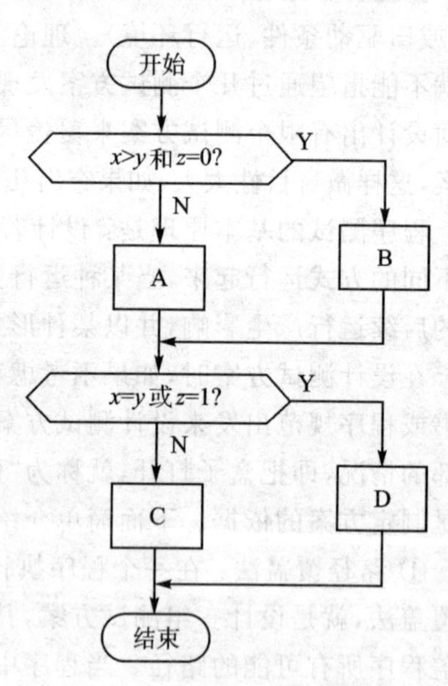

图7-1 待测试的程序流程

现在需要设计出一组测试方案，保证上述8种条件组合都能出现在其中某一个测试方案中。通常并不一定要设计同样多个测试方案。在本例中，设计出下述4个测试方案就可以了。

① $x=5, y=3, z=1$；

② $x=5, y=3, z=0$；

③ $x=4, y=4, z=1$；

④ $x=4, y=4, z=0$。

方案①覆盖了第②种和第⑦种逻辑条件，方案②覆盖了第①种和第⑧种逻辑条件，方案③覆盖了第④种和第⑤种逻辑条件，方案④覆盖了第③种和第⑥种逻辑条件。只用4种测试方案就完全覆盖了逻辑条件的全部可能组合。这4个测试方案执行情况如下：

① 执行 A 段、D 段；

② 执行 B 段、C 段；

③ 执行 A 段、D 段；

④ 执行 A 段、D 段。

从实际执行情况来看，两个判断和 A，B，C，D 四段指令都测试到了，故本组测试方案同时满足语句覆盖、判断覆盖、条件覆盖和判断/条件覆盖，但不满足路径覆盖，有两条路径 AC 和 BD 没有在测试过程中出现过。路径覆盖是白盒测试中最强的覆盖，但在包含循环程序的测试中往往是不可实现的。当程序只有顺序结构和选择结构时，不妨用路径覆盖法来进行白盒测试。再增加一个测试，就可以测试到路径 AC 了，即

⑤ $x=3, y=5, z=0$。

但没有一种测试方案可以测试到路径 BD，故这条路径在逻辑上是不存在的，可不必测试。实际情况中，条件的组合要看可能，例如多重条件判断为 $x>3$ 和 $x<7$，就只有下述 3 种可能组合：

① $x>3, x<7$（即 $3<x<7$）；

② $x>3, x\geqslant 7$（即 $x\geqslant 7$）；

③ $x\leqslant 3, x<7$（即 $x\leqslant 3$）。

并不存在 $x\leqslant 3, x\geqslant 7$ 的逻辑条件。当程序的指令中对条件进行了修改运算时，在设计测试条件时必须进行对应的修正。例如在 B 指令串中对条件 z 进行了加 1 调整，则原测试方案就可以测试到路径 BD 了，而路径 BC 就不存在了。

7.2.3 黑盒测试法

虽然白盒测试法力图通过执行到有错误的语句（指令）来暴露错误，但事实证明，光执行到该语句并不一定能使错误暴露出来，关键还在于执行的条件。用一个简单的例子来说明这一现象，即

```
MOV     A,R2
MOV     B,R3
ADD     A,B
MOV     R4,A
```

这一段指令的目的是想计算 R2 和 R3 中内容的乘积，并将结果存放在 R4 中。这是一个较长程序中的一个小片段。程序中有一个错误，即把“MUL　AB”写成“ADD　A,B”了。在白盒测试中，假设有一个测试方案执行了这一段指令。当运行到这几条指令时，R2 和 R3 中的内容都是 02H，执行错误指令“ADD　A,B”后结果仍然正确，并没有对后续运算产生影响，这个错误指令就被混过去了。从这个例子可以看出，白盒测试比较擅长发现逻辑判断错误，容易遗漏非逻辑判断错误。

黑盒测试法完全不考虑程序内部逻辑结构，仅从设计规范出发来编写测试方案。理论已经证明，要想对程序进行彻底的测试，黑盒法同样需要设计无穷多个测试方案，穷举一切可能的输入条件组合才能办到。为此人们探讨了若干种可行的测试技术，可以在有限次测试中，查获绝大多数错误。

(1) 等价类测试法

既然无法把所有的输入情况都测试一遍,人们就想到一个简化方法,即将所有的输入情况进行分类,使每一类中的条件均有相同的性质。一般这种分类是有限的,每一类中选出一个代表参加测试。例如温度条件,可分为3类:低于下限温度、正常温度和高于上限温度,每一类中挑选一个温度值作为测试条件中的温度代表;如果还有另一个湿度条件,则可以分为4类,就选4个值作为代表。这样一来,共可以划分出3+4=7种等价类。在进行等价类划分时,一定不要忘记无效类(非法类)条件。例如,对条件的数值范围有规定时,不但要将范围内的有效数值进行分类,而且要对范围外的无效数值进行分类。同样,如果对输入条件的个数和约束条件有规定,除了将满足以上规定的条件进行分类外,还要对违反规定的情况进行分类,并同样选出它们的代表。在等价类划分完毕后,就可以进行测试方案的设计了。

第一步:将所有等价类进行编号,并注明其属性(有效等价类还是无效等价类)。

第二步:设计若干个测试方案,尽可能以最少的方案,覆盖全部有效等价类。

第三步:对每一个无效等价类都单独设计一个方案,使这个方案中仅覆盖这一个无效等价类,其余条件均属有效等价类范围。

例如要测试一个三中取二的表决程序,该程序的设计规范是:输入3个小于256的正整数,进行表决,如果3个数互不相同或不符合规定,则输出"失败"标志;否则就输出"成功"标志,并显示表决结果。

程序规范中的输入描述就是测试方案的设计依据,而输出描述是供测试时作为核查结果的依据。仔细分析它的输入描述后,等价类的划分结果如表7-1所列。

表7-1 等价类划分

条　件	有效等价类	无效等价类
数据个数	(1) 3个	(2) 少于3个 (3) 多于3个
数值范围	(4) 1～255	(5) 小于1 (6) 大于255
符号	(7) 正数	(8) 负数或零
是否为整数	(9) 整数	(10) 带小数
相互关系	(11) 3个数均相等 (12) 只有前两个数相等 (13) 只有后两个数相等 (14) 只有前后两个数相等	(15) 3个数互不相等

表中每个等价类前面注明它的编码,共有15个等价类。现在进行第二步,可以先设计出4个测试方案,覆盖全部有效等价类。

① 37,37,37　　覆盖(1),(4),(7),(9),(11)

② 37,37,64　　覆盖(1),(4),(7),(9),(12)

③ 64,37,37　　覆盖(1),(4),(7),(9),(13)

④ 37,64,37　　覆盖(1),(4),(7),(9),(14)

因为等价类(11),(12),(13),(14)是互相排斥的,故不可能少于4个测试方案。这4个方案测试后如果均失败(没有发现异常),则说明该程序在正常情况下基本上可以完成预定的功

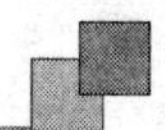

能(但不能完全肯定)。第三步的测试都要考虑到无效等价类,实质上是进行容错测试。为了便于查错,每个测试方案中仅允许包含1个无效等价类,7个无效等价类可以再设计出7个测试方案,即

⑤ 37,37　　覆盖(2),(4),(7),(9),(12)

⑥ 37,37,64,58　　覆盖(3),(4),(7),(9),(12)

⑦ 0,0,0　　覆盖(5),(1),(7),(9),(11)

⑧ 300,300,300　　覆盖(6),(1),(7),(9),(11)

⑨ −37,−37,−37　　覆盖(8),(1),(7),(9),(11)

⑩ 25.5,25,25　　覆盖(10),(1),(4),(7),(13)

⑪ 37,64,58　　覆盖(15),(1),(7),(9)

在这7个测试方案各自覆盖的等价类中,排在最前面的是它的测试目标。如果某个测试方案测试成功(结果不符合规范),就发现了程序在这方面的容错缺陷。

(2) 边界测试法

在等价类测试法中,推选代表是任意的,这样做的效果并不算好。经验证明,在边界条件附近来推选代表,测试的效率要更高一些。也就是说,在边界条件附近发现错误的概率比中心值附近发现错误的概率要高,很多情况下人们容易把大于、大于或等于、小于、小于或等于这些条件弄混,这些错误用中心值来测试是无法发现的。

边界测试法在等价类测试法的基础上加以改进,每一个等价类不是选一个任意值作代表,而是选出一个以上的代表,使得这个等价类的所有边界(边缘值、稍高于边缘值和稍低于边缘值)条件均得到测试。另外,本方法还对输出进行等价类划分,并设计出若干测试方案,使其输出达到各种临界状态。寻找边界值并不是一件很简单的事情,有时需要比较多的有关专业知识,尤其是一些特定行业的应用程序更是如此。

加入边界测试后的等价类测试法仍然是不全面的,它没有考虑各种条件之间的互相组合,只考虑了覆盖。为此推出了功能更强的黑盒测试设计法——因果图,它能帮助人们选择出一组高效的测试方案,并能发现程序规范中的不完全性和二义性,有兴趣者可参阅有关文献。

测试程序的经验积累多了,就会使人们下意识地猜到程序中可能存在的错误,根据这种猜测设计出来的测试方案往往作为补充方案被采用。例如对一个排序程序,最容易在处理下述情况时出错,即

① 对一个空表排序(元素个数为0)。

② 对只有一个元素的表进行排序。

③ 对各元素的值完全相同的表排序。

④ 对已经排好序的表排序。

⑤ 排序的方向理解反了。

综上所述,各种方法均应加以使用,互为补充。先按黑盒测试设计出一组方案,再用白盒测试中的多重条件覆盖法来核查这些黑盒方案;如果这些黑盒方案未能满足多重条件覆盖,则再补充一些测试方案。通过以上测试后,程序的素质就有了基本保证。

7.2.4 自顶向下测试法

再从另一个角度来讨论程序测试方法,不管是白盒法还是黑盒法,随着程序规模的增大,测试方案将迅速上升,直到人们无法承受的天文数字。于是人们采用了一个策略:分而治之。先将一个程序分解成若干模块,对于大模块,还可以进一步分解成更低级的模块(子程序)。先分别测试各个模块,然后逐渐将各个模块连接起来测试,最后连接成一个整体进行测试。当各个模块进行了比较"彻底"的测试后,在进行模块联合测试时就可以不再注意模块内部的问题了,而集中精力测试各模块之间的接口关系。模块测试比整体测试不仅容易进行,而且容易对错误进行准确定位,同时还可以通过对每个模块并行测试来加快测试进程。在进行模块测试时,具体测试方法仍然是前面介绍的几种白盒法与黑盒法。

测试的总体方案有两种:一种是先独立测试各个模块,然后组装成一个整体再进行总体测试;另一种是先测试一个模块,然后再增加一个和它相关的模块,将它们连接起来测试。前一种方案称为非增式测试,比较适用于大型软件的"大兵团作战";后一种方案称为增式测试,较适用于中小软件开发或软件人员较少的场合。对于增式测试,按模块测试顺序,又可分为自顶向下测试和自底向上测试两种方法。先来讨论自顶向下测试方法。

系统软件结构如图7-2所示,A模块为系统主控模块,它调用B,C,D三个模块;E,F,G,H为最低级的模块,只供其他的模块调用,而不调用其他模块。先测试模块A,再将B加上一起测试;然后再加上C,将ABC一起测试;再加上D,将ABCD一起测试;再加上E,将ABCDE一起测试……直到加上H,进行整体测试。在自顶向下测试过程中,需要编写虚模块(替身模块),例如在测试模块A时,B,C,D等模块尚未测试,为了使A模块能够执行下去,人们先编写三个虚模块B1,C1,D1。虚模块的最低要求是保证上级模块能够进行下去,因此,最简单的办法是用一条返回指令来作虚模块。当替代的模块与主模块之间有信息传递功能时(例如B模块要回送A模块一个数据),不做任何事情的虚模块B1将导致A模块出错(而这种出错并不是因为A模块本身的问题),从而干扰了对A模块的测试工作。这就要求虚模块必须在形式上以一种简单方式替代尚未测试的下级模块。如何设计虚模块就成为一个值得认真对待的问题,太简单了对上级模块测试不利,复杂一点必然本身带有错误,需要首先测试虚模块,这就变成了自底向上的测试方式。

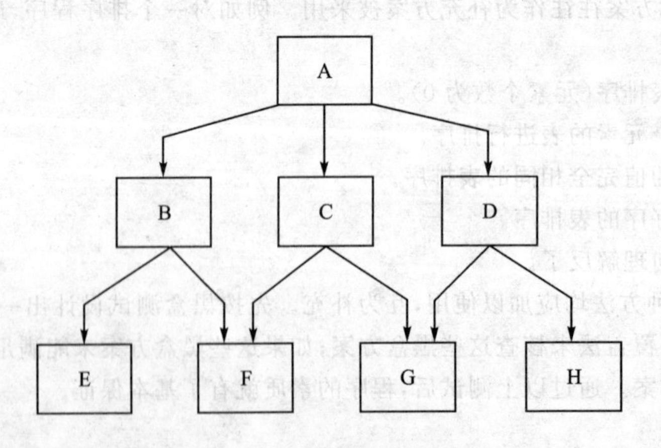

图7-2 各种模块的层次关系

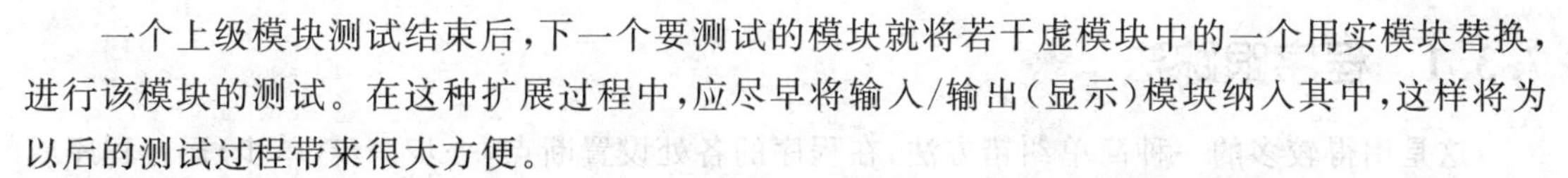

一个上级模块测试结束后，下一个要测试的模块就将若干虚模块中的一个用实模块替换，进行该模块的测试。在这种扩展过程中，应尽早将输入/输出（显示）模块纳入其中，这样将为以后的测试过程带来很大方便。

自顶向下测试可以最早看到系统的整体功能轮廓，这对增加工作信心比较有利；但它有不少缺点，需要编写虚模块固然是缺点之一，最大的缺点是测试低级模块时很困难。例如测试低级模块E，要从A模块再通过B模块才能驱动E模块；对E模块的各种测试方案，要想通过A模块来实现是极困难的，甚至是不可能的。相比之下，自底向上测试的优点就要多一些。

7.2.5　自底向上测试法

仍以图7-2所示程序结构为例，本方法首先测试最低级的模块E，F，G，H（可以多人同时并行测试），然后再向上扩展，每次扩展一个模块，分别测试B，C，D模块，最后测试A模块。不管测试哪个模块，它所调用的模块均已测试过了，从而不需要编写虚模块。可以方便地按白盒法和黑盒法设计出比较全面的测试方案，也很容易观察测试结果。相比之下，自底向上测试的缺点是必须为每个模块编写一个驱动模块来替代它的上级模块。驱动模块首先对各条件进行设置，然后调用被测试模块，最后显示执行结果。驱动模块的格式比较固定，编写起来没有什么困难。与自顶向下方式比较，编写一个驱动模块比编写若干不同形式的虚模块还是要容易得多。

由上级模块的设计者来编写驱动模块，并对该模块进行测试是一种比较合理的安排。例如由B模块的设计者来测试E模块和F模块，并编写对应的驱动模块，比由其他人（尤其是比E模块和F模块的设计者）更有效些。根据前面介绍的心理学知识，模块设计者应避免测试自己的模块，最好互相交换测试，当然，纠错工作最好还是自己来完成。

7.3　程序纠错

在程序测试结束后，将得到一批出错信息。每个出错信息由三部分构成：测试方案（输入）、预期结果（期望输出）和测试结果（实际输出），其中测试结果与预期结果不符。这时有两种可能：或者是程序中有错误，或者是预期结果本身有错误。这就要求在设计测试方案时，必须仔细核实预期结果（即对测试方案的预期结果要先进行核实）。以下假定预期结果都是准确无误的，所有的出错信息都预示着程序中有错误。

测试仅提供出错的迹象，剩下的工作就是纠错，包括错误定位与定性、改正错误。经验证明，纠错工作中95％的时间花在错误定位和定性上，而改正错误只是水到渠成的事情，不要花费很多时间。

另外，最合理的方法是先测试，最后统一纠错。测出一个错就改一个错，往往会顾此失彼，有时还会发现前面刚改过的一个错误并未改好，需要反过来再改；而集中改错，可以通盘考虑，改错的质量要高一些。

再有，要牢记一点：纠错的过程引入新错误的可能性是存在的，因此，纠错之后，必须再一次进行测试，直到所有的测试方案全部失败为止。注意，所有的程序测试方案用完后不要丢掉，以后还用得着。

7.3.1 程序跟踪法

这是用得较多的一种简单纠错方法,在程序的各处设置断点,一步一步(单步)运行程序或一小段一小段运行程序,时时停下来查看程序运行的中间现场信息与预期信息的差异,从中找到出现错误的位置和产生错误的原因。这是一种低效率的纠错方法,在一些小程序中还可以用一用,而对一些大程序就很难使用,为了查一个错需要处理大批中间信息,工作效率之低可想而知。这种方法不是鼓励人们去思考问题,而是去碰运气,对提高程序员的纠错水平不利。

7.3.2 分析推理法

对所有测试结果(成功的和失败的)进行归纳分析,找出各种错误的性质,并进行分类。然后围绕这些错误提出一系列可能的出错假设,再利用那些失败的测试结果(正确运行的结果)排除其中一些假设;对剩下的假设作进一步的分析,必要时可以专门为此设计一个测试方案,证明这个假设成立。如果假设被否认,再从头开始;如果被证实了,则错误的性质就确定了。对照程序清单,自然可以迅速找到错误的位置(同一错误可能在多处存在)。

例如三中取二的表决程序,7.2.3 小节中用等价类划分的测试方法设计出 11 个测试方案,测试结果是第④测试方案取得成功,其他方案均失败(未发现异常)。说明该程序(不是指第 5 章中图 5-13 所示的程序)容错设计考虑得比较全面,但表决实体部分有问题。第④方案测试成功,说明程序中对第一数据与第三数据的比较过程有问题,为此作如下两点假设:

① 程序中忘记将第一数据和第三数据进行比较。

② 程序中第一数据与第三数据的比较方法有问题。

回过头来再分析其他测试情况。第②,③,⑪测试方案均失败,说明程序中有处理第一数据与第三数据的比较过程,故第一种假设可以放弃。再分析第二种假设。比较方法有三种:比较指令、异或指令和减法指令。比较指令可以直接得到结果,且不改变操作数内容,但跳转不灵活;异或指令也可以直接得到结果,且跳转方式灵活,但要改变操作数内容;减法指令不能直接得到结果,需要先清理进位标志。仔细分析后,进一步假设程序中的比较方法可能是采用减法指令,并且未处理好进位标志。为此设计一个新的测试方案:37,33,37,结果测试失败(表决成功),假设得到验证。原方案④中第二个数为 64,比第一个数大,程序在进行第一数据与第二数据比较(相减)时,产生进位标志,接下来进行第一数据与第三数据比较(相减)时,便产生了错误,明明相等的数据也不相等了。分析到这一步,错误性质已经确定,错误定位和改正就很容易了。当然,这个例子过于简单,这个程序也很短,但对于复杂一些和大一些的程序,分析推理法的优势就更明显了。

7.3.3 纠错原则

纠错过程是在心理压力很大的情况下进行的,别人(或者自己)通过测试已经发现了错误或问题,如果不尽快消灭它,心里就不好受。因此,忙中出错的现象时有发生。有时,一个错误往往只改了一部分(表面上消灭),甚至把一些对的部分也改成错的了。因此,有关纠错的一些基本原则,实际仍然与纠错心理有关。

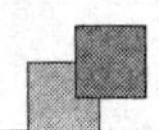

1. 找错原则(错误定位)

① 首先要努力培养分析推理的习惯,不用碰运气的方法。

② 当找错进展很慢时,要能放得下,改做别的工作,因为再干下去效率一定很低,反而容易出错。隔一段时间再来处理,效果反而更好。

③ 必要时可向同行求助。

④ 千万不要用修改程序的方法来试一试错误位置,这样做很容易把程序弄乱,引入更多的错误。这种做法本身仍然是碰运气的方法。

2. 改错原则

① 首先要明白,同一个错误可能在程序的好几个地方重复出现,不要遗漏。如前面提到的做减法运算时忘记预先清除进位标志,既然第一数据与第三数据相减时有这个错误,那么在其他相减的场合完全可能犯同样的错误。纠正错误时要尽量根治,不要只满足改正错误现象。也就是说,改错后,必须能解释测试中的所有同类现象,不能只解释其中几个方案,而另几个方案的同类错误仍未得到纠正。

② 不要指望改错一定会完全成功,改正后的程序仍然要再次通过严格的测试,对于大一点的程序尤其如此。往往原来测试失败的方案在再次测试中反而成功地发现错误,毫无疑问,这个错误是纠错后新增加进去的。

③ 修改错误时一定要修改源程序,不要仅仅修改目标代码(机器指令);否则,下次重新编辑时,错误仍然会原封不动地保存下来。

附录 A 完整的应用程序样本

A.1 状态顺序编码，监控程序在主程序中（汇编语言）

```
;《简易 γ 辐射仪》软件清单
BUFSZ    EQU     30H          ;显示缓冲区首址
BUF1     DATA    30H          ;千位显示缓冲区
BUF2     DATA    31H          ;百位显示缓冲区
BUF3     DATA    32H          ;十位显示缓冲区
BUF4     DATA    33H          ;个位显示缓冲区
SEC      DATA    34H          ;时钟秒级单元(BCD 码)
KEYC     DATA    38H          ;键码
NH       DATA    39H          ;计数器溢出次数
NOSZ     EQU     3AH          ;测点序号存放首址
NOH      DATA    3AH          ;测点序号高字节(BCD 码)
NOL      DATA    3BH          ;测点序号低字节(BCD 码)
TJSZ     EQU     3CH          ;测量定时条件存放首址
TJH      DATA    3CH          ;测量定时条件高字节(BCD 码)
TJL      DATA    3DH          ;测量定时条件低字节(BCD 码)
CPSSZ    EQU     3EH          ;CPS 存放首址
CPSH     DATA    3EH          ;CPS 高字节(BCD 码)
CPSL     DATA    3FH          ;CPS 低字节(BCD 码)

FLAG     DATA    20H          ;辅助标志字节
KEYP     BIT     FLAG.0       ;用于描述已响应按键(1)和未响应按键(0)
DISPLY   BIT     FLAG.1       ;用于描述已显示(1)和未显示(0)
SETING   BIT     FLAG.4       ;用于描述修改(1)和查阅(0)
CONT     BIT     FLAG.5       ;用于描述连测(1)和点测(0)
DINS     BIT     FLAG.7       ;用于描述定数测量(1)和定时测量(0)
```

```
SECD        DATA    22H           ；时钟(1/16) s 单元,可用于位寻址确定闪烁时间
SECD4       BIT     SECD.4        ；时钟(1/16) s 单元的 4 位用于控制显示刷新
SECD8       BIT     SECD.5        ；时钟(1/16) s 单元的 5 位用于控制(1/8) s 的闪烁
SECD2       BIT     SECD.7        ；时钟(1/16) s 单元的 7 位用于控制(1/2) s 的闪烁

SETP        DATA    2DH           ；修改位置指针(0：千；1：百；2：十；3：个)
SETP0       BIT     SETP.0        ；0:千十；1:百个
SETP1       BIT     SETP.1        ；0:千百；1:十个

STATEN      DATA    2EH           ；状态码(次态)
STATE       DATA    2FH           ；状态码(现态)

LED         BIT     P1.7          ；LED 控制端(0:亮；1:灭)

            ORG     0000H
            LJMP    MAIN          ；复位入口

            ORG     000BH
            LJMP    TIME          ；定时中断

            ORG     001BH
            INC     NH            ；计数溢出中断
            RETI

；定时中断子程序：
            ORG     0030H
TIME:       ORL     TL0,#0EEH     ；重置时常数
            MOV     TH0,#85H
            PUSH    ACC           ；保护现场
            PUSH    PSW
            MOV     PSW,#8        ；使用 1 区工作寄存器
            MOV     A,SECD        ；调整时钟
            ADD     A,#10H
            MOV     SECD,A
            JC      TIM1          ；是否到了整 1 s?
            LJMP    ENDI
TIM1:       MOV     A,SEC         ；调整秒单元
            ADD     A,#1
            DA      A
            MOV     SEC,A
            ANL     A,#0FCH       ；是否够 4 s?
            JZ      ENDI
            MOV     A,STATE
```

```
        JNZ     TEST
        JNB     CONT,ENDI       ；是否连测休止期
        LCALL   BEG             ；自动启动一次测量
        MOV     STATE,#1        ；进入测量状态
        SJMP    ENDI
TEST:   CJNE    A,#1,ENDI       ；是否测量中
        JNB     DINS,DISI       ；测量方式判断
        MOV     A,NH            ；定数方式
        JNZ     CPS             ；脉冲数超过6万,可以结束测量
        MOV     A,TJH           ；将定数条件转换成十六进制
        RR      A
        RR      A
        CLR     C
        SUBB    A,TH1           ；和比较
        JC      CPS             ；已经够数
        MOV     A,SEC
        SUBB    A,#64H
        JNC     CPS             ；实测脉冲数虽然不够数,但时间已经够64 s
        SJMP    ENDI
DISI:   MOV     A,SEC           ；定时方式
        CJNE    A,TJL,ENDI      ；测量时间到否?
CPS:    CLR     TR1             ；停止测量
        CLR     ET1
        MOV     R3,NH           ；取测量结果
        MOV     R4,TH1
        MOV     R5,TL1
        MOV     A,SEC           ；单字节十进制数转换为十六进制数
        MOV     R7,A
        ANL     A,#0FH
        XCH     A,R7
        ANL     A,#0F0H
        SWAP    A
        MOV     B,#10
        MUL     AB
        ADD     A,R7
        MOV     R7,A
        LCALL   DV31            ；计算CPS
        MOV     A,R4
        MOV     R6,A
        MOV     A,R5
        MOV     R7,A
        LCALL   HB2             ；双字节十六进制数转换为十进制数
        MOV     A,R3
```

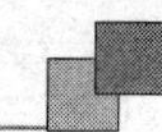

```
            JZ       CPS1
            MOV      R4,#99H           ;CPS 封顶
            MOV      R5,#99H
CPS1:       MOV      CPSH,R4           ;保存测量结果 CPS 值
            MOV      CPSL,R5
            MOV      A,NOL
            ADD      A,#1              ;序号加 1
            DA       A
            MOV      NOL,A
            MOV      A,NOH
            ADDC     A,#0
            DA       A
            MOV      NOH,A
            JNC      CPSE              ;序号是否超出?
            MOV      NOL,#1            ;重新从 1 号测点开始
CPSE:       MOV      STATE,#0          ;进入休止期
            MOV      SEC,#0            ;开始计算休息时间
ENDI:       MOV      C,SECD4           ;每(1/8) s 申请一次显示
            MOV      DISPLY,C
            POP      PSW               ;恢复现场
            POP      ACC
            RETI                       ;定时中断结束

;主程序:
MAIN:       MOV      SP,#67H           ;设置系统堆栈区为 68H~7FH
            MOV      R0,#20H           ;把内存 20H~7FH 全清零
            CLR      A
CLRS:       MOV      @R0,A
            INC      R0
            CJNE     R0,#80H,CLRS
;发光二极管自检(闪烁 3 次):
            MOV      R2,#3
TES1:       CLR      LED               ;亮
            LCALL    TIM2              ;延时
            SETB     LED               ;灭
            LCALL    TIM2              ;延时
            DJNZ     R2,TES1
;数码管自检(从 0000~9999 进行显示):
TES2:       MOV      BUF1,R2           ;设置显示内容(4 位显示内容相同)
            MOV      BUF2,R2
            MOV      BUF3,R2
            MOV      BUF4,R2
            LCALL    SS                ;显示
```

```
        LCALL   TIM2                ;延时
        INC     R2                  ;更换显示内容
        CJNE    R2,#0BH,TES2        ;直到完全熄灭
;开始初始化:
        MOV     TJL,#4              ;测量条件默认为4 s
        MOV     NOL,#1              ;测点序号默认从第1点开始
        MOV     TH0,#85H            ;时钟定时器((1/16) s,6 MHz晶体)
        MOV     TL0,#0EEH
        MOV     TMOD,#51H           ;T0定时,T1计数
        SETB    PT1                 ;计数溢出中断为高级中断
        CLR     ET1                 ;暂时关闭计数器
        SETB    TR0                 ;定时器开始工作
        SETB    ET0
        SETB    EA
;主程序进入监控循环:
LOOP:   JB      DISPLY,LOP1
        LCALL   DISP                ;调用显示模块
LOP1:   LCALL   KIN                 ;读取键码
        JZ      KEY0                ;是否按键?
        MOV     R4,#20              ;延时去抖动
        MOV     R5,#0
TIM0:   DJNZ    R5,TIM0
        DJNZ    R4,TIM0
        LCALL   KIN                 ;再次读取键码
        MOV     KEYC,A              ;保存输入键码
        JNZ     KEY2                ;按下某键
KEY0:   CLR     KEYP                ;未按键或键码发生变化,清响应标志
        LJMP    LOOP
KEY2:   JB      KEYP,LOOP           ;按键已经响应,不再响应,防止连击
        CLR     CONT                ;任何按键均结束连测方式
        MOV     A,STATE             ;取当前状态
        MOV     B,#4
        MUL     AB
        ADD     A,KEYC              ;结合键码
        INC     A
        MOVC    A,@A+PC             ;查表
        SJMP    KEY3
        DB      11H,21H,32H,43H     ;状态0下K1~K4对应的反应元素
        DB      60H,60H,60H,60H     ;状态1下K1~K4对应的反应元素
        DB      72H,82H,60H,60H     ;状态2下K1~K4对应的反应元素
        DB      93H,83H,60H,60H     ;状态3下K1~K4对应的反应元素
KEY3:   MOV     B,A
        ANL     A,#0FH
```

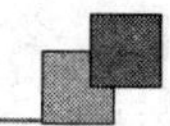

```
        MOV     STATEN,A          ;保存次态
        MOV     A,B
        SWAP    A
        ANL     A,#0FH            ;取模块号
        MOV     B,#3
        MUL     AB
        MOV     DPTR,#WORK
        JMP     @A+DPTR           ;进入指定模块
WORK:   LJMP    WK0               ;路标集合
        LJMP    WK1
        LJMP    WK2
        LJMP    WK3
        LJMP    WK4
        LJMP    WK5
        LJMP    WK6
        LJMP    WK7
        LJMP    WK8
        LJMP    WK9
WK0:    LJMP    WKE               ;空操作,返回汇合点
WK1:    LCALL   BEG               ;启动连续测量
        SETB    CONT              ;设立连测标志
        LJMP    WKE               ;返回汇合点
WK2:    LCALL   BEG               ;启动一次测量(点测)
        LJMP    WKE               ;返回汇合点
WK3:    CLR     SETING            ;进入查询条件状态
        MOV     SETP,#0
        LJMP    WKE               ;返回汇合点
WK4:    CLR     SETING            ;进入查询序号状态
        MOV     SETP,#0
        LJMP    WKE               ;返回汇合点
WK5:    LJMP    WKE               ;返回汇合点
WK6:    MOV     A,STATE
        CJNE    A,#1,WK61
        MOV     CPSH,#0           ;测量中,中止本次测量,CPS清零
        MOV     CPSL,#0
        MOV     SEC,#0            ;时钟复位
        LJMP    WKE               ;返回汇合点
WK61:   CJNE    A,#2,WK6E
        MOV     A,TJH             ;退出条件状态之前,检查新条件的性质
        JZ      WK64              ;不满100按定时方式进行测量
        ADD     A,#05H
        DA      A
        JNC     WK62
```

```
        MOV     A,#90H
WK62:   ANL     A,#0F0H
        JNZ     WK63
        MOV     A,#10H
WK63:   MOV     TJH,A
        MOV     TJL,#0              ;按整千计算
        SETB    DINS                ;按定数方式进行测量
        LJMP    WK6E
WK64:   MOV     A,TJL
        SETB    C
        SUBB    A,#64H
        JC      WK65
        MOV     TJL,#64H            ;最长定时限定在 64 s
        SJMP    WK66
WK65:   MOV     A,TJL
        SUBB    A,#3
        JNC     WK66
        MOV     TJL,#4              ;不得少于 4 s
WK66:   CLR     DINS                ;按定时方式进行测量
WK6E:   CLR     SETING
        MOV     SETP,#0
        LJMP    WKE                 ;返回汇合点
WK7:    MOV     R0,#TJSZ            ;指向定时条件
        LJMP    WK90
WK8:    JNB     SETING,WK8E         ;查询状态,暂不移位
        MOV     A,SETP              ;调整修改位置
        INC     A
        ANL     A,#3
        MOV     SETP,A
WK8E:   SETB    SETING              ;设立修改标志
        LJMP    WKE                 ;返回汇合点
WK9:    MOV     R0,#NOSZ            ;指向序号
WK90:   JNB     SETING,WK9E         ;查询状态,暂不加1
        JNB     SETP1,WK91          ;字节定位
        INC     R0
WK91:   MOV     A,@R0               ;读取该字节
        JNB     SETP0,WK92          ;半字节定位
        SWAP    A                   ;调整到高半字节
WK92:   ADD     A,#10H              ;十进制加1
        DA      A
        JNB     SETP0,WK93
        SWAP    A
WK93:   MOV     @R0,A               ;保存结果
```

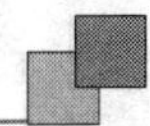

```
WK9E:   SETB    SETING              ;设立修改标志
WKE:    MOV     STATE,STATEN        ;各模块的汇合点,进入次态
        SETB    KEYP                ;按键处理结束,设立响应标志
        LJMP    LOOP

;读键子程序:
KIN:    ORL     P1,#0FH             ;从 P1 口读取键码
        MOV     A,P1
        CPL     A
        ANL     A,#0FH
        INC     A
        MOVC    A,@A+PC             ;将键码换成顺序码
        RET
        DB      0,1,2,0,3,0,0,0
        DB      4,0,0,0,0,0,0,0

;延时子程序:
TIM2:   MOV     R5,#2
        MOV     R6,#0
        MOV     R7,#0
WAT1:   DJNZ    R7,WAT1
        DJNZ    R6,WAT1
        DJNZ    R5,WAT1
        RET

;启动一次测量子程序:
BEG:    MOV     NH,#0               ;计数器清零
        MOV     TH1,#0
        MOV     TL1,#0
        MOV     SEC,#0              ;时钟复位
        MOV     SECD,#0
        MOV     TL0,#0EEH
        MOV     TH0,#85H
        SETB    TR1                 ;开始计数
        SETB    ET1
        RET

;1 字节除以 1 字节(R3R4R5/R7 -->R4R5):
DV31:   MOV     R2,#10H
DM23:   CLR     C
        MOV     A,R5
        RLC     A
        MOV     R5,A
```

```
        MOV     A,R4
        RLC     A
        MOV     R4,A
        MOV     A,R3
        RLC     A
        MOV     R3,A
        MOV     F0,C
        CLR     C
        SUBB    A,R7
        ANL     C,/F0
        JC      DM24
        MOV     R3,A
        INC     R5
DM24：  DJNZ    R2,DM23
        MOV     A,R3
        ADD     A,R3
        JC      DM25
        SUBB    A,R7
        JC      DM26
DM25：  INC     R5
        MOV     A,R5
        JNZ     DM26
        INC     R4
DM26：  RET

；双字节十六进制数(R6R7)转换为十进制数(R3R4R5)：
HB2：   CLR     A
        MOV     R5,A
        MOV     R4,A
        MOV     R3,A
        MOV     R2,#10H
        CLR     C
HB3：   MOV     A,R7
        RLC     A
        MOV     R7,A
        MOV     A,R6
        RLC     A
        MOV     R6,A
        MOV     A,R5
        ADDC    A,R5
        DA      A
        MOV     R5,A
        MOV     A,R4
```

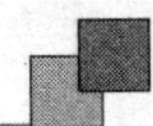

```
        ADDC    A,R4
        DA      A
        MOV     R4,A
        MOV     A,R3
        ADDC    A,R3
        AD      A
        MOV     R3,A
        DJNZ    R2,HB3
        RET

;显示模块:
DISP:   SETB    DISPLY          ;执行显示
        MOV     A,STATE         ;按状态进行显示
        JNZ     DSP0
        SETB    LED             ;测量休止期,发光二极管灭
        MOV     R0,#CPSSZ       ;显示 CPS
        SJMP    DSPN
DSP0:   CJNE    A,#1,DSP1
        CLR     LED             ;测量中,发光二极管亮
        MOV     R0,#NOSZ        ;显示测点序号
        SJMP    DSPN
DSP1:   CJNE    A,#2,DSP2
        MOV     C,SECD2         ;条件状态,发光二极管慢闪
        MOV     R0,#TJSZ        ;显示测量条件
        SJMP    DSP3
DSP2:   MOV     C,SECD8         ;序号状态,发光二极管快闪
        MOV     R0,#NOSZ        ;显示测点序号
DSP3:   MOV     LED,C           ;发光二极管闪烁
DSPN:   MOV     A,@R0           ;将待显示的数据分解后送显示缓冲区
        ANL     A,#0F0H
        SWAP    A
        MOV     BUF1,A
        MOV     A,@R0
        ANL     A,#0FH
        MOV     BUF2,A
        INC     R0
        MOV     A,@R0
        ANL     A,#0F0H
        SWAP    A
        MOV     BUF3,A
        MOV     A,@R0
        ANL     A,#0FH
        MOV     BUF4,A
```

```
        JNB     SETING,SHOW          ;修改状态?
        JNB     SECD8,SS             ;亮(1/8) s
        MOV     A,SETP               ;指向闪烁位
        ANL     A,#3
        ADD     A,#BUFSZ
        MOV     R0,A
        MOV     @R0,#0AH             ;灭(1/8) s
        SJMP    SS
SHOW:   MOV     A,BUF1               ;灭零处理
        JNZ     SS
        MOV     BUF1,#0AH
        MOV     A,BUF2
        JNZ     SS
        MOV     BUF2,#0AH
        MOV     A,BUF3
        JNZ     SS
        MOV     BUF3,#0AH
SS:     MOV     A,BUF4               ;取个位数据
        MOV     DPTR,#LST4           ;取个位数据的笔型表
        MOVC    A,@A+DPTR            ;查表
        LCALL   OUT                  ;输出个位数据的笔型码
        MOV     A,BUF3
        MOV     DPTR,#LST3
        MOVC    A,@A+DPTR
        LCALL   OUT                  ;输出十位数据的笔型码
        MOV     A,BUF2
        MOV     DPTR,#LST2
        MOVC    A,@A+DPTR
        LCALL   OUT                  ;输出百位数据的笔型码
        MOV     A,BUF1
        MOV     DPTR,#LST1
        MOVC    A,@A+DPTR            ;输出千位数据的笔型码
OUT:    MOV     SCON,#0              ;从串行口输出笔型码
        MOV     SBUF,A
WAIT:   JNB     TI,WAIT
        CLR     TI
        RET
LST1:   DB      12H,0DBH,31H,51H     ;千位笔型码
        DB      0D8H,54H,14H,5BH
        DB      10H,50H,0FFH,0FFH
LST2:   DB      50H,0D7H,61H,0C1H    ;百位笔型码
        DB      0C6H,0C8H,48H,0D3H
        DB      40H,0C0H,0FFH,0FFH
```

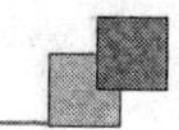

```
LST3:       DB      60H,7BH,0C1H,49H        ;十位笔型码
            DB      5AH,4CH,44H,6BH
            DB      40H,48H,0FFH,0FFH
LST4:       DB      50H,0DBH,31H,19H        ;个位笔型码
            DB      9AH,1CH,14H,0D9H
            DB      10H,18H,0FFH,0FFH
            END
```

A.2 状态特征编码,监控程序在定时中断中(汇编语言)

```
;《简易γ辐射仪》软件清单
BUFSZ       EQU         30H             ;显示缓冲区首址
BUF1        DATA        30H             ;千位
BUF2        DATA        31H             ;百位显示缓冲区
BUF3        DATA        32H             ;十位显示缓冲区
BUF4        DATA        33H             ;个位显示缓冲区
SEC         DATA        34H             ;时钟秒级单元(BCD码)
KEYC        DATA        38H             ;键码
NH          DATA        39H             ;计数器溢出次数
NOSZ        EQU         3AH             ;测点序号存放首址
NOH         DATA        3AH             ;测点序号高字节(BCD码)
NOL         DATA        3BH             ;测点序号低字节(BCD码)
TJSZ        EQU         3CH             ;测量定时条件存放首址
TJH         DATA        3CH             ;测量定时条件高字节(BCD码)
TJL         DATA        3DH             ;测量定时条件低字节(BCD码)
CPSSZ       EQU         3EH             ;CPS存放首址
CPSH        DATA        3EH             ;CPS高字节(BCD码)
CPSL        DATA        3FH             ;CPS低字节(BCD码)

STATE       DATA        20H             ;状态特征字节
SETPH       BIT         STATE.0         ;状态特征字的0位,描述修改位置(0:千十;
                                        1:百个)
SETPL       BIT         STATE.1         ;状态特征字的1位,描述修改位置(0:千百;
                                        1:十个)
NOS         BIT         STATE.2         ;状态特征字的2位,描述序号状态(1是,0非)
TJS         BIT         STATE.3         ;状态特征字的3位,描述条件状态(1是,0非)
SETING      BIT         STATE.4         ;状态特征字的4位,描述修改(1)和查阅(0)
CONT        BIT         STATE.5         ;状态特征字的5位,描述连测(1)和点测(0)
MEAS        BIT         STATE.6         ;状态特征字的6位,描述测量中(1)和休止期(0)
DINS        BIT         STATE.7         ;状态特征字的7位,描述定数测量(1)和定时测量(0)

FLAG        DATA        21H             ;辅助标志字节
```

```
KEYP    BIT     FLAG.0          ；1：已响应按键；0：未响应按键

SECD    DATA    22H             ；时钟(1/16) s单元，可用于位寻址确定闪烁时间
SECD8   BIT     SECD.5          ；时钟(1/16) s单元的5位，用于控制(1/8) s的闪烁
SECD2   BIT     SECD.7          ；时钟(1/16) s单元的7位，用于控制(1/2) s的闪烁

LED     BIT     P1.7            ；LED控制端(0:亮;1:灭)

        ORG     0000H
        LJMP    MAIN            ；复位入口

        ORG     000BH
        LJMP    TIME            ；定时中断

        ORG     001BH
        INC     NH              ；计数溢出中断
        RETI

；主程序：
        ORG     0030H
MAIN：  MOV     SP,#67H         ；设置系统堆栈区为68H～7FH
        MOV     R0,#20H         ；把内存20H～7FH全部清零
        CLR     A
CLRS：  MOV     @R0,A
        INC     R0
        CJNE    R0,#80H,CLRS
；发光二极管自检(闪烁3次)：
        MOV     R2,#3
TES1：  CLR     LED             ；亮
        LCALL   TIM2            ；延时
        SETB    LED             ；灭
        LCALL   TIM2            ；延时
        DJNZ    R2,TES1
；数码管自检(从0000～9999进行显示)：
TES2：  MOV     BUF1,R2         ；设置显示内容(4位显示内容相同)
        MOV     BUF2,R2
        MOV     BUF3,R2
        MOV     BUF4,R2
        LCALL   SS              ；显示
        LCALL   TIM2            ；延时
        INC     R2              ；更换显示内容
        CJNE    R2,#0BH,TES2    ；直到完全熄灭
；开始初始化：
```

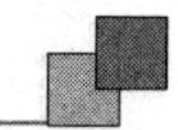

```
        MOV     TJL,#4          ;测量条件默认为 4 s
        MOV     NOL,#1          ;测点序号默认从第一点开始
        MOV     TH0,#85H        ;设置时钟定时器的时常数((1/16) s,6 MHz 晶体)
        MOV     TL0,#0EEH
        MOV     TMOD,#51H       ;T0 定时,T1 计数
        SETB    PT1             ;计数溢出中断为高级中断
        CLR     ET1             ;暂时关闭计数器
        SETB    TR0             ;定时器开始工作
        SETB    ET0
        SETB    EA              ;开中断
STOP:   MOV     PCON,#1         ;主程序进入休眠状态
        LJMP    STOP

;定时中断子程序:
TIME:   ORL     TL0,#0EEH       ;重置时常数
        MOV     TH0,#85H
        MOV     A,SECD          ;调整时钟
        ADD     A,#10H
        MOV     SECD,A
        JNC     KEY             ;是否到了整秒时刻?
        MOV     A,SEC           ;调整秒单元
        ADD     A,#1
        DA      A
        MOV     SEC,A
        ADD     A,#0FCH         ;是否够 4 s?
        JNC     KEY
        JB      MEAS,TEST       ;是否测量中?
        JNB     CONT,KEY        ;是否连测休止期?
        LCALL   BEG             ;自动启动一次测量
        SJMP    KEY
TEST:   JNB     DINS,DIS1       ;测量方式判断
        MOV     A,NH            ;定数方式
        JNZ     CPS             ;脉冲数超过 60 000,可以结束测量
        MOV     A,TJH           ;将定数条件转换成十六进制
        RR      A
        RR      A
        CLR     C
        SUBB    A,TH1           ;和比较
        JC      CPS             ;已经够数
        MOV     A,SEC
        SUBB    A,#64H
        JNC     CPS             ;实测脉冲数虽然不够数,但时间已经够 64 s
        SJMP    KEY
```

```
DIS1:   MOV     A,SEC           ;定时方式
        CJNE    A,TJL,KEY       ;测量时间到?
CPS:    CLR     TR1             ;停止测量
        CLR     ET1
        CLR     MEAS            ;进入休止期
        MOV     R3,NH
        MOV     R4,TH1
        MOV     R5,TL1
        MOV     A,SEC           ;单字节十进制数转换为十六进制数
        MOV     R7,A
        ANL     A,#0FH
        XCH     A,R7
        ANL     A,#0F0H
        SWAP    A
        MOV     B,#10
        MUL     AB
        ADD     A,R7
        MOV     R7,A
        LCALL   DV31            ;计算 CPS
        MOV     A,R4
        MOV     R6,A
        MOV     A,R5
        MOV     R7,A
        LCALL   HB2             ;双字节十六进制数转换为十进制数
        MOV     A,R3
        JZ      CPS1
        MOV     R4,#99H         ;CPS 封顶
        MOV     R5,#99H
CPS1:   MOV     CPSH,R4         ;保存测量结果
        MOV     CPSL,R5
        MOV     A,NOL
        ADD     A,#1            ;序号加 1
        DA      A
        MOV     NOL,A
        MOV     A,NOH
        ADDC    A,#0
        DA      A
        MOV     NOH,A
        JNC     CPSE            ;序号超出?
        MOV     NOL,#1          ;重新从 1 号测点开始
CPSE:   MOV     SEC,#0          ;开始计算休息时间
KEY:    ORL     P1,#0FH         ;从 P1 口读取键码
        MOV     A,P1
```

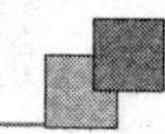

```
        CPL     A
        ANL     A,#0FH
        JZ      KEY0            ;按键?
        XCH     A,KEYC          ;保存输入键码,用于去抖处理
        XRL     A,KEYC          ;与上次按键比较
        JZ      KEY2            ;相同?
KEY0:   CLR     KEYP            ;未按键或键码发生变化,清响应标志
KEY1:   LJMP    KOFF
KEY2:   JB      KEYP,KEY1       ;该按键已经响应,不再响应,防止连击
        CLR     CONT            ;任何按键均结束连测方式
        JNB     MEAS,KEY3
        CLR     MEAS            ;测量中,中止本次测量
        MOV     CPSH,#0         ;CPS清零
        MOV     CPSL,#0
        MOV     SEC,#0          ;时钟复位
        LJMP    KEND
KEY3:   MOV     A,KEYC          ;进行键盘处理
        CJNE    A,#1,K2         ;K1键处理
        JB      NOS,K12         ;序号状态?
        JB      TJS,K13         ;条件状态?
        LCALL   BEG             ;启动连续测量
        SETB    CONT            ;设立连测标志
        LJMP    KEND
K12:    MOV     R0,#NOSZ        ;指向序号
        SJMP    K14
K13:    MOV     R0,#TJSZ        ;指向定时条件
K14:    JNB     SETING,K18      ;查询状态,暂不加1
        JNB     SETPL,K15       ;字节定位
        INC     R0
K15:    MOV     A,@R0           ;读取该字节
        JNB     SETPH,K16       ;半字节定位
        SWAP    A               ;调整到高半字节
K16:    ADD     A,#10H          ;十进制加1
        DA      A
        JNB     SETPH,K17
        SWAP    A
K17:    MOV     @R0,A           ;保存结果
K18:    SETB    SETING          ;设立修改标志
        LJMP    KEND
K2:     CJNE    A,#2,K3         ;K2键处理
        JB      NOS,K22         ;序号状态?
        JB      TJS,K22         ;条件状态?
        LCALL   BEG             ;启动一次测量(点测)
```

```
        SJMP    KEND
K22:    JNB     SETING,K28      ;查询状态,暂不移位
        MOV     A,STATE         ;调整修改位置
        INC     A
        ANL     A,#3
        XCH     A,STATE
        ANL     A,#0FCH
        ORL     STATE,A
K28:    SETB    SETING          ;设立修改标志
        SJMP    KEND
K3:     CJNE    A,#4,K4         ;K3 键处理
        MOV     A,STATE         ;判断当前状态
        ANL     A,#0CH
        JNZ     K41             ;已经处于条件或序号状态,将退出之
        MOV     A,STATE         ;若处于休止态,则进入查询条件状态
        ANL     A,#80H
        ORL     A,#8
        MOV     STATE,A
        SJMP    KEND
K4:     CJNE    A,#8,KEND       ;K4 键处理
        MOV     A,STATE         ;判断当前状态
        ANL     A,#0CH
        JNZ     K41             ;已经处于条件或序号状态,将退出之
        MOV     A,STATE         ;若处于休止态,则进入查询序号状态
        ANL     A,#80H
        ORL     A,#4
        MOV     STATE,A
        SJMP    KEND
K41:    JNB     TJS,K48
        MOV     A,TJH           ;退出条件状态之前,检查新条件的性质
        JZ      K44             ;不满 100 按定时方式进行测量
        ADD     A,#05H
        DA      A
        JNC     K42
        MOV     A,#90H
K42:    ANL     A,#0F0H
        JNZ     K43
        MOV     A,#10H
K43:    MOV     TJH,A
        MOV     TJL,#0          ;按整千计算
        SETB    DINS            ;按定数方式进行测量
        SJMP    K48
K44:    MOV     A,TJL
```

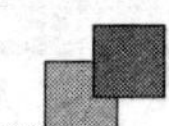

```
        SETB    C
        SUBB    A,#64H
        JC      K45
        MOV     TJL,#64H        ;最长定时限定在 64 s
        SJMP    K46
K45:    MOV     A,TJL
        SUBB    A,#3
        JNC     K46
        MOV     TJL,#4          ;不得少于 4 s
K46:    CLR     DINS            ;按定时方式进行测量
K48:    MOV     SEC,#0          ;时钟复位
        ANL     STATE,#80H      ;返回休止态
KEND:   SETB    KEYP            ;按键处理结束,设立响应标志
KOFF:   LCALL   DISP            ;调用显示模块
        RETI                    ;定时中断结束

;延时子程序:
TIM2:   MOV     R5,#2
        MOV     R6,#0
        MOV     R7,#0
WAT1:   DJNZ    R7,WAT1
        DJNZ    R6,WAT1
        DJNZ    R5,WAT1
        RET

;启动一次测量:
BEG:    SETB    MEAS            ;进入测量状态
        MOV     NH,#0           ;计数器清零
        MOV     TH1,#0
        MOV     TL1,#0
        MOV     SEC,#0          ;时钟复位
        MOV     SECD,#0
        MOV     TL0,#0EEH
        MOV     TH0,#85H
        SETB    TR1             ;开始计数
        SETB    ET1
        RET

;3字节除以1字节(R3R4R5/R7-->R4R5):
DV31:   MOV     R2,#10H
DM23:   CLR     C
        MOV     A,R5
        RLC     A
```

```
        MOV     R5,A
        MOV     A,R4
        RLC     A
        MOV     R4,A
        MOV     A,R3
        RLC     A
        MOV     R3,A
        MOV     F0,C
        CLR     C
        SUBB    A,R7
        ANL     C,/F0
        JC      DM24
        MOV     R3,A
        INC     R5
DM24:   DJNZ    R2,DM23
        MOV     A,R3
        ADD     A,R3
        JC      DM25
        SUBB    A,R7
        JC      DM26
DM25:   INC     R5
        MOV     A,R5
        JNZ     DM26
        INC     R4
DM26:   RET

;双字节十六进制数(R6R7)转换为十进制数(R3R4R5):
HB2:    CLR     A
        MOV     R5,A
        MOV     R4,A
        MOV     R3,A
        MOV     R2,#10H
        CLR     C
HB3:    MOV     A,R7
        RLC     A
        MOV     R7,A
        MOV     A,R6
        RLC     A
        MOV     R6,A
        MOV     A,R5
        ADDC    A,R5
        DA      A
        MOV     R5,A
```

```
        MOV     A,R4
        ADDC    A,R4
        DA      A
        MOV     R4,A
        MOV     A,R3
        ADDC    A,R3
        DA      A
        MOV     R3,A
        DJNZ    R2,HB3
        RET

;显示模块:
DISP:   JNB     MEAS,DSP0       ;测量中?
        CLR     LED             ;测量中,发光二极管亮
        MOV     R0,#NOSZ        ;显示测点序号
        SJMP    DSPN
DSP0:   JB      NOS,DSP1        ;序号状态?
        JB      TJS,DSP2        ;条件状态?
        SETB    LED             ;测量休止期,发光二极管灭
        MOV     R0,#CPSSZ       ;显示 CPS
        SJMP    DSPN
DSP1:   MOV     C,SECD8         ;序号状态,发光二极管快闪
        MOV     R0,#NOSZ        ;显示测点序号
        SJMP    DSP3
DSP2:   MOV     C,SECD2         ;条件状态,发光二极管慢闪
        MOV     R0,#TJSZ        ;显示测量条件
DSP3:   MOV     LED,C           ;发光二极管闪烁
DSPN:   MOV     A,@R0           ;将待显示的数据分解后送显示缓冲区
        ANL     A,#0F0H
        SWAP    A
        MOV     BUF1,A
        MOV     A,@R0
        ANL     A,#0FH
        MOV     BUF2,A
        INC     R0
        MOV     A,@R0
        ANL     A,#0F0H
        SWAP    A
        MOV     BUF3,A
        MOV     A,@R0
        ANL     A,#0FH
        MOV     BUF4,A
        JNB     SETING,SHOW     ;修改状态?
```

```
        JNB     SECD8,SS                ;亮(1/8) s
        MOV     A,STATE                 ;指向闪烁位
        ANL     A,#3
        ADD     A,#BUFSZ
        MOV     R0,A
        MOV     @R0,#0AH                ;灭(1/8) s
        SJMP    SS
SHOW:   MOV     A,BUF1                  ;灭零处理
        JNZ     SS
        MOV     BUF1,#0AH
        MOV     A,BUF2
        JNZ     SS
        MOV     BUF2,#0AH
        MOV     A,BUF3
        JNZ     SS
        MOV     BUF3,#0AH
SS:     MOV     A,BUF4                  ;取个位数据
        MOV     DPTR,#LST4              ;取个位数据的笔型表
        MOVC    A,@A+DPTR               ;查表
        LCALL   OUT                     ;输出个位数据的笔型码
        MOV     A,BUF3
        MOV     DPTR,#LST3
        MOVC    A,@A+DPTR
        LCALL   OUT                     ;输出十位数据的笔型码
        MOV     A,BUF2
        MOV     DPTR,#LST2
        MOVC    A,@A+DPTR
        LCALL   OUT                     ;输出百位数据的笔型码
        MOV     A,BUF1
        MOV     DPTR,#LST1
        MOVC    A,@A+DPTR               ;输出千位数据的笔型码
OUT:    MOV     SCON,#0                 ;从串行口输出笔型码
        MOV     SBUF,A
WAIT:   JNB     TI,WAIT
        CLR     TI
        RET
LST1:   DB      12H,0DBH,31H,51H        ;千位笔型码
        DB      0D8H,54H,14H,5BH
        DB      10H,50H,0FFH,0FFH
LST2:   DB      50H,0D7H,61H,0C1H       ;百位笔型码
        DB      0C6H,0C8H,48H,0D3H
        DB      40H,0C0H,0FFH,0FFH
LST3:   DB      60H,7BH,0C1H,49H        ;十位笔型码
```

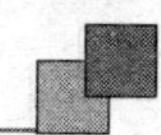

```
        DB      5AH,4CH,44H,6BH
        DB      40H,48H,0FFH,0FFH
LST4:   DB      50H,0DBH,31H,19H              ;个位笔型码
        DB      9AH,1CH,14H,0D9H
        DB      10H,18H,0FFH,0FFH
        END
```

A.3 状态顺序编码,监控程序在主程序中(C51 语言)

```
//《简易γ辐射仪》软件清单
#include <reg51.h>
typedef unsigned char  uchar;
typedef unsigned int   uint;

uchar  buf[4];                    // 显示缓冲数组
uchar  sec;                       // 时钟秒级单元
uchar  keyc;                      // 键码
uchar  nh;                        // 计数器溢出次数
uint   no;                        // 测点序号变量
uint   tj;                        // 测量条件变量
uint   cps;                       // 计数率 cps
uchar bdata flag;                 // 辅助标志字节
sbit keyp=flag^0;                 // 用于描述已响应按键(0)和未响应按键(1)
sbit disply=flag^1;               // 用于描述已显示(1)和未显示(0)
sbit seting=flag^4;               // 用于描述修改(1)和查阅(0)
sbit cont=flag^5;                 // 用于描述连测(1)和点测(0)
sbit dins=flag^7;                 // 用于描述定数测量(1)和定时测量(0)
uchar bdata secd;                 // 时钟(1/16)s 单元,可用于位寻址确定闪烁时间
sbit secd4=secd^4;                // 时钟(1/16)s 单元的 4 位用于控制显示刷新
sbit secd8=secd^5;                // 时钟(1/16)s 单元的 5 位用于控制(1/8)s 的闪烁
sbit secd2=secd^7;                // 时钟(1/16)s 单元的 5 位用于控制(1/2)s 的闪烁
uchar  setp;                      // 修改位置指针(0:千位;1:百位;2:十位;3:个位)
uchar  staten;                    // 状态码(次态)
uchar  state;                     // 状态码(现态)

sbit led=P3^4;                    // LED 控制端(0:亮;1:灭)

uchar code statekey[16]={0x11,0x21,0x32,0x33,0x40,0x40,0x40,0x40,0x52,0x62,
      0x70,0x70,0x83,0x63,0x90,0x90};     // 状态 0~3 下 K1~K4 对应的反应元素
uchar code keymb[16]={0,1,2,0,3,0,0,0,4,0,0,0,0,0,0,0};  // 键码表
uchar code bxmb[12]={0x09,0x0eb,0x98,0x8a,0x6a,0x0e,
      0x0c,0x0cb,0x08,0x0a,0x0ff,0x0ff};   // 笔型码表
```

```
// 函数声明
void delay(uchar);                          // 延时子程序(10 ms)
void begin(void);                           // 启动一次测量
void cpsjs(void);                           // cps 计算,序号加 1
void disp(void);                            // 显示模块子程序
void ssout(uchar);                          // 显示数组中的元素
uchar keyin(void);                          // 读键转换成键码
uint adds(uint );                           // 对应位不进位加 1
/*****************************************************
功能:定时中断服务子函数(定时计数器 T0)
*****************************************************/
void time0int (void) interrupt 1   using 1
{
TL0=TL0|0xee;                               // 重置时间常数
TH0=0x85;
secd+=0x10;                                 // 调整时钟
if(secd==0)      {                          // 是否到了整 1 s?
     sec++;                                 // 调整秒单元
     if(sec>=4){                            // 是否够秒?
          if(state==0 && cont ) {           // 连测休止期
               begin();                     // 自动启动一次测量
               state=1;                     // 进入测量状态
               }
          if(state==1) {                    // 是否测量中?
               if(dins)     {               // 为定数测量
                    if( nh || TH1*256+TL1>=tj ) cpsjs();  // 计数满,结束测量进行归一化处理
                    }
               else
                    if(sec>=tj) cpsjs();    // 定时到,结束测量进行归一化处理
               }
          }
     }
disply=secd4;
}
/*********************************************************
功能:定时计数器 T1 的中断服务子函数
*********************************************************/
void time1int (void) interrupt 3
{
     nh++;
}
/*********************************************************
功能:主函数
*********************************************************/
```

```
void main(void) using 0
{
    uchar i,j;
    for(i=0;i<3;i++) {                          // 发光二极管自检(闪烁3次)
        led=0;                                  // 亮
        delay(20);                              // 延时200 ms
        led=1;                                  // 灭
        delay(20);                              // 延时200 ms
        }
    for(i=0;i<=10;i++) {                        // 数码管自检,当i为10时数码管完全熄灭
    for(j=0;j<4;j++) ssout(i);                  // 调用显示函数
    delay(20);                                  // 延时200 ms
    }
cps=0;sec=0;secd=0;keyc=0;flag=0;               // 初始化
setp=0;state=0;staten=0;                        // 初始化
tj=4;                                           // 测量条件默认为4 s
no=1;                                           // 测点序号默认从第1点开始
TH0=0x85;                                       // 装定时计数器的初值((1/16)s,使用6 MHz的晶体)
TL0=0xee;
TMOD=0x51;                                      // 定时器/计数器的工作模式设置,T0为定时,T1为计数
PT1=1;                                          // 计数溢出中断为高级中断
ET1=0;                                          // 关T1中断,T1计数器不产生中断
TR0=1;                                          // 定时器开始工作
ET0=1;                                          // 开T0的中断
EA=1;                                           // 开中断
while(1) {                                      // 主程序进入监控循环
    if(disply==0) disp();                       // 如是未显示状态就调用显示功能函数
    if(keyc=keyin()) {                          // 如有键按下
        delay(1);                               // 延时10 ms
        if(keyc=keyin()) {                      // 再次读取键码,有键按下
            if(keyp==0)    {                    // 按键未响应
                cont=0;                         // 任何按键盘均可结束连测方式
                i=statekey[state*4+keyc-1];     // 找到反应元素
                staten=i&0x0f;                  // 截取低4位表示次态保存
                switch(i>>4) {                  // 进入高4位指定模块
                    case 1:    begin();         // 启动一次测量
                               cont=1;          // 连测
                               break;
                    case 2:    begin();         // 启动一次测量(点测)
                               break;
                    case 3:    seting=0;        // 进入查询状态
                               setp=0;
                               break;
```

```
                case 4:  cps=0;                           // 测量中,中止测量,cps 清零
                         sec=0;                           // 初始化时钟
                         secd=0;
                         break;
                case 5:  if(seting) tj=adds(tj);          // 如是修改状态,执行;否则不加 1
                         seting=1;                        // 设立修改标志
                         break;                           // 返回汇合点
                case 6:  if(seting){setp++;setp&=0x03;}   // 修改状态,移位处理
                         seting=1;                        // 设立修改标志
                         break;                           // 返回汇合点
                case 7:  if(tj>=100) {                    // 超过 100 时按定数方式进行测量
                         tj=1000*(tj/1000);               // 按整千计算
                         if(tj==0) tj=1000;
                         dins=1;                          // 按定数方式进行测量
                         }
                         else {                           // 不满 100 时按定时方式进行测量
                            if(tj>64)tj=64;               // 最长时间限定为 64 s
                            else    if(tj<4)tj=4;         // 最短时间限定为 4 s
                            dins=0;                       // 按定时方式测量
                         }
                         seting=0;
                         setp=0;
                         break;
                case 8:  if(seting) no=adds(no);          // 如是修改状态,执行;否则不加 1
                         seting=1;                        // 设立修改标志
                         break;                           // 返回汇合点
                case 9:  seting=0;
                         setp=0;
                         break;
                default: break;                           // 未定义,不处理
                }
            state=staten;
            keyp=1;                                       // 按键已响应
            disply=0;
            }
        }
    }
    else keyp=0;                                          // 未按键或键码发生变化,清响应标志
    }
}
/**********************************************************
功能:延时
**********************************************************/
```

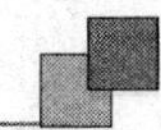

```
void delay(uchar a)                                    // 延时 10 ms 子程序
{
    uchar  i,j;
    while (a--) for (i=0;i<20;i++) for (j=0;j<250;j++);
}
/*****************************************************
功能:启动一次测量
*****************************************************/
void begin(void)                                       // 启动一次测量
{
    nh=0;TH1=0;TL1=0;
    sec=0;secd=0;
    TL0=0xee;                                          // 重置时间常数
    TH0=0x85;
    TR1=1;                                             // 启动 T1 计数器
    ET1=1;                                             // 允许中断
}
/*****************************************************
功能:对应位不进位加 1
*****************************************************/
uint adds(uint k)
{
    buf[3]=k%10;k=(k-buf[3])/10;                       // 将数据分解
    buf[2]=k%10;k=(k-buf[2])/10;
    buf[1]=k%10;buf[0]=k/10;
    buf[setp]++;
    buf[setp]%=10;                                     // 对应位不进位加 1
    k=((buf[0]*10+buf[1])*10+buf[2])*10+buf[3];// 保存结果
    return k;
}
/*******************************************************
功能:cps 计算,序号加 1
*******************************************************/
void cpsjs(void)
{
    unsigned long n;
    TR1=0;                                             // 停止计数测量
    ET1=0;                                             // 禁止计数中断
    n=(n*256+TH1)*256+TL1;
    cps=n/sec;
    if(cps>9999) cps=9999;                             // cps 封顶
    no++;                                              // 序号加 1
    if(no>9999)  no=1;                                 // 测点序号是否起出
```

```
    state=0;                                        // 进入休止期
    sec=0;secd=0;                                   // 开始计算休息时间
}

/*****************************************************************
功能:显示
*****************************************************************/
void disp(void)
{
    uint  k;
    disply=1;                                       // 执行显示
    switch(state){                                  // 按状态处理
        case 0:    led=1;k=cps;break;               // 测量休止期,发光二极管灭,显示计数率 cps
        case 1:    led=0;k=no;break;                // 测量中,发光二极管亮,显示测点序号
        case 2:    led=secd2;k=tj;break;            // 条件状态,发光二极管慢闪,显示测量条件
        case 3:    led=secd8;k=no;break;            // 序号状态,发光二极管快闪,显示测点序号
        default:    break;                          // 未定义,不处理
    }
    buf[3]=k%10;k=(k-buf[3])/10;                    // 将待显示的数据分解后送显示缓冲区
    buf[2]=k%10;k=(k-buf[2])/10;
    buf[1]=k%10;buf[0]=k/10;
    if(seting) { if (secd8) buf[setp]=0x0a;}        // 修改状态:闪烁(1/8)s
    else     {                                      // 灭零处理
        if(buf[0]==0) {                             // 千位进行灭零处理
            buf[0]=0x0a;
            if(buf[1]==0){                          // 百位进行灭零处理
                buf[1]=0x0a;
                if(buf[2]==0) buf[2]=0x0a;          // 十位进行灭零处理
                }                                   // 十位不为 0 则显示
            }                                       // 百位不为 0 则显示
        }                                           // 最高位不为 0 则显示
    ssout(buf[3]);                                  // 显示
    ssout(buf[2]);
    ssout(buf[1]);
    ssout(buf[0]);
}
/****************************************************************
功能:显示数码(查笔型码并显示)
****************************************************************/
void ssout(uchar c)
{
    SCON=0;
    SBUF=bxmb[c];                                // 由串口输出对应数码的笔型码
```

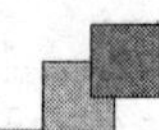

```
    while(TI==0);                       // 等待 8 位发送结束
    TI=0;
}
/**************************************************************
功能:将从 P1 口读出的数值通过查表转换成键码
**************************************************************/
uchar keyin(void)
{
    uchar i;
    P1 |= 0x0f;                         // 先给 P1 口的低 4 位赋 1 后从 P1 口读键码
    i = ~P1;                            // 读入 P1 的数值按位取反
    i &= 0x0f;                          // 截取低 4 位
    return(keymb[i]);                   // 查出键码
}
```

A.4 状态特征编码,监控程序在定时中断子程序中(C51 语言)

```
//《简易 γ 辐射仪》软件清单
#include <reg51.h>
typedef unsigned char   uchar;
typedef unsigned int    uint;

uchar   buf[4];                         // 显示缓冲数组
uchar   sec;                            // 时钟秒级单元
uchar   keyc;                           // 键码
uchar   nh;                             // 计数器溢出次数
uint    no;                             // 测点序号变量
uint    tj;                             // 测量条件变量
uint    cps;                            // 计数率 cps

uchar   bdata    state;                 // 状态特征字节
sbit    setph=state^0;                  // 状态特征字的 0 位,描述修改位置(0: 千十;1:百个)
sbit    setpl=state^1;                  // 状态特征字的 1 位,描述修改位置(0: 千百;1:十个)
sbit    nos= state^2;                   // 状态特征字的 2 位,描述序号状态(1 是,0 非)
sbit    tjs= state^3;                   // 状态特征字的 3 位,描述条件状态(1 是,0 非)
sbit    seting=state^4;                 // 状态特征字的 4 位,描述修改(1)和查阅(0)
sbit    cont=state^5;                   // 状态特征字的 4 位,描述连测(1)和点测(0)
sbit    meas=state^6;                   // 状态特征字的 0 位,描述测量中(1)和测量休止期(0)
sbit    dins=state^7;                   // 状态特征字的 0 位,描述定数测量(1)和定时测量(0)

uchar   bdata   flag;                   // 辅助标志字节
sbit    keyp = flag^0;                  // 1:已响应按键;0: 未响应按键
```

```
uchar bdata secd;                          // 时钟(1/16) s单元,可用于位寻址确定闪烁时间
sbit  secd8 = secd^5;                      // 时钟(1/16) s单元的第5位,用于控制(1/8) s的闪烁
sbit  secd2 = secd^7;                      // 时钟(1/16) s单元的第7位,用于控制(1/2) s的闪烁

sbit  led = P3^4;                          // LED控制端(0:亮;1灭)

uchar code bxmb[12]={0x09,0x0eb,0x98,0x8a,0x6a,0x0e,
      0x0c,0x0cb,0x08,0x0a,0x0ff,0x0ff};   // 笔型码表

// 函数声明
void delay(uchar);                         // 延时子程序(10 ms)
void begin(void);                          // 启动一次测量
void cpsjs(void);                          // cps计算,序号加1
void disp(void);                           // 显示模块子程序
void ssout(uchar);                         // 显示数组中的元素
uint adds(uint );                          // 对应位不进位加1

/*******************************************************
功能:定时中断服务子函数(定时计数器T0)
*******************************************************/
void time0int (void) interrupt 1
{
  uchar c;
  TL0=TL0|0xee;                            // 重置时间常数
  TH0=0x85;
  secd+=0x10;                              // 调整时钟
  if(secd==0)     {                        // 是否到了整1 s?
    sec++;                                 // 调整秒单元
    if(sec>=4){                            // 是否够秒?
        if(meas==0){ if(cont)begin();}     // 连测休止期
        else {                             // 测量中
            if(dins) {                     // 为定数测量
              if( nh || TH1*256+TL1>=tj ) cpsjs();   // 计数满,结束测量进行归一化处理
            }
            else if(sec>=tj) cpsjs();      // 定时到,结束测量并进行归一化处理
        }
    }
  }
  c=keyc;
  P1 |= 0x0f;                              // 先给P1口的低4位赋1后从P1口读键码
  keyc = ~P1 & 0x0f;                       // 读入P1的数值按位取反
  if( keyc && (keyc==c)) {                 // 如有键按下
```

```
if(keyp==0)      {                                   // 按键未响应
    cont=0;                                          // 任何按键盘均可结束连测方式
    if (meas) {cps=0;sec=0;secd=0;meas=0;}           // 测量中,中止本次测量
    else switch(keyc) {
        case 1:                                      // K1 键处理
            if (tjs) {
                if(seting) tj=adds(tj);              // 如是修改状态,执行;否则不加 1
                seting=1;                            // 设立修改标志
                }
            else if (nos) {
                if(seting) no=adds(no);              // 如是修改状态,执行;否则不加 1
                seting=1;                            // 设立修改标志
                }
            else {begin();cont=1;}                   // 启动一次测量(连测)
            break;
        case 2:                                      // K2 键处理
            if (tjs|nos) {
                if(seting){                          // 修改状态,移位处理
                    c=state & 0x03;
                    c++;c&=0x03;
                    state&=0xfc;
                    state|=c;
                    }
                seting=1;                            // 设立修改标志
                }
            else begin();                            // 启动一次测量(点测)
            break;
        case 4:                                      // K3 键处理
            if (tjs==0&&nos==0){seting=0;state&=0xfc;tjs=1;}  // 进入查询条件状态
            else if(tjs) {
                if(tj>=100) {                        // 超过 100 时按定数方式进行测量
                    tj=1000 * (tj/1000);             // 按整千计算
                    if(tj==0) tj=1000;
                    dins=1;                          // 按定数方式进行测量
                    }
                else {                               // 不满 100 时按定时方式进行测量
                    if(tj>64)tj=64;                  // 最长时间限定为 64 s
                    else      if(tj<4)tj=4;          // 最短时间限定为 4 s
                    dins=0;                          // 按定时方式测量
                    }
                tjs=0;                               // 退出条件状态
                seting=0;
                }
```

```
                break;
            case 8:                                              // K4 键处理
                if (tjs==0&&nos==0){seting=0;state&=0xfc;nos=1;} // 进入查询序号状态
                else if(nos) {
                    nos=0;                                       // 退出序号状态
                    seting=0;
                    }
                break;
            default:    break;                                   // 未定义,不处理
            }
        keyp=1;                                                  // 按键已响应
        }
    }
else keyp=0;                                                     // 未按键或键码发生变化,清响应标志
disp();
}
/************************************************************
功能:定时器/计数器 T1 的中断服务子函数
************************************************************/
void time1int (void) interrupt 3
{
nh++;
}
/************************************************************
功能:主函数
************************************************************/
void main(void)
{
  uchar i,j;
  for(i=0;i<3;i++) {                                           // 发光二极管自检(闪烁 3 次)
    led=0;                                                       // 亮
    delay(20);                                                   // 延时 200 ms
    led=1;                                                       // 灭
    delay(20);                                                   // 延时 200 ms
    }
  for(i=0;i<=10;i++) {                                          // 数码管自检,当 i 为 10 时数码管完全熄灭
    for(j=0;j<4;j++) ssout(i);                                  // 调用显示函数
    delay(20);                                                   // 延时 200 ms
    }
cps=0;sec=0;secd=0;keyc=0;flag=0;state=0;                        // 初始化
tj=4;                                                            // 测量条件默认为 4 s
no=1;                                                            // 测点序号默认从第 1 点开始
  TH0=0x85;                          // 装定时器/计数器的初值((1/16)s,使用 6 MHz 的晶体)
```

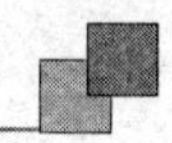

```
  TL0=0xee;
  TMOD=0x51;                        // 定时器/计数器的工作模式设置,T0 为定时,T1 为计数
  PT1=1;                            // 计数溢出中断为高级中断
  ET1=0;                            // 关 T1 中断,T1 计数器不产生中断
  TR0=1;                            // 定时器开始工作
  ET0=1;                            // 开 T0 的中断
  EA=1;                             // 开中断
  while(1) PCON|=0x01;              // 主程序进入睡眠状态
}
/**************************************************
功能:延时
**************************************************/
void delay(uchar a)                 // 延时 10 ms 子程序
{
  uchar  i,j;
  while (a--) for (i=0;i<20;i++) for (j=0;j<250;j++);
}
/**************************************************
功能:启动一次测量
**************************************************/
void begin(void)                    // 启动一次测量
{
  nh=0;TH1=0;TL1=0;
  sec=0;secd=0;
  TL0=0xee;                         //重置时间常数
  TH0=0x85;
  TR1=1;                            // 启动 T1 计数器
  ET1=1;                            // 允许中断
  meas=1;
}
/**************************************************
功能:对应位不进位加 1
**************************************************/
uint adds(uint k)
{
   uchar p;
   buf[3]=k%10;k=(k-buf[3])/10;    // 将数据分解
   buf[2]=k%10;k=(k-buf[2])/10;
   buf[1]=k%10;buf[0]=k/10;
   p=state & 0x03;
   buf[p]++;buf[p]%=10;            // 对应位不进位加 1
   k=((buf[0]*10+buf[1])*10+buf[2])*10+buf[3];  // 保存结果
   return k;
```

```
}
/*******************************************************
功能:cps计算,序号加1
*******************************************************/
void cpsjs(void)
{
  unsigned long n;
  TR1=0;                                        // 停止计数测量
  ET1=0;                                        // 禁止计数中断
  meas=0;                                       // 进入休止期
  n=(n*256+TH1)*256+TL1;
  cps=n/sec;
  if(cps>9999) cps=9999;                        // cps 封顶
  no++;                                         // 序号加1
  if(no>9999)     no=1;                         // 测点序号是否起出
  sec=0;secd=0;                                 // 开始计算休息时间
}

/**************************************************************
功能:显示
**************************************************************/
void disp(void)
{
  uint  k;
  if (tjs==0&&nos==0&&meas==0){led=1;k=cps;} // 测量休止期,发光二极管灭,显示计数率
  else if (meas)      {led=0;k=no;}             // 测量中,发光二极管亮,显示测点序号
  else if (tjs)     {led=secd2;k=tj;}           // 条件状态,发光二极管慢闪,显示测量条件
  else if (nos)     {led=secd8;k=no;}           // 序号状态,发光二极管快闪,显示测点序号
  buf[3]=k%10;k=(k-buf[3])/10;                  // 将待显示的数据分解后送显示缓冲区
  buf[2]=k%10;k=(k-buf[2])/10;
  buf[1]=k%10;buf[0]=k/10;
  if(seting) { if (secd8) buf[state&0x03]=0x0a;}   // 修改状态:闪烁(1/8) s
  else        {                                 // 灭零处理
      if(buf[0]==0) {                           // 千位进行灭零处理
          buf[0]=0x0a;
          if(buf[1]==0){                        // 百位进行灭零处理
              buf[1]=0x0a;
              if(buf[2]==0) buf[2]=0x0a;        // 十位进行灭0处理
              }                                 // 十位不为0则显示
          }                                     // 百位不为0则显示
      }                                         // 最高位不为0则显示
  ssout(buf[3]);                                // 显示
  ssout(buf[2]);
```

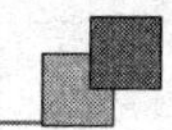

```
    ssout(buf[1]);
    ssout(buf[0]);
}
/*******************************************************************
功能:显示数码(查笔型码并显示)
*******************************************************************/
void ssout(uchar c)
{
    SCON=0;
    SBUF=bxmb[c];                        // 由串口输出对应数码的笔型码
    while(TI==0);                        // 等待 8 位发送结束
    TI=0;
}
```

附录 B

MCS-51 单片机实用子程序库

笔者在编制两个子程序库(定点子程序库和浮点子程序库)时,特别注意在相容性、透明性、容错性和算法优化方面下功夫,其中开平方算法为笔者研究的快速逼近算法,它能达到与牛顿迭代法同样的精度,而速度加快 20 倍左右,超过双字节定点除法的速度。经过近 10 年来全国广大用户的实际使用,反馈了不少信息,陆续扩充了一些新的子程序,纠正了一些隐含错误,优化成为现在的最新版本,与最初版本相比,质量有了明显提高。

① 按当前流行的以 IBM PC 为主机的开发系统对汇编语言的规定,将原子程序库的标号和位地址进行了调整,读者不必再进行修改,便可直接使用。

② 对浮点运算子程序库进行了进一步的测试和优化,对十进制浮点数和二进制浮点数的相互转换子程序进行了彻底改写,提高了运算精度和可靠性。

③ 新增添了若干个浮点子程序(传送、比较、清零和判零等),使编写数据处理程序的工作变得更简单、直观。

在使用说明中开列了最主要的几项:标号、入口条件、出口信息、影响资源和堆栈需求,各项目的意义请参阅本书第 6 章 6.3.7 小节的内容。程序清单中开列了 4 个栏目:标号、指令、操作数和注释。为方便读者理解,注释尽量详细。

子程序库的使用方法如下:

① 将子程序库全部内容链接在应用程序之后,统一编译即可。其优点是简单方便;缺点是程序太长,大量无关子程序也包含在其中。

② 仅将子程序库中的有关部分内容链接在应用程序之后,统一编译即可。有些子程序需要调用一些低级子程序,这些低级子程序也应该包含在内。其优点是程序紧凑;缺点是需要对子程序库进行仔细删节。

B.1 MCS-51 定点运算子程序库及其使用说明

定点运算子程序库文件名为 DQ51.ASM,为便于使用,先将有关约定说明如下。

① 多字节定点操作数:用[R0]或[R1]来表示存放在由 R0 或 R1 指示的连续单元中的数据。地址小的单元存放数据的高字节。例如:[R0]=123456H,若(R0)=30H,则(30H)=12H,(31H)=34H,(32H)=56H。

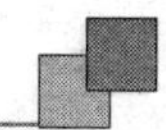

② 运算精度：单次定点运算精度为结果最低位的当量值。

③ 工作区：数据工作区固定在 PSW，A，B 和 R2～R7 中，用户只要不在工作区中存放无关的或非消耗性的信息，程序就具有较好的透明性。

1. 标号：BCDA　　功能：多字节 BCD 码加法

入口条件：字节数在 R7 中，被加数在[R0]中，加数在[R1]中。

出口信息：和在[R0]中，最高位进位在 CY 中。

影响资源：PSW，A，R2；堆栈需求：2 字节。

```
BCDA:   MOV     A,R7        ；取字节数至 R2 中
        MOV     R2,A
        ADD     A,R0        ；初始化数据指针
        MOV     R0,A
        MOV     A,R2
        ADD     A,R1
        MOV     R1,A
        CLR     C
BCD1:   DEC     R0          ；调整数据指针
        DEC     R1
        MOV     A,@R0
        ADDC    A,@R1       ；按字节相加
        DA      A           ；十进制调整
        MOV     @R0,A       ；和存回[R0]中
        DJNZ    R2,BCD1     ；处理完所有字节
        RET
```

2. 标号：BCDB　　功能：多字节 BCD 码减法

入口条件：字节数在 R7 中，被减数在[R0]中，减数在[R1]中。

出口信息：差在[R0]中，最高位借位在 CY 中。

影响资源：PSW，A，R2，R3；堆栈需求：6 字节。

```
BCDB:   LCALL   NEG1        ；减数[R1]十进制取补
        LCALL   BCDA        ；按多字节 BCD 码加法处理
        CPL     C           ；将补码加法的进位标志转换成借位标志
        MOV     F0,C        ；保护借位标志
        LCALL   NEG1        ；恢复减数[R1]的原始值
        MOV     C,F0        ；恢复借位标志
        RET
NEG1:   MOV     A,R0        ；[R1]十进制取补子程序入口
        XCH     A,R1        ；交换指针
        XCH     A,R0
        LCALL   NEG         ；通过[R0]实现[R1]取补
        MOV     A,R0
```

```
        XCH     A,R1            ;换回指针
        XCH     A,R0
        RET
```

3. 标号：NEG　　功能：多字节BCD码取补

入口条件：字节数在R7中，操作数在[R0]中。
出口信息：结果仍在[R0]中。
影响资源：PSW，A，R2，R3；堆栈需求：2字节。

```
NEG:    MOV     A,R7            ;取(字节数减1)至R2中
        DEC     A
        MOV     R2,A
        MOV     A,R0            ;保护指针
        MOV     R3,A
NEG0:   CLR     C
        MOV     A,#99H
        SUBB    A,@R0           ;按字节十进制取补
        MOV     @R0,A           ;存回[R0]中
        INC     R0              ;调整数据指针
        DJNZ    R2,NEG0         ;处理完(R2)字节
        MOV     A,#9AH          ;最低字节单独取补
        SUBB    A,@R0
        MOV     @R0,A
        MOV     A,R3            ;恢复指针
        MOV     R0,A
        RET
```

4. 标号：BRLN　　功能：多字节BCD码左移十进制一位(乘十)

入口条件：字节数在R7中，操作数在[R0]中。
出口信息：结果仍在[R0]中，移出的十进制最高位在R3中。
影响资源：PSW，A，R2，R3；堆栈需求：2字节。

```
BRLN:   MOV     A,R7            ;取字节数至R2中
        MOV     R2,A
        ADD     A,R0            ;初始化数据指针
        MOV     R0,A
        MOV     R3,#0           ;工作单元初始化
BRL1:   DEC     R0              ;调整数据指针
        MOV     A,@R0           ;取1字节
        SWAP    A               ;交换十进制高低位
        MOV     @R0,A           ;存回
        MOV     A,R3            ;取低字节移出的十进制高位
        XCHD    A,@R0           ;换出本字节的十进制高位
```

```
        MOV     R3,A            ；保存本字节的十进制高位
        DJNZ    R2,BRL1         ；处理完所有字节
        RET
```

5. 标号：MULD　　功能：双字节二进制无符号数乘法

入口条件：被乘数在R2,R3中,乘数在R6,R7中。

出口信息：乘积在R2,R3,R4,R5中。

影响资源：PSW,A,B,R2～R7；堆栈需求：2字节。

```
MULD:   MOV     A,R3            ；计算R3×R7
        MOV     B,R7
        MUL     AB
        MOV     R4,B            ；暂存部分积
        MOV     R5,A
        MOV     A,R3            ；计算R3×R6
        MOV     B,R6
        MUL     AB
        ADD     A,R4            ；累加部分积
        MOV     R4,A
        CLR     A
        ADDC    A,B
        MOV     R3,A
        MOV     A,R2            ；计算R2×R7
        MOV     B,R7
        MUL     AB
        ADD     A,R4            ；累加部分积
        MOV     R4,A
        MOV     A,R3
        ADDC    A,B
        MOV     R3,A
        CLR     A
        RLC     A
        XCH     A,R2            ；计算R2×R6
        MOV     B,R6
        MUL     AB
        ADD     A,R3            ；累加部分积
        MOV     R3,A
        MOV     A,R2
        ADDC    A,B
        MOV     R2,A
        RET
```

6. 标号：MUL2　　功能：双字节二进制无符号数平方

入口条件：待平方数在R2,R3中。

出口信息：结果在R2,R3,R4,R5中。

影响资源：PSW,A,B,R2～R5；堆栈需求：2字节。

```
MUL2:   MOV     A,R3        ;计算R3平方
        MOV     B,A
        MUL     AB
        MOV     R4,B        ;暂存部分积
        MOV     R5,A
        MOV     A,R2        ;计算R2平方
        MOV     B,A
        MUL     AB
        XCH     A,R3        ;暂存部分积,并换出R2和R3
        XCH     A,B
        XCH     A,R2
        MUL     AB          ;计算2×R2×R3
        CLR     C
        RLC     A
        XCH     A,B
        RLC     A
        JNC     MU20
        INC     R2          ;累加溢出量
MU20:   XCH     A,B         ;累加部分积
        ADD     A,R4
        MOV     R4,A
        MOV     A,R3
        ADDC    A,B
        MOV     R3,A
        CLR     A
        ADDC    A,R2
        MOV     R2,A
        RET
```

7. 标号：DIVD　　功能：双字节二进制无符号数除法

入口条件：被除数在R2,R3,R4,R5中,除数在R6,R7中。

出口信息：OV=0时,双字节商在R2,R3中;OV=1时,溢出。

影响资源：PSW,A,B,R1～R7；堆栈需求：2字节。

```
DIVD:   CLR     C           ;比较被除数和除数
        MOV     A,R3
        SUBB    A,R7
        MOV     A,R2
        SUBB    A,R6
        JC      DVD1
```

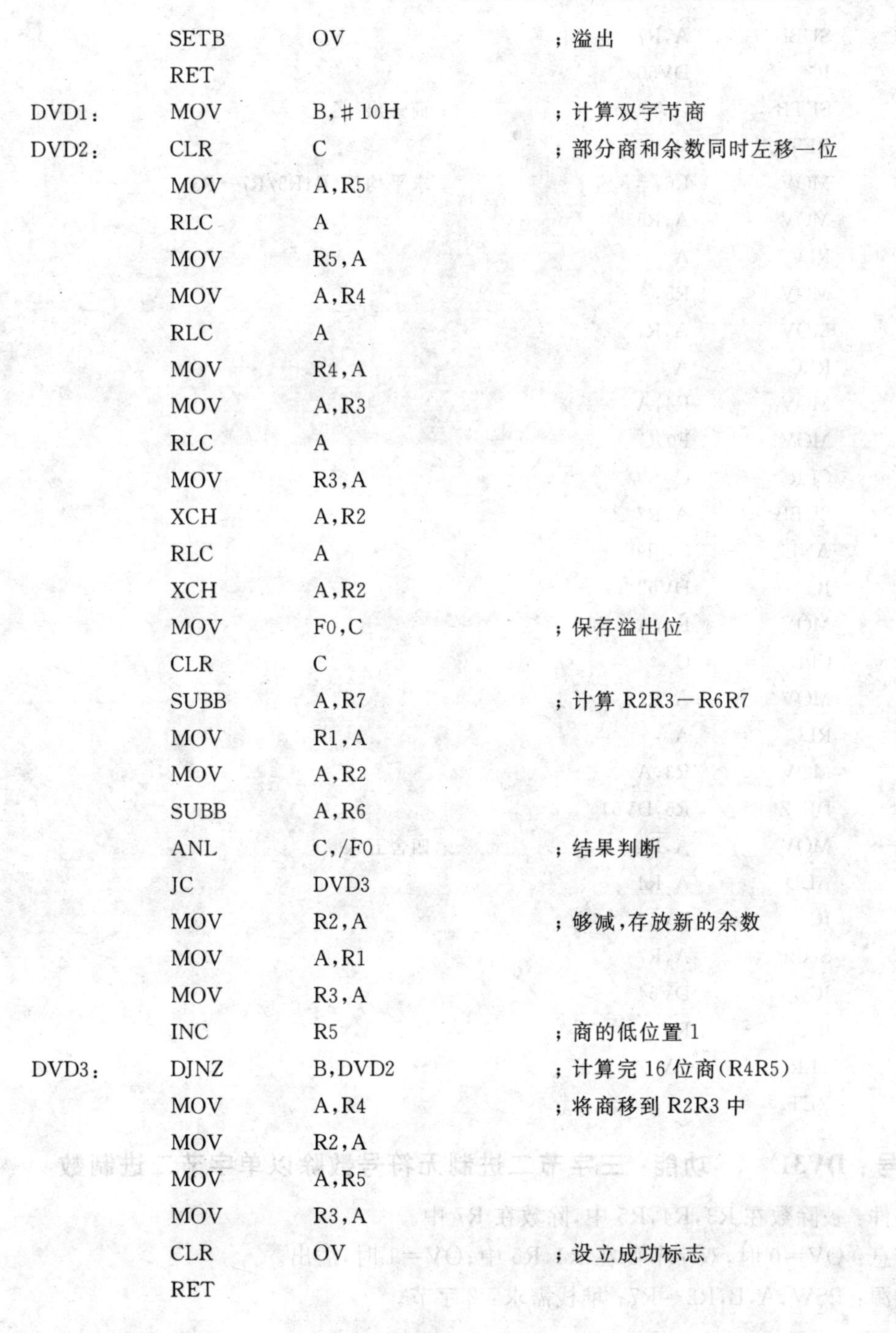

```
        SETB    OV              ;溢出
        RET
DVD1:   MOV     B,#10H          ;计算双字节商
DVD2:   CLR     C               ;部分商和余数同时左移一位
        MOV     A,R5
        RLC     A
        MOV     R5,A
        MOV     A,R4
        RLC     A
        MOV     R4,A
        MOV     A,R3
        RLC     A
        MOV     R3,A
        XCH     A,R2
        RLC     A
        XCH     A,R2
        MOV     F0,C            ;保存溢出位
        CLR     C
        SUBB    A,R7            ;计算 R2R3－R6R7
        MOV     R1,A
        MOV     A,R2
        SUBB    A,R6
        ANL     C,/F0           ;结果判断
        JC      DVD3
        MOV     R2,A            ;够减,存放新的余数
        MOV     A,R1
        MOV     R3,A
        INC     R5              ;商的低位置 1
DVD3:   DJNZ    B,DVD2          ;计算完 16 位商(R4R5)
        MOV     A,R4            ;将商移到 R2R3 中
        MOV     R2,A
        MOV     A,R5
        MOV     R3,A
        CLR     OV              ;设立成功标志
        RET
```

8. 标号：D457　　功能：双字节二进制无符号数除以单字节二进制数

入口条件：被除数在 R4,R5 中,除数在 R7 中。

出口信息：OV＝0 时,单字节商在 R3 中;OV＝1 时,溢出。

影响资源：PSW,A,R3～R7；堆栈需求：2 字节。

```
D457:   CLR     C
        MOV     A,R4
```

```
            SUBB        A,R7
            JC          DV50
            SETB        OV                  ;商溢出
            RET
DV50:       MOV         R6,#8               ;求平均值(R4R5/R7→R3)
DV51:       MOV         A,R5
            RLC         A
            MOV         R5,A
            MOV         A,R4
            RLC         A
            MOV         R4,A
            MOV         F0,C
            CLR         C
            SUBB        A,R7
            ANL         C,/F0
            JC          DV52
            MOV         R4,A
DV52:       CPL         C
            MOV         A,R3
            RLC         A
            MOV         R3,A
            DJNZ        R6,DV51
            MOV         A,R4                ;四舍五入
            ADD         A,R4
            JC          DV53
            SUBB        A,R7
            JC          DV54
DV53:       INC         R3
DV54:       CLR         OV
            RET
```

9. 标号: DV31　　功能: 三字节二进制无符号数除以单字节二进制数

入口条件:被除数在 R3,R4,R5 中,除数在 R7 中。

出口信息:OV=0 时,双字节商在 R4,R5 中;OV=1 时,溢出。

影响资源:PSW,A,B,R2~R7;堆栈需求:2 字节。

```
DV31:       CLR         C
            MOV         A,R3
            SUBB        A,R7
            JC          DV30
            SETB        OV                  ;商溢出
            RET
DV30:       MOV         R2,#10H             ;求 R3R4R5/R7→R4R5
```

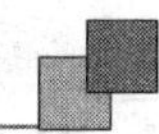

```
DM23:   CLR     C
        MOV     A,R5
        RLC     A
        MOV     R5,A
        MOV     A,R4
        RLC     A
        MOV     R4,A
        MOV     A,R3
        RLC     A
        MOV     R3,A
        MOV     F0,C
        CLR     C
        SUBB    A,R7
        ANL     C,/F0
        JC      DM24
        MOV     R3,A
        INC     R5
DM24:   DJNZ    R2,DM23
        MOV     A,R3                ;四舍五入
        ADD     A,R3
        JC      DM25
        SUBB    A,R7
        JC      DM26
DM25:   INC     R5
        MOV     A,R5
        JNZ     DM26
        INC     R4
DM26:   CLR     OV
        RET                         ;商在R4,R5中
```

10. 标号：MULS　　功能：双字节二进制有符号数乘法(补码)

入口条件：被乘数在R2,R3中,乘数在R6,R7中。

出口信息：乘积在R2,R3,R4,R5中。

影响资源：PSW,A,B,R2～R7；堆栈需求：4字节。

```
MULS:   MOV     R4,#0               ;清零R4,R5
        MOV     R5,#0
        LCALL   MDS                 ;计算结果的符号和两个操作数的绝对值
        LCALL   MULD                ;计算两个绝对值的乘积
        SJMP    MDSE                ;用补码表示结果
```

11. 标号：DIVS　　功能：双字节二进制有符号数除法(补码)

入口条件：被除数在R2,R3,R4,R5中,除数在R6,R7中。

出口信息：OV=0时，商在R2,R3中；OV=1时，溢出。

影响资源：PSW,A,B,R1～R7；堆栈需求：5字节。

```
DIVS:   LCALL   MDS          ;计算结果的符号和两个操作数的绝对值
        PUSH    PSW          ;保存结果的符号
        LCALL   DIVD         ;计算两个绝对值的商
        JNB     OV,DVS1      ;是否溢出?
        POP     ACC          ;溢出,放去结果的符号,保留溢出标志
        RET
DVS1:   POP     PSW          ;未溢出,取出结果的符号
        MOV     R4,#0
        MOV     R5,#0
MDSE:   JB      F0,MDS2      ;用补码表示结果
        CLR     OV           ;结果为正,原码即补码,计算成功
        RET
MDS:    CLR     F0           ;结果符号初始化
        MOV     A,R6         ;判断第二操作数的符号
        JNB     ACC.7,MDS1   ;为正,不必处理
        CPL     F0           ;为负,结果符号取反
        XCH     A,R7         ;第二操作数取补,得到其绝对值
        CPL     A
        ADD     A,#1
        XCH     A,R7
        CPL     A
        ADDC    A,#0
        MOV     R6,A
MDS1:   MOV     A,R2         ;判断第一操作数或运算结果的符号
        JNB     ACC.7,MDS3   ;为正,不必处理
        CPL     F0           ;为负,结果符号取反
MDS2:   MOV     A,R5         ;求第一操作数的绝对值或运算结果的补码
        CPL     A
        ADD     A,#1
        MOV     R5,A
        MOV     A,R4
        CPL     A
        ADDC    A,#0
        MOV     R4,A
        MOV     A,R3
        CPL     A
        ADDC    A,#0
        MOV     R3,A
        MOV     A,R2
        CPL     A
```

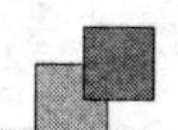

```
          ADDC     A,#0
          MOV      R2,A
MDS3:     CLR      OV                   ;运算成功
          RET
```

12. 标号: SH2　　功能: 双字节二进制无符号数开平方(快速)

入口条件: 被开方数在R2,R3中。

出口信息: 平方根仍在R2,R3中,整数部分的位数为原数的一半,其余为小数。

影响资源: PSW,A,B,R2~R7; 堆栈需求: 2字节。

```
SH2:      MOV      A,R2
          ORL      A,R3
          JNZ      SH20
          RET                           ;被开方数为零,不必运算
SH20:     MOV      R7,#0                ;左规格化次数初始化
          MOV      A,R2
SH22:     ANL      A,#0C0H              ;被开方数高字节小于40H?
          JNZ      SQRH                 ;不小于40H,左规格化完成,转开方过程
          CLR      C                    ;每左规格化一次,被开方数左移两位
          MOV      A,R3
          RLC      A
          MOV      F0,C
          CLR      C
          RLC      A
          MOV      R3,A
          MOV      A,R2
          MOV      ACC.7,C
          MOV      C,F0
          RLC      A
          RLC      A
          MOV      R2,A
          INC      R7                   ;左规格化次数加1
          SJMP     SH22                 ;继续左规格化
```

13. 标号: SH4　　功能: 四字节二进制无符号数开平方(快速)

入口条件: 被开方数在R2,R3,R4,R5中。

出口信息: 平方根在R2,R3中,整数部分的位数为原数的一半,其余为小数。

影响资源: PSW,A,B,R2~R7; 堆栈需求: 2字节。

```
SH4:      MOV      A,R2
          ORL      A,R3
          ORL      A,R4
          ORL      A,R5
```

```
        JNZ     SH40
        RET                         ;被开方数为0,不必运算
SH40:   MOV     R7,#0               ;左规格化次数初始化
        MOV     A,R2
SH41:   ANL     A,#0C0H             ;被开方数高字节小于40H?
        JNZ     SQRH                ;不小于40H,左规格化完成
        MOV     R6,#2               ;每左规格化一次,被开方数左移2位
SH42:   CLR     C                   ;被开方数左移1位
        MOV     A,R5
        RLC     A
        MOV     R5,A
        MOV     A,R4
        RLC     A
        MOV     R4,A
        MOV     A,R3
        RLC     A
        MOV     R3,A
        MOV     A,R2
        RLC     A
        MOV     R2,A
        DJNZ    R6,SH42             ;被开方数左移完2位
        INC     R7                  ;左规格化次数加1
        SJMP    SH41                ;继续左规格化
SQRH:   MOV     A,R2                ;规格化后高字节按折线法分为3个区间
        ADD     A,#57H
        JC      SQR2
        ADD     A,#45H
        JC      SQR1
        ADD     A,#24H
        MOV     B,#0E3H             ;第一区间的斜率
        MOV     R4,#80H             ;第一区间的平方根基数
        SJMP    SQR3
SQR1:   MOV     B,#0B2H             ;第二区间的斜率
        MOV     R4,#0A0H            ;第二区间的平方根基数
        SJMP    SQR3
SQR2:   MOV     B,#8DH              ;第三区间的斜率
        MOV     R4,#0D0H            ;第三区间的平方根基数
SQR3:   MUL     AB                  ;与区间基点的偏移量乘区间斜率
        MOV     A,B
        ADD     A,R4                ;累加到平方根的基数上
        MOV     R4,A
        MOV     B,A
        MUL     AB                  ;求当前平方根的幂
```

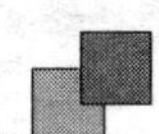

```
        XCH     A,R3        ；求偏移量(存放在 R2,R3 中)
        CLR     C
        SUBB    A,R3
        MOV     R3,A
        MOV     A,R2
        SUBB    A,B
        MOV     R2,A
SQR4:   SETB    C           ；用减奇数法校正 1 字节的平方根
        MOV     A,R4        ；当前平方根的 2 倍加 1 存入 R5,R6 中
        RLC     A
        MOV     R6,A
        CLR     A
        RLC     A
        MOV     R5,A
        MOV     A,R3        ；偏移量小于该奇数?
        SUBB    A,R6
        MOV     B,A
        MOV     A,R2
        SUBB    A,R5
        JC      SQR5        ；小于,校正结束,已达到 1 字节的精度
        INC     R4          ；不小于,平方根加 1
        MOV     R2,A        ；保存新的偏移量
        MOV     R3,B
        SJMP    SQR4        ；继续校正
SQR5:   MOV     A,R4        ；将 1 字节精度的根存入 R2
        XCH     A,R2
        RRC     A
        MOV     F0,C        ；保存最终偏移量的最高位
        MOV     A,R3
        MOV     R5,A        ；将最终偏移量的低 8 位存入 R5 中
        MOV     R4,#8       ；通过(R5R6/R2)求根的低字节
SQR6:   CLR     C
        MOV     A,R3
        RLC     A
        MOV     R3,A
        CLR     C
        MOV     A,R5
        SUBB    A,R2
        JB      F0,SQR7
        JC      SQR8
SQR7:   MOV     R5,A
        INC     R3
SQR8:   CLR     C
```

```
            MOV     A,R5
            RLC     A
            MOV     R5,A
            MOV     F0,C
            DJNZ    R4,SQR6         ;根的第二字节计算完,在R3中
            MOV     A,R7            ;取原被开方数的左规格化次数
            JZ      SQRE            ;未左规格化,开方结束
SQR9:       CLR     C               ;按左规格化次数右移平方根,得到实际根
            MOV     A,R2
            RRC     A
            MOV     R2,A
            MOV     A,R3
            RRC     A
            MOV     R3,A
            DJNZ    R7,SQR9
SQRE:       RET
```

14. 标号:HASC　　功能:单字节十六进制数转换成双字节 ASCII 码

入口条件:待转换的单字节十六进制数在累加器 A 中。

出口信息:高 4 位的 ASCII 码在 A 中,低 4 位的 ASCII 码在 B 中。

影响资源:PSW,A,B;堆栈需求:4 字节。

```
HASC:       MOV     B,A             ;暂存待转换的单字节十六进制数
            LCALL   HAS1            ;转换低4位
            XCH     A,B             ;存放低4位的ASCII码
            SWAP    A               ;准备转换高4位
HAS1:       ANL     A,#0FH          ;将累加器的低4位转换成ASCII码
            ADD     A,#90H
            DA      A
            ADDC    A,#40H
            DA      A
            RET
```

15. 标号:ASCH　　功能:ASCII 码转换成十六进制数

入口条件:待转换的 ASCII 码(30H~39H 或 41H~46H)在 A 中。

出口信息:转换后的十六进制数(00H~0FH)仍在累加器 A 中。

影响资源:PSW,A;堆栈需求:2 字节。

```
ASCH:       CLR     C
            SUBB    A,#30H
            JNB     ACC.4,ASH1
            SUBB    A,#7
ASH1:       RET
```

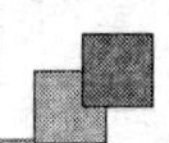

16. 标号：HBCD　　功能：单字节十六进制整数转换成单字节BCD码整数

入口条件：待转换的单字节十六进制整数在累加器A中。

出口信息：转换后的BCD码整数(十位和个位)仍在累加器A中，百位在R3中。

影响资源：PSW,A,B,R3；堆栈需求：2字节。

```
HBCD:   MOV     B,#100      ；分离出百位，存放在R3中
        DIV     AB
        MOV     R3,A
        MOV     A,#10       ；余数继续分离十位和个位
        XCH     A,B
        DIV     AB
        SWAP    A
        ORL     A,B         ；将十位和个位拼装成BCD码
        RET
```

17. 标号：HB2　　功能：双字节十六进制整数转换成双字节BCD码整数

入口条件：待转换的双字节十六进制整数在R6,R7中。

出口信息：转换后的3字节BCD码整数在R3,R4,R5中。

影响资源：PSW,A,R2～R7；堆栈需求：2字节。

```
HB2:    CLR     A           ；BCD码初始化
        MOV     R3,A
        MOV     R4,A
        MOV     R5,A
        MOV     R2,#10H     ；转换双字节十六进制整数
HB3:    MOV     A,R7        ；从高端移出待转换数的一位到CY中
        RLC     A
        MOV     R7,A
        MOV     A,R6
        RLC     A
        MOV     R6,A
        MOV     A,R5        ；BCD码带进位自身相加，相当于乘2
        ADDC    A,R5
        DA      A           ；十进制调整
        MOV     R5,A
        MOV     A,R4
        ADDC    A,R4
        DA      A
        MOV     R4,A
        MOV     A,R3
        ADDC    A,R3
        MOV     R3,A        ；双字节十六进制数的万位数不超过6，不用调整
        DJNZ    R2,HB3      ；处理完16 bit
```

```
        RET
```

18. 标号：HBD　　功能：单字节十六进制小数转换成单字节BCD码小数

入口条件：待转换的单字节十六进制小数在累加器A中。

出口信息：CY=0时，转换后的BCD码小数仍在A中；CY=1时，原小数接近整数1。

影响资源：PSW,A,B；堆栈需求：2字节。

```
HBD:    MOV     B,#100      ;原小数扩大100倍
        MUL     AB
        RLC     A           ;余数部分四舍五入
        CLR     A
        ADDC    A,B
        MOV     B,#10       ;分离出十分位和百分位
        DIV     AB
        SWAP    A
        ADD     A,B         ;拼装成单字节BCD码小数
        DA      A           ;调整后若有进位,则原小数接近整数1
        RET
```

19. 标号：HBD2　　功能：双字节十六进制小数转换成双字节BCD码小数

入口条件：待转换的双字节十六进制小数在R2,R3中。

出口信息：转换后的双字节BCD码小数仍在R2,R3中。

影响资源：PSW,A,B,R2,R3,R4,R5；堆栈需求：6字节。

```
HBD2:   MOV     R4,#4       ;4位十进制码
HBD3:   MOV     A,R3        ;原小数扩大10倍
        MOV     B,#10
        MUL     AB
        MOV     R3,A
        MOV     R5,B
        MOV     A,R2
        MOV     B,#10
        MUL     AB
        ADD     A,R5
        MOV     R2,A
        CLR     A
        ADDC    A,B
        PUSH    ACC         ;保存溢出的一位十进制码
        DJNZ    R4,HBD3     ;计算完4位十进制码
        POP     ACC         ;取出万分位
        MOV     R3,A
        POP     ACC         ;取出千分位
        SWAP    A
```

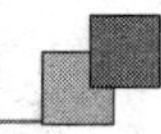

```
        ORL     A,R3            ；拼装成低字节BCD码小数
        MOV     R3,A
        POP     ACC             ；取出百分位
        MOV     R2,A
        POP     ACC             ；取出十分位
        SWAP    A
        ORL     A,R2            ；拼装成高字节BCD码小数
        MOV     R2,A
        RET
```

20. 标号：BCDH　　功能：单字节BCD码整数转换成单字节十六进制整数

入口条件：待转换的单字节BCD码整数在累加器A中。

出口信息：转换后的单字节十六进制整数仍在累加器A中。

影响资源：PSW,A,B,R4；堆栈需求：2字节。

```
BCDH：  MOV     B,#10H          ；分离十位和个位
        DIV     AB
        MOV     R4,B            ；暂存个位
        MOV     B,#10           ；将十位转换成十六进制
        MUL     AB
        ADD     A,R4            ；按十六进制加上个位
        RET
```

21. 标号：BH2　　功能：双字节BCD码整数转换成双字节十六进制整数

入口条件：待转换的双字节BCD码整数在R2,R3中。

出口信息：转换后的双字节十六进制整数仍在R2,R3中。

影响资源：PSW,A,B,R2,R3,R4；堆栈需求：4字节。

```
BH2：   MOV     A,R3            ；将低字节转换成十六进制
        LCALL   BCDH
        MOV     R3,A
        MOV     A,R2            ；将高字节转换成十六进制
        LCALL   BCDH
        MOV     B,#100          ；扩大100倍
        MUL     AB
        ADD     A,R3            ；和低字节按十六进制相加
        MOV     R3,A
        CLR     A
        ADDC    A,B
        MOV     R2,A
        RET
```

22. 标号：BHD　　功能：单字节BCD码小数转换成单字节十六进制小数

入口条件：待转换的单字节BCD码数在累加器A中。

出口信息：转换后的单字节十六进制小数仍在累加器A中。

影响资源：PSW,A,R2,R3；堆栈需求：2字节。

```
BHD:    MOV     R2,#8       ;准备计算1字节小数
BHD0:   ADD     A,ACC       ;按十进制倍增
        DA      A
        XCH     A,R3
        RLC     A           ;将进位标志移入结果中
        XCH     A,R3
        DJNZ    R2,BHD0     ;共计算8 bit小数
        ADD     A,#0B0H     ;剩余部分是否达到0.50?
        JNC     BHD1        ;四舍
        INC     R3          ;五入
BHD1:   MOV     A,R3        ;取结果
        RET
```

23. 标号：BHD2　　功能：双字节BCD码小数转换成双字节十六进制小数

入口条件：待转换的双字节BCD码小数在R4,R5中。

出口信息：转换后的双字节十六进制小数在R2,R3中。

影响资源：PSW,A,R2～R6；堆栈需求：2字节。

```
BHD2:   MOV     R6,#10H     ;准备计算2字节小数
BHD3:   MOV     A,R5        ;按十进制倍增
        ADD     A,R5
        DA      A
        MOV     R5,A
        MOV     A,R4
        ADDC    A,R4
        DA      A
        MOV     R4,A
        MOV     A,R3        ;将进位标志移入结果中
        RLC     A
        MOV     R3,A
        MOV     A,R2
        RLC     A
        MOV     R2,A
        DJNZ    R6,BHD3     ;共计算16 bit小数
        MOV     A,R4
        ADD     A,#0B0H     ;剩余部分是否达到0.50?
        JNC     BHD4        ;四舍
        INC     R3          ;五入
        MOV     A,R3
        JNZ     BHD4
```

```
        INC     R2
BHD4:   RET
```

24. 标号：MM　　功能：求单字节十六进制无符号数据块的极值

入口条件：数据块的首址在DPTR中，数据个数在R7中。

出口信息：最大值在R6中，地址在R2,R3中；最小值在R7中，地址在R4,R5中。

影响资源：PSW,A,B,R1～R7；堆栈需求：4字节。

```
MM:     MOV     B,R7            ;保存数据个数
        MOVX    A,@DPTR         ;读取第一个数据
        MOV     R6,A            ;作为最大值的初始值
        MOV     R7,A            ;也作为最小值的初始值
        MOV     A,DPL           ;取第一个数据的地址
        MOV     R3,A            ;作为最大值存放地址的初始值
        MOV     R5,A            ;也作为最小值存放地址的初始值
        MOV     A,DPH
        MOV     R2,A
        MOV     R4,A
        MOV     A,B             ;取数据个数
        DEC     A               ;减1,得到需要比较的次数
        JZ      MME             ;只有一个数据,不需要比较
        MOV     R1,A            ;保存比较次数
        PUSH    DPL             ;保护数据块的首址
        PUSH    DPH
MM1:    INC     DPTR            ;指向一个新的数据
        MOVX    A,@DPTR         ;读取这个数据
        MOV     B,A             ;保存
        SETB    C               ;与最大值比较
        SUBB    A,R6
        JC      MM2             ;不超过当前最大值,保持当前最大值
        MOV     R6,B            ;超过当前最大值,更新最大值存放地址
        MOV     R2,DPH          ;同时更新最大值存放地址
        MOV     R3,DPL
        SJMP    MM3
MM2:    MOV     A,B             ;与最小值比较
        CLR     C
        SUBB    A,R7
        JNC     MM3             ;大于或等于当前最小值,保持当前最小值
        MOV     R7,B            ;更新最小值
        MOV     R4,DPH          ;更新最小值存放地址
        MOV     R5,DPL
MM3:    DJNZ    R1,MM1          ;处理完全部数据
        POP     DPH             ;恢复数据首址
```

```
        POP     DPL
MME:    RET
```

25. 标号：MMS　功能：求单字节十六进制有符号数据块的极值

入口条件：数据块的首址在DPTR中，数据个数在R7中。

出口信息：最大值在R6中，地址在R2，R3中；最小值在R7中，地址在R4，R5中。

影响资源：PSW，A，B，R1～R7；堆栈需求：4字节。

```
MMS:    MOV     B,R7            ；保存数据个数
        MOVX    A,@DPTR         ；读取第一个数据
        MOV     R6,A            ；作为最大值的初始值
        MOV     R7,A            ；也作为最小值的初始值
        MOV     A,DPL           ；取第一个数据的地址
        MOV     R3,A            ；作为最大值存放地址的初始值
        MOV     R5,A            ；也作为最小值存放地址的初始值
        MOV     A,DPH
        MOV     R2,A
        MOV     R4,A
        MOV     A,B             ；取数据个数
        DEC     A               ；减1，得到需要比较的次数
        JZ      MMSE            ；只有一个数据，不需要比较
        MOV     R1,A            ；保存比较次数
        PUSH    DPL             ；保护数据块的首址
        PUSH    DPH
MMS1:   INC     DPTR            ；调整数据指针
        MOVX    A,@DPTR         ；读取一个数据
        MOV     B,A             ；保存
        SETB    C               ；与最大值比较
        SUBB    A,R6
        JZ      MMS4            ；相同，不更新最大值
        JNB     OV,MMS2         ；差未溢出，符号位有效
        CPL     ACC.7           ；差溢出，符号位取反
MMS2:   JB      ACC.7,MMS4      ；差为负，不更新最大值
        MOV     R6,B            ；更新最大值
        MOV     R2,DPH          ；更新最大值存放地址
        MOV     R3,DPL
        SJMP    MMS7
MMS4:   MOV     A,B             ；与最小值比较
        CLR     C
        SUBB    A,R7
        JNB     OV,MMS6         ；差未溢出，符号位有效
        CPL     ACC.7           ；差溢出，符号位取反
MMS6:   JNB     ACC.7,MMS7      ；差为正，不更新最小值
```

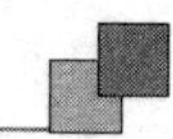

```
        MOV     R7,B            ;更新最小值
        MOV     R4,DPH          ;更新最小值存放地址
        MOV     R5,DPL
MMS7:   DJNZ    R1,MMS1         ;处理完全部数据
        POP     DPH             ;恢复数据首址
        POP     DPL
MMSE:   RET
```

26. 标号：FDS1　　功能：顺序查找(ROM)单字节表格

入口条件：待查找的内容在A中，表格首址在DPTR中，表格的字节数在R7中。
出口信息：OV=0时，顺序号在累加器A中；OV=1时，未找到。
影响资源：PSW，A，B，R2，R6；堆栈需求：2字节。

```
FDS1:   MOV     B,A             ;保存待查找的内容
        MOV     R2,#0           ;顺序号初始化(指向表首)
        MOV     A,R7            ;保存表格的长度
        MOV     R6,A
FD11:   MOV     A,R2            ;按顺序号读取表格内容
        MOVC    A,@A+DPTR
        CJNE    A,B,FD12        ;与待查找的内容比较
        CLR     OV              ;相同，查找成功
        MOV     A,R2            ;取对应的顺序号
        RET
FD12:   INC     R2              ;指向表格中的下一个内容
        DJNZ    R6,FD11         ;查完全部表格内容
        SETB    OV              ;未查找到，失败
        RET
```

27. 标号：FDS2　　功能：顺序查找(ROM)双字节表格

入口条件：查找内容在R4，R5中，表格首址在DPTR中，数据总个数在R7中。
出口信息：OV=0时，顺序号在累加器A中，地址在DPTR中；OV=1时，未找到。
影响资源：PSW，A，R2，R6，DPTR；堆栈需求：2字节。

```
FDS2:   MOV     A,R7            ;保存表格中数据的个数
        MOV     R6,A
        MOV     R2,#0           ;顺序号初始化(指向表首)
FD21:   CLR     A               ;读取表格内容的高字节
        MOVC    A,@A+DPTR
        XRL     A,R4            ;与待查找内容的高字节比较
        JNZ     FD22
        MOV     A,#1            ;读取表格内容的低字节
        MOVC    A,@A+DPTR
        XRL     A,R5            ;与待查找内容的低字节比较
```

```
        JNZ     FD22
        CLR     OV              ；相同,查找成功
        MOV     A,R2            ；取对应的顺序号
        RET
FD22：  INC     DPTR            ；指向下一个数据
        INC     DPTR
        INC     R2              ；顺序号加1
        DJNZ    R6,FD21         ；查完全部数据
        SETB    OV              ；未查找到,失败
        RET
```

28. 标号：FDD1　　功能：对分查找(ROM)单字节无符号增序数据表格

入口条件：待查找的内容在累加器A中,表格首址在DPTR中,字节数在R7中。

出口信息：OV=0时,顺序号在累加器A中；OV=1时,未找到。

影响资源：PSW,A,B,R2,R3,R4；堆栈需求：2字节。

```
FDD1：  MOV     B,A             ；保存待查找的内容
        MOV     R2,#0           ；区间低端指针初始化(指向第一个数据)
        MOV     A,R7
        DEC     A
        MOV     R3,A            ；区间高端指针初始化(指向最后一个数据)
FD61：  CLR     C               ；判断区间大小
        MOV     A,R3
        SUBB    A,R2
        JC      FD69            ；区间消失,查找失败
        RRC     A               ；取区间大小的一半
        ADD     A,R2            ；加上区间的低端
        MOV     R4,A            ；得到区间的中心
        MOVC    A,@A+DPTR       ；读取该点的内容
        CJNE    A,B,FD65        ；与待查找的内容比较
        CLR     OV              ；相同,查找成功
        MOV     A,R4            ；取顺序号
        RET
FD65：  JC      FD68            ；该点的内容是否比待查找的内容大?
        MOV     A,R4            ；偏大,取该点位置
        DEC     A               ；减1
        MOV     R3,A            ；作为新的区间高端
        SJMP    FD61            ；继续查找
FD68：  MOV     A,R4            ；偏小,取该点位置
        INC     A               ；加1
        MOV     R2,A            ；作为新的区间低端
        SJMP    FD61            ；继续查找
FD69：  SETB    OV              ；查找失败
```

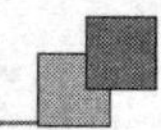

```
        RET
```

29. 标号：FDD2　　功能：对分查找(ROM)双字节无符号增序数据表格

入口条件：查找内容在 R4，R5 中，表格首址在 DPTR 中，数据个数在 R7 中。

出口信息：OV=0 时，顺序号在累加器 A 中，地址在 DPTR 中；OV=1 时，未找到。

影响资源：PSW，A，B，R1～R7，DPTR；堆栈需求：2 字节。

```
FDD2:   MOV     R2,#0           ;区间低端指针初始化(指向第一个数据)
        MOV     A,R7
        DEC     A
        MOV     R3,A            ;区间高端指针初始化,指向最后一个数据
        MOV     R6,DPH          ;保存表格首址
        MOV     R7,DPL
FD81:   CLR     C               ;判断区间大小
        MOV     A,R3
        SUBB    A,R2
        JC      FD89            ;区间消失,查找失败
        RRC     A               ;取区间大小的一半
        ADD     A,R2            ;加上区间的低端
        MOV     R1,A            ;得到区间的中心
        MOV     DPH,R6
        CLR     C               ;计算区间中心的地址
        RLC     A
        JNC     FD82
        INC     DPH
FD82:   ADD     A,R7
        MOV     DPL,A
        JNC     FD83
        INC     DPH
FD83:   CLR     A               ;读取该点内容的高字节
        MOVC    A,@A+DPTR
        MOV     B,R4            ;与待查找内容的高字节比较
        CJNE    A,B,FD84        ;不相同
        MOV     A,#1            ;读取该点内容的低字节
        MOVC    A,@A+DPTR
        MOV     B,R5
        CJNE    A,B,FD84        ;与待查找内容的低字节比较
        MOV     A,R1            ;取顺序号
        CLR     OV              ;查找成功
        RET
FD84:   JC      FD86            ;该点的内容是否比待查找的内容大?
        MOV     A,R1            ;偏大,取该点位置
        DEC     A               ;减 1
```

```
         MOV     R3,A           ;作为新的区间高端
         SJMP    FD81           ;继续查找
FD86:    MOV     A,R1           ;偏小,取该点位置
         INC     A              ;加1
         MOV     R2,A           ;作为新的区间低端
         SJMP    FD81           ;继续查找
FD89:    MOV     DPH,R6         ;相同,恢复首址
         MOV     DPL,R7
         SETB    OV             ;查找失败
         RET
```

30. 标号:DDM1　　功能:求单字节十六进制无符号数据块的平均值

入口条件:数据块的首址在DPTR中,数据个数在R7中。
出口信息:平均值在累加器A中。
影响资源:PSW,A,R2~R6;堆栈需求:4字节。

```
DDM1:    MOV     A,R7           ;保存数据个数
         MOV     R2,A
         PUSH    DPH
         PUSH    DPL
         CLR     A              ;初始化累加和
         MOV     R4,A
         MOV     R5,A
DM11:    MOVX    A,@DPTR        ;读取一个数据
         ADD     A,R5           ;累加到累加和中
         MOV     R5,A
         JNC     DM12
         INC     R4
DM12:    INC     DPTR           ;调整指针
         DJNZ    R2,DM11        ;累加完全部数据
         LCALL   D457           ;求平均值(R4R5/R7→R3)
         MOV     A,R3           ;取平均值
         POP     DPL
         POP     DPH
         RET
```

31. 标号:DDM2　　功能:求双字节十六进制无符号数据块的平均值

入口条件:数据块的首址在DPTR中,双字节数据总个数在R7中。
出口信息:平均值在R4,R5中。
影响资源:PSW,A,R2~R6;堆栈需求:4字节。

```
DDM2:    MOV     A,R7           ;保存数据个数
         MOV     R2,A           ;初始化数据指针
```

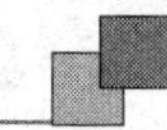

```
        PUSH    DPL             ；保持首址
        PUSH    DPH
        CLR     A               ；初始化累加和
        MOV     R3,A
        MOV     R4,A
        MOV     R5,A
DM20:   MOVX    A,@DPTR         ；读取一个数据的高字节
        MOV     B,A
        INC     DPTR
        MOVX    A,@DPTR         ；读取一个数据的低字节
        INC     DPTR
        ADD     A,R5            ；累加到累加和中
        MOV     R5,A
        MOV     A,B
        ADDC    A,R4
        MOV     R4,A
        JNC     DM21
        INC     R3
DM21:   DJNZ    R2,DM20         ；累加完全部数据
        POP     DPH             ；恢复首址
        POP     DPL
        LJMP    DV31            ；求R3R4R5/R7→R4R5,得到平均值
```

32. 标号：XR1　　功能：求单字节数据块的(异或)校验和

入口条件：数据块的首址在DPTR中，数据的个数在R6,R7中。

出口信息：校验和在累加器A中。

影响资源：PSW,A,B,R4～R7；堆栈需求：2字节。

```
XR1:    MOV     R4,DPH          ；保存数据块的首址
        MOV     R5,DPL
        MOV     A,R7            ；双字节计数器调整
        JZ      XR10
        INC     R6
XR10:   MOV     B,#0            ；校验和初始化
XR11:   MOVX    A,@DPTR         ；读取一个数据
        XRL     B,A             ；异或运算
        INC     DPTR            ；指向下一个数据
        DJNZ    R7,XR11         ；双字节计数器减1
        DJNZ    R6,XR11
        MOV     DPH,R4          ；恢复数据首址
        MOV     DPL,R5
        MOV     A,B             ；取校验和
        RET
```

33. 标号:XR2　　功能:求双字节数据块的(异或)校验和

入口条件:数据块的首址在DPTR中,双字节数据总个数在R6,R7中。

出口信息:校验和在R2,R3中。

影响资源:PSW,A,R2~R7;堆栈需求:2字节。

```
XR2:    MOV     R4,DPH      ;保存数据块的首址
        MOV     R5,DPL
        MOV     A,R7        ;双字节计数器调整
        JZ      XR20
        INC     R6
XR20:   CLR     A           ;校验和初始化
        MOV     R2,A
        MOV     R3,A
XR21:   MOVX    A,@DPTR     ;读取一个数据的高字节
        XRL     A,R2        ;异或运算
        MOV     R2,A
        INC     DPTR
        MOVX    A,@DPTR     ;读取一个数据的低字节
        XRL     A,R3        ;异或运算
        MOV     R3,A
        INC     DPTR        ;指向下一个数据
        DJNZ    R7,XR21     ;双字节计数器减1
        DJNZ    R6,XR21
        MOV     DPH,R4      ;恢复数据首址
        MOV     DPL,R5
        RET
```

34. 标号:SORT　　功能:单字节无符号数据块排序(增序)

入口条件:数据块的首址在R0中,字节数在R7中。

出口信息:完成排序(增序)。

影响资源:PSW,A,R2~R6;堆栈需求:2字节。

```
SORT:   MOV     A,R7
        MOV     R5,A        ;比较次数初始化
SRT1:   CLR     F0          ;交换标志初始化
        MOV     A,R5        ;取上遍比较次数
        DEC     A           ;本遍比上遍减少一次
        MOV     R5,A        ;保存本遍次数
        MOV     R2,A        ;复制到计数器中
        JZ      SRT5        ;若为零,则排序结束
        MOV     A,R0        ;保存数据指针
        MOV     R6,A
SRT2:   MOV     A,@R0       ;读取一个数据
```

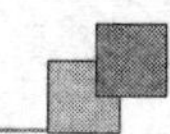

```
            MOV     R3,A
            INC     R0              ；指向下一个数据
            MOV     A,@R0           ；再读取一个数据
            MOV     R4,A
            CLR     C
            SUBB    A,R3            ；比较两个数据的大小
            JNC     SRT4            ；顺序正确(增序或相同),不必交换
            SETB    F0              ；设立交换标志
            MOV     A,R3            ；将两个数据交换位置
            MOV     @R0,A
            DEC     R0
            MOV     A,R4
            MOV     @R0,A
            INC     R0              ；指向下一个数据
SRT4:       DJNZ    R2,SRT2         ；完成本遍的比较次数
            MOV     A,R6            ；恢复数据首址
            MOV     R0,A
            JB      F0,SRT1         ；本遍若进行过交换,则须继续排序
SRT5:       RET                     ；排序结束
```

B.2 MCS-51浮点运算子程序库及其使用说明

为便于读者使用本程序库,先将有关约定说明如下。

① 双字节定点操作数：用[R0]或[R1]来表示存放在由R0或R1指示的连续单元中的数据,地址小的单元存放高字节。如果[R0]=1234H,若(R0)=30H,则(30H)=12H,(31H)=34H。

② 二进制浮点操作数：用3字节表示,第一个字节的最高位为数符,其余7位为阶码(二进制补码形式);第二个字节为尾数的高字节;第三个字节为尾数的低字节,尾数用双字节纯小数(原码)来表示。当尾数的最高位为1时,便称为规格化浮点数,简称操作数。在程序说明中,也用[R0]或[R1]来表示R0或R1指示的浮点操作数,例如：当[R0]=-6.000时,则二进制浮点数表示为83C000H。若(R0)=30H,则(30H)=83H,(31H)=0C0H,(32H)=00H。

③ 十进制浮点操作数：用3字节表示,第一个字节的最高位为数符,其余7位为阶码(二进制补码形式);第二个字节为尾数的高字节;第三个字节为尾数的低字节,尾数用双字节BCD码纯小数(原码)来表示。当十进制数的绝对值大于1时,阶码就等于整数部分的位数,如876.5的阶码是03H,-876.5的阶码是83H;当十进制数的绝对值小于1时,阶码就等于80H减去小数点后面0的个数,如0.003 82的阶码是7EH,-0.003 82的阶码是0FEH。在程序说明中,用[R0]或[R1]来表示R0或R1指示的十进制浮点操作数。例如有一个十进制浮点操作数存放在30H,31H,32H中,数值是 -0.073 15,即$-0.731\ 5\times10^{-1}$,则(30H)=0FFH,31H=73H,(32H)=15H。若用[R0]来指向它,则应使(R0)=30H。

④ 运算精度：单次定点运算精度为结果最低位的当量值；单次二进制浮点算术运算的精

度优于十万分之三；单次二进制浮点超越函数运算的精度优于万分之一；BCD码浮点数本身的精度比较低(万分之一到千分之一)，不宜作为运算的操作数，仅用于输入或输出时的数制转换。不管哪种数据格式，随着连续运算的次数增加，精度都会下降。

⑤ 工作区：数据工作区固定在A，B，R2～R7，数符或标志工作区固定在PSW和FLAG单元中的4位(PFA，PFB，PFC，PFD)。在浮点系统中，R2，R3，R4和位PFA为第一工作区，R5，R6，R7和位PFB为第二工作区。用户只要不在工作区中存放无关的或非消耗性的信息，程序就具有较好的透明性。

⑥ 子程序调用范例：由于本程序库特别注意了各子程序接口的相容性，故很容易采用积木方式(或流水线方式)完成一个公式的计算。

以浮点运算为例，计算：$y = \ln\sqrt{|\sin(ab/c+d)|}$。

已知：$a=-123.4$，$b=0.7577$，$c=56.34$，$d=1.276$；它们分别存放在30H，33H，36H，39H开始的连续3个单元中。用BCD码浮点数表示时，分别为a=831234H，b=007577H，c=025634H，d=011276H。

求解过程：通过调用BTOF子程序，将各变量转换成二进制浮点操作数，再进行各种运算，最后调用FTOB子程序，还原成十进制形式，供输出使用。程序如下：

```
TEST:   MOV     R0,#39H     ;指向BCD码浮点操作数d
        LCALL   BTOF        ;将其转换成二进制浮点操作数
        MOV     R0,#36H     ;指向BCD码浮点操作数c
        LCALL   BTOF        ;将其转换成二进制浮点操作数
        MOV     R0,#33H     ;指向BCD码浮点操作数b
        LCALL   BTOF        ;将其转换成二进制浮点操作数
        MOV     R0,#30H     ;指向BCD码浮点操作数a
        LCALL   BTOF        ;将其转换成二进制浮点操作数
        MOV     R1,#33H     ;指向二进制浮点操作数b
        LCALL   FMUL        ;进行浮点乘法运算
        MOV     R1,#36H     ;指向二进制浮点操作数c
        LCALL   FDIV        ;进行浮点除法运算
        MOV     R1,#39H     ;指向二进制浮点操作数d
        LCALL   FADD        ;进行浮点加法运算
        LCALL   FSIN        ;进行浮点正弦运算
        LCALL   FABS        ;进行浮点绝对值运算
        LCALL   FSQR        ;进行浮点开平方运算
        LCALL   FLN         ;进行浮点对数运算
        LCALL   FTOB        ;将结果转换成BCD码浮点数
STOP:   LJMP    STOP
```

运行结果，[R0]=804915H，即$y=-0.4915$，比较精确的结果应该是$y=-0.491437$。

1. 标号：FSDT　　　功能：浮点数格式化

入口条件：待格式化浮点操作数在[R0]中。

出口信息：已格式化浮点操作数仍在[R0]中。

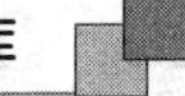

影响资源：PSW、A、R2、R3、R4、位PFA；堆栈需求：6字节。

```
FLAG    DATA    23H         ；可以位寻址的标志字节
PFA     BIT     FLAG.7      ；存放第一操作数的符号
PFB     BIT     FLAG.6      ；存放第二操作数的符号
PFC     BIT     FLAG.5      ；存放辅助标志
PFD     BIT     FLAG.4      ；存放辅助标志

FSDT：  LCALL   MVR0        ；将待格式化操作数传送到第一工作区中
        LCALL   RLN         ；通过左规格式完成格式化
        LJMP    MOV0        ；将已格式化浮点操作数传回到[R0]中
```

2. 标号：FADD　　功能：浮点数加法

入口条件：被加数在[R0]中，加数在[R1]中。

出口信息：OV=0时，和仍在[R0]中；OV=1时，溢出。

影响资源：PSW、A、B、R2～R7、位PFA、位PFB；堆栈需求：6字节。

```
FADD：  CLR     F0          ；设立加法标志
        SJMP    AS          ；计算代数和
```

3. 标号：FSUB　　功能：浮点数减法

入口条件：被减数在[R0]中，减数在[R1]中。

出口信息：OV=0时，差仍在[R0]中；OV=1时，溢出。

影响资源：PSW、A、B、R2～R7、位PFA、位PFB；堆栈需求：6字节。

```
FSUB：  SETB    F0          ；设立减法标志
AS：    LCALL   MVR1        ；计算代数和。先将[R1]传送到第二工作区
        MOV     C,F0        ；用加减标志来校正第二操作数的有效符号
        RRC     A
        XRL     A,@R1
        MOV     C,ACC.7
ASN：   MOV     PFB,C       ；将第二操作数的有效符号存入位PFB中
        XRL     A,@R0       ；与第一操作数的符号比较
        RLC     A
        MOV     F0,C        ；保存比较结果
        LCALL   MVR0        ；将[R0]传送到第一工作区中
        LCALL   AS1         ；在工作寄存器中完成代数运算
MOV0：  INC     R0          ；将结果传回到[R0]中的子程序入口
        INC     R0
        MOV     A,R4        ；传回尾数的低字节
        MOV     @R0,A
        DEC     R0
        MOV     A,R3        ；传回尾数的高字节
        MOV     @R0,A
```

```
        DEC     R0
        MOV     A,R2            ；取结果的阶码
        MOV     C,PFA           ；取结果的数符
        MOV     ACC.7,C         ；拼入阶码中
        MOV     @R0,A
        CLR     ACC.7           ；不考虑数符
        CLR     OV              ；清除溢出标志
        CJNE    A,#3FH,MV01     ；阶码是否上溢?
        SETB    OV              ；设立溢出标志
MV01：  MOV     A,@R0           ；取出带数符的阶码
        RET
MVR0：  MOV     A,@R0           ；将[R0]传送到第一工作区中的子程序
        MOV     C,ACC.7         ；将数符保存在位 PFA 中
        MOV     PFA,C
        MOV     C,ACC.6         ；将阶码扩充为 8 bit 补码
        MOV     ACC.7,C
        MOV     R2,A            ；存放在 R2 中
        INC     R0
        MOV     A,@R0           ；将尾数高字节存放在 R3 中
        MOV     R3,A
        INC     R0
        MOV     A,@R0           ；将尾数低字节存放在 R4 中
        MOV     R4,A
        DEC     R0              ；恢复数据指针
        DEC     R0
        RET
MVR1：  MOV     A,@R1           ；将[R1]传送到第二工作区中的子程序
        MOV     C,ACC.7         ；将数符保存在位 PFB 中
        MOV     PFB,C
        MOV     C,ACC.6         ；将阶码扩充为 8 bit 补码
        MOV     ACC.7,C
        MOV     R5,A            ；存放在 R5 中
        INC     R1
        MOV     A,@R1           ；将尾数高字节存放在 R6 中
        MOV     R6,A
        INC     R1
        MOV     A,@R1           ；将尾数低字节存放在 R7 中
        MOV     R7,A
        DEC     R1              ；恢复数据指针
        DEC     R1
        RET
AS1：   MOV     A,R6            ；读取第二操作数尾数高字节
        ORL     A,R7
```

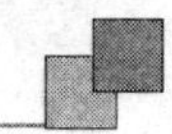

```
        JZ      AS2             ;第二操作数为零,不必运算
        MOV     A,R3            ;读取第一操作数尾数高字节
        ORL     A,R4
        JNZ     EQ1
        MOV     A,R6            ;第一操作数为零,结果以第二操作数为准
        MOV     R3,A
        MOV     A,R7
        MOV     R4,A
        MOV     A,R5
        MOV     R2,A
        MOV     C,PFB
        MOV     PFA,C
AS2:    RET
EQ1:    MOV     A,R2            ;对阶,比较两个操作数的阶码
        XRL     A,R5
        JZ      AS4             ;阶码相同,对阶结束
        JB      ACC.7,EQ3       ;阶符互异
        MOV     A,R2            ;阶符相同,比较大小
        CLR     C
        SUBB    A,R5
        JC      EQ4
EQ2:    CLR     C               ;第二操作数右规格化一次
        MOV     A,R6            ;尾数缩小一半
        RRC     A
        MOV     R6,A
        MOV     A,R7
        RRC     A
        MOV     R7,A
        INC     R5              ;阶码加1
        ORL     A,R6            ;尾数为零?
        JNZ     EQ1             ;尾数不为零,继续对阶
        MOV     A,R2            ;尾数为零,提前结束对阶
        MOV     R5,A
        SJMP    AS4
EQ3:    MOV     A,R2            ;判断第一操作数阶符
        JNB     ACC.7,EQ2       ;如为正,右规格化第二操作数
EQ4:    CLR     C
        LCALL   RR1             ;第一操作数右规格化一次
        ORL     A,R3            ;尾数为零否?
        JNZ     EQ1             ;不为零,继续对阶
        MOV     A,R5            ;尾数为零,提前结束对阶
        MOV     R2,A
AS4:    JB      F0,AS5          ;尾数加减判断
```

```
            MOV     A,R4            ;尾数相加
            ADD     A,R7
            MOV     R4,A
            MOV     A,R3
            ADDC    A,R6
            MOV     R3,A
            JNC     AS2
            LJMP    RR1             ;有进位,右规格化一次
AS5:        CLR     C               ;比较绝对值大小
            MOV     A,R4
            SUBB    A,R7
            MOV     B,A
            MOV     A,R3
            SUBB    A,R6
            JC      AS6
            MOV     R4,B            ;第一尾数减第二尾数
            MOV     R3,A
            LJMP    RLN             ;结果规格化
AS6:        CPL     PFA             ;结果的符号与第一操作数相反
            CLR     C               ;结果的绝对值为第二尾数减第一尾数
            MOV     A,R7
            SUBB    A,R4
            MOV     R4,A
            MOV     A,R6
            SUBB    A,R3
            MOV     R3,A
RLN:        MOV     A,R3            ;浮点数规格化
            ORL     A,R4            ;尾数为零?
            JNZ     RLN1
            MOV     R2,#0C1H        ;阶码取最小值
            RET
RLN1:       MOV     A,R3
            JB      ACC.7,RLN2      ;尾数最高位为1?
            CLR     C               ;不为1,左规格化一次
            LCALL   RL1
            SJMP    RLN             ;继续判断
RLN2:       CLR     OV              ;规格化结束
            RET
RL1:        MOV     A,R4            ;第一操作数左规格化一次
            RLC     A               ;尾数扩大1倍
            MOV     R4,A
            MOV     A,R3
            RLC     A
```

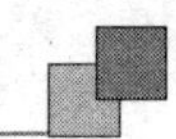

```
        MOV     R3,A
        DEC     R2              ；阶码减 1
        CJNE    R2,#0C0H,RL1E   ；阶码下溢？
        CLR     A
        MOV     R3,A            ；阶码下溢，操作数以零计
        MOV     R4,A
        MOV     R2,#0C1H
RL1E:   CLR     OV
        RET
RR1:    MOV     A,R3            ；第一操作数右规格化一次
        RRC     A               ；尾数缩小一半
        MOV     R3,A
        MOV     A,R4
        RRC     A
        MOV     R4,A
        INC     R2              ；阶码加 1
        CLR     OV              ；清溢出标志
        CJNE    R2,#40H,RR1E    ；阶码上溢？
        MOV     R2,#3FH         ；阶码溢出
        SETB    OV
RR1E:   RET
```

4. 标号：FMUL　　功能：浮点数乘法

入口条件：被乘数在[R0]中，乘数在[R1]中。

出口信息：OV=0 时，积仍在[R0]中；OV=1 时，溢出。

影响资源：PSW、A、B、R2～R7、位 PFA、位 PFB；堆栈需求：6 字节。

```
FMUL:   LCALL   MVR0            ；将[R0]传送到第一工作区中
        MOV     A,@R0
        XRL     A,@R1           ；比较两个操作数的符号
        RLC     A
        MOV     PFA,C           ；保存积的符号
        LCALL   MUL0            ；计算积的绝对值
        LJMP    MOV0            ；将结果传回到[R0]中
MUL0:   LCALL   MVR1            ；将[R1]传送到第二工作区中
MUL1:   MOV     A,R3            ；第一尾数为零？
        ORL     A,R4
        JZ      MUL6
        MOV     A,R6            ；第二尾数为零？
        ORL     A,R7
        JZ      MUL5
        MOV     A,R7            ；计算 R3R4×R6R7→R3R4
        MOV     B,R4
```

```
        MUL     AB
        MOV     A,B
        XCH     A,R7
        MOV     B,R3
        MUL     AB
        ADD     A,R7
        MOV     R7,A
        CLR     A
        ADDC    A,B
        XCH     A,R4
        MOV     B,R6
        MUL     AB
        ADD     A,R7
        MOV     R7,A
        MOV     A,B
        ADDC    A,R4
        MOV     R4,A
        CLR     A
        RLC     A
        XCH     A,R3
        MOV     B,R6
        MUL     AB
        ADD     A,R4
        MOV     R4,A
        MOV     A,B
        ADDC    A,R3
        MOV     R3,A
        JB      ACC.7,MUL2              ；积为规格化数？
        MOV     A,R7                    ；左规格化一次
        RLC     A
        MOV     R7,A
        LCALL   RL1
MUL2：  MOV     A,R7
        JNB     ACC.7,MUL3
        INC     R4
        MOV     A,R4
        JNZ     MUL3
        INC     R3
        MOV     A,R3
        JNZ     MUL3
        MOV     R3,#80H
        INC     R2
MUL3：  MOV     A,R2                    ；求积的阶码
```

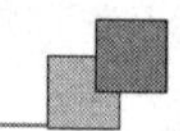

```
            ADD     A,R5
MD:         MOV     R2,A            ;阶码溢出判断
            JB      ACC.7,MUL4
            JNB     ACC.6,MUL6
            MOV     R2,#3FH         ;阶码上溢,设立标志
            SETB    OV
            RET
MUL4:       JB      ACC.6,MUL6
MUL5:       CLR     A               ;结果清零(因子为零或阶码下溢)
            MOV     R3,A
            MOV     R4,A
            MOV     R2,#41H
MUL6:       CLR     OV
            RET
```

5. 标号：FDIV　　功能：浮点数除法

入口条件：被除数在[R0]中，除数在[R1]中。

出口信息：OV=0 时，商仍在[R0]中；OV=1 时，溢出。

影响资源：PSW、A、B、R2～R7、位 PFA、位 PFB；堆栈需求：5 字节。

```
FDIV:       INC     R0
            MOV     A,@R0
            INC     R0
            ORL     A,@R0
            DEC     R0
            DEC     R0
            JNZ     DIV1
            MOV     @R0,#41H        ;被除数为零,不必运算
            CLR     OV
            RET
DIV1:       INC     R1
            MOV     A,@R1
            INC     R1
            ORL     A,@R1
            DEC     R1
            DEC     R1
            JNZ     DIV2
            SETB    OV              ;除数为零,溢出
            RET
DIV2:       LCALL   MVR0            ;将[R0]传送到第一工作区中
            MOV     A,@R0
            XRL     A,@R1           ;比较两个操作数的符号
            RLC     A
```

```
        MOV     PFA,C           ;保存结果的符号
        LCALL   MVR1            ;将[R1]传送到第二工作区中
        LCALL   DIV3            ;调用工作区浮点除法
        LJMP    MOV0            ;回传结果
DIV3:   CLR     C               ;比较尾数的大小
        MOV     A,R4
        SUBB    A,R7
        MOV     A,R3
        SUBB    A,R6
        JC      DIV4
        LCALL   RR1             ;被除数右规格化一次
        SJMP    DIV3
DIV4:   CLR     A               ;借用R0,R1,R2作工作寄存器
        XCH     A,R0            ;清零并保护之
        PUSH    ACC
        CLR     A
        XCH     A,R1
        PUSH    ACC
        MOV     A,R2
        PUSH    ACC
        MOV     B,#10H          ;除法运算,R3R4/R6R7→R0R1
DIV5:   CLR     C
        MOV     A,R1
        RLC     A
        MOV     R1,A
        MOV     A,R0
        RLC     A
        MOV     R0,A
        MOV     A,R4
        RLC     A
        MOV     R4,A
        XCH     A,R3
        RLC     A
        XCH     A,R3
        MOV     F0,C
        CLR     C
        SUBB    A,R7
        MOV     R2,A
        MOV     A,R3
        SUBB    A,R6
        ANL     C,/F0
        JC      DIV6
        MOV     R3,A
```

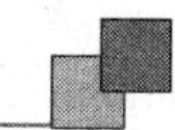

```
          MOV     A,R2
          MOV     R4,A
          INC     R1
DIV6:     DJNZ    B,DIV5
          MOV     A,R6              ;四舍五入
          CLR     C
          RRC     A
          SUBB    A,R3
          CLR     A
          ADDC    A,R1              ;将结果存回 R3,R4
          MOV     R4,A
          CLR     A
          ADDC    A,R0
          MOV     R3,A
          POP     ACC               ;恢复 R0,R1,R2
          MOV     R2,A
          POP     ACC
          MOV     R1,A
          POP     ACC
          MOV     R0,A
          MOV     A,R2              ;计算商的阶码
          CLR     C
          SUBB    A,R5
          LCALL   MD                ;阶码检验
          LJMP    RLN               ;规格化
```

6. 标号：FCLR　　功能：浮点数清零

入口条件：操作数在[R0]中。
出口信息：操作数被清零。
影响资源：A；堆栈需求：2 字节。

```
FCLR:     INC     R0
          INC     R0
          CLR     A
          MOV     @R0,A
          DEC     R0
          MOV     @R0,A
          DEC     R0
          MOV     @R0,#41H
          RET
```

7. 标号：FZER　　功能：浮点数判零

入口条件：操作数在[R0]中。

出口信息：若累加器A为零，则操作数[R0]为零，否则操作数[R0]不为零。

影响资源：A；堆栈需求：2字节。

```
FZER:     INC     R0
          INC     R0
          MOV     A,@R0
          DEC     R0
          ORL     A,@R0
          DEC     R0
          JNZ     ZERO
          MOV     @R0,#41H
ZERO:     RET
```

8. 标号：FMOV　　功能：浮点数传送

入口条件：源操作数在[R1]中，目标地址为[R0]。

出口信息：[R0]=[R1]，[R1]不变。

影响资源：A；堆栈需求：2字节。

```
FMOV:     INC     R0
          INC     R0
          INC     R1
          INC     R1
          MOV     A,@R1
          MOV     @R0,A
          DEC     R0
          DEC     R1
          MOV     A,@R1
          MOV     @R0,A
          DEC     R0
          DEC     R1
          MOV     A,@R1
          MOV     @R0,A
          RET
```

9. 标号：FPUS　　功能：浮点数压栈

入口条件：操作数在[R0]中。

出口信息：操作数压入栈顶。

影响资源：A,R2,R3；堆栈需求：5字节。

```
FPUS:     POP     ACC            ；将返回地址保存在R2,R3中
          MOV     R2,A
          POP     ACC
          MOV     R3,A
          MOV     A,@R0          ；将操作数压入堆栈
```

```
        PUSH    ACC
        INC     R0
        MOV     A,@R0
        PUSH    ACC
        INC     R0
        MOV     A,@R0
        PUSH    ACC
        DEC     R0
        DEC     R0
        MOV     A,R3                ;将返回地址压入堆栈
        PUSH    ACC
        MOV     A,R2
        PUSH    ACC
        RET                         ;返回主程序
```

10．标号：FPOP　　功能：浮点数出栈

入口条件：操作数处于栈顶。

出口信息：操作数弹至[R0]中。

影响资源：A,R2,R3；堆栈需求：2字节。

```
FPOP:   POP     ACC                 ;将返回地址保存在R2,R3中
        MOV     R2,A
        POP     ACC
        MOV     R3,A
        INC     R0
        INC     R0
        POP     ACC                 ;将操作数弹出堆栈,传送到[R0]中
        MOV     @R0,A
        DEC     R0
        POP     ACC
        MOV     @R0,A
        DEC     R0
        POP     ACC
        MOV     @R0,A
        MOV     A,R3                ;将返回地址压入堆栈
        PUSH    ACC
        MOV     A,R2
        PUSH    ACC
        RET                         ;返回主程序
```

11．标号：FCMP　　功能：浮点数代数值比较(不影响待比较操作数)

入口条件：待比较操作数分别在[R0]和[R1]中。

出口信息：若CY＝1，则[R0]＜[R1]；若CY＝0且A＝0，则[R0]＝[R1]，否

则[R0]＞[R1]。

影响资源：A,B,PSW；堆栈需求：2字节。

```
FCMP:   MOV     A,@R0           ；数符比较
        XRL     A,@R1
        JNB     ACC.7,CMP2
        MOV     A,@R0           ；两数异号,以[R0]数符为准
        RLC     A
        MOV     A,#0FFH
        RET
CMP2:   MOV     A,@R1           ；两数同号,准备比较阶码
        MOV     C,ACC.6
        MOV     ACC.7,C
        MOV     B,A
        MOV     A,@R0
        MOV     C,ACC.7
        MOV     F0,C            ；保存[R0]的数符
        MOV     C,ACC.6
        MOV     ACC.7,C
        CLR     C               ；比较阶码
        SUBB    A,B
        JZ      CMP6
        RLC     A               ；取阶码之差的符号
        JNB     F0,CMP5
        CPL     C               ；[R0]为负时,结果取反
CMP5:   MOV     A,#0FFH         ；两数不相等
        RET
CMP6:   INC     R0              ；阶码相同时,准备比较尾数
        INC     R0
        INC     R1
        INC     R1
        CLR     C
        MOV     A,@R0
        SUBB    A,@R1
        MOV     B,A             ；保存部分差
        DEC     R0
        DEC     R1
        MOV     A,@R0
        SUBB    A,@R1
        DEC     R0
        DEC     R1
        ORL     A,B             ；生成是否相等信息
        JZ      CMP7
```

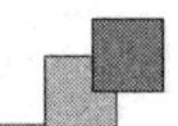

```
        JNB     F0,CMP7
        CPL     C                   ;[R0]为负时,结果取反
CMP7:   RET
```

12. 标号：FABS　　功能：浮点绝对值函数

入口条件：操作数在[R0]中。

出口信息：结果仍在[R0]中。

影响资源：A；堆栈需求：2字节。

```
FABS:   MOV     A,@R0               ;读取操作数的阶码
        CLR     ACC.7               ;清除数符
        MOV     @R0,A               ;回传阶码
        RET
```

13. 标号：FSGN　　功能：浮点符号函数

入口条件：操作数在[R0]中。

出口信息：累加器A=1时为正数,A=0FFH时为负数,A=0时为零。

影响资源：PSW,A；堆栈需求：2字节。

```
FSGN:   INC     R0                  ;读尾数
        MOV     A,@R0
        INC     R0
        ORL     A,@R0
        DEC     R0
        DEC     R0
        JNZ     SGN
        RET                         ;尾数为零,结束
SGN:    MOV     A,@R0               ;读取操作数的阶码
        RLC     A                   ;取数符
        MOV     A,#1                ;按正数初始化
        JNC     SGN1                ;是正数,结束
        MOV     A,#0FFH             ;是负数,改变标志
SGN1:   RET
```

14. 标号：FINT　　功能：浮点取整函数

入口条件：操作数在[R0]中。

出口信息：结果仍在[R0]中。

影响资源：PSW、A、R2、R3、R4、位PFA；堆栈需求：6字节。

```
FINT:   LCALL   MVR0                ;将[R0]传送到第一工作区中
        LCALL   INT                 ;在工作寄存器中完成取整运算
        LJMP    MOV0                ;将结果传回到[R0]中
INT:    MOV     A,R3
```

```
        ORL     A,R4
        JNZ     INTA
        CLR     PFA             ；尾数为零,阶码也清零,结束取整
        MOV     R2,＃41H
        RET
INTA：  MOV     A,R2
        JZ      INTB            ；阶码为零?
        JB      ACC.7,INTB      ；阶符为负?
        CLR     C
        SUBB    A,＃10H         ；阶码小于16?
        JC      INTD
        RET                     ；阶码大于16,已经是整数
INTB：  CLR     A               ；绝对值小于1,取整后正数为0,负数为－1
        MOV     R4,A
        MOV     C,PFA
        RRC     A
        MOV     R3,A
        RL      A
        MOV     R2,A
        JNZ     INTC
        MOV     R2,＃41H
INTC：  RET
INTD：  CLR     F0              ；舍尾标志初始化
INTE：  CLR     C
        LCALL   RR1             ；右规格化一次
        ORL     C,F0            ；记忆舍尾情况
        MOV     F0,C
        CJNE    R2,＃10H,INTE   ；阶码达到16(尾数完全为整数)否?
        JNB     F0,INTF         ；舍去部分为零?
        JNB     PFA,INTF        ；操作数为正数?
        INC     R4              ；对于带小数的负数,向下取整
        MOV     A,R4
        JNZ     INTF
        INC     R3
INTF：  LJMP    RLN             ；将结果规格化
```

15. 标号：FRCP　　功能：浮点倒数函数

入口条件：操作数在[R0]中。

出口信息：OV=0时,结果仍在[R0]中;OV=1时,溢出。

影响资源：PSW、A、B、R2～R7、位PFA、位PFB；堆栈需求：5字节。

```
FRCP：  MOV     A,@R0
        MOV     C,ACC.7
```

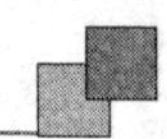

```
        MOV     PFA,C           ；保存数符
        MOV     C,ACC.6         ；绝对值传送到第二工作区
        MOV     ACC.7,C
        MOV     R5,A
        INC     R0
        MOV     A,@R0
        MOV     R6,A
        INC     R0
        MOV     A,@R0
        MOV     R7,A
        DEC     R0
        DEC     R0
        ORL     A,R6
        JNZ     RCP
        SETB    OV              ；零不能求倒数，设立溢出标志
        RET
RCP:    MOV     A,R6
        JB      ACC.7,RCP2      ；操作数格式化？
        CLR     C               ；格式化之
        MOV     A,R7
        RLC     A
        MOV     R7,A
        MOV     A,R6
        RLC     A
        MOV     R6,A
        DEC     R5
        SJMP    RCP
RCP2:   MOV     R2,#1           ；将数值1.00传送到第一工作区
        MOV     R3,#80H
        MOV     R4,#0
        LCALL   DIV3            ；调用工作区浮点除法，求得倒数
        LJMP    MOV0            ；回传结果
```

16. 标号：FSQU　　功能：浮点数平方

入口条件：操作数在[R0]中。

出口信息：OV=0时，平方值仍然在[R0]中；OV=1时，溢出。

影响资源：PSW、A、B、R2～R7、位PFA、位PFB；堆栈需求：9字节。

```
FSQU:   MOV     A,R0            ；将操作数
        XCH     A,R1            ；同时作为乘数
        PUSH    ACC             ；保存R1指针
        LCALL   FMUL            ；进行乘法运算
        POP     ACC
```

```
        MOV     R1,A                ;恢复R1指针
        RET
```

17. 标号:FSQR　　功能:浮点数开平方(快速逼近算法)

入口条件:操作数在[R0]中。

出口信息:OV=0时,平方根仍在[R0]中;OV=1时,负数开平方出错。

影响资源:PSW,A,B,R2~R7;堆栈需求:2字节。

```
FSQR:   MOV     A,@R0
        JNB     ACC.7,SQR
        SETB    OV                  ;负数开平方,出错
        RET
SQR:    INC     R0
        INC     R0
        MOV     A,@R0
        DEC     R0
        ORL     A,@R0
        DEC     R0
        JNZ     SQ
        MOV     @R0,#41H            ;尾数为零,不必运算
        CLR     OV
        RET
SQ:     MOV     A,@R0
        MOV     C,ACC.6             ;将阶码扩展成8 bit补码
        MOV     ACC.7,C
        INC     A                   ;加1
        CLR     C
        RRC     A                   ;除2
        MOV     @R0,A               ;得到平方根的阶码,回存之
        INC     R0                  ;指向被开方数尾数的高字节
        JC      SQR0                ;原被开方数的阶码是奇数?
        MOV     A,@R0               ;是奇数,尾数右规格化一次
        RRC     A
        MOV     @R0,A
        INC     R0
        MOV     A,@R0
        RRC     A
        MOV     @R0,A
        DEC     R0
SQR0:   MOV     A,@R0
        JZ      SQR9                ;尾数为零,不必运算
        MOV     R2,A                ;将尾数传送到R2,R3中
        INC     R0
```

```
        MOV     A,@R0
        MOV     R3,A
        MOV     A,R2            ；规格化后高字节按折线法分为3个区间
        ADD     A,#57H
        JC      SQR2
        ADD     A,#45H
        JC      SQR1
        ADD     A,#24H
        MOV     B,#0E3H         ；第一区间的斜率
        MOV     R4,#80H         ；第一区间的平方根基数
        SJMP    SQR3
SQR1:   MOV     B,#0B2H         ；第二区间的斜率
        MOV     R4,#0A0H        ；第二区间的平方根基数
        SJMP    SQR3
SQR2:   MOV     B,#8DH          ；第三区间的斜率
        MOV     R4,#0D0H        ；第三区间的平方根基数
SQR3:   MUL     AB              ；与区间基点的偏移量乘区间斜率
        MOV     A,B
        ADD     A,R4            ；累加到平方根的基数上
        MOV     R4,A
        MOV     B,A
        MUL     AB              ；求当前平方根的幂
        XCH     A,R3            ；求偏移量(存放在R2,R3中)
        CLR     C
        SUBB    A,R3
        MOV     R3,A
        MOV     A,B
        XCH     A,R2
        SUBB    A,R2
        MOV     R2,A
SQR4:   SETB    C               ；用减奇数法校正1字节的平方根
        MOV     A,R4            ；当前平方根的2倍加1存入R5,R6中
        RLC     A
        MOV     R6,A
        CLR     A
        RLC     A
        MOV     R5,A
        MOV     A,R3            ；偏移量小于该奇数?
        SUBB    A,R6
        MOV     B,A
        MOV     A,R2
        SUBB    A,R5
        JC      SQR5            ；小于,校正结束,已达到1字节的精度
```

```
          INC      R4               ;不小于,平方根加1
          MOV      R2,A             ;保存新的偏移量
          MOV      R3,B
          SJMP     SQR4             ;继续校正
SQR5:     MOV      A,R4             ;将1字节精度的根存入R2
          XCH      A,R2
          RRC      A
          MOV      F0,C             ;保存最终偏移量的最高位
          MOV      A,R3
          MOV      R5,A             ;将最终偏移量的低8位存入R5中
          MOV      R4,#8            ;通过(R5R6/R2)求根的低字节
SQR6:     CLR      C
          MOV      A,R3
          RLC      A
          MOV      R3,A
          CLR      C
          MOV      A,R5
          SUBB     A,R2
          JB       F0,SQR7
          JC       SQR8
SQR7:     MOV      R5,A
          INC      R3
SQR8:     CLR      C
          MOV      A,R5
          RLC      A
          MOV      R5,A
          MOV      F0,C
          DJNZ     R4,SQR6          ;根的第二字节计算完,在R3中
          MOV      A,R3             ;将平方根的尾数回传到[R0]中
          MOV      @R0,A
          DEC      R0
          MOV      A,R2
          MOV      @R0,A
SQR9:     DEC      R0               ;数据指针回归原位
          CLR      OV               ;开方结果有效
          RET
```

18. 标号:FPLN　　功能:浮点数多项式计算

入口条件:自变量在[R0]中,多项式系数在调用指令之后,以40H结束。

出口信息:OV=0时,结果仍在[R0]中;OV=1时,溢出。

影响资源:DPTR、PSW、A、B、R2~R7、位PFA、位PFB;堆栈需求:4字节。

```
FPLN:     POP      DPH              ;取出多项式系数存放地址
```

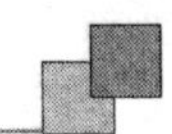

```
        POP     DPL
        XCH     A,R0            ；R0,R1 交换角色,自变量在[R1]中
        XCH     A,R1
        XCH     A,R0
        CLR     A               ；清第一工作区
        MOV     R2,A
        MOV     R3,A
        MOV     R4,A
        CLR     PFA
PLN1:   CLR     A               ；读取一个系数,并装入第二工作区
        MOVC    A,@A+DPTR
        MOV     C,ACC.7
        MOV     PFB,C
        MOV     C,ACC.6
        MOV     ACC.7,C
        MOV     R5,A
        INC     DPTR
        CLR     A
        MOVC    A,@A+DPTR
        MOV     R6,A
        INC     DPTR
        CLR     A
        MOVC    A,@A+DPTR
        MOV     R7,A
        INC     DPTR            ；指向下一个系数
        MOV     C,PFB           ；比较两个数符
        RRC     A
        XRL     A,FLAG
        RLC     A
        MOV     F0,C            ；保存比较结果
        LCALL   AS1             ；进行代数加法运算
        CLR     A               ；读取下一个系数的第一个字节
        MOVC    A,@A+DPTR
        CJNE    A,#40H,PLN2     ；是结束标志?
        XCH     A,R0            ；运算结束,恢复 R0,R1 原来的角色
        XCH     A,R1
        XCH     A,R0
        LCALL   MOV0            ；将结果回传到[R0]中
        CLR     A
        INC     DPTR
        JMP     @A+DPTR         ；返回主程序
PLN2:   MOV     A,@R1           ；比较自变量和中间结果的符号
        XRL     A,FLAG
```

```
        RLC     A
        MOV     PFA,C               ;保存比较结果
        LCALL   MUL0                ;进行乘法运算
        SJMP    PLN1                ;继续下一项运算
```

19. 标号：FLOG　　功能：以10为底的浮点对数函数

入口条件：操作数在[R0]中。

出口信息：OV=0时，结果仍在[R0]中；OV=1时，负数或零求对数出错。

影响资源：DPTR、PSW、A、B、R2～R7、位PFA、位PFB；堆栈需求：9字节。

```
FLOG:   LCALL   FLN                 ;先以e为底求对数
        JNB     OV,LOG
        RET                         ;如溢出则停止计算
LOG:    MOV     R5,#0FFH            ;系数0.434 30(1/ln 10)
        MOV     R6,#0DEH
        MOV     R7,#5CH
        LCALL   MUL1                ;通过相乘来换底
        LJMP    MOV0                ;传回结果
```

20. 标号：FLN　　功能：以e为底的浮点对数函数

入口条件：操作数在[R0]中。

出口信息：OV=0时，结果仍在[R0]中；OV=1时，负数或零求对数出错。

影响资源：DPTR、PSW、A、B、R2～R7、位PFA、位PFB；堆栈需求：7字节。

```
FLN:    LCALL   MVR0                ;将[R0]传送到第一工作区
        JB      PFA,LNOV            ;负数或零求对数,出错
        MOV     A,R3
        ORL     A,R4
        JNZ     LN0
LNOV:   SETB    OV
        RET
LN0:    CLR     C
        LCALL   RL1                 ;左规格化一次
        CLR     A
        XCH     A,R2                ;保存原阶码,清零工作区的阶码
        PUSH    ACC
        LCALL   RLN                 ;规格化
        LCALL   MOV0                ;回传
        LCALL   FPLN                ;用多项式计算尾数的对数
        DB      7BH,0F4H,30H        ;0.029 808
        DB      0FEH,85H,13H        ;-0.129 96
        DB      7FH,91H,51H         ;0.283 82
        DB      0FFH,0FAH,0BAH      ;-0.489 7
```

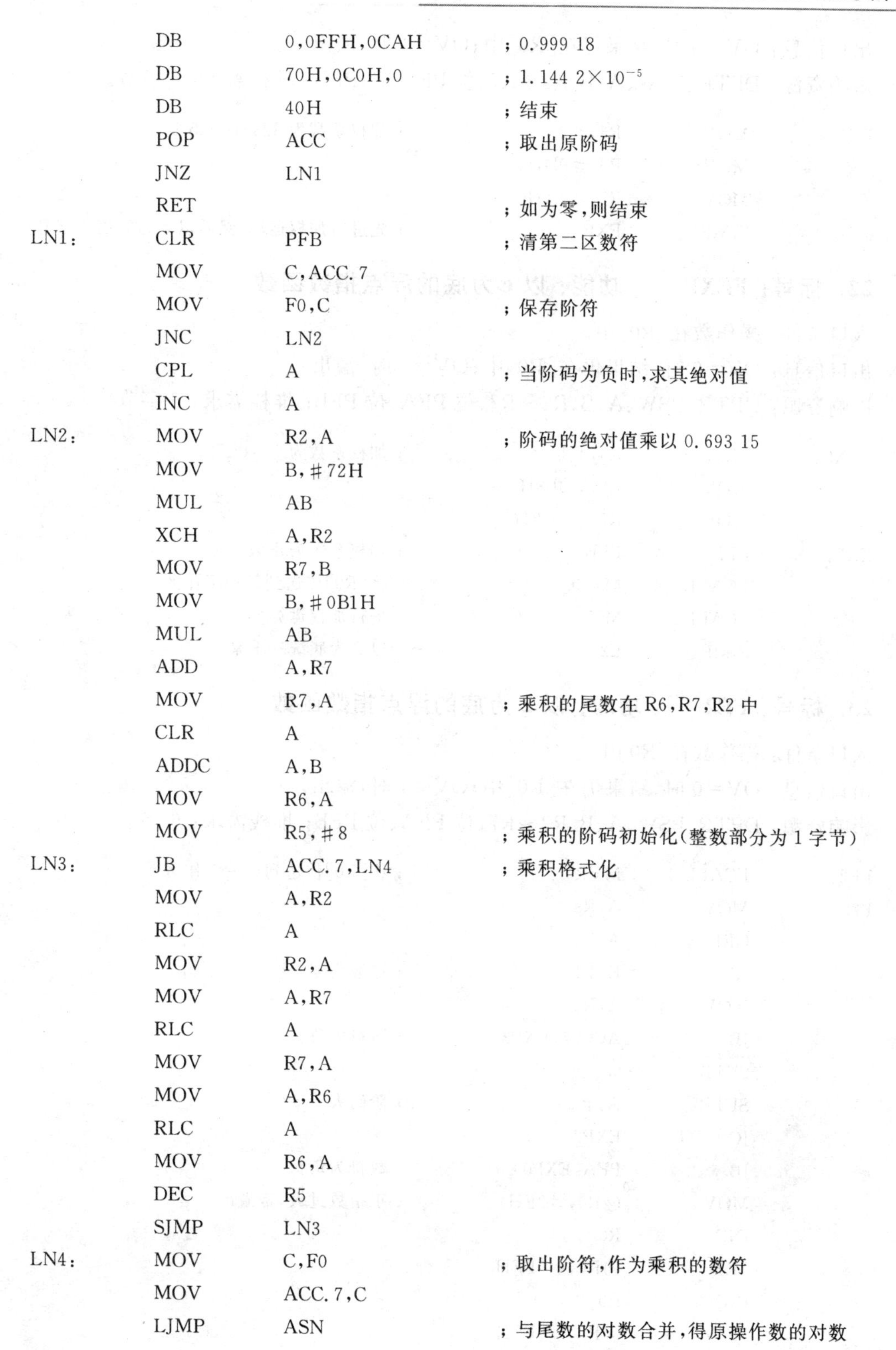

```
        DB      0,0FFH,0CAH     ;0.999 18
        DB      70H,0C0H,0      ;1.144 2×10⁻⁵
        DB      40H             ;结束
        POP     ACC             ;取出原阶码
        JNZ     LN1
        RET                     ;如为零,则结束
LN1:    CLR     PFB             ;清第二区数符
        MOV     C,ACC.7
        MOV     F0,C            ;保存阶符
        JNC     LN2
        CPL     A               ;当阶码为负时,求其绝对值
        INC     A
LN2:    MOV     R2,A            ;阶码的绝对值乘以 0.693 15
        MOV     B,#72H
        MUL     AB
        XCH     A,R2
        MOV     R7,B
        MOV     B,#0B1H
        MUL     AB
        ADD     A,R7
        MOV     R7,A            ;乘积的尾数在 R6,R7,R2 中
        CLR     A
        ADDC    A,B
        MOV     R6,A
        MOV     R5,#8           ;乘积的阶码初始化(整数部分为 1 字节)
LN3:    JB      ACC.7,LN4       ;乘积格式化
        MOV     A,R2
        RLC     A
        MOV     R2,A
        MOV     A,R7
        RLC     A
        MOV     R7,A
        MOV     A,R6
        RLC     A
        MOV     R6,A
        DEC     R5
        SJMP    LN3
LN4:    MOV     C,F0            ;取出阶符,作为乘积的数符
        MOV     ACC.7,C
        LJMP    ASN             ;与尾数的对数合并,得原操作数的对数
```

21. 标号：FE10　　功能：以 10 为底的浮点指数函数

入口条件：操作数在[R0]中。

出口信息：OV=0 时，结果仍在[R0]中；OV=1 时，溢出。

影响资源：DPTR、PSW、A、B、R2～R7、位 PFA、位 PFB；堆栈需求：6 字节。

```
FE10:   MOV     R5,#2           ；加权系数为 3.321 9(lb 10)
        MOV     R6,#0D4H
        MOV     R7,#9AH
        SJMP    EXP             ；先进行加权运算，然后以 2 为底统一求幂
```

22. 标号：FEXP　　功能：以 e 为底的浮点指数函数

入口条件：操作数在[R0]中。

出口信息：OV=0 时，结果仍在[R0]中；OV=1 时，溢出。

影响资源：DPTR、PSW、A、B、R2～R7、位 PFA、位 PFB；堆栈需求：6 字节。

```
FEXP:   MOV     R5,#1           ；加权系数为 1.442 72(lb e)
        MOV     R6,#0B8H
        MOV     R7,#0ABH
EXP:    CLR     PFB             ；加权系数为正数
        LCALL   MVR0            ；将[R0]传送到第一工作区
        LCALL   MUL1            ；进行加权运算
        SJMP    E20             ；以 2 为底统一求幂
```

23. 标号：FE2　　功能：以 2 为底的浮点指数函数

入口条件：操作数在[R0]中。

出口信息：OV=0 时，结果仍在[R0]中；OV=1 时，溢出。

影响资源：DPTR、PSW、A、B、R2～R7、位 PFA、位 PFB；堆栈需求：6 字节。

```
FE2:    LCALL   MVR0            ；将[R0]传送到第一工作区
E20:    MOV     A,R3
        ORL     A,R4
        JZ      EXP1            ；尾数为零
        MOV     A,R2
        JB      ACC.7,EXP2      ；阶符为负？
        SETB    C
        SUBB    A,#6            ；阶码大于 6？
        JC      EXP2
        JB      PFA,EXP0        ；数符为负？
        MOV     @R0,#3FH        ；正指数过大，幂溢出
        INC     R0
        MOV     @R0,#0FFH
        INC     R0
        MOV     @R0,#0FFH
        DEC     R0
        DEC     R0
        SETB    OV
```

```
        RET
EXP0:   MOV     @R0,#41H        ;负指数过大,幂下溢,清零处理
        CLR     A
        INC     R0
        MOV     @R0,A
        INC     R0
        MOV     @R0,A
        DEC     R0
        DEC     R0
        CLR     OV
        RET
EXP1:   MOV     @R0,#1          ;指数为零,幂为1.00
        INC     R0
        MOV     @R0,#80H
        INC     R0
        MOV     @R0,#0
        DEC     R0
        DEC     R0
        CLR     OV
        RET
EXP2:   MOV     A,R2            ;将指数复制到第二工作区
        MOV     R5,A
        MOV     A,R3
        MOV     R6,A
        MOV     A,R4
        MOV     R7,A
        MOV     C,PFA
        MOV     PFB,C
        LCALL   INT             ;对第一区取整
        MOV     A,R3
        JZ      EXP4
EXP3:   CLR     C               ;使尾数高字节R3对应1字节整数
        RRC     A
        INC     R2
        CJNE    R2,#8,EXP3
EXP4:   MOV     R3,A
        JNB     PFA,EXP5
        CPL     A               ;并用补码表示
        INC     A
EXP5:   PUSH    ACC             ;暂时保存之
        LCALL   RLN             ;重新规格化
        CPL     PFA
        SETB    F0
```

```
        LCALL   AS1                 ;求指数的小数部分
        LCALL   MOV0                ;回传指数的小数部分
        LCALL   FPLN                ;通过多项式计算指数的小数部分的幂
        DB      77H,0B1H,0C9H       ;1.356 4×10⁻³
        DB      7AH,0A1H,68H        ;9.851 4×10⁻³
        DB      7CH,0E3H,4FH        ;0.055 495
        DB      7EH,0F5H,0E7H       ;0.240 14
        DB      0,0B1H,72H          ;0.693 15
        DB      1,80H,0             ;1.000 00
        DB      40H                 ;结束
        POP     ACC                 ;取出指数的整数部分
        ADD     A,R2                ;按补码加到幂的阶码上
        MOV     R2,A
        CLR     PFA                 ;幂的符号为正
        LJMP    MOV0                ;将幂传回[R0]中
```

24. 标号：DTOF　　功能：双字节十六进制定点数转换成格式化浮点数

入口条件：双字节定点数的绝对值在[R0]中，数符在位 PFA 中，整数部分的位数在A中。

出口信息：转换成格式化浮点数在[R0]中(3字节)。

影响资源：PSW、A、R2、R3、R4、位 PFA；堆栈需求：6字节。

```
DTOF:   MOV     R2,A                ;按整数的位数初始化阶码
        MOV     A,@R0               ;将定点数作尾数
        MOV     R3,A
        INC     R0
        MOV     A,@R0
        MOV     R4,A
        DEC     R0
        LCALL   RLN                 ;进行规格化
        LJMP    MOV0                ;传送结果到[R0]中
```

25. 标号：FTOD　　功能：格式化浮点数转换成双字节定点数

入口条件：格式化浮点操作数在[R0]中。

出口信息：OV=1时溢出，OV=0时转换成功；定点数的绝对值在[R0]中(双字节)，数符在位 PFA 中；F0=1时为整数；CY=1时为1字节整数、1字节小数，否则为纯小数。

影响资源：PSW、A、B、R2、R3、R4、位 PFA；堆栈需求：6字节。

```
FTOD:   LCALL   MVR0                ;将[R0]传送到第一工作区
        MOV     A,R2
        JZ      FTD4                ;阶码为零,纯小数
        JB      ACC.7,FTD4          ;阶码为负数,纯小数
        SETB    C
```

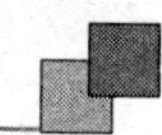

```
        SUBB    A,＃10H
        JC      FTD1
        SETB    OV              ；阶码大于16,溢出
        RET
FTD1：  SETB    C
        MOV     A,R2
        SUBB    A,＃8           ；阶码大于8?
        JC      FTD3
FTD2：  MOV     B,＃10H         ；阶码大于8,按双字节整数转换
        LCALL   FTD8
        SETB    F0              ；设立双字节整数标志
        CLR     C
        CLR     OV
        RET
FTD3：  MOV     B,＃8           ；按1字节整数、1字节小数转换
        LCALL   FTD8
        SETB    C               ；设立1字节整数、1字节小数标志
        CLR     F0
        CLR     OV
        RET
FTD4：  MOV     B,＃0           ；按纯小数转换
        LCALL   FTD8
        CLR     OV              ；设立纯小数标志
        CLR     F0
        CLR     C
        RET
FTD8：  MOV     A,R2            ；按规定的整数位数进行右规格化
        CJNE    A,B,FTD9
        MOV     A,R3            ；将双字节结果传送到[R0]中
        MOV     @R0,A
        INC     R0
        MOV     A,R4
        MOV     @R0,A
        DEC     R0
        RET
FTD9：  CLR     C
        LCALL   RR1             ；右规格化一次
        SJMP    FTD8
```

26. 标号：BTOF　　功能：浮点BCD码转换成格式化浮点数

入口条件：浮点BCD码操作数在[R0]中。

出口信息：转换成的格式化浮点数仍在[R0]中。

影响资源：PSW、A、B、R2～R7、位PFA、位PFB、位PFC；堆栈需求：6字节。

```
BTOF:   INC     R0              ;判断是否为零
        INC     R0
        MOV     A,@R0
        MOV     R7,A
        DEC     R0
        MOV     A,@R0
        MOV     R6,A
        DEC     R0
        ORL     A,R7
        JNZ     BTF0
        MOV     @R0,#41H        ;为零,转换结束
        RET
BTF0:   MOV     A,@R0
        MOV     C,ACC.7
        MOV     PFC,C           ;保存数符
        CLR     PFA             ;以绝对值进行转换
        MOV     C,ACC.6         ;扩充阶码为8位
        MOV     ACC.7,C
        MOV     @R0,A
        JNC     BTF1
        ADD     A,#19           ;是否小于10^-19?
        JC      BTF2
        MOV     @R0,#41H        ;小于10^-19时以0计
        INC     R0
        MOV     @R0,#0
        INC     R0
        MOV     @R0,#0
        DEC     R0
        DEC     R0
        RET
BTF1:   SUBB    A,#19
        JC      BTF2
        MOV     A,#3FH          ;大于10^19时封顶
        MOV     C,PFC
        MOV     ACC.7,C
        MOV     @R0,A
        INC     R0
        MOV     @R0,#0FFH
        INC     R0
        MOV     @R0,#0FFH
        DEC     R0
        DEC     R0
        RET
```

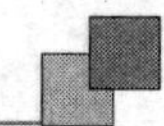

```
BTF2:     CLR      A                  ;准备将BCD码尾数转换成十六进制浮点数
          MOV      R4,A
          MOV      R3,A
          MOV      R2,#10H            ;至少2字节
BTF3:     MOV      A,R7
          ADD      A,R7
          DA       A
          MOV      R7,A
          MOV      A,R6
          ADDC     A,R6
          DA       A
          MOV      R6,A
          MOV      A,R4
          RLC      A
          MOV      R4,A
          MOV      A,R3
          RLC      A
          MOV      R3,A
          DEC      R2
          JNB      ACC.7,BTF3         ;直到尾数规格化
          MOV      A,R6               ;四舍五入
          ADD      A,#0B0H
          CLR      A
          ADDC     A,R4
          MOV      R4,A
          CLR      A
          ADDC     A,R3
          MOV      R3,A
          JNC      BTF4
          MOV      R3,#80H
          INC      R2
BTF4:     MOV      DPTR,#BTFL         ;准备查表得到十进制阶码对应的浮点数
          MOV      A,@R0
          ADD      A,#19              ;计算表格偏移量
          MOV      B,#3
          MUL      AB
          ADD      A,DPL
          MOV      DPL,A
          JNC      BTF5
          INC      DPH
BTF5:     CLR      A                  ;查表
          MOVC     A,@A+DPTR
          MOV      C,ACC.6
```

```
        MOV     ACC.7,C
        MOV     R5,A
        MOV     A,#1
        MOVC    A,@A+DPTR
        MOV     R6,A
        MOV     A,#2
        MOVC    A,@A+DPTR
        MOV     R7,A
        LCALL   MUL1            ;将阶码对应的浮点数和尾数对应的浮点数相乘
        MOV     C,PFC           ;取出数符
        MOV     PFA,C
        LJMP    MOV0            ;传送转换结果
```

27. 标号：FTOB　　功能：格式化浮点数转换成浮点 BCD 码

入口条件：格式化浮点操作数在[R0]中。

出口信息：转换成的浮点 BCD 码仍在[R0]中。

影响资源：PSW、A、B、R2～R7、位 PFA、位 PFB、位 PFC；堆栈需求：6 字节。

```
FTOB:   INC     R0
        MOV     A,@R0
        INC     R0
        ORL     A,@R0
        DEC     R0
        DEC     R0
        JNZ     FTB0
        MOV     @R0,#41H
        RET
FTB0:   MOV     A,@R0
        MOV     C,ACC.7
        MOV     PFC,C
        CLR     ACC.7
        MOV     @R0,A
        LCALL   MVR0
        MOV     DPTR,#BFL0      ;绝对值大于或等于1时的查表起点
        MOV     B,#0            ;10的0次幂
        MOV     A,R2
        JNB     ACC.7,FTB1
        MOV     DPTR,#BTFL      ;绝对值小于10^-6时的查表起点
        MOV     B,#0EDH         ;10^-19
        ADD     A,#16
        JNC     FTB1
        MOV     DPTR,#BFLN      ;绝对值大于或等于10^-6时的查表起点
        MOV     B,#0FAH         ;10^-6
```

```
FTB1:   CLR     A               ；查表，找到一个比待转换浮点数大的整数幂
        MOVC    A,@A+DPTR
        MOV     C,ACC.6
        MOV     ACC.7,C
        MOV     R5,A
        MOV     A,#1
        MOVC    A,@A+DPTR
        MOV     R6,A
        MOV     A,#2
        MOVC    A,@A+DPTR
        MOV     R7,A
        MOV     A,R5            ；与待转换浮点数比较
        CLR     C
        SUBB    A,R2
        JB      ACC.7,FTB2      ；差为负数
        JNZ     FTB3
        MOV     A,R6
        CLR     C
        SUBB    A,R3
        JC      FTB2
        JNZ     FTB3
        MOV     A,R7
        CLR     C
        SUBB    A,R4
        JC      FTB2
        JNZ     FTB3
        MOV     R5,B            ；正好是表格中的数
        INC     R5              ；幂加 1
        MOV     R6,#10H         ；尾数为 0.100 0
        MOV     R7,#0
        SJMP    FTB6            ；传送转换结果
FTB2:   INC     DPTR            ；准备表格下一项
        INC     DPTR
        INC     DPTR
        INC     B               ；幂加 1
        SJMP    FTB1
FTB3:   PUSH    B               ；保存幂值
        LCALL   DIV3            ；相除，得到一个二进制浮点数的纯小数
FTB4:   MOV     A,R2            ；取阶码
        JZ      FTB5            ；为零？
        CLR     C
        LCALL   RR1             ；右规格化
        SJMP    FTB4
```

```
FTB5:   POP     ACC          ;取出幂值
        MOV     R5,A         ;作为十进制浮点数的阶码
        LCALL   HB2          ;转换尾数的十分位和百分位
        MOV     R6,A
        LCALL   HB2          ;转换尾数的千分位和万分位
        MOV     R7,A
        MOV     A,R3         ;四舍五入
        RLC     A
        CLR     A
        ADDC    A,R7
        DA      A
        MOV     R7,A
        CLR     A
        ADDC    A,R6
        DA      A
        MOV     R6,A
        JNC     FTB6
        MOV     R6,#10H
        INC     R5
FTB6:   INC     R0           ;存放转换结果
        INC     R0
        MOV     A,R7
        MOV     @R0,A
        DEC     R0
        MOV     A,R6
        MOV     @R0,A
        DEC     R0
        MOV     A,R5
        MOV     C,PFC        ;取出数符
        MOV     ACC.7,C
        MOV     @R0,A
        RET
HB2:    MOV     A,R4         ;尾数扩大100倍
        MOV     B,#100
        MUL     AB
        MOV     R4,A
        MOV     A,B
        XCH     A,R3
        MOV     B,#100
        MUL     AB
        ADD     A,R3
        MOV     R3,A
        JNC     HB21
```

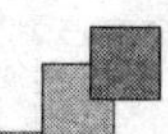

```
        INC     B
HB21：  MOV     A,B                 ；将整数部分转换成 BCD 码
        MOV     B,#10
        DIV     AB
        SWAP    A
        ORL     A,B
        RET
BTFL：  DB      41H,0ECH,1EH        ；1.000 0E－19
        DB      45H,93H,93H         ；1.000 0E－18
        DB      48H,0B8H,78H        ；1.000 0E－17
        DB      4BH,0E6H,96H        ；1.000 0E－16
        DB      4FH,90H,1DH         ；1.000 0E－15
        DB      52H,0B4H,25H        ；1.000 0E－14
        DB      55H,0E1H,2EH        ；1.000 0E－13
        DB      59H,8CH,0BDH        ；1.000 0E－12
        DB      5CH,0AFH,0ECH       ；1.000 0E－11
        DB      5FH,0DBH,0E7H       ；1.000 0E－10
        DB      63H,89H,70H         ；1.000 0E－9
        DB      66H,0ABH,0CCH       ；1.000 0E－8
        DB      69H,0D6H,0C0H       ；1.000 0E－7
BFLN：  DB      6DH,86H,38H         ；1.000 0E－6
        DB      70H,0A7H,0C6H       ；1.000 0E－5
        DB      73H,0D1H,0B7H       ；1.000 0E－4
        DB      77H,83H,12H         ；1.000 0E－3
        DB      7AH,0A3H,0D7H       ；1.000 0E－2
        DB      7DH,0CCH,0CDH       ；1.000 0E－1
BFL0：  DB      1,80H,00H           ；1.000 0
        DB      4,0A0H,00H          ；1.000 0E1
        DB      7,0C8H,00H          ；1.000 0E2
        DB      0AH,0FAH,00H        ；1.000 0E3
        DB      0EH,9CH,40H         ；1.000 0E4
        DB      11H,0C3H,50H        ；1.000 0E5
        DB      14H,0F4H,24H        ；1.000 0E6
        DB      18H,98H,97H         ；1.000 0E7
        DB      1BH,0BEH,0BCH       ；1.000 0E8
        DB      1EH,0EEH,6BH        ；1.000 0E9
        DB      22H,95H,03H         ；1.000 0E10
        DB      25H,0BAH,44H        ；1.000 0E11
        DB      28H,0E8H,0D5H       ；1.000 0E12
        DB      2CH,91H,85H         ；1.000 0E13
        DB      2FH,0B5H,0E6H       ；1.000 0E14
        DB      32H,0E3H,60H        ；1.000 0E15
        DB      36H,8EH,1CH         ；1.000 0E16
```

```
        DB      39H,31H,0A3H        ;1.000 0E17
        DB      3CH,0DEH,0BH        ;1.000 0E18
        DB      40H,8AH,0C7H        ;1.000 0E19
```

28. 标号：FCOS　　功能：浮点余弦函数

入口条件：操作数在[R0]中。

出口信息：结果仍在[R0]中。

影响资源：DPTR、PSW、A、B、R2～R7、位 PFA、位 PFB、位 PFC；堆栈需求：6 字节。

```
FCOS:   LCALL   FABS                ;cos(-x)=cos x
        MOV     R5,#1               ;常数 1.570 8(π/2)
        MOV     R6,#0C9H
        MOV     R7,#10H
        CLR     PFB
        LCALL   MVR0
        CLR     F0
        LCALL   AS1                 ;x+(π/2)
        LCALL   MOV0                ;保存结果,接着运行下面的 FSIN 程序
```

29. 标号：FSIN　　功能：浮点正弦函数

入口条件：操作数在[R0]中。

出口信息：结果仍在[R0]中。

影响资源：DPTR、PSW、A、B、R2～R7、位 PFA、位 PFB、位 PFC；堆栈需求：6 字节。

```
FSIN:   MOV     A,@R0
        MOV     C,ACC.7
        MOV     PFC,C               ;保存自变量的符号
        CLR     ACC.7               ;统一按正数计算
        MOV     @R0,A
        LCALL   MVR0                ;将[R0]传送到第一工作区
        MOV     R5,#0               ;系数 0.636 627(2/π)
        MOV     R6,#0A2H
        MOV     R7,#0FAH
        CLR     PFB
        LCALL   MUL1                ;相乘,自变量按(π/2)归一化
        MOV     A,R2                ;将结果复制到第二区
        MOV     R5,A
        MOV     A,R3
        MOV     R6,A
        MOV     A,R4
        MOV     R7,A
        LCALL   INT                 ;第一区取整,获得象限信息
        MOV     A,R2
```

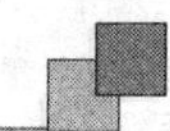

```
        JZ      SIN2
SIN1:   CLR     C               ；将浮点象限数转换成定点象限数
        LCALL   RR1
        CJNE    R2,#10H,SIN1
        MOV     A,R4
        JNB     ACC.1,SIN2
        CPL     PFC             ；对于第三、四象限，结果取反
SIN2:   JB      ACC.0,SIN3
        CPL     PFA             ；对于第一、三象限，直接求归一化的小数
        SJMP    SIN4
SIN3:   MOV     A,R4            ；对于第二、四象限，准备求其补数
        INC     A
        MOV     R4,A
        JNZ     SIN4
        INC     R3
SIN4:   LCALL   RLN             ；规格化
        SETB    F0
        LCALL   AS1             ；求自变量归一化等效值
        LCALL   MOV0            ；回传
        LCALL   FPLN            ；用多项式计算正弦值
        DB      7DH,93H,28H     ；0.071 85
        DB      41H,0,0         ；0
        DB      80H,0A4H,64H    ；－0.642 15
        DB      41H,0,0         ；0
        DB      1,0C9H,2        ；1.570 4
        DB      41H,0,0         ；0
        DB      40H             ；结束
        MOV     A,@R0           ；结果的绝对值超过 1.00?
        JZ      SIN5
        JB      ACC.6,SIN5
        INC     R0              ；绝对值按 1.00 封顶
        MOV     @R0,#80H
        INC     R0
        MOV     @R0,#0
        DEC     R0
        DEC     R0
        MOV     A,#1
SIN5:   MOV     C,PFC           ；将数符拼入结果中
        MOV     ACC.7,C
        MOV     @R0,A
        RET
```

30. 标号：FATN　　　功能：浮点反正切函数

入口条件：操作数在[R0]中。

出口信息：结果仍在[R0]中。

影响资源：DPTR、PSW、A、B、R2～R7、位 PFA、位 PFB、位 PFC、位 PFD；堆栈需求：7字节。

```
FATN:   MOV     A,@R0
        MOV     C,ACC.7
        MOV     PFC,C           ；保存自变量数符
        CLR     ACC.7           ；自变量取绝对值
        MOV     @R0,A
        CLR     PFD             ；清求余运算标志
        JB      ACC.6,ATN1      ；自变量为纯小数?
        JZ      ATN1
        SETB    PFD             ；置位求余运算标志
        LCALL   FRCP            ；通过倒数运算,转换成纯小数
ATN1:   LCALL   FPLN            ；通过多项式运算,计算反正切函数值
        DB      0FCH,0E4H,91H   ；-0.055 802
        DB      7FH,8FH,37H     ；0.279 22
        DB      0FFH,0EDH,0E0H  ；-0.464 60
        DB      7BH,0E8H,77H    ；0.028 377
        DB      0,0FFH,68H      ；0.997 7
        DB      72H,85H,0ECH    ；3.193 0×10^-5
        DB      40H             ；结束
        JNB     PFD,ATN2        ；需要求余运算?
        CPL     PFA             ；准备运算标志
        MOV     C,PFA
        MOV     F0,C            ；常数 1.570 8(π/2)
        MOV     R5,#1
        MOV     R6,#0C9H
        MOV     R7,#10H
        LCALL   AS1             ；求余运算
        LCALL   MOV0            ；回传
ATN2:   MOV     A,@R0           ；拼入结果的数符
        MOV     C,PFC
        MOV     ACC.7,C
        MOV     @R0,A
        RET
```

31. 标号：RTOD　　功能：浮点弧度数转换成浮点度数

入口条件：浮点弧度数在[R0]中。

出口信息：转换成的浮点度数仍在[R0]中。

影响资源：PSW、A、B、R2～R7、位 PFA、位 PFB；堆栈需求：6字节。

```
RTOD:   MOV     R5,#6           ；系数(180/π)传送到第二工作区
```

```
        MOV     R6,#0E5H
        MOV     R7,#2FH
        SJMP    DR              ;通过乘法进行转换
```

32. 标号：DTOR　　功能：浮点度数转换成浮点弧度数

入口条件：浮点度数在[R0]中。

出口信息：转换成的浮点弧度数仍在[R0]中。

影响资源：PSW、A、B、R2～R7、位 PFA、位 PFB；堆栈需求：6 字节。

```
DTOR:   MOV     R5,#0FBH        ;系数(π/180)传送到第二工作区
        MOV     R6,#8EH
        MOV     R7,#0FAH
DR:     LCALL   MVR0            ;将[R0]传送到第一工作区
        CLR     PFB             ;系数为正
        LCALL   MUL1            ;通过乘法进行转换
        LJMP    MOV0            ;结果传送到[R0]中
```

B.3　MCS－51 高精度浮点运算子程序库及其使用说明

为便于用户使用本程序库，先将有关约定说明如下：

① 3 字节定点操作数：用[R0]或[R1]来表示存放在由 R0 或 R1 指示的连续单元中的二进制数据，地址小的单元存放高字节。如果[R0]＝123456H，若(R0)＝30H，则(30H)＝12H，(31H)＝34H，(32H)＝56H。

② 二进制浮点操作数：用 4 字节表示，第一字节的最高位为数符，其余 7 位为阶码(补码形式)，第二字节为尾数的高字节，第三字节为尾数的中字节，第四字节为尾数的低字节，尾数用 3 字节纯小数(原码)来表示。当尾数的最高位为 1 时，便称为规格化浮点数，简称操作数。在程序说明中，也用[R0]或 [R1]来表示 R0 或 R1 指示的浮点操作数，例如：当[R0]＝－6.00000时，则二进制浮点数表示为 83C00000H。如果(R0)＝30H，则(30H)＝83H，(31H)＝0C0H，(32H)＝00H，(33H)＝00H。

③ 十进制浮点操作数：用 4 字节表示，第一字节的最高位为数符，其余 7 位为阶码(二进制补码形式)，第二字节为尾数的高字节，第三字节为尾数的中字节，第四字节为尾数的低字节，尾数用 3 字节 BCD 码纯小数(原码)表示。当十进制数的绝对值大于 1 时，阶码就等于整数部分的位数，如 876.539 的阶码是 03H，－876.539 的阶码是 83H；当十进制数的绝对值小于 1 时，阶码就等于 80H 减去小数点后面 0 的个数，例如 0.00382 的阶码是 7EH，－0.00382 的阶码是 0FEH。在程序说明中，用[R0]或[R1]表示 R0 或 R1 指示的十进制浮点操作数。例如有一个十进制浮点操作数存放在 30H，31H，32H，33H 中，数值是－0.073 156 9，即－0.731 569乘以 10 的－1 次方，则 (30H)＝0FFH，31H＝73H，(32H)＝15H，(33H)＝69H。若用[R0]来指向它，则应使(R0)＝30H。

④ 运算精度：单次定点运算精度为结果最低位的当量值；单次二进制浮点算术运算的精度优于千万分之三；单次二进制浮点超越函数运算的精度约百万分之一；BCD 码浮点数本身的精度低于二进制浮点数(十万分之一到百万分之一)，不宜作为运算的操作数，仅用于输入或

输出时的数制转换。不管哪种数据格式,随着连续运算的次数增加,精度都会下降。

⑤ 工作区:尾数工作区在A,B,R0～R7及4个符号位FA,FB,FC,FD中用了23H的半个字节,阶码工作区在RANKA(2EH)单元和RANKB(2FH)单元,应用程序在调用浮点运算子程序时必须保证以上工作区可以使用。在浮点系统中,RANKA(2EH),R2,R3,R4和位FA(1CH)为第一工作区;RANKB(2FH),R5,R6,R7和位FB(1DH)为第二工作区。用户只要不在工作区中存放无关的或非消耗性的信息,程序就具有较好的透明性。

⑥ 子程序调用范例:由于本程序库特别注意了各子程序接口的相容性,故很容易采用积木方式(或流水线方式)完成一个公式的计算。

以浮点运算为例:计算 $y=\ln\sqrt{|\sin(ab/c+d)|}$。

已知:$a=-123.456$,$b=0.757\ 792$,$c=56.340\ 8$,$d=1.276\ 55$,它们分别存放在30H,34H,38H,3CH开始的连续4个单元中。用BCD码浮点数表示时,分别为a=83123456H,b=00757792H,c=02563408H,d=01127655H。

求解过程:通过调用BTOF子程序,将各变量转换成二进制浮点操作数,再进行各种运算,最后调用FTOB子程序,还原成十进制形式,供输出使用。程序如下:

```
TEST:   MOV     R0,#3CH         ;指向BCD码浮点操作数d
        LCALL   BTOF            ;将其转换成二进制浮点操作数
        MOV     R0,#38H         ;指向BCD码浮点操作数c
        LCALL   BTOF            ;将其转换成二进制浮点操作数
        MOV     R0,#34H         ;指向BCD码浮点操作数b
        LCALL   BTOF            ;将其转换成二进制浮点操作数
        MOV     R0,#30H         ;指向BCD码浮点操作数a
        LCALL   BTOF            ;将其转换成二进制浮点操作数
        MOV     R1,#34H         ;指向二进制浮点操作数b
        LCALL   FMUL            ;进行浮点乘法运算
        MOV     R1,#38H         ;指向二进制浮点操作数c
        LCALL   FDIV            ;进行浮点除法运算
        MOV     R1,#3CH         ;指向二进制浮点操作数d
        LCALL   FADD            ;进行浮点加法运算
        LCALL   FSIN            ;进行浮点正弦运算
        LCALL   FABS            ;进行浮点绝对值运算
        LCALL   FSQR            ;进行浮点开平方运算
        LCALL   FLN             ;进行浮点对数运算
        LCALL   FTOB            ;将结果转换成BCD码浮点数
STOP:   LJMP    STOP
        END
```

运行结果:[R0]=80491033H,即$y=-0.491\ 033$,比较精确的结果应该是$-0.490\ 966$。由于进行了多次数制转换和多次超越函数调用,故最后的精度下降到万分之一左右。

1. 标号:FSDT　　功能:浮点数格式化

入口条件:待格式化浮点操作数在[R0]中。

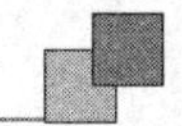

出口信息：已格式化浮点操作数仍在[R0]中。

影响资源：PSW,A和第一工作区；堆栈需求：6字节。

```
RANKA   DATA    2EH         ；第一操作数的阶码
RANKB   DATA    2FH         ；第二操作数的阶码
FA      BIT     1CH         ；第一操作数和结果的符号
FB      BIT     1DH         ；第二操作数的符号
FC      BIT     1EH         ；辅助符号
FD      BIT     1FH         ；辅助符号
FSDT:   LCALL   MVR0        ；将待格式化操作数传送到第一工作区中
        LCALL   RLN         ；通过左规格化完成格式化
        LJMP    MOV0        ；将已格式化浮点操作数传回到[R0]中
```

2. 标号：FADD　　功能：浮点数加法

入口条件：被加数在[R0]中，加数在[R1]中。

出口信息：OV=0时，和仍在[R0]中；OV=1时，溢出。

影响资源：PSW、A和两个工作区；堆栈需求：7字节。

```
FADD:   CLR     F0          ；设立加法标志
        SJMP    AS          ；计算代数和
```

3. 标号：FSUB　　功能：浮点数减法

入口条件：被减数在[R0]中，减数在[R1]中。

出口信息：OV=0时，差仍在[R0]中；OV=1时，溢出。

影响资源：PSW,A和两个工作区；堆栈需求：7字节。

```
FSUB:   SETB    F0          ；设立减法标志
AS:     LCALL   MVR1        ；计算代数和。先将[R1]传送到第二工作区
        MOV     C,F0        ；用加减标志来校正第二操作数的有效符号
        RRC     A
        XRL     A,@R1
        MOV     C,ACC.7
ASN:    MOV     FB,C        ；将第二操作数的有效符号存入位FB中
        XRL     A,@R0       ；与第一操作数的符号比较
        RLC     A
        MOV     F0,C        ；保存比较结果
        LCALL   MVR0        ；将[R0]传送到第一工作区中
        LCALL   AS1         ；在工作寄存器中完成代数运算
MOV0:   INC     R0          ；将结果传回到[R0]中的子程序入口
        INC     R0
        INC     R0
        MOV     A,R4        ；传回尾数的低字节
        MOV     @R0,A
        DEC     R0
```

```
        MOV     A,R3            ;传回尾数的中字节
        MOV     @R0,A
        DEC     R0
        MOV     A,R2            ;传回尾数的高字节
        MOV     @R0,A
        DEC     R0
        MOV     A,RANKA         ;取结果的阶码
        MOV     C,FA            ;取结果的数符
        MOV     ACC.7,C         ;拼入阶码中
        MOV     @R0,A           ;传回阶码
        CLR     ACC.7           ;不考虑数符
        CLR     OV              ;清除溢出标志
        CJNE    A,#3FH,MV01     ;阶码是否上溢?
        SETB    OV              ;设立溢出标志
MV01:   MOV     A,@R0           ;取出带数符的阶码
        RET
MVR0:   MOV     A,@R0           ;将[R0]传送到第一工作区中的子程序
        MOV     C,ACC.7         ;将数符保存在位FA中
        MOV     FA,C
        MOV     C,ACC.6         ;将阶码扩充为8 bit补码
        MOV     ACC.7,C
        MOV     RANKA,A         ;存放在RANKA中
        INC     R0
        MOV     A,@R0           ;将尾数高字节存放在R2中
        MOV     R2,A
        INC     R0
        MOV     A,@R0           ;将尾数中字节存放在R3中
        MOV     R3,A
        INC     R0
        MOV     A,@R0           ;将尾数低字节存放在R4中
        MOV     R4,A
        DEC     R0              ;恢复数据指针
        DEC     R0
        DEC     R0
        RET
MVR1:   MOV     A,@R1           ;将[R1]传送到第二工作区中的子程序
        MOV     C,ACC.7         ;将数符保存在位FB中
        MOV     FB,C
        MOV     C,ACC.6         ;将阶码扩充为8 bit补码
        MOV     ACC.7,C
        MOV     RANKB,A         ;存放在RANKB中
        INC     R1
        MOV     A,@R1           ;将尾数高字节存放在R5中
```

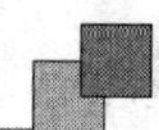

```
        MOV     R5,A
        INC     R1
        MOV     A,@R1               ;将尾数中字节存放在 R6 中
        MOV     R6,A
        INC     R1
        MOV     A,@R1               ;将尾数低字节存放在 R7 中
        MOV     R7,A
        DEC     R1                  ;恢复数据指针
        DEC     R1
        DEC     R1
        RET
AS1:    MOV     A,R5
        ORL     A,R6
        ORL     A,R7                ;第二操作数为零,不必运算
        JZ      AS2
        MOV     A,R2
        ORL     A,R3
        ORL     A,R4
        JNZ     EQ
        MOV     A,R5                ;第一操作数为零,结果以第二操作数为准
        MOV     R2,A
        MOV     A,R6
        MOV     R3,A
        MOV     A,R7
        MOV     R4,A
        MOV     A,RANKB
        MOV     RANKA,A
        MOV     C,FB
        MOV     FA,C
AS2:    RET
EQ:     MOV     A,RANKA             ;对阶,比较两个操作数的阶码
        XRL     A,RANKB
        JZ      AS4                 ;阶码相同,对阶结束
        JB      ACC.7,EQ3           ;阶符互异
        MOV     A,RANKA             ;阶符相同,比较大小
        CLR     C
        SUBB    A,RANKB
        JC      EQ4
EQ2:    CLR     C                   ;第二操作数右规格化一次,尾数缩小一半
        MOV     A,R5
        RRC     A
        MOV     R5,A
        MOV     A,R6
```

```
        RRC     A
        MOV     R6,A
        MOV     A,R7
        RRC     A
        MOV     R7,A
        INC     RANKB           ;阶码加1
        ORL     A,R5            ;尾数为零?
        ORL     A,R6
        JNZ     EQ              ;尾数不为零,继续对阶
        MOV     A,RANKA         ;尾数为零,提前结束对阶
        MOV     RANKB,A
        SJMP    AS4
EQ3:    MOV     A,RANKA         ;判断第一操作数阶符
        JNB     ACC.7,EQ2       ;如为正,则右规格化第二操作数
EQ4:    CLR     C
        LCALL   RR1             ;第一操作数右规格化一次
        MOV     A,R4            ;尾数为零?
        ORL     A,R3
        ORL     A,R2
        JNZ     EQ              ;不为零,继续对阶
        MOV     A,RANKB         ;尾数为零,提前结束对阶
        MOV     RANKA,A
AS4:    JB      F0,AS5          ;尾数加减判断
        MOV     A,R4            ;尾数相加
        ADD     A,R7
        MOV     R4,A
        MOV     A,R3
        ADDC    A,R6
        MOV     R3,A
        MOV     A,R2
        ADDC    A,R5
        MOV     R2,A
        JNC     AS2
        LJMP    RR1             ;有进位,右规格化一次
AS5:    CLR     C               ;比较绝对值大小
        MOV     A,R4
        SUBB    A,R7
        PUSH    ACC
        MOV     A,R3
        SUBB    A,R6
        MOV     B,A
        MOV     A,R2
        SUBB    A,R5
```

```
        JC      AS6
        MOV     R3,B                ；第一尾数减第二尾数
        MOV     R2,A
        POP     ACC
        MOV     R4,A
        LJMP    RLN                 ；结果规格化
AS6：   POP     ACC
        CPL     FA                  ；结果的符号与第一操作数相反
        CLR     C                   ；结果的绝对值为第二尾数减第一尾数
        MOV     A,R7
        SUBB    A,R4
        MOV     R4,A
        MOV     A,R6
        SUBB    A,R3
        MOV     R3,A
        MOV     A,R5
        SUBB    A,R2
        MOV     R2,A
RLN：   MOV     A,R2                ；浮点数规格化
        ORL     A,R3
        ORL     A,R4                ；尾数为零？
        JNZ     RLN1
        MOV     RANKA,#0C1H         ；阶码取最小值
        RET
RLN1：  MOV     A,R2
        JB      ACC.7,RLN2          ；尾数最高位为1？
        CLR     C                   ；不为1,左规格化一次
        LCALL   RL1
        SJMP    RLN                 ；继续判断
RLN2：  CLR     OV
        RET
RL1：   MOV     A,R4                ；第一操作数左规格化一次,尾数扩大1倍
        RLC     A
        MOV     R4,A
        MOV     A,R3
        RLC     A
        MOV     R3,A
        MOV     A,R2
        RLC     A
        MOV     R2,A
        DEC     RANKA               ；阶码减1
        MOV     A,RANKA
        CJNE    A,#0C0H,RL1E        ；阶码下溢？
```

```
        CLR     A                   ；阶码下溢，操作数以零计
        MOV     R2,A
        MOV     R3,A
        MOV     R4,A
        MOV     RANKA,#0C1H
RL1E:   CLR     OV
        RET
RR1:    MOV     A,R2                ；第一操作数右规格化一次，尾数缩小一半
        RRC     A
        MOV     R2,A
        MOV     A,R3
        RRC     A
        MOV     R3,A
        MOV     A,R4
        RRC     A
        MOV     R4,A
        INC     RANKA               ；阶码加1
        MOV     A,RANKA
        CLR     OV                  ；清溢出标志
        CJNE    A,#40H,RR1E         ；阶码上溢？
        MOV     RANKA,#3FH          ；阶码溢出
        SETB    OV
RR1E:   RET
```

4. 标号：FMUL　　功能：浮点数乘法

入口条件：被乘数在[R0]中，乘数在[R1]中。

出口信息：OV=0时，积仍在[R0]中；OV=1时，溢出。

影响资源：PSW，A，B和两个工作区；堆栈需求：8字节。

```
FMUL:   LCALL   MVR0                ；将[R0]传送到第一工作区中
        MOV     A,@R0
        XRL     A,@R1               ；比较两个操作数的符号
        RLC     A
        MOV     FA,C                ；保存积的符号
        LCALL   MUL0                ；计算积的绝对值
        LJMP    MOV0                ；将结果传回到[R0]中
MUL0:   LCALL   MVR1                ；将[R1]传送到第二工作区中
MUL1:   MOV     A,R2                ；第一尾数为零？
        ORL     A,R3
        ORL     A,R4
        JNZ     MUL2
        LJMP    MUL8
MUL2:   MOV     A,R5                ；第二尾数为零？
```

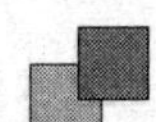

```
        ORL     A,R6
        ORL     A,R7
        JNZ     MUL3
        LJMP    MUL7
MUL3:   MOV     A,R0                  ;计算 R2R3R4×R5R6R7→R2R3R4
        PUSH    ACC
        MOV     A,R1
        PUSH    ACC
        MOV     A,R4
        MOV     B,R7
        MUL     AB
        MOV     R1,B
        MOV     R0,#0
        MOV     A,R4
        MOV     B,R6
        MUL     AB
        ADD     A,R1
        MOV     R1,A
        CLR     A
        ADDC    A,B
        MOV     R0,A
        MOV     A,R3
        MOV     B,R7
        MUL     AB
        ADD     A,R1
        MOV     A,R0
        ADDC    A,B
        MOV     R0,A
        MOV     A,R4
        MOV     B,R5
        MUL     AB
        ADD     A,R0
        MOV     R0,A
        CLR     A
        ADDC    A,B
        MOV     R4,A
        MOV     A,R3
        MOV     B,R6
        MUL     AB
        ADD     A,R0
        MOV     R0,A
        MOV     A,R4
        ADDC    A,B
```

```
MOV     R4,A
CLR     A
RLC     A
MOV     R1,A
MOV     A,R2
MOV     B,R7
MUL     AB
ADD     A,R0
MOV     R0,A
MOV     A,R4
ADDC    A,B
MOV     R4,A
CLR     A
ADDC    A,R1
XCH     A,R3
MOV     B,R5
MUL     AB
ADD     A,R4
MOV     R4,A
MOV     A,R3
ADDC    A,B
MOV     R3,A
CLR     A
RLC     A
MOV     R1,A
MOV     A,R2
MOV     B,R6
MUL     AB
ADD     A,R4
MOV     R4,A
MOV     A,R3
ADDC    A,B
MOV     R3,A
MOV     A,R1
ADDC    A,#0
XCH     A,R2
MOV     B,R5
MUL     AB
ADD     A,R3
MOV     R3,A
MOV     A,R2
ADDC    A,B
MOV     R2,A
```

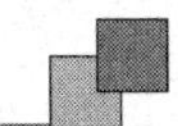

```
        JB      ACC.7,MUL4          ;积为规格化数?
        MOV     A,R0                ;左规格化一次
        RLC     A
        MOV     R0,A
        LCALL   RL1
MUL4:   MOV     A,R0
        JNB     ACC.7,MUL5
        INC     R4
        MOV     A,R4
        JNZ     MUL5
        INC     R3
        MOV     A,R3
        JNZ     MUL5
        INC     R2
        MOV     A,R2
        JNZ     MUL5
        MOV     R2,#80H
        INC     RANKA
MUL5:   POP     ACC
        MOV     R1,A
        POP     ACC
        MOV     R0,A
        MOV     A,RANKA             ;求积的阶码
        ADD     A,RANKB
MD:     MOV     RANKA,A
        JB      ACC.7,MUL6
        JNB     ACC.6,MUL8
        MOV     RANKA,#3FH          ;阶码上溢,设立标志
        SETB    OV
        RET
MUL6:   JB      ACC.6,MUL8
MUL7:   CLR     A                   ;结果清零(因子为零或阶码下溢)
        MOV     R2,A
        MOV     R3,A
        MOV     R4,A
        MOV     RANKA,#41H
MUL8:   CLR     OV
        RET
```

5. 标号：FDIV　　功能：浮点数除法

入口条件：被除数在[R0]中，除数在[R1]中。

出口信息：OV＝0时，商仍在[R0]中；OV＝1时，溢出。

影响资源：PSW,A,B 和两个工作区;堆栈需求：8字节。

```
FDIV:   INC     R0
        MOV     A,@R0
        INC     R0
        ORL     A,@R0
        INC     R0
        ORL     A,@R0
        DEC     R0
        DEC     R0
        DEC     R0
        JNZ     DIV1
        MOV     @R0,#41H        ;被除数为零,不必运算
        CLR     OV
        RET
DIV1:   INC     R1
        MOV     A,@R1
        INC     R1
        ORL     A,@R1
        INC     R1
        ORL     A,@R1
        DEC     R1
        DEC     R1
        DEC     R1
        JNZ     DIV2
        SETB    OV              ;除数为零,溢出
        RET
DIV2:   LCALL   MVR0            ;将[R0]传送到第一工作区中
        MOV     A,@R0
        XRL     A,@R1           ;比较两个操作数的符号
        RLC     A
        MOV     FA,C            ;保存结果的符号
        LCALL   MVR1            ;将[R1]传送到第二工作区中
        LCALL   DIV3            ;调用工作区浮点除法
        LJMP    MOV0            ;回传结果
DIV3:   CLR     C               ;比较尾数的大小
        MOV     A,R4
        SUBB    A,R7
        MOV     A,R3
        SUBB    A,R6
        MOV     A,R2
        SUBB    A,R5
        JC      DIV4
```

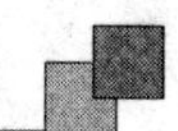

```
        LCALL   RR1             ；被除数右规格化一次
        SJMP    DIV3
DIV4：  CLR     A               ；借用R0,R1,R2作工作寄存器
        XCH     A,R0            ；清零并保护之
        PUSH    ACC
        CLR     A
        XCH     A,R1
        PUSH    ACC
        CLR     A
        XCH     A,RANKB
        PUSH    ACC
        PUSH    RANKA
        MOV     B,#18H          ；除法运算,R2R3R4/R5R6R7→R0R1 RANKB
DIV5：  PUSH    B
        CLR     C
        MOV     A,RANKB
        RLC     A
        MOV     RANKB,A
        MOV     A,R1
        RLC     A
        MOV     R1,A
        MOV     A,R0
        RLC     A
        MOV     R0,A
        MOV     A,R4
        RLC     A
        MOV     R4,A
        MOV     A,R3
        RLC     A
        MOV     R3,A
        MOV     A,R2
        RLC     A
        MOV     R2,A
        MOV     F0,C
        CLR     C
        MOV     A,R4
        SUBB    A,R7
        MOV     B,A
        MOV     A,R3
        SUBB    A,R6
        MOV     RANKA,A
        MOV     A,R2
        SUBB    A,R5
```

```
        ANL     C,/F0
        JC      DIV6
        MOV     R2,A
        MOV     R3,RANKA
        MOV     R4,B
        INC     RANKB
DIV6:   POP     B
        DJNZ    B,DIV5
        MOV     A,R5                ;四舍五入
        CLR     C
        RRC     A
        SUBB    A,R2
        CLR     A
        ADDC    A,RANKB             ;将结果存回R2,R3,R4
        MOV     R4,A
        CLR     A
        ADDC    A,R1
        MOV     R3,A
        CLR     A
        ADDC    A,R0
        MOV     R2,A
        POP     RANKA               ;恢复RANKA,RANKB,R0R1
        POP     RANKB
        POP     ACC
        MOV     R1,A
        POP     ACC
        MOV     R0,A
        MOV     A,RANKA             ;计算商的阶码
        CLR     C
        SUBB    A,RANKB
        LCALL   MD                  ;阶码检验
        LJMP    RLN                 ;规格化
```

6. 标号:FCLR　　功能:浮点数清零

入口条件:操作数在[R0]中。

出口信息:操作数被清零。

影响资源:A;堆栈需求:2字节。

```
FCLR:   INC     R0
        INC     R0
        INC     R0
        CLR     A
        MOV     @R0,A
```

```
        DEC     R0
        MOV     @R0,A
        DEC     R0
        MOV     @R0,A
        DEC     R0
        MOV     @R0,#41H
        RET
```

7. 标号：FZER　　功能：浮点数判零

入口条件：操作数在[R0]中。
出口信息：若累加器 A 为零，则操作数[R0]为零，否则不为零。
影响资源：A 堆栈需求：2 字节。

```
FZER:   INC     R0
        INC     R0
        INC     R0
        MOV     A,@R0
        DEC     R0
        ORL     A,@R0
        DEC     R0
        ORL     A,@R0
        DEC     R0
        JNZ     ZERO
        MOV     @R0,#41H
ZERO:   RET
```

8. 标号：FMOV　　功能：浮点数传送

入口条件：源操作数在[R1]中，目标地址为[R0]。
出口信息：[R0]=[R1]，[R1]不变。
影响资源：A；堆栈需求：2 字节。

```
FMOV:   INC     R0
        INC     R0
        INC     R0
        INC     R1
        INC     R1
        INC     R1
        MOV     A,@R1
        MOV     @R0,A
        DEC     R0
        DEC     R1
        MOV     A,@R1
        MOV     @R0,A
```

```
        DEC     R0
        DEC     R1
        MOV     A,@R1
        MOV     @R0,A
        DEC     R0
        DEC     R1
        MOV     A,@R1
        MOV     @R0,A
        RET
```

9. 标号:FPUS　　功能:浮点数压栈

入口条件:操作数在[R0]中。

出口信息:操作数压入栈顶。

影响资源:A,R2,R3;堆栈需求:6字节。

```
FPUS:   POP     ACC             ;将返回地址保存在R2,R3中
        MOV     R2,A
        POP     ACC
        MOV     R3,A
        MOV     A,@R0           ;将操作数压入堆栈
        PUSH    ACC
        INC     R0
        MOV     A,@R0
        PUSH    ACC
        INC     R0
        MOV     A,@R0
        PUSH    ACC
        INC     R0
        MOV     A,@R0
        PUSH    ACC
        DEC     R0
        DEC     R0
        DEC     R0
        MOV     A,R3            ;将返回地址压入堆栈
        PUSH    ACC
        MOV     A,R2
        PUSH    ACC
        RET                     ;返回主程序
```

10. 标号:FPOP　　功能:浮点数出栈

入口条件:操作数处于栈顶。

出口信息:操作数弹至[R0]中。

影响资源:A,R2,R3;堆栈需求:2字节。

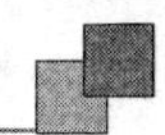

```
FPOP:   POP     ACC             ;将返回地址保存在R2,R3中
        MOV     R2,A
        POP     ACC
        MOV     R3,A
        INC     R0
        INC     R0
        INC     R0
        POP     ACC             ;将操作数弹出堆栈,传送到[R0]中
        MOV     @R0,A
        DEC     R0
        POP     ACC
        MOV     @R0,A
        DEC     R0
        POP     ACC
        MOV     @R0,A
        DEC     R0
        POP     ACC
        MOV     @R0,A
        MOV     A,R3            ;将返回地址压入堆栈
        PUSH    ACC
        MOV     A,R2
        PUSH    ACC
        RET                     ;返回主程序
```

11. 标号：FCMP　　功能：浮点数代数值比较(不影响待比较操作数)

入口条件：待比较操作数分别在[R0]和[R1]中。

出口信息：若 CY＝1,则[R0] ＜ [R1];若 CY＝0 且 A＝0 则 [R0] ＝ [R1],否则[R0] ＞ [R1]。

影响资源：A,B,PSW;堆栈需求：2字节。

```
FCMP:MOV        A,@R0           ;数符比较
        XRL     A,@R1
        JNB     ACC.7,CMP2
        MOV     A,@R0           ;两数异号,以[R0]数符为准
        RLC     A
        MOV     A,#0FFH
        RET
CMP2:   MOV     A,@R1           ;两数同号,准备比较阶码
        MOV     C,ACC.6
        MOV     ACC.7,C
        MOV     B,A
        MOV     A,@R0
        MOV     C,ACC.7
```

```
         MOV     F0,C            ;保存[R0]的数符
         MOV     C,ACC.6
         MOV     ACC.7,C
         CLR     C               ;比较阶码
         SUBB    A,B
         JZ      CMP6
         RLC     A               ;取阶码之差的符号
         JNB     F0,CMP5
         CPL     C               ;[R0]为负时,结果取反
CMP5:    MOV     A,#0FFH         ;两数不相等
         RET
CMP6:    INC     R0              ;阶码相同时,准备比较尾数
         INC     R0
         INC     R0
         INC     R1
         INC     R1
         INC     R1
         CLR     C
         MOV     A,@R0
         SUBB    A,@R1
         MOV     B,A             ;保存部分差
         DEC     R0
         DEC     R1
         MOV     A,@R0
         SUBB    A,@R1
         ORL     A,B
         MOV     B,A
         DEC     R0
         DEC     R1
         MOV     A,@R0
         SUBB    A,@R1
         ORL     A,B             ;生成是否相等信息
         DEC     R0
         DEC     R1
         JZ      CMP7
         JNB     F0,CMP7
         CPL     C               ;[R0]为负时,结果取反
CMP7:    RET
```

12. 标号:FABS　　功能:浮点绝对值函数

入口条件:操作数在[R0]中。

出口信息:结果仍在[R0]中。

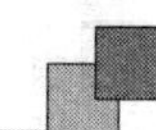

影响资源：A;堆栈需求：2字节。

```
FABS:   MOV     A,@R0           ;读取操作数的阶码
        CLR     ACC.7           ;清除数符
        MOV     @R0,A           ;回传阶码
        RET
```

13. 标号：FSGN　　功能：浮点符号函数

入口条件：操作数在[R0]中。

出口信息：累加器A=1时为正数,A=0FFH时为负数,A=0时为零。

影响资源：PSW,A;堆栈需求：2字节。

```
FSGN:   INC     R0              ;读尾数
        MOV     A,@R0
        INC     R0
        ORL     A,@R0
        INC     R0
        ORL     A,@R0
        DEC     R0
        DEC     R0
        DEC     R0
        JNZ     SGN
        RET                     ;尾数为零,结束
SGN:    MOV     A,@R0           ;读取操作数的阶码
        RLC     A               ;取数符
        MOV     A,#1            ;按正数初始化
        JNC     SGN1            ;是正数,结束
        MOV     A,#0FFH         ;是负数,改变标志
SGN1:   RET
```

14. 标号：FINT　　功能：浮点取整函数

入口条件：操作数在[R0]中。

出口信息：结果仍在[R0]中。

影响资源：PSW,A和第一工作区;堆栈需求：6字节。

```
FINT:   LCALL   MVR0            ;将[R0]传送到第一工作区中
        LCALL   INT             ;在工作寄存器中完成取整运算
        LJMP    MOV0            ;将结果传回到[R0]中
INT:    MOV     A,R2
        ORL     A,R3
        ORL     A,R4
        JNZ     INTA
        CLR     FA              ;尾数为零,阶码也清零,结束取整
        MOV     RANKA,#41H
```

```
         RET
INTA：   MOV     A,RANKA              ；阶码为零?
         JZ      INTB
         JB      ACC.7,INTB           ；阶符为负?
         CLR     C
         SUBB    A,#18H               ；阶码小于18H?
         JC      INTD
         RET                          ；阶码大于18H,已经是整数
INTB：   CLR     A                    ；绝对值小于1,取整后正数为0,负数为-1
         MOV     R4,A
         MOV     R3,A
         MOV     C,FA
         RRC     A
         MOV     R2,A
         RL      A
         MOV     RANKA,A
         JNZ     INTC
         MOV     RANKA,#41H
INTC：   RET
INTD：   CLR     F0                   ；舍尾标志初始化
INTE：   CLR     C
         LCALL   RR1                  ；右规格化一次
         ORL     C,F0                 ；记忆舍尾情况
         MOV     F0,C
         MOV     A,RANKA
         CJNE    A,#18H,INTE          ；阶码达到18H(尾数完全为整数)?
         JNB     F0,INTF              ；舍去部分为零?
         JNB     FA,INTF              ；操作数为正数?
         INC     R4                   ；对于带小数的负数,向下取整
         MOV     A,R4
         JNZ     INTF
         INC     R3
         MOV     A,R3
         JNZ     INTF
         INC     R2
INTF：   LJMP    RLN                  ；将结果规格化
```

15. 标号：FRCP　功能：浮点倒数函数

入口条件：操作数在[R0]中。

出口信息：OV=0时，结果仍在[R0]中；OV=1时，溢出。

影响资源：PSW，A，B和两个工作区；堆栈需求：8字节。

```
FRCP：   MOV     A,@R0
```

```
        MOV     C,ACC.7
        MOV     FA,C                ;保存数符
        MOV     C,ACC.6             ;绝对值传送到第二工作区
        MOV     ACC.7,C
        MOV     RANKB,A
        INC     R0
        MOV     A,@R0
        MOV     R5,A
        INC     R0
        MOV     A,@R0
        MOV     R6,A
        INC     R0
        MOV     A,@R0
        MOV     R7,A
        DEC     R0
        DEC     R0
        DEC     R0
        ORL     A,R6
        ORL     A,R5
        JNZ     RCP
        SETB    OV                  ;零不能求倒数,设立溢出标志
        RET
RCP:    MOV     A,R5
        JB      ACC.7,RCP2          ;操作数格式化?
        CLR     C                   ;格式化之
        MOV     A,R7
        RLC     A
        MOV     R7,A
        MOV     A,R6
        RLC     A
        MOV     R6,A
        MOV     A,R5
        RLC     A
        MOV     R5,A
        DEC     RANKB
        SJMP    RCP
RCP2:   MOV     RANKA,#1            ;将数值1.00传送到第一工作区
        MOV     R2,#80H
        MOV     R3,#0
        MOV     R4,#0
        LCALL   DIV3                ;调用工作区浮点除法,求得倒数
        LJMP    MOV0                ;回传结果
```

16. 标号：FSQU　　功能：浮点数平方

入口条件：操作数在[R0]中。

出口信息：OV=0 时，平方值仍然在[R0]中；OV=1 时，溢出。

影响资源：PSW，A，B 和两个工作区；堆栈需求：11 字节。

```
FSQU:   MOV     A,R0            ;将操作数
        XCH     A,R1            ;同时作为乘数
        PUSH    ACC             ;保存 R1 指针
        LCALL   FMUL            ;进行乘法运算
        POP     ACC
        MOV     R1,A            ;恢复 R1 指针
        RET
```

17. 标号：FSQR　　功能：浮点数开平方(快速逼近算法)

入口条件：操作数在[R0]中。

出口信息：OV=0 时，平方根仍在[R0]中，OV=1 时，负数开平方出错。

影响资源：PSW，A，B，R1～R7；堆栈需求：2 字节。

```
FSQR:   MOV     A,@R0
        JNB     ACC.7,SQR
        SETB    OV              ;负数开平方,出错
        RET
SQR:    INC     R0
        MOV     A,@R0
        DEC     R0
        JNZ     SQ
        MOV     @R0,#41H        ;尾数为零,不必运算
        CLR     OV
        RET
SQ:     MOV     A,@R0
        MOV     C,ACC.6         ;将阶码扩展成 8 bit 补码
        MOV     ACC.7,C
        INC     A               ;加 1
        CLR     C
        RRC     A               ;除 2
        MOV     @R0,A           ;得到平方根的阶码,回存
        INC     R0              ;指向被开方数尾数的高字节
        JC      SQR0            ;原被开方数的阶码是奇数?
        MOV     A,@R0           ;是奇数,尾数右规格化一次
        RRC     A
        MOV     @R0,A
        INC     R0
        MOV     A,@R0
```

```
        RRC     A
        MOV     @R0,A
        INC     R0
        MOV     A,@R0
        RRC     A
        MOV     @R0,A
        DEC     R0
        DEC     R0
SQR0:   MOV     A,@R0           ;将尾数的高字节和中字节传送到R2,R3中
        MOV     R2,A
        INC     R0
        MOV     A,@R0
        MOV     R3,A
        DEC     R0
        MOV     A,R2
        ADD     A,#57H
        JC      SQR2
        ADD     A,#45H
        JC      SQR1
        ADD     A,#24H
        MOV     B,#0E3H         ;第一区间的斜率
        MOV     R4,#80H         ;第一区间的平方根基数
        SJMP    SQR3
SQR1:   MOV     B,#0B2H         ;第二区间的斜率
        MOV     R4,#0A0H        ;第二区间的平方根基数
        SJMP    SQR3
SQR2:   MOV     B,#8DH          ;第三区间的斜率
        MOV     R4,#0D0H        ;第三区间的平方根基数
SQR3:   MUL     AB              ;与区间基点的偏移量乘以区间斜率
        MOV     A,B
        ADD     A,R4            ;累加到平方根的基数上
        MOV     R4,A
        MOV     B,A
        MUL     AB              ;求当前平方根的幂
        XCH     A,R3            ;求偏移量(存放在R2,R3中)
        CLR     C
        SUBB    A,R3
        MOV     R3,A
        MOV     A,B
        XCH     A,R2
        SUBB    A,R2
        MOV     R2,A
SQR4:   SETB    C               ;用减奇数法校正1字节的平方根
```

```
        MOV     A,R4            ;当前平方根的2倍加1存入R5,R6中
        RLC     A
        MOV     R6,A
        CLR     A
        RLC     A
        MOV     R5,A
        MOV     A,R3            ;偏移量小于该奇数?
        SUBB    A,R6
        MOV     B,A
        MOV     A,R2
        SUBB    A,R5
        JC      SQR5            ;小于,校正结束,已达到1字节的精度
        INC     R4              ;不小于,平方根加1
        MOV     R2,A            ;保存新的偏移量
        MOV     R3,B
        SJMP    SQR4            ;继续校正
SQR5:   MOV     A,R4            ;将1字节精度的根存入R2
        XCH     A,R2
        RRC     A
        MOV     F0,C            ;保存最终偏移量的最高位
        MOV     A,R3
        MOV     R5,A            ;将最终偏移量的低8位存入R5中
        MOV     R4,#8           ;通过R5/R2求根的低字节
SQR6:   CLR     C
        MOV     A,R3
        RLC     A
        MOV     R3,A
        CLR     C
        MOV     A,R5
        SUBB    A,R2
        JB      F0,SQR7
        JC      SQR8
SQR7:   MOV     R5,A
        INC     R3
SQR8:   CLR     C
        MOV     A,R5
        RLC     A
        MOV     R5,A
        MOV     F0,C
        DJNZ    R4,SQR6         ;根的第二字节计算完,在R3中
SQU:    MOV     A,R3            ;计算R2R3的平方→R4,R5,R6,R7
        MOV     B,A
        MUL     AB
```

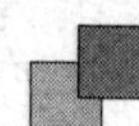

```
        MOV     R7,A
        MOV     R6,B
        MOV     A,R2
        MOV     B,A
        MUL     AB
        MOV     R4,B
        MOV     R5,A
        MOV     A,R2
        MOV     B,R3
        MUL     AB
        CLR     C
        RLC     A
        XCH     A,B
        RLC     A
        JNC     SQU1
        INC     R4
SQU1:   XCH     A,B
        ADD     A,R6
        MOV     R6,A
        MOV     A,B
        ADDC    A,R5
        MOV     R5,A
        CLR     A
        ADDC    A,R4
        MOV     R4,A
        CLR     C
        CLR     A
        SUBB    A,R7
        MOV     R7,A
        INC     R0                  ;计算偏移量
        INC     R0
        MOV     A,@R0
        SUBB    A,R6
        MOV     R6,A
        DEC     R0
        MOV     A,@R0
        SUBB    A,R5
        MOV     R5,A
        DEC     R0
        MOV     A,@R0
        SUBB    A,R4
        JNC     SQRA
        MOV     A,R3                ;偏移量为负,R2R3－1
```

```
        JNZ     SQR9
        DEC     R2
SQR9:   DEC     R3
        LJMP    SQU             ;重新计算偏移量
SQRA:   MOV     A,R5            ;偏移量小于3字节,R2,R3不必校正
        JZ      SQRB
        SETB    C               ;用减奇数法校正2字节的平方根
        MOV     A,R3
        RLC     A
        MOV     R4,A
        MOV     A,R2
        RLC     A
        MOV     B,A
        CLR     C
        MOV     A,R7
        SUBB    A,R4
        MOV     R4,A
        MOV     A,R6
        SUBB    A,B
        MOV     B,A
        MOV     A,R5
        SUBB    A,#1
        JC      SQRB
        MOV     R5,A
        MOV     R6,B
        MOV     A,R4
        MOV     R7,A
        INC     R3
        MOV     A,R3
        JNZ     SQRA
        INC     R2
        SJMP    SQRA
SQRB:   MOV     A,R5
        RRC     A
        MOV     F0,C
        MOV     B,#8            ;通过R5R6/R2R3求根的低字节→R4
SQRC:   CLR     C
        MOV     A,R4
        RLC     A
        MOV     R4,A
        CLR     C
        MOV     A,R7
        SUBB    A,R3
```

```
        MOV     R5,A
        MOV     A,R6
        SUBB    A,R2
        JB      F0,SQRD
        JC      SQRE
SQRD:   MOV     R6,A
        MOV     A,R4
        MOV     R7,A
        INC     R4
SQRE:   CLR     C
        MOV     A,R7
        RLC     A
        MOV     R7,A
        MOV     A,R6
        RLC     A
        MOV     R6,A
        MOV     F0,C
        DJNZ    B,SQRC
        JB      F0,SQRF           ;四舍五入
        MOV     A,R6
        SUBB    A,R2
        JC      SQRG
SQRF:   INC     R4
        MOV     A,R4
        JNZ     SQRG
        INC     R3
        MOV     A,R3
        JNZ     SQRG
        INC     R2
        MOV     A,R2
        JNZ     SQRG
        MOV     R2,#80H           ;尾数溢出,右规格化一次
        DEC     R0
        MOV     A,@R0
        DEC     A
        ANL     A,#7FH
        MOV     @R0,A
        INC     R0
SQRG:   INC     R0                ;回存 3 字节平方根尾数
        INC     R0
        MOV     A,R4
        MOV     @R0,A
        DEC     R0
```

```
        MOV     A,R3
        MOV     @R0,A
        DEC     R0
        MOV     A,R2
        MOV     @R0,A
        DEC     R0              ;数据指针回归原位
        CLR     OV              ;开方结果有效
        RET
```

18. 标号:FPLN　　功能:浮点数多项式计算

入口条件:自变量在[R0]中,多项式系数在调用指令之后,以40H结束。

出口信息:OV=0时,结果仍在[R0]中;OV=1时,溢出。

影响资源:DPTR,PSW,A,B和两个工作区;堆栈需求:6字节。

```
FPLN:   POP     DPH             ;取出多项式系数存放地址
        POP     DPL
        XCH     A,R0            ;R0,R1交换角色,自变量在[R1]中
        XCH     A,R1
        XCH     A,R0
        CLR     A               ;清第一工作区
        MOV     RANKA,A
        MOV     R2,A
        MOV     R3,A
        MOV     R4,A
        CLR     FA
PLN1:   CLR     A               ;读取一个系数并装入第二工作区
        MOVC    A,@A+DPTR
        MOV     C,ACC.7
        MOV     FB,C
        MOV     C,ACC.6
        MOV     ACC.7,C
        MOV     RANKB,A
        INC     DPTR
        CLR     A
        MOVC    A,@A+DPTR
        MOV     R5,A
        INC     DPTR
        CLR     A
        MOVC    A,@A+DPTR
        MOV     R6,A
        INC     DPTR
        CLR     A
        MOVC    A,@A+DPTR
```

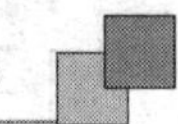

```
        MOV     R7,A
        INC     DPTR                    ;指向下一个系数
        MOV     C,FB                    ;比较两个数符
        RRC     A
        MOV     C,FA
        MOV     B.7,C
        XRL     A,B
        RLC     A
        MOV     F0,C                    ;保存比较结果
        LCALL   AS1                     ;进行代数加法运算
        CLR     A                       ;读取下一个系数的第一个字节
        MOV     C A,@A+DPTR
        CJNE    A,#40H,PLN2             ;是结束标志?
        XCH     A,R0                    ;运算结束,恢复R0,R1原来的角色
        XCH     A,R1
        XCH     A,R0
        LCALL   MOV0                    ;将结果回传到[R0]中
        CLR     A
        INC     DPTR
        JMP     @A+DPTR                 ;返回主程序
PLN2:   MOV     A,@R1                   ;比较自变量和中间结果的符号
        RLC     A
        MOV     B.7,C
        MOV     C,FA
        RRC     A
        XRL     A,B
        RLC     A
        MOV     FA,C                    ;保存比较结果
        LCALL   MUL0                    ;进行乘法运算
        SJMP    PLN1                    ;继续下一项运算
```

19. 标号：FLOG　　功能：以10为底的浮点对数函数

入口条件：操作数在[R0]中。

出口信息：OV=0时，结果仍在[R0]中；OV=1时，负数或零求对数出错。

影响资源：DPTR，PSW，A，B和两个工作区；堆栈需求：11字节。

```
FLOG:   LCALL   FLN                     ;先以e为底求对数
        JNB     OV,LOG
        RET                             ;如溢出则停止计算
LOG:    MOV     RANKB,#0FFH             ;系数0.434 294 5(1/ln 10)
        MOV     R5,#0DEH
        MOV     R6,#5BH
        MOV     R7,#0D9H
```

```
        LCALL   MUL1                ;通过相乘来换底
        LJMP    MOV0                ;传回结果
```

20. 标号:FLN　　功能:以e为底的浮点对数函数

入口条件:操作数在[R0]中。

出口信息:OV=0时,结果仍在[R0]中;OV=1时,负数或零求对数出错。

影响资源:DPTR,PSW,A,B和两个工作区;堆栈需求:9字节。

```
FLN:    LCALL   MVR0                ;将[R0]传送到第一工作区
        JB      FB,LNOV             ;负数或零求对数,出错
        MOV     A,R2
        ORL     A,R3
        ORL     A,R4
        JNZ     LN0
LNOV:   SETB    OV
        RET
LN0:    CLR     C
        LCALL   RL1                 ;左规格化一次
        CLR     A
        XCH     A,RANKA             ;保存原阶码,清零工作区的阶码
        PUSH    ACC
        LCALL   RLN                 ;规格化
        LCALL   MOV0                ;回传
        LCALL   FPLN                ;用多项式计算尾数的对数
        DB      7BH,0F4H,2FH,0E8H   ;0.029 808
        DB      0FEH,85H,12H,0ECH   ;-0.129 955
        DB      7FH,91H,51H,1EH     ;0.283 822
        DB      0FFH,0FAH,0B9H,0F5H ;-0.489 7
        DB      0,0FFH,0C9H,9BH     ;0.999 17
        DB      70H,0BFH,0F7H,04H   ;1.144 2×10-5
        DB      40H                 ;结束
        POP     ACC                 ;取出原阶码
        JNZ     LN1
        RET                         ;如为零,则结束
LN1:    CLR     FB                  ;清第二区数符
        MOV     C,ACC.7
        MOV     F0,C                ;保存阶符
        JNC     LN2
        CPL     A                   ;当阶码为负时,求其绝对值
        INC     A
LN2:    MOV     R2,A                ;阶码的绝对值乘以0.693 147 18
        MOV     B,#18H
        MUL     AB
```

```
        MOV     R7,B
        MOV     R3,A
        MOV     A,R2
        MOV     B,#72H
        MUL     AB
        ADD     A,R7
        MOV     R7,A
        CLR     A
        ADDC    A,B
        MOV     R6,A
        MOV     A,R2
        MOV     B,#0B1H
        MUL     AB
        ADD     A,R6
        MOV     R6,A
        CLR     A
        ADDC    A,B
        MOV     R5,A
        MOV     RANKB,#8            ;乘积的阶码初始化(整数部分为1字节)
LN3:    JB      ACC.7,LN4           ;乘积格式化
        MOV     A,R3
        RLC     A
        MOV     R3,A
        MOV     A,R7
        RLC     A
        MOV     R7,A
        MOV     A,R6
        RLC     A
        MOV     R6,A
        MOV     A,R5
        RLC     A
        MOV     R5,A
        DEC     RANKB
        SJMP    LN3
LN4:    MOV     C,F0                ;取出阶符,作为乘积的数符
        MOV     ACC.7,C
        LJMP    ASN                 ;与尾数的对数合并,得原操作数的对数
```

21．标号：FE10　　　功能：以 10 为底的浮点指数函数

入口条件：操作数在[R0]中。

出口信息：OV=0 时，结果仍在[R0]中，OV=1 时，溢出。

影响资源：DPTR，PSW，A，B 和两个工作区；堆栈需求：9 字节。

```
FE10:   MOV     RANKB,#2        ;加权系数为3.321 928 1(lb 10)
        MOV     R5,#0D4H
        MOV     R6,#9AH
        MOV     R7,#78H
        SJMP    EXP             ;先进行加权运算,后以2为底统一求幂
```

22. 标号:FEXP　　功能:以e为底的浮点指数函数

入口条件:操作数在[R0]中。

出口信息:OV=0时,结果仍在[R0]中;OV=1时,溢出。

影响资源:DPTR,PSW,A,B和两个工作区;堆栈需求:9字节。

```
FEXP:   MOV     RANKB,#1        ;加权系数为1.442 695(lb e)
        MOV     R5,#0B8H
        MOV     R6,#0AAH
        MOV     R7,#3BH
EXP:    CLR     FB              ;加权系数为正数
        LCALL   MVR0            ;将[R0]传送到第一工作区
        LCALL   MUL1            ;进行加权运算
        SJMP    E20             ;以2为底统一求幂
```

23. 标号:FE2　　功能:以2为底的浮点指数函数

入口条件:操作数在[R0]中。

出口信息:OV=0时,结果仍在[R0]中;OV=1时,溢出。

影响资源:DPTR,PSW,A,B和两个工作区;堆栈需求:9字节。

```
FE2:    LCALL   MVR0            ;将[R0]传送到第一工作区
E20:    MOV     A,R2
        ORL     A,R3
        ORL     A,R4
        JZ      EXP1            ;尾数为零
        MOV     A,RANKA
        JB      ACC.7,EXP2      ;阶符为负?
        SETB    C
        SUBB    A,#6            ;阶码大于6?
        JC      EXP2            ;数符为负?
        JB      FA,EXP0
        MOV     @R0,#3FH        ;正指数过大,幂溢出
        INC     R0
        MOV     @R0,#0FFH
        INC     R0
        MOV     @R0,#0FFH
        INC     R0
        MOV     @R0,#0FFH
```

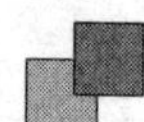

```
        DEC     R0
        DEC     R0
        DEC     R0
        SETB    OV
        RET
EXP0:   MOV     @R0,#41H          ;负指数过大,幂下溢,清零处理
        CLR     A
        INC     R0
        MOV     @R0,A
        INC     R0
        MOV     @R0,A
        INC     R0
        MOV     @R0,A
        DEC     R0
        DEC     R0
        DEC     R0
        CLR     OV
        RET
EXP1:   MOV     @R0,#1            ;指数为零,幂为1.00
        INC     R0
        MOV     @R0,#80H
        INC     R0
        MOV     @R0,#0
        INC     R0
        MOV     @R0,#0
        DEC     R0
        DEC     R0
        DEC     R0
        CLR     OV
        RET
EXP2:   MOV     A,RANKA           ;将指数复制到第二工作区
        MOV     RANKB,A
        MOV     A,R2
        MOV     R5,A
        MOV     A,R3
        MOV     R6,A
        MOV     A,R4
        MOV     R7,A
        MOV     C,FA
        MOV     FB,C
        LCALL   INT               ;对第一区取整
        MOV     A,R2
        JZ      EXP4
```

```
EXP3:   MOV     A,R2                    ;使尾数高字节R2对应1字节整数
        CLR     C
        RRC     A
        MOV     R2,A
        INC     RANKA
        MOV     A,RANKA
        CJNE    A,#8,EXP3
EXP4:   MOV     A,R2
        JNB     FA,EXP5
        CPL     A                       ;并用补码表示
        INC     A
EXP5:   PUSH    ACC                     ;暂时保存之
        LCALL   RLN                     ;重新规格化
        CPL     FA
        SETB    F0
        LCALL   AS1                     ;求指数的小数部分
        LCALL   MOV0                    ;回传指数的小数部分
        LCALL   FPLN                    ;通过多项式计算指数的小数部分的幂
        DB      77H,0B1H,0C9H,77H       ;1.356 407×10-3
        DB      7AH,0A1H,67H,0F7H       ;9.851 447×10-3
        DB      7CH,0E3H,4FH,3BH        ;0.055 495 48
        DB      7EH,0F5H,0E6H,0EDH      ;0.240 138 7
        DB      0,0B1H,72H,18H          ;0.693 147 6
        DB      1,80H,0,2AH             ;1.000 005
        DB      40H                     ;结束
        POP     ACC                     ;取出指数的整数部分
        ADD     A,RANKA                 ;按补码加到幂的阶码上
        MOV     RANKA,A
        CLR     FA                      ;幂的符号为正
        LJMP    MOV0                    ;将幂传回[R0]中
```

24. 标号：DTOF　　功能：3字节十六进制定点数转换成格式化浮点数

入口条件：3字节定点数的绝对值在[R0]中，数符在位FA中，整数部分的位数在A中。

出口信息：转换成格式化浮点数在[R0]中(4字节)。

影响资源：PSW，A和第一工作区；堆栈需求：6字节。

```
DTOF:   MOV     RANKA,A                 ;按整数的位数初始化阶码
        MOV     A,@R0                   ;将定点数作尾数
        MOV     R2,A
        INC     R0
        MOV     A,@R0
        MOV     R3,A
        INC     R0
```

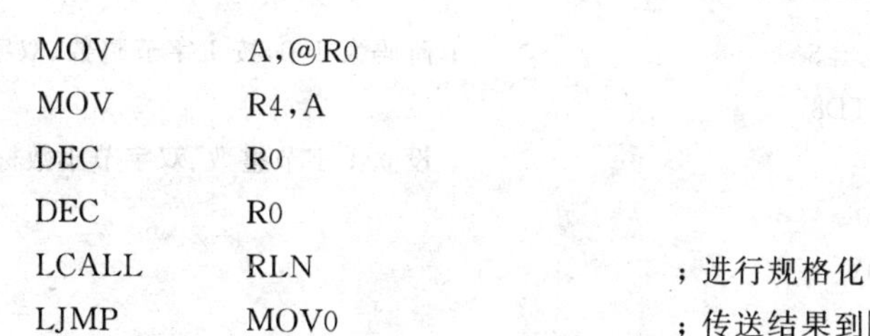

```
        MOV     A,@R0
        MOV     R4,A
        DEC     R0
        DEC     R0
        LCALL   RLN                 ；进行规格化
        LJMP    MOV0                ；传送结果到[R0]中
```

25. 标号：FTOD　　功能：格式化浮点数转换成3字节定点数

入口条件：格式化浮点操作数在[R0]中。

出口信息：OV＝1时溢出，OV＝0时转换成功。定点数的绝对值在[R0]中(3字节)，数符在位FA中，CY＝1和F0＝1时为3字节整数，CY＝1和F0＝0时为双字节整数1字节小数，CY＝0和F0＝1时为1字节整数双字节小数，CY＝0和F0＝0时为3字节纯小数。

影响资源：PSW，A，B和第一工作区；堆栈需求：6字节。

```
FTOD:   LCALL   MVR0                ；将[R0]传送到第一工作区
        MOV     A,RANKA
        JZ      FTD6                ；阶码为零，纯小数
        JB      ACC.7,FTD6          ；阶码为负，纯小数
        SETB    C
        SUBB    A,#18H
        JC      FTD1
        SETB    OV                  ；阶码大于18H，溢出
        RET
FTD1:   SETB    C
        MOV     A,RANKA
        SUBB    A,#8                ；阶码大于8？
        JC      FTD5
        SETB    C
        MOV     A,RANKA
        SUBB    A,#10H              ；阶码大于10H？
        JC      FTD4
FTD3:   MOV     B,#18H              ；阶码大于10H，按3字节整数转换
        LCALL   FTD8
        SETB    C                   ；设立3字节整数标志
        SETB    F0
        CLR     OV
        RET
FTD4:   MOV     B,#10H              ；阶码大于8，按双字节整数、1字节小数转换
        LCALL   FTD8
        SETB    C                   ；设立双字节整数、1字节小数标志
        CLR     F0
        CLR     OV
        RET
```

```
FTD5:   MOV     B,#8            ;阶码大于0,按1字节整数、双字节小数转换
        LCALL   FTD8
        CLR     C               ;设立1字节整数、双字节小数标志
        SETB    F0
        CLR     OV
        RET
FTD6:   MOV     B,#0            ;按纯小数转换
        LCALL   FTD8
        CLR     C               ;设立纯小数标志
        CLR     F0
        CLR     OV
        RET
FTD8:   MOV     A,RANKA         ;按规定的整数位数进行右规格化
        CJNE    A,B,FTD9
        MOV     A,R2            ;将3字节结果传送到[R0]中
        MOV     @R0,A
        INC     R0
        MOV     A,R3
        MOV     @R0,A
        INC     R0
        MOV     A,R4
        MOV     @R0,A
        DEC     R0
        DEC     R0
        RET
FTD9:   CLR     C
        LCALL   RR1             ;右规格化一次
        SJMP    FTD8
```

26. 标号：BTOF　　功能：浮点 BCD 码转换成格式化浮点数

入口条件：浮点 BCD 码操作数在[R0]中。

出口信息：转换成的格式化浮点数仍在[R0]中。

影响资源：PSW,A,B 和两个工作区;堆栈需求：8 字节。

```
BTOF:   INC     R0              ;判断是否为零
        INC     R0
        INC     R0
        MOV     A,@R0
        MOV     R7,A
        DEC     R0
        MOV     A,@R0
        MOV     R6,A
        DEC     R0
```

```
        MOV     A,@R0
        MOV     R5,A
        DEC     R0
        ORL     A,R6
        ORL     A,R7
        JNZ     BTF0
        MOV     @R0,#41H            ;为零,转换结束
        RET
BTF0:   MOV     A,@R0
        MOV     C,ACC.7
        MOV     FD,C                ;保存数符
        CLR     FA                  ;以绝对值进行转换
        MOV     C,ACC.6             ;扩充阶码为 8 位
        MOV     ACC.7,C
        MOV     @R0,A
        JNC     BTF1
        ADD     A,#19               ;小于 1E－19?
        JC      BTF2
        MOV     @R0,#41H            ;小于 1E－19 时以零计
        INC     R0
        MOV     @R0,#0
        INC     R0
        MOV     @R0,#0
        INC     R0
        MOV     @R0,#0
        DEC     R0
        DEC     R0
        DEC     R0
        RET
BTF1:   SUBB    A,#19
        JC      BTF2
        MOV     A,#3FH              ;大于 1E19 时封顶
        MOV     C,FD
        MOV     ACC.7,C
        MOV     @R0,A
        INC     R0
        MOV     @R0,#0FFH
        INC     R0
        MOV     @R0,#0FFH
        INC     R0
        MOV     @R0,#0FFH
        DEC     R0
        DEC     R0
```

```
        DEC     R0
        RET
BTF2:   CLR     A                   ;准备将BCD码尾数转换成十六进制浮点数
        MOV     R4,A
        MOV     R3,A
        MOV     R2,A
        MOV     RANKA,#18H          ;至少3字节
BTF3:   MOV     A,R7
        ADD     A,R7
        DA      A
        MOV     R7,A
        MOV     A,R6
        ADDC    A,R6
        DA      A
        MOV     R6,A
        MOV     A,R5
        ADDC    A,R5
        DA      A
        MOV     R5,A
        MOV     A,R4
        RLC     A
        MOV     R4,A
        MOV     A,R3
        RLC     A
        MOV     R3,A
        MOV     A,R2
        RLC     A
        MOV     R2,A
        DEC     RANKA
        JNB     ACC.7,BTF3          ;直到尾数规格化
        MOV     A,R5                ;四舍五入
        ADD     A,#0B0H
        CLR     A
        ADDC    A,R4
        MOV     R4,A
        CLR     A
        ADDC    A,R3
        MOV     R3,A
        CLR     A
        ADDC    A,R2
        MOV     R2,A
        JNC     BTF4
        MOV     R2,#80H
```

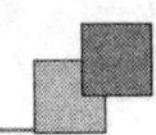

```
        INC     RANKA
BTF4:   MOV     DPTR,#BTFL          ;准备查表得到十进制阶码对应的浮点数
        MOV     A,@R0
        ADD     A,#19               ;计算表格偏移量
        MOV     B,#4
        MUL     AB
        ADD     A,DPL
        MOV     DPL,A
        JNC     BTF5
        INC     DPH
BTF5:   CLR     A                   ;查表
        MOVC    A,@A+DPTR
        MOV     C,ACC.6
        MOV     ACC.7,C
        MOV     RANKB,A
        MOV     A,#1
        MOVC    A,@A+DPTR
        MOV     R5,A
        MOV     A,#2
        MOVC    A,@A+DPTR
        MOV     R6,A
        MOV     A,#3
        MOVC    A,@A+DPTR
        MOV     R7,A
        LCALL   MUL1                ;将阶码对应的浮点数和尾数对应的浮点数相乘
        MOV     C,FD                ;取出数符
        MOV     FA,C
        LJMP    MOV0                ;传送转换结果
```

27. 标号：FTOB　　功能：格式化浮点数转换成浮点 BCD 码

入口条件：格式化浮点操作数在[R0]中。

出口信息：转换成的浮点 BCD 码仍在[R0]中。

影响资源：PSW,A,B 和两个工作区；堆栈需求：9 字节。

```
FTOB:   INC     R0
        MOV     A,@R0
        INC     R0
        ORL     A,@R0
        INC     R0
        ORL     A,@R0
        DEC     R0
        DEC     R0
        DEC     R0
```

```
        JNZ     FTB0
        MOV     @R0,#41H
        RET
FTB0:   MOV     A,@R0
        MOV     C,ACC.7
        MOV     FD,C
        CLR     ACC.7
        MOV     @R0,A
        LCALL   MVR0
        MOV     DPTR,#BFL0          ;绝对值大于或等于1时的查表起点
        MOV     B,#0                ;10的0次幂
        MOV     A,RANKA
        JNB     ACC.7,FTB1
        MOV     DPTR,#BTFL          ;绝对值小于1E-6时的查表起点
        MOV     B,#0EDH             ;10的-19次幂
        ADD     A,#16
        JNC     FTB1
        MOV     DPTR,#BFLN          ;绝对值大于或等于1E-6时的查表起点
        MOV     B,#0FAH             ;10的-6次幂
FTB1:   CLR     A                   ;查表,找到一个比待转换浮点数大的整数幂
        MOVC    A,@A+DPTR
        MOV     C,ACC.6
        MOV     ACC.7,C
        MOV     RANKB,A
        MOV     A,#1
        MOVC    A,@A+DPTR
        MOV     R5,A
        MOV     A,#2
        MOVC    A,@A+DPTR
        MOV     R6,A
        MOV     A,#3
        MOVC    A,@A+DPTR
        MOV     R7,A
        MOV     A,RANKB             ;和待转换浮点数比较
        CLR     C
        SUBB    A,RANKA
        JB      ACC.7,FTB2          ;差为负数
        JNZ     FTB3
        MOV     A,R5
        CLR     C
        SUBB    A,R2
        JC      FTB2
        JNZ     FTB3
```

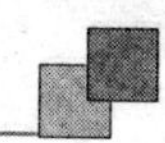

```
        MOV     A,R6
        CLR     C
        SUBB    A,R3
        JC      FTB2
        JNZ     FTB3
        MOV     A,R7
        CLR     C
        SUBB    A,R4
        JC      FTB2
        JNZ     FTB3
        MOV     RANKB,B         ；正好是表格中的数
        INC     RANKB           ；幂加1
        MOV     R5,＃10H        ；尾数为0.100 0
        MOV     R6,＃0
        MOV     R7,＃0
        SJMP    FTB6            ；传送转换结果
FTB2：  INC     DPTR            ；准备表格下一项
        INC     DPTR
        INC     DPTR
        INC     DPTR
        INC     B               ；幂加1
        SJMP    FTB1
FTB3：  PUSH    B               ；保存幂值
        LCALL   DIV3            ；相除，得到一个二进制浮点数的纯小数
FTB4：  MOV     A,RANKA         ；取阶码
        JZ      FTB5            ；为零？
        CLR     C
        LCALL   RR1             ；右规格化
        SJMP    FTB4
FTB5：  POP     ACC             ；取出幂值
        MOV     RANKB,A         ；作为十进制浮点数的阶码
        LCALL   HB2             ；转换尾数的十分位和百分位
        MOV     R5,A
        LCALL   HB2             ；转换尾数的千分位和万分位
        MOV     R6,A
        LCALL   HB2             ；转换尾数的十万分位和百万分位
        MOV     R7,A
        MOV     A,R2            ；四舍五入
        RLC     A
        CLR     A
        ADDC    A,R7
        DA      A
        MOV     R7,A
```

```
        CLR     A
        ADDC    A,R6
        DA      A
        MOV     R6,A
        CLR     A
        ADDC    A,R5
        DA      A
        MOV     R5,A
        JNC     FTB6
        MOV     R5,#10H
        INC     RANKB
FTB6:   INC     R0                      ;存放转换结果
        INC     R0
        INC     R0
        MOV     A,R7
        MOV     @R0,A
        DEC     R0
        MOV     A,R6
        MOV     @R0,A
        DEC     R0
        MOV     A,R5
        MOV     @R0,A
        DEC     R0
        MOV     A,RANKB
        MOV     C,FD                    ;取出数符
        MOV     ACC.7,C
        MOV     @R0,A
        RET
HB2:    MOV     A,R4                    ;尾数扩大100倍
        MOV     B,#100
        MUL     AB
        MOV     R4,A
        MOV     A,B
        XCH     A,R3
        MOV     B,#100
        MUL     AB
        ADD     A,R3
        MOV     R3,A
        CLR     A
        ADDC    A,B
        XCH     A,R2
        MOV     B,#100
        MUL     AB
```

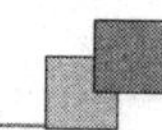

```
        ADD     A,R2
        MOV     R2,A
        JNC     HB21
        INC     B
HB21:   MOV     A,B                     ;将整数部分转换成 BCD 码
        MOV     B,#10
        DIV     AB
        SWAP    A
        ORL     A,B
        RET
BTFL:   DB      41H,0ECH,1EH,4AH        ;1.000 000 E-19
        DB      45H,93H,92H,0EFH        ;1.000 000 E-18
        DB      48H,0B8H,77H,0AAH       ;1.000 000 E-17
        DB      4BH,0E6H,95H,95H        ;1.000 000 E-16
        DB      4FH,90H,1DH,7DH         ;1.000 000 E-15
        DB      52H,0B4H,24H,0DCH       ;1.000 000 E-14
        DB      55H,0E1H,2EH,13H        ;1.000 000 E-13
        DB      59H,8CH,0BCH,0CCH       ;1.000 000 E-12
        DB      5CH,0AFH,0EBH,0FFH      ;1.000 000 E-11
        DB      5FH,0DBH,0E6H,0FFH      ;1.000 000 E-10
        DB      63H,89H,70H,5FH         ;1.000 000 E-9
        DB      66H,0ABH,0CCH,77H       ;1.000 000 E-8
        DB      69H,0D6H,0BFH,95H       ;1.000 000 E-7
BFLN:   DB      6DH,86H,37H,0BDH        ;1.000 000 E-6
        DB      70H,0A7H,0C5H,0ACH      ;1.000 000 E-5
        DB      73H,0D1H,0B7H,17H       ;1.000 000 E-4
        DB      77H,83H,12H,6FH         ;1.000 000 E-3
        DB      7AH,0A3H,0D7H,0AH       ;1.000 000 E-2
        DB      7DH,0CCH,0CCH,0CDH      ;1.000 000 E-1
BFL0:   DB      1,80H,00H,00H           ;1.000 000
        DB      4,0A0H,00H,00H          ;1.000 000 E1
        DB      7,0C8H,00H,00H          ;1.000 000 E2
        DB      0AH,0FAH,00H,00H        ;1.000 000 E3
        DB      0EH,9CH,40H,00H         ;1.000 000 E4
        DB      11H,0C3H,50H,00H        ;1.000 000 E5
        DB      14H,0F4H,24H,00H        ;1.000 000 E6
        DB      18H,98H,96H,80H         ;1.000 000 E7
        DB      1BH,0BEH,0BCH,20H       ;1.000 000 E8
        DB      1EH,0EEH,6BH,28H        ;1.000 000 E9
        DB      22H,95H,02H,0F9H        ;1.000 000 E10
        DB      25H,0BAH,43H,0B7H       ;1.000000E11
        DB      28H,0E8H,0D4H,0A5H      ;1.000 000 E12
        DB      2CH,91H,84H,0E7H        ;1.000 000 E13
```

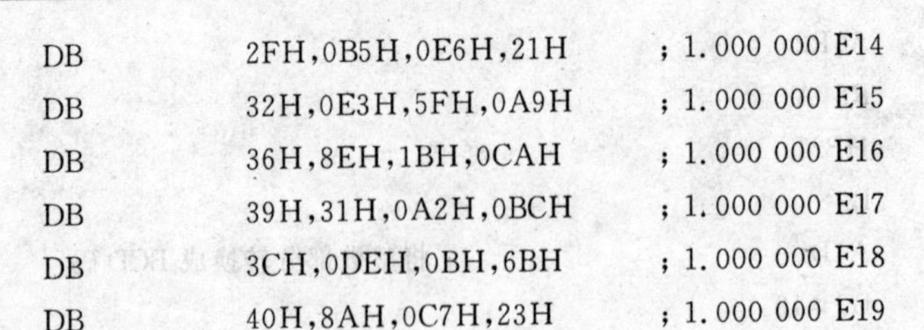

```
        DB      2FH,0B5H,0E6H,21H       ; 1.000 000 E14
        DB      32H,0E3H,5FH,0A9H       ; 1.000 000 E15
        DB      36H,8EH,1BH,0CAH        ; 1.000 000 E16
        DB      39H,31H,0A2H,0BCH       ; 1.000 000 E17
        DB      3CH,0DEH,0BH,6BH        ; 1.000 000 E18
        DB      40H,8AH,0C7H,23H        ; 1.000 000 E19
```

28. 标号：FCOS　　功能：浮点余弦函数

入口条件：操作数(弧度为单位)在[R0]中。

出口信息：结果仍在[R0]中。

影响资源：DPTR,PSW,A,B 和两个工作区；堆栈需求：8 字节。

```
FCOS:   LCALL   FABS            ; COS(-X) = COS X
        MOV     RANKB,#1        ; 常数 1.570 796 3(π/2)
        MOV     R5,#0C9H
        MOV     R6,#0FH
        MOV     R7,#0DAH
        CLR     FB
        LCALL   MVR0
        CLR     F0
        LCALL   AS1             ; +(π/2)
        LCALL   MOV0            ; 保存结果,接着运行下面的 FSIN 程序
```

29. 标号：FSIN　　功能：浮点正弦函数

入口条件：操作数(弧度为单位)在[R0]中。

出口信息：结果仍在[R0]中。

影响资源：DPTR,PSW,A,B 和两个工作区；堆栈需求：8 字节。

```
FSIN:   MOV     A,@R0
        MOV     C,ACC.7
        MOV     FD,C            ; 保存自变量的符号
        CLR     ACC.7           ; 统一按正数计算
        MOV     @R0,A
        LCALL   MVR0            ; 将[R0]传送到第一工作区
        MOV     RANKB,#0        ; 系数 0.636 619 77(2/π)
        MOV     R5,#0A2H
        MOV     R6,#0F9H
        MOV     R7,#83H
        CLR     FB
        LCALL   MUL1            ; 相乘,自变量按 π/2 归一化
        MOV     A,RANKA         ; 将结果复制到第二区
        MOV     RANKB,A
        MOV     A,R2
```

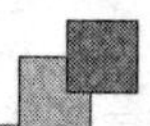

```
        MOV     R5,A
        MOV     A,R3
        MOV     R6,A
        MOV     A,R4
        MOV     R7,A
        LCALL   INT                         ;第一区取整,获得象限信息
        MOV     A,RANKA
        JZ      SIN2
SIN1:   CLR     C                           ;将浮点象限数转换成定点象限数
        LCALL   RR1
        MOV     A,RANKA
        CJNE    A,#18H,SIN1
        MOV     A,R4
        JNB     ACC.1,SIN2
        CPL     FD                          ;对于第三、四象限,结果取反
SIN2:   JB      ACC.0,SIN3
        CPL     FA                          ;对于第一、三象限,直接求归一化的小数
        SJMP    SIN4
SIN3:   MOV     A,R4                        ;对于第二、四象限,准备求其补角
        INC     A
        MOV     R4,A
        JNZ     SIN4
        INC     R3
        MOV     A,R3
        JNZ     SIN4
        INC     R2
SIN4:   LCALL   RLN                         ;规格化
        SETB    F0
        LCALL   AS1                         ;求自变量归一化等效值
        LCALL   MOV0                        ;回传
        LCALL   FPLN                        ;用多项式计算正弦值
        DB      7DH,93H,26H,18H;0.071 85
        DB      41H,0,0,0                   ;0
        DB      80H,0A4H,63H,0F1H           ;-0.642 15
        DB      41H,0,0,0                   ;0
        DB      1,0C9H,1,8EH;1.570 36
        DB      41H,0,0,0                   ;0
        DB      40H                         ;结束
        MOV     A,@R0                       ;结果的绝对值超过1.00?
        JZ      SIN5
        JB      ACC.6,SIN5
        INC     R0                          ;绝对值按1.00封顶
        MOV     @R0,#80H
```

```
        INC     R0
        MOV     @R0,#0
        INC     R0
        MOV     @R0,#0
        DEC     R0
        DEC     R0
        DEC     R0
        MOV     A,#1
SIN5:   MOV     C,FD                    ;将数符拼入结果中
        MOV     ACC.7,C
        MOV     @R0,A
        RET
```

30. 标号：FATN　　功能：浮点反正切函数

入口条件：操作数在[R0]中。

出口信息：结果(弧度为单位)仍在[R0]中。

影响资源：DPTR,PSW,A,B和两个工作区；堆栈需求：9字节。

```
FATN:   MOV     A,@R0
        MOV     C,ACC.7
        MOV     FD,C                    ;保存自变量数符
        CLR     ACC.7                   ;自变量取绝对值
        MOV     @R0,A
        CLR     FC                      ;清求余运算标志
        JB      ACC.6,ATN1              ;自变量为纯小数?
        JZ      ATN1
        SETB    FC                      ;置位求余运算标志
        LCALL   FRCP                    ;通过倒数运算,转换成纯小数
ATN1:   LCALL   FPLN                    ;通过多项式运算,计算反正切函数值
        DB      0FCH,0E4H,90H,0A3H      ;-0.055 802
        DB      7FH,8FH,37H,76H         ;0.279 72
        DB      0FFH,0EDH,0E0H,0DH      ;-0.464 60
        DB      7BH,0E8H,76H,0E2H       ;0.028 377
        DB      0,0FFH,67H,0F5H         ;0.997 68
        DB      72H,85H,0EBH,9CH        ;3.192 91×10-5
        DB      40H                     ;结束
        JNB     FC,ATN2                 ;需要求余运算?
        CPL     FA                      ;准备运算标志
        MOV     C,FA
        MOV     F0,C
        MOV     RANKB,#1                ;常数1.570 796 3(π/2)
        MOV     R5,#0C9H
        MOV     R6,#0FH
```

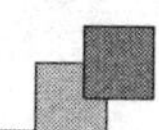

```
        MOV     R7,#0DAH
        LCALL   AS1                 ;求余运算
        LCALL   MOV0                ;回传
ATN2:   MOV     A,@R0               ;拼入结果的数符
        MOV     C,FD
        MOV     ACC.7,C
        MOV     @R0,A
        RET
```

31. 标号：RTOD　　功能：浮点弧度数转换成浮点度数

入口条件：浮点弧度数在[R0]中。

出口信息：转换成的浮点度数仍在[R0]中。

影响资源：PSW,A,B 和两个工作区;堆栈需求：8 字节。

```
RTOD:   MOV     RANKB,#6            ;系数(180/π)传送到第二工作区
        MOV     R5,#0E5H
        MOV     R6,#2EH
        MOV     R7,#0E1H
        SJMP    DR                  ;通过乘法进行转换
```

32. 标号：DTOR　　功能：浮点度数转换成浮点弧度数

入口条件：浮点度数在[R0]中。

出口信息：转换成的浮点弧度数仍在[R0]中。

影响资源：PSW,A,B 和两个工作区;堆栈需求：8 字节。

```
DTOR:   MOV     RANKB,#0FBH         ;系数 π/180 传送到第二工作区
        MOV     R5,#8EH
        MOV     R6,#0FAH
        MOV     R7,#35H
DR:     LCALL   MVR0                ;将[R0]传送到第一工作区
        CLR     FB                  ;系数为正
        LCALL   MUL1                ;通过乘法进行转换
        LJMP    MOV0                ;结果传送到[R0]中
        END
```

参考文献

[1] 潘新民. 微型计算机控制技术. 北京：人民邮电出版社，1988.
[2] 鄢定明. 单片计算机应用技术. 北京：人民邮电出版社，1988.
[3] 何立民. MCS-51系列单片机应用系统设计. 北京：北京航空航天大学出版社，1990.
[4] 涂时亮，张友德，陈章龙. 单片微机软件设计技术. 重庆：科学技术文献出版社重庆分社，1988.
[5] 沈兰荪. 智能仪器设计指南. 北京：北京科海培训中心，1988.
[6] 杨吉祥. 智能仪器. 南京：南京工学院出版社，1987.
[7] 陶德 理查德 G. 怎样绘制流程图和编写程序. 王懋江，吕汇川，译. 北京：北京科学技术出版社，1985.
[8] Myers Glenford J. 计算机软件测试技巧. 周之英，郑人杰，译. 北京：清华大学出版社，1985.
[9] 张友德，涂时亮，赵志英. MCS-51单片机实用子程序及其应用. 上海：复旦大学出版社，1988.
[10] 冯英. MCS-51单片机实用子程序及其应用实例. 哈尔滨：黑龙江科学技术出版社，1989.
[11] 马忠梅. 单片机的C语言应用程序设计. 4版. 北京：北京航空航天大学出版社，2007.